国家电网
STATE GRID

国家电网公司
生产技能人员职业能力培训专用教材

抄表核算收费

国家电网公司人力资源部　　组编

韩建军　主编

中国电力出版社
CHINA ELECTRIC POWER PRESS

内容提要

《国家电网公司生产技能人员职业能力培训教材》是按照国家电网公司生产技能人员模块化培训课程体系的要求，依据《国家电网公司生产技能人员职业能力培训规范》（简称《培训规范》），结合生产实际编写而成。

本套教材作为《培训规范》的配套教材，共72册。本册为专用教材部分的《抄表核算收费》，全书共6个部分14章85个模块，主要内容包括营销信息化系统，电量抄录与电费核算，电费回收与风险防范，售电统计分析，计量检查，违约用电与窃电处理。

本书可作为供电企业抄表核算收费工作人员的培训教学用书，也可作为电力职业院校教学参考书。

图书在版编目（CIP）数据

抄表核算收费/国家电网公司人力资源部组编. —北京：中国电力出版社，2010.9（2022.9重印）

国家电网公司生产技能人员职业能力培训专用教材

ISBN 978-7-5123-0826-8

Ⅰ.①抄…　Ⅱ.①国…　Ⅲ.①电能—电量测量—技术培训—教材　Ⅳ.①TM933.4

中国版本图书馆 CIP 数据核字（2010）第 170825 号

中国电力出版社出版、发行

（北京市东城区北京站西街19号　100005　http://www.cepp.sgcc.com.cn）

北京雁林吉兆印刷有限公司印刷

各地新华书店经售

*

2010年9月第一版　2022年9月北京第十次印刷

880毫米×1230毫米　大16开本　19.5印张　606千字

印数55201—55700册　定价 **50.00** 元

《国家电网公司生产技能人员职业能力培训专用教材》

编 委 会

国家电网公司
生产技能人员职业能力培训专用教材

前　言

为大力实施"人才强企"战略，加快培养高素质技能人才队伍，国家电网公司按照"集团化运作、集约化发展、精益化管理、标准化建设"的工作要求，充分发挥集团化优势，组织公司系统一大批优秀管理、技术、技能和培训教学专家，历时两年多，按照统一标准，开发了覆盖电网企业输电、变电、配电、营销、调度等 34 个职业种类的生产技能人员系列培训教材，形成了国内首套面向供电企业一线生产人员的模块化培训教材体系。

本套培训教材以《国家电网公司生产技能人员职业能力培训规范》（Q/GDW 232—2008）为依据，在编写原则上，突出以岗位能力为核心；在内容定位上，遵循"知识够用、为技能服务"的原则，突出针对性和实用性，并涵盖了电力行业最新的政策、标准、规程、规定及新设备、新技术、新知识、新工艺；在写作方式上，做到深入浅出，避免烦琐的理论推导和验证；在编写模式上，采用模块化结构，便于灵活施教。

本套培训教材涵盖 34 个职业的通用教材和专用教材，共 72 个分册、5018 个模块，每个培训模块均配有详细的模块描述，对该模块的培训目标、内容、方式及考核要求进行了说明。其中：通用教材涵盖了供电企业多个职业种类共同使用的基础、专业基础、基本技能及职业素养等知识，包括《电工基础》、《电力安全生产及防护》等 38 个分册、1705 个模块，主要作为供电企业员工全面系统学习基础理论和基本技能的自学教材；专用教材涵盖了单一职业种类专用的所有专业知识和专业技能，按照供电企业生产模式分职业单独成册，每个职业分为 I、II、III 等 3 个级别，包括《变电检修》、《继电保护》等 34 个分册、3313 个模块，可以分别作为供电企业生产一线辅助作业人员、熟练作业人员和高级作业人员的岗位技能培训教材，也可作为电力职业院校的教学参考书。

本套培训教材的出版是贯彻落实国家人才队伍建设总体战略，充分发挥企业培养高技能人才主体作用的重要举措，是加快推进国家电网公司发展方式和电网发展方式转变的迫切要求，也是有效开展电网企业教育培训和人才培养工作的重要基础，必将对改进生产技能人员培训模式，推进培训工作由理论灌输向能力培养转型，提高培训的针对性和有效性，全面提升员工队伍素质，保证电网安全稳定运行、支撑和促进国家电网公司可持续发展起到积极的推动作用。

本套教材共 72 个分册，本册为专用教材部分的《抄表核算收费》。

本书中第一部分营销信息化系统，由湖北省电力公司王珣编写；第二部分电量抄录与电费核算，由东北电网有限公司王丽妍、浙江省电力公司李婵、山西省电力公司赵同生编写；第三部分电费回收与风险防范，由东北电网有限公司佟利民（现内蒙古东部电力有限公司）、湖北省电力公司王珣编写；第四部分售电统计分析，由东北电网有限公司佟利民（现内蒙古东部电力有限公司）、山西省电力公司赵同生编写；第五部分计量检查，由江苏省电力公司史利强编写；第六部分违约用电与窃电处理，由山西省电力公司赵同生编写。全书由东北电网有限公司韩建军担任主编。河北省电力公司付文杰担任主审，国家电网公司营销部林敏、郭朋、刘夫新，河北省电力公司韩旭、刘会敏参审。

由于编写时间仓促，本套教材难免存在疏漏之处，恳请各位专家和读者提出宝贵意见，使之不断完善。

目　录

第五部分　计 量 检 查

第六部分　违约用电与窃电处理

第一部分

营销信息化系统

第一章 抄表核算收费主要功能应用

模块1 营销信息化系统概述（ZY2300101001）

【模块描述】本模块包含营销信息化系统基本概念、发展历程、作用及意义、应用现状等内容。通过概念描述、术语说明、结构讲解、要点归纳、图解示意，掌握营销信息化系统基本概念。

【正文】

一、营销信息化概念

营销信息化是基于现代计算机、网络通信及自动化技术，将电力营销工作进行数字化管理的综合信息系统。系统应用涉及客户服务管理、计费与营销账务管理、电能采集信息管理、电能计量管理、市场管理、需求侧管理、客户关系管理和辅助分析决策等电力营销业务的全过程，是促进电力营销技术创新、服务创新、管理创新的基础和重要保证。

二、营销信息化发展历程

电力营销信息化从20世纪80年代开始起步，先后经历了系统规模从单机到网络化、功能从单项到集成、业务管理从个性化到标准化、应用单位从基层到总部的不断发展、进步的过程。

20世纪80年代，电能计量、计费、销售完全依靠手工账本，信息化系统仅实现电费计算及与计费相关的客户档案管理功能，应用范围主要面向高压专用变压器客户；90年代，系统功能逐步扩充到业扩、计量、收费账务管理，系统架构从营业所级的单台计算机发展到以营业所、县级供电企业统一部署的局域网；21世纪初，电力企业职能发生变化，系统功能扩充到营销业务与管理全过程，同时，逐步建成地市集中或网省集中的数据中心，实现集中标准化管理，系统应用范围也从营销基层业务人员逐步扩大到网省及国家电网公司总部的营销管理决策层。

三、营销信息化的作用及意义

营销信息化系统建设构筑了覆盖国家电网公司总部、网省公司、基层供电公司的一体化营销管理及业务应用集成平台，通过推行营销管理的标准化、规范化，促进业务流程的最优化及应用功能的实用化，随着系统应用的不断深入、完善，逐步实现营销信息纵向贯通、横向集成、高度共享，做到"营销信息高度共享，营销业务高度规范，营销服务高效便捷，营销监控实时在线，营销决策分析全面"，促进营销能力和服务水平的快速提升，推进营销发展方式和管理方式的转变，满足电力企业不断发展提升的需要。

四、营销信息化建设现状

1. 营销信息化系统实施情况

（1）国家电网公司组织编制出版了《国家电网公司信息化建设工程全书 八大业务应用典型设计卷 营销业务应用篇》，各网省营销系统开发应用基于统一的技术规范。

（2）系统功能形成满足电力营销所有业务及管理要求的应用架构，实现国家电网公司、网省电力公司、地市供电公司、基层供电企业各不同职能层次的业务应用，完全实现业扩报装、电费计算、客户服务等业务应用的实用化。

（3）国家电网公司所属各网省电力公司逐步实现基于地市或省级的数据集中部署及管理，建成基于网省的高效、安全的光纤骨干网络，形成基于网省的营销信息集成平台及与国家电网公司的纵向交互平台。

（4）构建中间业务平台，实现与企业内部及外部的相关应用的集成设计及信息交互。

（5）逐步建成强健的营销信息安全防范体系，有效保护营销业务的信息安全，防范黑客和非法入侵者的攻击。

2. 系统功能结构

根据营销业务应用标准化设计，营销信息化系统功能涉及"客户服务与客户关系"、"电费管理"、"电能计量及信息采集"和"市场与需求侧"4 个业务领域及"综合管理"，共 19 个业务类 138 个业务项及 762 个业务子项。

19 个业务类包括："新装增容及变更用电"、"抄表管理"、"核算管理"、"电费收缴及账务管理"、"线损管理"、"资产管理"、"计量点管理"、"计量体系管理"、"电能信息采集"、"供用电合同管理"、"用电检查管理"、"95598 业务处理"、"客户关系管理"、"客户联络"、"市场管理"、"能效管理"、"有序用电管理"、"稽查及工作质量"和"客户档案资料管理"。

电力营销业务通过各领域具体业务的分工协作，为客户提供服务，完成各类业务处理，为供电企业的管理、经营和决策提供支持；同时，通过营销业务与其他业务的有序协作，提高整个电网企业信息资源的共享度。按国家电网公司营销标准化设计，营销业务应用系统功能结构图如图 ZY2300101001-1 所示。

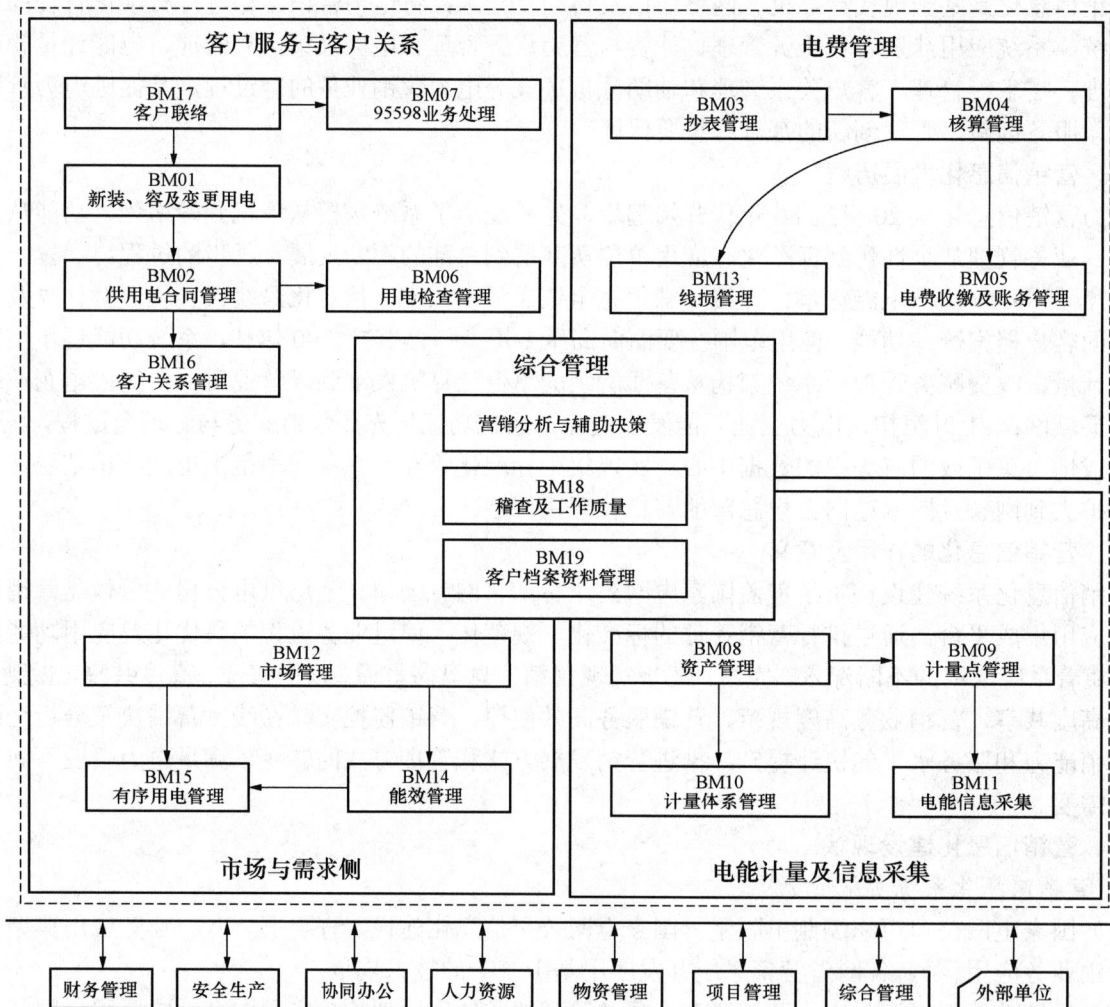

图 ZY2300101001-1　营销业务应用系统功能结构图

【思考与练习】

1. 名词解释：营销信息化。

2. 简述营销信息化的发展历程。

3. 简述营销业务应用标准化设计成果，营销信息化系统包括哪些业务域及业务类？

模块 2　抄表功能应用（ZY2300101002）

【模块描述】本模块包含日常抄表、抄表异常处理、抄表工作管理的功能应用等内容。通过概念描述、术语说明、要点归纳、图解示意以及抄表工作全过程的功能应用示例，掌握运用系统功能开展抄表工作。

【正文】

一、日常抄表功能应用

（一）抄表数据准备

1. 操作内容

根据抄表计划和抄表计划调整内容，生成抄表所需抄表数据。操作采用菜单方式，允许单户及批量准备。数据准备完毕后，系统生成抄表任务工作单，后续工作通过流程执行方式完成。

需要在抄表同时送达电费通知单的，若不通过抄表机现场打印的，还需在系统内打印电费通知单，用于现场抄表时填写当月抄表情况后送达客户。若采用自动化方式抄表的，也可在采集抄表数据后打印电费通知单，另行送达客户。

2. 注意事项

（1）抄表数据准备只允许在上月电量电费数据归档完毕后，在电费发生当月形成。

（2）允许操作的数据范围依据抄表计划确定，以保障抄表日程执行的正确性、及时性和抄表任务的合理性。

（3）抄表数据准备工作应与抄表例日对应提前 1～2 日，不宜在月初批量处理，以便抄表前及时获取业扩变更导致的客户档案数据变化。

（4）批量准备后若有单户档案变更，可通过单户准备的方式重取档案。

（二）抄表

1. 操作内容

针对抄表机、手工及自动化等不同的抄表方式，系统内与抄表业务相关的操作包括以下内容：

（1）抄表机抄表。

1）正确设置抄表机参数，包括型号、品牌、端口、通信波特率，打开抄表机并置于通信状态，将抄表任务对应的抄表数据下载到抄表机。

2）下载完成后，检查抄表机内数据是否正确。

3）抄表人员在抄表计划日持抄表机到客户现场抄表，按抄表机提示，将抄见示数录入到抄表机（或通过红外通信获取抄表数据），并记录现场发现的抄表异常情况。

4）正确设置抄表机参数，包括型号、品牌、端口、通信波特率，打开抄表机并置于通信状态，将抄表机内的抄表数据上传到系统。

（2）手工抄表。

1）选择抄表计划，按抄表段、抄表顺序号打印抄表清单，核对抄表清单信息是否完整。

2）根据抄表计划，持抄表清单到现场抄表，记录抄见示数、现场异常情况等抄表信息。

3）根据填写好的抄表清单或抄表本，在系统内手工录入抄表数据。

（3）自动化抄表。在抄表任务工作单中直接获取抄表数据，对获取的异常数据转相关异常处理流程。

2. 注意事项

（1）抄表工作应执行《国家电网公司营业抄核收工作管理规定》的要求，严格按照抄表日程，在计划抄表日内完成，因此，手工抄表清单打印或抄表机下载工作一般应在抄表前一日内完成，在计划抄表日抄表后，当日即上载或手工录入抄表数据。

（2）抄表员到现场抄表前，应认真检查抄表机、抄表清单是否正确，防止因准备工作不充分引起的误工。

（3）采用抄表机抄表时，抄表后应注意保护抄表机内数据，防止已下载未上传的抄表机数据丢失。当现场异常情况较特殊，通过抄表机异常代码不能完整准确记录现场情况时，应注意做好纸质记录，特别是现场表号、电能表示数等关键数据，保证离开现场后，能在系统内对异常情况作出正确处理。

（4）系统内抄表数据录入、抄表机数据上下载操作权限严格按抄表派工确定，未被派工的工作人员无法执行相关操作。

（5）因各种原因无法按期抄表的，应通过抄表计划调整操作变更抄表计划日后另行抄表，相应操作将纳入到抄表工作质量考核。

（三）抄表数据复核

抄表数据复核的作用是在获取现场抄表数据后确认抄表数据的正确性。

1. 操作内容

选择抄表计划中已抄表待复核的当前任务，对系统分析出的各类异常客户逐户审核确认，复核确认完成后，发送到电费计算流程。

2. 注意事项

（1）抄表员应按照抄表职责要求，对各类系统内提示出的疑问客户进行逐户审查，因审核疏漏未及时处理的抄表差错，一旦发送到电费计算及审核流程后，将纳入到对抄表员的工作质量及差错的考核中。

（2）系统提供了多样化的疑问客户的查询方法，查询条件包括电量异常范围、波动异常范围、抄表状态、异常类别、异常条件等，根据这些参数的不同取值范围，系统自动计算出符合条件的相应客户并显示于界面，供抄表员逐户审核数据录入是否正确。

（3）异常条件是通过参数配置方式预先在系统中设计的一组抄表异常分析算法，例如"存在未完成的换表流程"的查询条件，可以查询出该批抄表复核任务中，有换表流程且新表信息未更新到抄表任务中的所有客户。异常条件可以帮助抄表员发现一些特殊疑问客户，同时，该算法也可以根据实际需要不断扩充、优化。

二、抄表异常处理功能应用

抄表异常处理功能是将现场抄表发现的各类异常情况正确记录到系统中并在机内进行相应处理的过程，其操作嵌入在抄表数据录入及抄表数据复核界面中，由于该操作内容与业务结合紧密，操作较复杂又十分重要，故而单独加以描述。

1. 操作内容

（1）在抄表数据录入（或抄表机内录入）抄表数据时，正确确认抄表状态、示数状态、异常类别。

（2）通过抄表数据复核，分析发现错抄表或错录入抄表数据差错时，在抄表数据复核的订正抄见信息界面里重新录入正确的抄见信息，包括示数、示数状态、异常类别等。

（3）对于认为不具备转入后续流程计算电费条件的疑问客户，在抄表数据复核的订正抄见信息界面里重新确认抄表状态为缺抄，核实后另行补抄录抄表信息并计费。

（4）当有客户出现表计故障、违章用电或窃电等异常情况时，通过系统工具生成换表申请等类工作单，转相关业务部门处理，当月抄见电量计零或按上月计等，待表计恢复正常计量后，另行退补故障期电量电费。

2. 注意事项

（1）在抄表数据录入及复核界面中显示的疑问客户，若确认抄见示数与上月示数不相符等无法确认的疑问情况时，应利用系统提供的各类查询功能查阅客户的基本信息、计量计费参数、工作单处理流程信息及历史电量电费信息，再确认处理方法。

（2）在批量客户抄表数据复核时，若发现有错抄、漏抄户需现场确认的，或需等待在途换表流程处理完成后再抄表计费的，应对暂时无法提交抄表数据的客户进行缺抄处理，及时将正常客户发送到电费计算流程，避免因少数客户的疑问影响大批客户的电费发行。

三、抄表工作管理功能应用

（一）抄表段管理

抄表段管理包括抄表段维护、新户分配抄表段、调整抄表段、抄表顺序调整、抄表派工等功能。

1. 操作内容

（1）抄表段维护。在系统内新增、维护、删除相应抄表段。为保障系统内抄表段信息的正确性及操作管理的严谨，抄表段维护功能通常采用流程方式实现，操作步骤如下：

1）在系统内抄表段维护申请功能里发起申请，确定维护申请类别，输入相应的抄表段参数（包括抄表计划信息及电网资源等参数），确认发送。

2）选中待审核的抄表段维护申请工作任务，录入审批结果和审批意见，确认发送。

（2）新户分配抄表段。根据新装、变更客户或关口计量装置安装地点所在管理单位、抄表区域、线路、配电台区以及抄表周期、抄表方式、抄表段的分布范围等资料，分配抄表段，以便及时开始客户抄表计费或关口计量。该功能采用流程操作方式，进入新户分配抄表段申请界面，发起申请，指定应分配抄表段后，确认发送，审批合格后生效。

（3）调整抄表段。根据抄表执行反馈的实际抄表路线、抄表工作量及抄表区域重新划分，综合考虑抄表方式变更、线路、配电台区变更等情况，对客户所属抄表段进行调整，使得客户所属抄表段更合理。该功能采用流程操作方式，进入调整抄表段申请界面，发起申请，指定应调整客户及目录抄表段后，确认发送，审批合格后生效。

（4）抄表顺序调整。在一个抄表段内，为待抄表客户编排或调整与实际抄表路线一致的抄表顺序。该功能采用菜单操作方式，进入抄表顺序调整界面，选中待调整抄表段，通过上下移动操作调整抄表顺序，调整完毕后，保存后立即生效。

（5）抄表派工。本着合理分配抄表人员工作量的原则，根据抄表的难易程度等因素为抄表段分配现场抄表人员和抄表数据操作人员，并根据抄表执行情况以及抄表人员轮换要求进行调整。该功能通常在抄表段维护功能中同步实现。

2. 注意事项

（1）抄表段维护、客户抄表段调整、抄表人员调整等操作应通过维护申请流程并经过严格审批后方能生效执行。

（2）客户抄表段调整仅限在同一管理单位内，调整后，系统内客户的历史抄表电量、电费、收费等已发生的数据仍属于调整前原抄表段，新产生的抄表、电费、收费数据记录为新抄表段。

（3）抄表段若处于当月电费计算后的"电费复核"阶段时，不能执行段内客户的调入、调出操作，以保障最终产生的应收电量电费与实际抄表数据相符。在当月电费已发行后或进入"电费复核"前，若客户所属原抄表段和目标抄表段不处于同一电费处理流程状态中，也不能执行客户抄表段调整，只有待原抄表段和目标抄表段电费发行完毕后才能操作。

（4）调整抄表段时需考虑影响电费计算的相关客户的同步调整（如转供与被转供户）。

（5）新装客户属于两部制电价客户或力率考核客户，则不允许所分配抄表段对应的抄表周期大于一个月。

（6）不同抄表方式、抄表周期、计量用途的客户表或计量表不宜编排在一个抄表段内。

（二）抄表机管理

抄表机管理的主要任务是从抄表机资产管理部门领取抄表机，对抄表机发放、返修、返还、报废申请工作进行管理。

1. 操作内容

（1）将抄表机发放给抄表员，记录领用人、领用时间、发放人等发放信息。

（2）在抄表员工作调整、人员转出、抄表机返修时返还抄表机，记录返还原因、返还人员、返还时间等信息。

（3）抄表机发生故障需要修理时，记录抄表机故障信息及修理结果。

（4）抄表机损坏无法修复时，向资产管理部门提出报废申请。

该功能管理的抄表机的资产数据主要包括抄表机编码、类型、生产厂家、状态等信息。

2. 注意事项

因故障退出使用的抄表机应及时在系统内进行退还登记，便于维修后供其他部门使用。

（三）抄表计划管理

根据抄表段的抄表例日、抄表周期以及抄表人员等信息以抄表段为单位产生或调整抄表计划，经过审批后生效。

1. 操作内容

（1）制订抄表计划。根据抄表段的抄表例日、抄表周期以及抄表人员等信息生成抄表计划。该功能采用菜单操作方式，可按月或按年生成，执行后永久生效。

（2）抄表计划调整。当无法按抄表计划进行抄表时，经过审批调整抄表计划。该功能采用流程操作方式，其操作步骤如下：

1）提出调整抄表计划申请。

2）对抄表计划调整申请进行审批。

3）审批通过后生效，同时建立包括原抄表计划日、调整后抄表计划日、调整原因、调整日期、申请人员、调整人员等内容的抄表计划调整日志。

2. 注意事项

（1）每月抄表计划制订后才能开始抄表计费流程。

（2）抄表计划调整操作中确认的计划抄表日期应具有合理性，不可小于当前日期。

四、示例

以下为基于 SG186 标准化设计开发应用的某供电企业营销系统内日常抄表功能的应用示例，抄表方式为手工抄表，抄表计划类型为正常计划。

（1）营销系统抄表功能流程图见图 ZY2300101002-1。

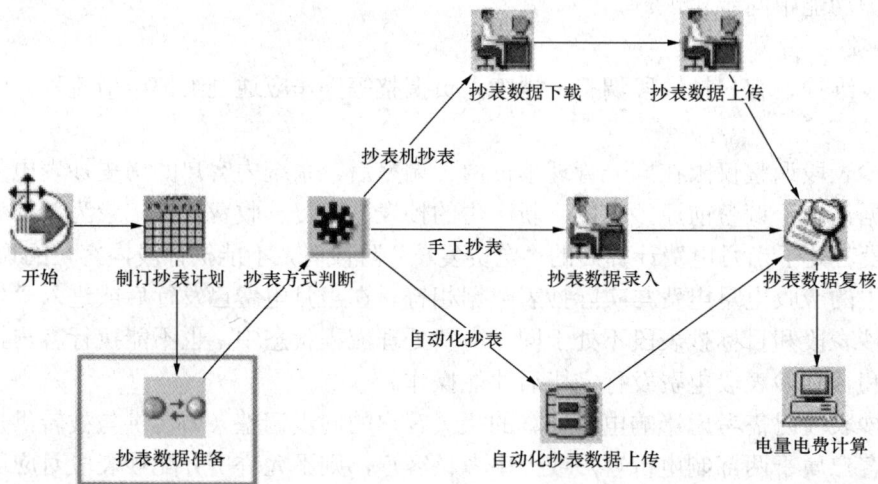

图 ZY2300101002-1 营销系统抄表功能流程图

（2）抄表数据准备。确定以下参数：电费年月输入"200807"，抄表事件类型选择为"正常"，计划抄表日期输入"20080706"，抄表段编号输入"9001070201"，抄表计划类型选择"正常"，点击"查询"，系统检索出相应抄表计划，点击"数据准备"，初始化待抄表数据。

（3）抄表数据录入。选中抄表任务，双击抄表信息，进入抄表数据录入窗口，逐户录入本次示数、抄表状态、异常类型、示数状态等，录入完成后确认发送。营销系统手工抄表界面如图 ZY2300101002-2 所示。

（4）抄表数据复核。选中抄表任务，双击抄表信息，进入抄表数据复核窗口，展开高级查询条件，确定不同的复核类型组合，分类检索出各类待复核抄表信息，逐户确认。

（5）异常处理。对于复核时确认的差错客户，选择"差错订正"，进入订正窗口，重录入订正示数、抄表状态等信息及差错原因后确认。

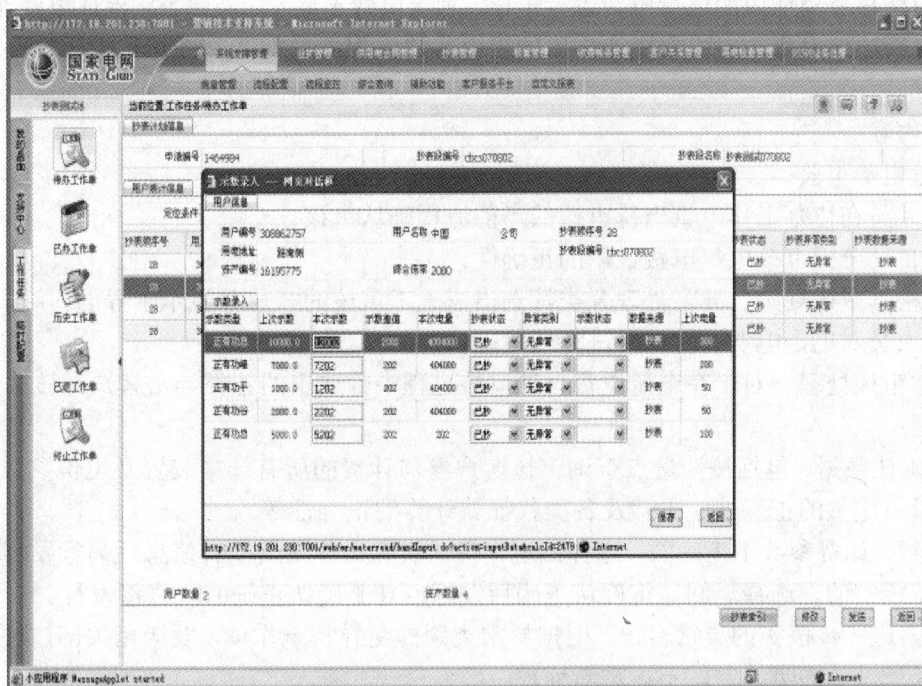

图 ZY2300101002-2 营销系统手工抄表界面

【思考与练习】

1. 简述系统内采用抄表机方式抄表的操作步骤。

2. 结合以上异常处理方法及工作实际，谈谈现场抄表遇到门闭缺抄户，在系统内如何处理？

3. 抄表段管理包括哪些功能，有何作用？

模块 3　核算功能应用（ZY2300101003）

【模块描述】本模块包含日常电费核算、应收电费补退、流程管理、应收报表汇总审核的功能应用等内容。通过概念描述、术语说明、要点归纳、图解示意以及核算工作全过程的功能应用示例，掌握运用系统功能开展核算工作。

一、日常电费核算

在系统内开展电费核算的主要工作包括：电量电费计算、审核管理、电费发行三个步骤，实现方式均为流程处理方式，当抄表复核完成并确认发送后，抄表数据进入核算流程，核算人员在当前任务中查出待办工作单，处理、确认、发送，直至电费发行。电费发行后，客户可以开始通过各种方式缴纳电费。

（一）电量电费计算

1. 操作内容

根据用电客户的抄表数据、用电客户档案信息以及执行的电价标准计算各类用电客户的电量、电费。核算人员在待办工作中查出待计算电费的当前流程，选中后确认计算，系统自动计算并提示转入电费复核流程。

2. 注意事项

（1）系统提供计算结果显示及计费清单打印功能，用于复核及存档。

（2）因参数或表码错等原因引起系统无法自动计算出电费的客户，系统将予以提示，操作时需回退到抄表流程中，直到处理正确后，方能重算成功并发送到下一流程。

（3）为简化操作，系统支持按指定抄表段、抄表人员等多种方式批量计算电费。

（二）应收电费审核

对当月电费核算周期内的电量电费进行审核，确保电费不漏发、不错发，保证电费计算的正确性，审核通过后进行电费发行；对电量电费异常的用电客户，根据异常情况进行相应异常处理，并记录核算的异常情况。

1. 操作内容

（1）电量电费审核：

1）核算人员在待办工作中查出待审核的当前流程确认审核。

2）系统自动分析审核电量电费数据的正确性。

3）系统根据审核规则、异常处理分类筛选出需人工审核的客户并显示于界面。

4）核算人员对电量电费计算结果进行校核确认。

（2）异常审核处理。对于在电量电费自动审核过程中筛选出的各类异常客户，核算人员必须逐户进行相应处理：

1）审核确认数据。包括按计量点查询审核客户参与计费的所有计量装置及电价参数的正确性、抄见数据及计量点电量的正确性、电费及各类代征款计算的正确性等。

2）对计量、计费参数不正确的，选择回退，待重新确认参数及抄表信息后另行发行；对于无法判定正确性、待核实的，选择返回，待确认正确后发行；对于确认正确的，直接发行。

3）对于需进一步核实的异常客户，根据异常类别提交异常工作单，发送相关部门进行处理。其中抄表环节已经处理的同类异常，不再重新处理。

（3）电费发行。确认审核和异常处理完成后，在审核界面里选择发行，系统自动形成应收电费。

2. 注意事项

（1）电费审核过程中的审核规则由各网省公司自行确定，并可根据审核要求和政策变化而调整。通常包括对功率因数异常、变压器或线路损耗异常、基本电费异常、抄见零电量、电量突增突减、电费异常、总表电量小于子表电量、专用线路专用变压器用电、发生业扩变更、发生电量电费退补等各类特殊客户的筛选，系统要求按审核规则检索出的客户必须逐户手工审核确认后，才能成功发行电费，其他正常客户则可批量自动发行电费。

（2）采用直接购电形式的卡表客户，其电费发行在购电成功后同步完成，生成的应收电费以所购电量金额及当时电价下折算电量为依据，并在购电同时完成收费。

（3）电费发行后，电费核算流程完成，如再发现有客户错计电量电费需调整应收的，必须通过电费补退流程处理，并纳入到核算工作质量及差错考核中。

（4）若发现有客户存在影响计费的在途新装或变更工作单未处理完且具备在本计费期内完结条件的，应将电费流程退回，协调相关人员，及时处理工作单后，重计算、审核并发行电费，以便变更信息及时参与计费。

（5）若遇电价政策调整、数据编码变更、系统软件升级等特殊情况，审核时还应对各类电价及电费算法的普通客户进行抽核，不能只复核系统提示的疑问客户，保障系统电费计算、发行的准确性。

二、应收电费补退管理

因国家电价政策变动、客户档案信息错误、计量装置故障、抄表错误、计算差错等多种原因需要对用电客户追加、退减电量或电费，并由此产生新的电费应收信息时，需对客户补退电量电费，在系统中通过退补电费流程处理。

1. 操作内容

（1）政策性退补。当电价政策发布日期滞后于电价政策开始执行日期时，该时间段内发行的不符合电费政策的电费需进行退补。政策性退补电费在系统内的操作方式通常不完全固定，当发生电价政策调整时，首先由系统软件开发及维护人员重新配置政策性退补算法，根据需退补的客户范围确定最简化的操作流程，发布程序及操作说明后由系统自动计算出应退补电量电费，核算人员审核发行，退补方式可以与当月电费合并发行，也可以单独发行。

（2）非政策性退补。非政策性退补申请可以由电费核算、计量、用电检查等各部门提出，系统内操作流程如下：

1）相关人员在系统内进入退补电量电费申请界面，确认退补类型、算法、执行的电价参数、退补电量、退补原因说明等信息，系统自动计算出应退补电费后确认发送，工作单转入到审核流程。

2）审核人员对系统计算出的退补电量电费进行审核（对违约、窃电追补电费已通过审批的，直接进行电费发行）。审核不通过的回退调整方案重新申请，审核通过的提请审批。

3）审批通过后，不需要并入下期电费计算的直接发行电费；并入下期的将在下期电费复核中提示出来，确认后系统将自动累加到下期抄表计算出的电费中，一并发行。

2. 注意事项

（1）抄核收人员在审核政策性退补电费时，应注意检查系统内生成的退补客户范围、退补电费标准是否符合新电价政策变化。

（2）因不涉及对用电客户档案及抄表示数的调整，政策性调价发行的退补电费通常退补电量为零，审核时应注意发行后生成的应收报表的正确性。

（3）为保证工作质量，有效控制差错，系统通常对退补电量电费流程的审批环节设置了额度权限限制，不具备审批权限的人员无法审批发行相应电费。

（4）直接发行的退补电量电费应注意及时统计应收报表，并参与当日及当期应收汇总，保障电费发行的正确性。

（5）并入下期发行的退补电费，若遇本期电费正在计算复核中，尚未发行，可对该户选择单户重算流程，重新获取正确档案及退补电费，使退补能及时在本期内结算完毕。

三、核算流程的回退处理

在电量电费复核过程中，若发现存在批量漏抄、异常未处理情况，或抄表人员发现差错申请回退的，可批量或单户将抄表计费流程回退到抄表状态，系统将认定相应抄表质量存在差错。

四、应收报表的汇总审核

各类应收电费正确发行后，核算人员应在系统内统计、生成应收电费报表，校验系统内生成的应收报表的正确性，保障已发行电费上报的完整、准确，及时处理漏发行、错发行电费。应收报表统计汇总采用菜单操作方式，进入相应界面后，确认日期、应收类别、抄表段范围等统计范围条件，系统自动统计并提交结果数据，允许打印及转出电子表格文件。

1. 操作内容

（1）按抄表段统计正常抄表发行的电费，审核报表的勾记关系，对检查出的漏发行、错发行电费处理正确并发行后，重新统计正确的应收电费报表。

（2）按电费类型、发行日期统计已发行的各类退补电费应收报表，审核报表的勾记关系，对错误进行处理并重统计报表。

（3）根据考核要求，按日、按旬、按处理人员汇总各类应收电费报表，审核汇总报表的正确性，处理差错。

（4）按月汇总基层供电企业的应收电费报表，审核报表正确性，确认是否存在漏统计或待发行的电费，消除异常后，汇总确认当月发行的正确的应收电费。

2. 注意事项

（1）应收日报、应收月报统计中包括卡表购电客户电量电费数据。

（2）若退补电量电费发行负应收时，系统自动将应退电费转入客户预存中。

（3）当月末所有应收正确汇总完毕后，应对当月应收进行关账处理。关账后，一般不再发行当月电费，若需发行新应收电费时，系统将其计为下月应收。

（4）关账后，打印当月应收汇总报表，保管备查。

五、基于SG186标准化设计开发应用的某供电企业营销系统内日常电费核算功能的应用示例

（1）登录系统，选择待计算电费的当前工作单，确认处理，系统根据工作单对应范围计算客户电量电费。系统计算成功后，流程发送到电费审核岗位。

（2）选择待审核的当前工作单，按审核要求分类检索出待审核客户，显示于审核处理界面的左上部客户显示区域，逐户选中后，依次审核右上区域的计量点树图、左下区域的抄表信息及计量点电量、右下区域的目录电费等信息。本示例对选中的××抄表段进行复核，按约定审核规则筛选出某公司的电量电费信息，如图 ZY2300101003-1 所示。

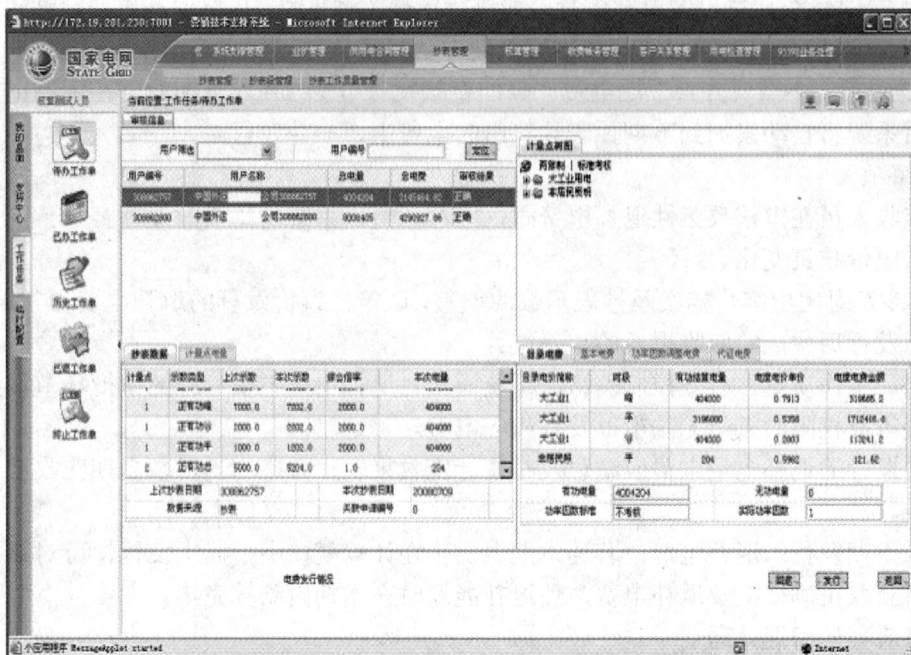

图 ZY2300101003-1　营销系统电费审核界面

（3）在【计量点树图】审核计量点关系，如图 ZY2300101003-2 所示。

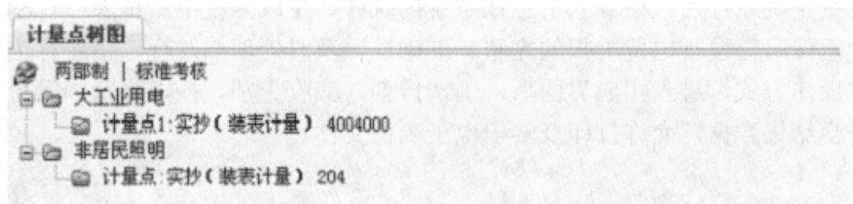

图 ZY2300101003-2　营销系统计量点审核区域

（4）在【抄表数据】、【计量点电量】审核电量信息，如图 ZY2300101003-3 所示。

计量点	示数类型	上次示数	本次示数	综合倍率	本次电量
1	正有功总	10000.0	12002.0	2000.0	4004000
1	正有功峰	7000.0	7202.0	2000.0	404000
1	正有功谷	2000.0	2202.0	2000.0	404000
1	正有功平	1000.0	1202.0	2000.0	404000

上次抄表日期	308862757	本次抄表日期	20080709
数据来源	抄表	关联申请编号	0

图 ZY2300101003-3　营销系统抄表信息审核区域

（5）在【目录电费】、【基本电费】、【功率因数调整电费】、【代征电费】审核电费信息，如图 ZY2300101003-4 所示。

目录电费	基本电费	功率因数调整电费	代征电费

目录电价简称	时段	有功结算电量	电度电价单价	电度电费金额
大工业1	峰	404000	0.7913	319685.2
大工业1	平	3196000	0.5358	1712416.8
大工业1	谷	404000	0.2803	113241.2
非居民照	平	204	0.5962	121.62

有功电量	4004204	无功电量	0
功率因数标准	不考核	实际功率因数	1

图 ZY2300101003-4　营销系统电费信息审核区域

（6）审核不通过，则单击【返回】按钮；审核通过，则单击【发行】按钮，发行电费。

【思考与练习】

1．试述系统内核算处理的流程。

2．哪些类客户需在系统中重点复核？

3．简述复核中发现的异常问题在系统内应如何处理。

4．政策性退补与非政策性退补在系统功能实现上有何差异？

模块 4　收费功能应用（ZY2300101004）

【模块描述】本模块包含日常收费、退费调账、分次划拨、欠费管理、呆坏账登记的功能应用等内容。通过概念描述、术语说明、要点归纳、图解示意以及收费工作全过程的功能应用示例，掌握运用系统功能开展收费工作。

【正文】

一、日常收费功能应用

（一）坐收

1．操作内容

坐收在系统内的操作包括收费登记、平账、解款及日终报表统计，操作均为菜单方式。

（1）收费登记。进入收费界面，输入待收费客户编号或缴费关联号，查询出客户及关联客户的欠费后，选择客户付费的结算方式，输入支付金额，选中待缴电费，确认收费。

坐收现金，系统直接销账，日终合并解款；收取非现金电费资金，系统提供两种销账模式：直接销账方式或收妥入账方式。各网省可自行确定采取哪种销账模式。

1）直接销账方式选择收费时登记所收支票、转账进账单信息后，系统直接确认实收。

2）收妥入账方式选择收费时登记所收支票、转账进账单信息后，系统不直接确认实收，待进账单与对账单对账完成后，系统对应登记销账。

（2）收费整理。必须在系统内完成的收费整理工作包括以下内容：

1）按日统计实收交接报表，将实际收取的各类资金与系统内实收碰账，不相符查明原因并处理，直至完全平账。

2）对收取的各类资金进行解款，对于现金或支票类需进账的资金形式，打印解款单到银行解款。

3）统计打印解款交接报表，与进账后的各类电费资金凭据一并整理、平账、上交。

2．注意事项

（1）系统内实收电费必须与收取资金、相关票据平账，以防止错解款、错登记收费及收费员长短款。解款前发现的错收费允许冲正，解款后发现的错收费必须核实资金是否到账，到账则需进行退费处理，未到账需在解款撤销后冲正。

（2）为保障资金管理的正确性，解款金额由系统依据销账情况自动生成，不允许修改，若金额与实际收到资金不一致时，应采用冲账方式，取消当笔收费，重新按实际收到的资金金额收费，并进行收费整理。

（3）通常，系统内对现金解款信息命名为解款单；非现金解款信息命名为进账单。

（4）对部分交费、预付电费、分次划拨及电费在途的客户若采用坐收方式缴纳了电费，应开具收据，待客户结清电费或收回在途电费发票后再凭收据换取发票。采用收妥入账方式，对于收取支票、本票等票据的，也仅开具收据，待款项到账时再凭收据换取发票。

（5）对于需要开具增值税发票的客户，应依据电费账单中普通发票开具金额、增值税发票开票金额、违约金金额分别出具普通电费发票、电费收据，再凭账单、缴费收据换取增值税发票（根据相关政策，电费金额中的居民电价电费、农网维护费、违约金部分不能开具增值税发票）。部分地区直接使用普通电费发票代替电费收据，但在票据中注明"非普通电费发票，不作为报销凭证"的字样。

（6）客户部分缴纳电费时，可按违约金、目录电度电费及基本电费、代征电费等项目的不同顺序进行销账，也可以按各电费项目占该笔电费金额的比例进行分摊销账，系统提供相应的收费顺序确认功能。

（二）走收

1. 操作内容

（1）走收责任人确定。进入抄表段管理界面建立抄表段的收费方式、收费责任人信息。有些地区增加了走收点管理层次，允许抄表段或客户对应到走收点，同时，走收责任人可以按走收点分派。

（2）走收准备。进入走收票据打印界面，按走收点、台区、抄表段等方式打印走收清单、电费发票等票据，走收收费人员领取已打印好的清单、票据，核对待收费金额是否相符，确认无误后，系统对该批走收客户进行收费锁定。

（3）现场收费。现场收费，对客户交付的现金、非现金当面进行清点、审验，合格后交付发票，做到票款两清。

（4）银行解款：

1）核对所收现金是否与已收费发票的存根联金额一致，不一致应查找原因。核对正确后，按收费业务要求进行现金解款、支票进账等，保存好进账票据。

2）解款后，在收费清单上注明当批电费的解款日期。

（5）走收销账。在走收销账界面里选中待销账走收批次（走收清单对应的单户、抄表段或多抄表段），选中已收费户，进行销账并记录客户的缴费日期，销账结束后生成解款信息。

（6）票据交接：

1）统计生成走收人员收费交接单。

2）将走收人员收费交接单、应收费清单、现金银行缴款回单、支票进账回执、已收费发票存根、未收发票等凭据进行交接。交接双方清点和核对收费票据、收费金额与走收人员收费交接单和系统生成的解款单是否相符，出现差错的，查明原因及时处理。

（7）走收解锁。系统对当批走收客户解锁，其中的未收客户可采取各种手段缴纳电费，若需重新走收且电费违约金发生变化的，应将原发票作废，重新打印发票。

2. 注意事项

（1）为方便客户缴纳电费，走收任务形成后，也可不对当批客户欠费进行锁定，若客户在走收在途期间通过其他方式缴纳电费，则相应收费点为其提供收据，客户可凭收据换取正式发票。

（2）如果条件许可，走收人员也可先在系统内销账并生成解款单后，凭解款单到银行进账。

（三）代收

代收电费的收费、销账过程在合作代收机构完成，供电企业对于代收业务需开展的主要工作是日终交易对账，使代收机构在供电企业中登记收费的电费汇总金额与银行到账资金相符且明细正确，对账处理功能详见"代收电费系统应用"相关章节。

（四）代扣

1. 工作内容

（1）代扣文件生成。进入代扣处理界面，选择指定供电企业、银行、应收电费发行日期范围，生成银行批量扣款的文件，同时对已进入批量扣款文件的电费进行锁定。若应收电费发行日期范围不选择，则默认为截止到当前已发行的应收电费。

（2）代扣文件发送及扣款处理。银行提取代扣文件（或电力方将扣款文件传送给银行），银行进行扣款处理。扣款后，生成扣款结果文件。

（3）代扣文件返回、销账。接收并读取银行返回的扣款结果文件，读取返回成功笔数、金额，与银行到账资金核对无误后确认，系统进行批量销账，对成功缴款客户记录扣款时间、扣款单位等，对未扣款成功的电费进行解锁，记录扣款不成功的原因。

（4）收费整理。统计当批实收电费报表，生成解款信息，通知催费人员对扣款不成功的客户开展催费工作，或按上述流程重托出。

（5）补打发票。已缴费客户到供电企业或代收机构柜面索取发票，柜面人员核实已缴费事实，验明缴款凭据和客户有效身份证明后，为客户打印电费发票。

2. 注意事项

（1）为提高收费效率、方便客户缴费，代扣期间也可不进行电费锁定，代扣期间客户通过其他方式缴纳了电费，收费点为其开具发票，若同时成功代扣的，代扣电费自动转入预存。采用这种方式时，需做好重复缴费客户的解释、服务工作。

（2）为提高系统运行效率，代扣处理流程也可由供电及银行方系统自动完成，预先设置好代扣文件处理的定时任务，利用系统空闲时间自动启动运行。

（3）低压代扣客户的欠费通常采用反复重托的方式催收，即退票后，欠费将自动在下批代扣数据中托出。

（4）催费人员应关注每批代扣返回的退票记录。对于余额不足的，通知客户尽快续存电费。对于账户错误的，及时与客户核对协议资料是否正确。

（五）特约委托

1. 工作内容

（1）电子托收或小额支付。特约委托电子托收或小额支付业务在系统内的操作流程与代扣基本相同，主要区别在于客户缴费协议确定的付款方式不同，银行扣款流程不同。

（2）手工托收：

1）手工托收任务生成。进入特约委托手工托收处理界面，选择供电企业、缴费方式、应收电费发行日期范围，生成手工托收批量扣款任务，同时对该批电费进行锁定。若应收电费发行日期范围不选择，则默认为截止到当前已发行的应收电费。

供电企业可与银行协商，手工托收也传递电子文本，银行在手工清算过程中依据电子文本手工逐户登记收款及退票，并以电子形式返回扣款情况，方便供电企业批量电子销账。

2）托收凭证、票据准备。分类打印特约委托收款凭证及电费发票；对于采用分次划拨的，前几次托收时打印收据，月末最后一次结算时打印电费发票；对于采用分次结算的，开具发票，月末最后一次结算时除打印电费发票外还需打印全月电费清单。

审核票据张数、金额是否与系统内当批应收笔数、金额一致，审核无误后，按客户开户银行分类装订凭证票据，为每个清算行制作一个封包，注明该封包应收电费的总笔数、金额。

3）送达银行清算。将封包送达银行，银行进行手工清算扣款，返回入账通知单及退票凭证票据，采用电子登记的银行同时返回扣款电子文本。

4）手工托收销账。根据银行返回的入账通知单进行销账，记录资金到账时间等信息；对于退票，录入退票理由，便于催费人员开展催费工作。采用电子方式返回扣款信息的，接收银行返回文件后，由系统批量销账。销账成功后，系统自动对当批未收数据进行解锁。

5）欠费催缴。退票后的欠费，及时通知催费人员开展催费或重新托出。重新托收时，若电费违约金发生变化的，应将原发票作费，重新打印发票，没有发生变化的，使用原先的发票。

2．注意事项

（1）若多个客户通过一个银行账号进行托收，发票上的单位名称可以打印为付款单位名称。

（2）增值税客户托出电费时只能打印收据、电费账单或销货清单，随托收凭证一并送达银行，待成功付款后，客户可到供电公司换取增值税发票。

（3）退票或超过正常日期未返回托收回单的，需重新托收或转入其他收费方式催收电费。

（六）预存电费

客户到供电企业预存电费一般都在营业窗口办理，其系统操作与坐收电费相同。

（七）其他收费

购电客户缴费时，系统内收费销账操作取决于客户采取的缴费方式。

到供电企业柜面缴纳的，与坐收方式相同，不同的是在收费流程操作完成后，还应在相应预购电系统中充值，保证相应系统获取客户新购电量，允许客户用电。

采用自助终端、电话银行、充值卡等各种自助方式缴纳电费的，其收费流程与代收完全相同。此外，由于这部分客户缴纳电费后无法获得电费发票，当客户到供电企业柜面索取发票时，柜面人员应参照代扣流程中发票补打要求，为客户打印电费发票。

业务费收费操作一般也在供电企业柜面完成，操作与坐收电费相同。

二、退费调账功能应用

1．操作内容

（1）调账、退款申请：确定错收电费客户、指定日期范围，系统显示出指定日期范围内已收电费信息，选中错收电费，申请调账或退款，对于调账，登记应收客户，对于退费登记客户身份证件及号码，系统产生调账或退款申请流程。

（2）调账、退款审批：审核人员在当前工作任务中选中调账或退费申请流程，记录审批意见并注明理由，流程返回到申请人。

（3）调账、退费执行：申请人在当前工作任务中查出该调账或退费流程，确认执行调账或退费，对于退费，打印退款凭证并交付客户签字确认，流程执行完毕。

（4）财务退费：对于退费流程，按照退费资金管理规定，收费员退还相应资金给客户，收回客户签字确认的退款凭证。若需开具支票退费的，由财务部门开具退费支票给客户。

2．注意事项

（1）调账流程不发生解款信息变更，但若系统未实现该流程时，则需采用退费及重新收费方式处理。

（2）调账、退费流程最终均需统计实收日报、月报，以保障系统内销账登记的实收与进账资金相符。

三、分次划拨管理功能应用

1．操作内容

（1）协议管理。菜单操作方式，进入分次划拨协议管理界面，选择新增、变更协议，登记划拨期数、计划日期、收费方式、协议方式、协议值。

（2）应收发行。在每月初，进入分次划拨协议管理界面，选定操作年月，制定分次划拨计划，系统根据计划结算协议，自动生成分次划拨应收数据。

当客户分次划拨协议发生变更、新增或删除时，按户对未发行或发行未收费的分次划拨计划进行调整。

（3）实收登记。到了划拨日期，通过各种缴费方式，进行收款。客户缴纳费用后，如实在系统内登记销账，实收记入预存中，并为客户开具收据。

对于未按期结清的、分次划拨电费的，制定催费策略开展催收。

（4）月末结算。月末抄表结算电费发行后，按客户约定的各类缴费方式如实结算尾款，如有溢收，作为预收，在下月分次划拨发行时扣除本部分预收，或者退还给客户。

结算成功后，打印电费发票、结算明细清单，送达给客户。

（5）辅助功能：

1）检查分次划拨情况，显示没有按计划执行的客户，便于收费人员查明原因及时处理。

2）月底统计生成电费分次划拨计划报表及电费分次划拨执行情况报表。

3）统计本期分次划拨增加的客户数，减少的客户数，并查询变化客户明细。

2. 注意事项

（1）为做到公平交易，月末收费结束后，可将当月计划结算溢收电费通过退费流程全额退还给客户。

（2）若月末结算时，计划结算溢收电费金额大于次月首笔计划结算应收时，应在生成计划时对该户做暂停代扣及特约委托托出处理，防止反复收重客户电费。

四、欠费管理功能应用

1. 操作内容

（1）违约金暂缓。对指定客户提出违约金暂缓申请，输入暂缓期限，审核人员对暂缓违约金进行审批，审批合格的，确认生效；审批不合格退回重申请。

违约金暂缓生效后，客户在暂缓期内缴纳电费将不收取违约金。

（2）违约金退还。根据收费方式、收费时间范围、客户编号确定需要退还的违约金，提出退还申请，确定退还方式；对违约金退还申请进行审批，答复审批意见，流程转申请人；直接退还给客户的，进行退费处理，否则，转预收。

（3）催费责任人管理。对催费段进行维护，并对催费责任人变更、调整进行的管理。主要功能包括催费段维护、新户分配催费段、调整客户催费段、调整催费员。

（4）欠费风险管理。根据客户关系管理功能对客户信用、风险作出的评价，结合实际电费回收情况，修正客户风险级别。主要功能包括欠费风险级别调整申请、调整审批、调整欠费风险级别。

（5）催费管理：

1）催费策略维护：在系统内对不同客户分类、缴费方式、欠费情况，制定催费策略。

2）催费：根据催费策略，按照指定条件制定催费计划；通过电话、短信、人工上门等各种手段开展催费，在系统内如实记录催费过程和结果。

3）还款计划管理：在系统内登记与客户签订的欠费还款计划，记录还款时间、还款金额、联系人和联系方式，并记录计划执行情况，对于成功还款的进行归档。

（6）欠费停复电管理。包括停（限）电申请、停（限）电通知、确认停电、现场停电登记、确认停电完成、复电登记、复电登记等处理界面。

2. 注意事项

（1）在进行已收取的违约金退还操作时，应收回电费发票，重开票，并需翔实记录退还原因。如果客户仍有欠费，退还的违约金必须首先抵冲欠费。

（2）违约金暂缓、退还审批权限由各网省公司自行规定，系统通过标准流程，实现对不同金额违约金审批权限的配置，保障违约金收取政策的严格执行。

五、呆坏账登记功能应用

1. 操作内容

（1）坏账申报。选择待申请坏账的欠费，确认待核销总金额、核销本金、核销违约金，注明申请理由，确认申请人身份，生成坏账申请流程，转入审批岗位。

（2）坏账申报审核。选择待审核坏账申请，审核人员根据坏账认定的要求认真审核申报材料，在系统内登记审核意见，对于不允许申报的，取消申报或退回到申请人重新准备申报材料再申报。

（3）发票打印。申报审核通过后，在系统内打印相应欠费发票。若系统提示无待打印发票，则表明该欠费发票在催费期间已打印，应向相关催费人员追回发票。

（4）坏账核销登记。将坏账申请流程及相关凭据报上级部门审批，允许核销后，在系统中登记管理部门、客户编号、欠费时间、欠费额、欠费风险级别、申报时间、核销原因、是否破产、破产时间、证明材料（破产依据）等。

（5）坏账核销审批。对申报的坏账进行审批，记录处理人、处理时间、处理意见、处理结果。复核通过，等待核销处理。

（6）坏账核销。对审批通过的坏账，进行账销案存处理。形成核销坏账表。记录欠费为坏账，将核销结果传递给记账凭证管理，应收账款作销账处理。

（7）坏账回收。对追索回收的电费资金，及时进账，并在系统内进行坏账收费销账，将核销坏账收费结果传递给记账凭证管理，进行相应会计事务处理。

2．注意事项

为简化操作，通常坏账材料准备、申报、坏账认定审核过程都是采用手工方式完成的，系统处理流程从坏账核销登记开始。

六、坐收电费业务处理示例

（1）进入电费收缴坐收收费界面，选中"发票号码"或者"收据号码"，在弹出的设置票据号码页面中，确认待收费使用的票据信息，保存返回到收费界面。本示例中选中了编号00653061～00653100号段内的电费发票，如图ZY2300101004-1所示。

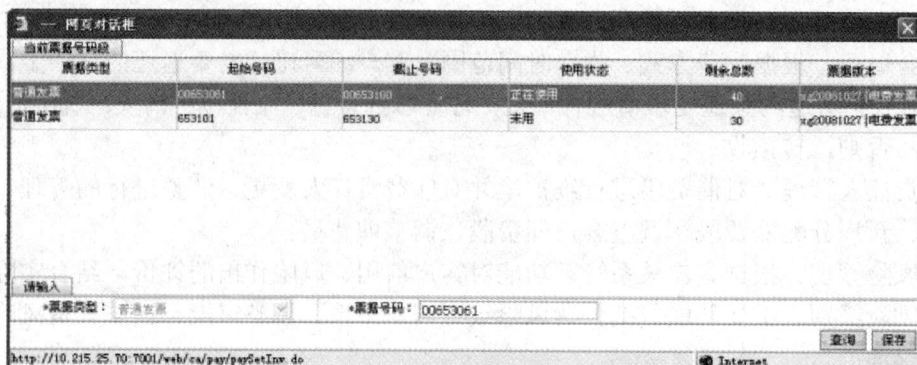

图 ZY2300101004-1　营销系统票据设置确认界面

（2）输入待收费客户编号，查询出该户的欠费信息，选择正确的"结算方式"、"实收金额"，确认收费。本示例收取某地区第二机床制造责任有限公司2008年12月电费，结算方式为现金支付，电费金额207 925.61元，实际收取207 926.00元，客户确认不找零，应找金额确认为零，本次收费后预存余额为0.39元。

实际收费过程中，电费金额较大的客户通常不会采取现金的结算方式，如果"结算方式"为"支票"或"汇票"时，则须输入"票据号码"并选择"票据银行"。

图ZY2300101004-2为营销系统坐收界面。

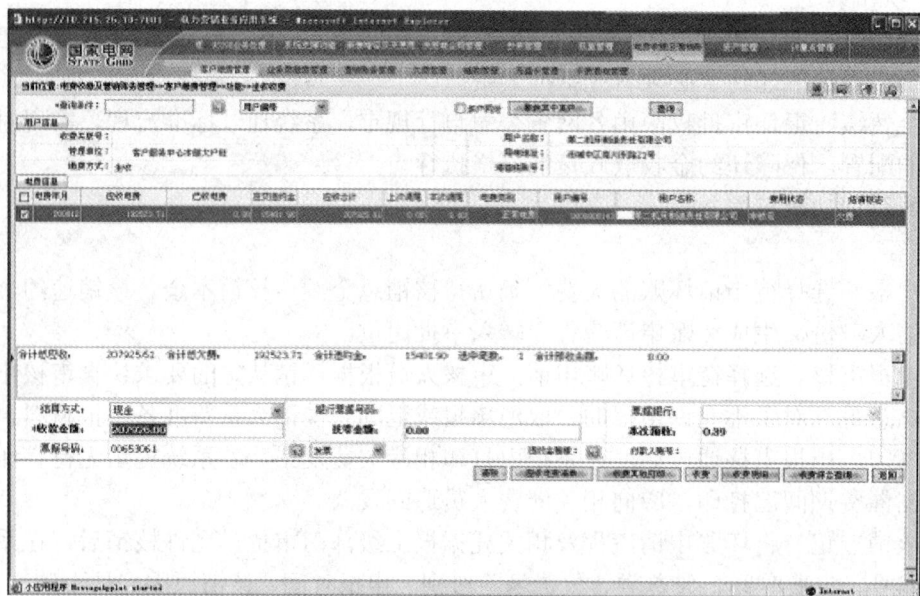

图 ZY2300101004-2　营销系统坐收界面

（3）进入电费收缴解款界面，如图 ZY2300101004-3 所示，选择缴费方式为坐收，输入收费时间为 2009 年 2 月 15 日，查询出未解款的收费信息，选中需解款的收费记录，核对笔数、金额，选择解款银行为农业银行，确认解款。

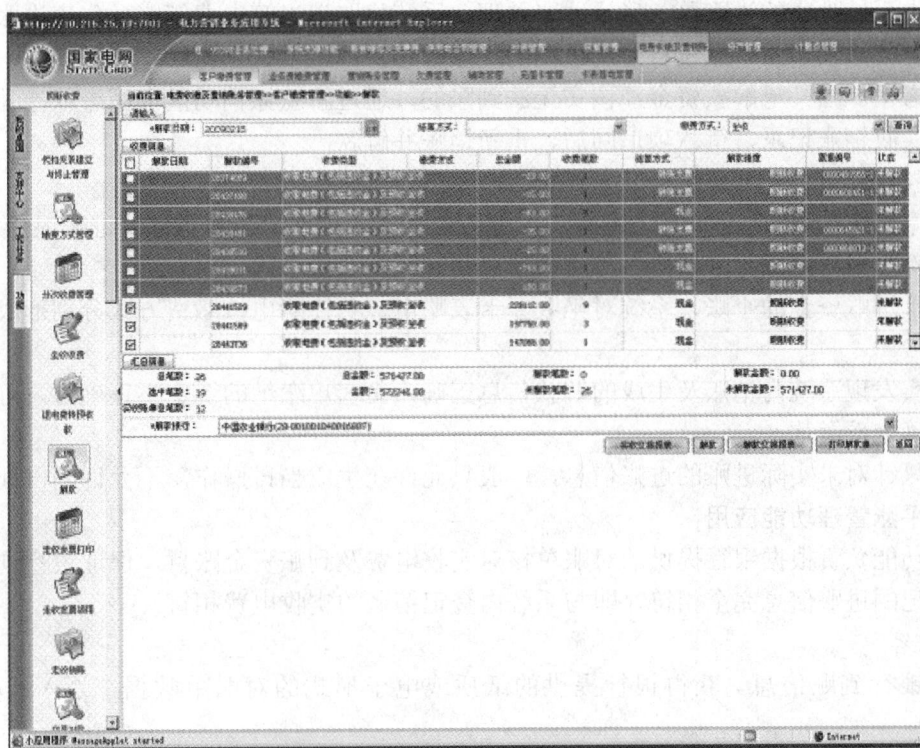

图 ZY2300101004-3　营销系统坐收解款界面

【思考与练习】

1．试述系统内坐收电费的业务处理流程。

2．简述分次划拨管理的主要功能。

3．试述系统内退费及调账业务处理流程有何差别。

4．请叙述系统内开展欠费停复电业务处理的流程。

模块 5　账务处理功能应用（ZY2300101005）

【模块描述】本模块包含进账管理、资金平账管理、报表管理、发票管理、缴费协议管理的功能应用等内容。通过概念描述、术语说明、要点归纳、图解示意以及电费账务工作全过程的功能应用示例，掌握运用系统功能开展电费账务处理工作。

以下重点描述与抄核收人员相关的账务处理功能应用。

【正文】

账务处理功能的作用按照《企业会计准则》的规定，遵循有借有贷、借贷相等的会计记账原则建立电费账务管理体系，通过资金和电费销账的准确登记、平账及凭证记账，使营销电费实收与财务资金到账完全相符，最终向财务系统报送相关的记账数据。同时，实现发票、客户缴费协议等相关管理功能。

一、银行资金进账管理功能应用

银行资金进账管理功能是指收费人员以各种形式回收电费资金后，在系统内进行实收销账，系统按销账情况形成进账资金信息的功能。

1．操作内容

（1）进账信息生成。在收费销账界面里确认收费后，系统按收费方式、结算方式自动生成进账信息。其中：现金缴费的，系统生成解款单，提供给收费人员进行现金进账；非现金缴费的，系统根据登记收费的结算方式、票据编号、票面金额、进账银行生成进账单信息。

（2）进账单冲账。当系统生成的进账信息与实际收取费用不一致，即错销账且资金尚未进账到指定银行时，选中系统生成的进账单，确认冲账处理，系统将取消当笔电费销账并作废进账信息。收费员核实收费情况并重销账后，系统将生成正确的进账信息。

（3）解款撤销。当某笔解款资金经核实无法到账的，通过解款撤销功能取消缴款，并撤销当笔解款对应的所有实收销账记录，待款项追回后，重新销账并解款。

2．注意事项

（1）为保障系统生成的进账信息准确无误，登记收费时，应注意进账方式、进账银行、进账金额、进账日期等关键因素的准确记录，以保障进账信息与到账资金能准确勾对。

（2）为便于进账资金的平账，系统对坐收、卡表购电、负控购电按缴费方式分别形成解款单，分批进账。

（3）若核实发现系统内销账及生成的解款信息正确，而客户缴纳的资金不正确时，可要求客户换票并重新按正确金额缴款。

（4）冲账只针对未实际进账的进账信息，一般只允许在生成当日操作，不允许隔日处理。

二、资金平账管理功能应用

资金平账功能负责根据银行提供的对账单核对实收电费及到账资金账目，保证银行到账的电费资金与系统内登记的进账信息完全相符，即与系统内登记销账的实收电费相符。

1．操作内容

（1）接收银行到账信息。获得银行提供的纸质或电子形式的对账单数据，录入或导入到营销系统。

（2）到账确认。系统根据单号、金额、到账日期、借贷和结算方式一致的规则，将进账信息与银行提供的对账单信息进行对账，能成功关联的，自动平账，记录到账确认日期、到账确认人等信息。对于无法确定关联关系的部分，由人工进行平账处理，系统提供按金额、进账银行、进账日期等多种辅助平账提示，便于操作人员逐笔核对。

（3）复杂平账处理。对于实收销账确认的应进账资金与实际到账资金不一致的，通过系统提示出的多笔对账单及多笔进账信息，在平账界面手工逐笔确认平账，系统提供多笔对多笔的平账功能，或提供对账单合并、拆分功能，使销账与资金最终能一一对应平账。

（4）未达账管理。系统提供对"银未达供电已达"、"供电未达银已达"等各类未达账项的统计、查询、打印功能，便于收费、账务人员分析未达账形成原因，及时处理。

1）若银行未达，联络银行，追查资金，对于确实无法追回的，进行解款撤还及取消销账处理，同时通知客户重新缴费，重新缴费的客户，可进行换票处理，登记换票原因、换票时间，不需退回发票和重开发票。

2）若供电未达，通过银行核实付款人、账号及付款人联系方式，与客户取得联系，确认付款信息并获取进账回执后，按资金的结算方式在系统内及时收费销账。

2．注意事项

（1）为了准确掌握银行存款的实际余额，防止电子记账差错，在开展对账工作中，还应将银行提供的电子对账文件与纸质对账单核对账目，使银行存款与每笔到账资金的电子信息完全相符，保障电费账户资金的安全和完整。

（2）当发生错误平账时，可在到账确认功能中进行入账撤还，取消解款单与对账单的钩对关系，待找出准确钩对关系后再进行平账。

三、账务报表管理功能应用

账务报表功能的目的是在每笔电费实收正确登记的情况下，汇总资金及电费实收，达到总账平账目的，在总账不平时，审核、分析、查处各类不正确登记信息。在实收与资金平账的前提下，实现应收电费、实收电费及欠费账的平账。报表管理的基本要求是日清月结，以每日平账为基础，实现月末报表的正确汇总、平账、审核、上报。

1. 操作内容

（1）应收管理：统计、查询指定单位的日应收或月应收发行电费金额。

（2）实收报表管理：按单位、部门、收费类型、指定日期范围统计实收费用的笔数、金额，允许统计的收费类型包括电费、违约金、预收、业务费、调尾等。

（3）解款报表：按实收报表统计、查询对应的解款明细及汇总报表，并提供解款是否到账确认的查询功能。

（4）账目统计：按财务管理要求，对系统内销账形成的会计分录、对账单分科目汇总统计，形成"科目余额表"、"科目平衡表"、"科目汇总表"等账务报表。

2. 注意事项

（1）在收费业务量较小的地区，账务报表的统计、审核工作可多天归并一起处理，此时在系统中确认日期时输入指定时间范围，操作方式、内容与按指定日期完全相同。

（2）账务报表核对发现的收费明细流水与汇总不符等不平账项，查明原因并处理后，应重新进行账务报表的统计、审核及上报。

四、科目、记账管理功能应用

为实现电费账务的全面管理，系统还设置了科目管理、记账凭证管理等功能，因与抄核收人员的日常工作关联不大，在此不作详细叙述。

1. 操作内容

（1）科目管理：

1）根据财务要求，设置营销内部的科目。

2）科目变化时，登记完原有的会计凭证，建立新科目，批量结转营销的科目余额，制定新的记账规则，维护会计分录模版。结束科目变化前，应检查借贷平衡关系，发现错误，查明原因，纠正错误。

3）期末关账。在系统内检查是否可关账，审核通过后执行关账准备操作，新发生的业务自动记入下一个会计期间。进行损益类科目结转，统计科目平衡表、汇总表等各类报表，检查报表平衡关系，不平衡时，查明原因，纠正错误。根据需要将账龄分析等数据转存，在系统内执行关账操作。进行账务报表上报。

4）业务模式更改关账：对科目调整等业务模式更改操作进行的关账处理。

（2）记账凭证管理。系统对每笔电费销账自动按会计事务分类编制每笔缴用流水的会计分录，记账凭证管理功能就是对会计分录进行凭证制作、审核、记账。系统内凭证内容包括摘要、科目代码、科目名称、借方金额、贷方金额、合计金额、制证人等信息。

2. 注意事项

（1）账务人员应对各类应、实收凭证及账务报表等相关资料进行妥善保存，定期装订、归档备查。

（2）应收账款下级科目按电费结算月份分别记账。

（3）作电费回收凭证时贷方的应收账款科目拆分到电费、三峡基金、市政附加费等科目。

（4）由于本地代收其他单位、其他单位代收本地电费情况的记账处理较复杂，系统一般未实现该类业务的记账功能。

五、票据管理功能应用

票据管理功能是在系统内对电费普通发票、增值税发票、托收凭证、收款收据等各类票据进行入库登记、分发、领用、缴销、作废、退库等票据使用全过程的管理。

1. 操作内容

（1）票据版本管理。进入票据版本管理界面，在系统内对允许使用的票据的种类、每种票据现用的各批次的版本编号、对应票据编号等信息进行登记、变更及查询操作。

（2）票据入库、分发：

1）票据检验入库：在系统内按票据类别、票据号码范围进行整批入库操作，记录入库结果（入库人员、入库时间、入库机构、张数、票据类别、票据号码），该批票据记录为入库状态。

2）根据基层票据领用申请计划，票据管理专责在系统内选中发票批次、接收部门或接收人，分发票据，该批票据记录为已分发状态。

（3）票据的领用、发放、退还：

1）票据使用部门领用票据：按票据类别、票据号码范围整批调拨接收票据，记录领用结果（领用人员、领用时间、入库机构、票据使用部门、张数、票据类别、票据号码）。

2）票据使用部门返还未用票据：申请、返还未用票据，记录返还结果（返还人员、入库人员、返还时间、入库机构、票据使用部门、张数、票据类别、票据号码）。

3）开票人领用票据：按票据类别、票据号码范围整批领用，记录领用结果（领用人、领用时间、票据使用部门、张数、票据类别、票据号码）。

4）开票人上交票据：按票据类别、票据号码范围登记上交票据，记录上交结果（上交人员、交接人员、返还时间、票据使用部门、张数、票据类别、票据号码，开票状态）。

5）返还未用票据：收费人在系统内登记返还未用票据，供其他开票人领用。

（4）票据的打印登记、作废。收费员在通过各种方式开展收费时逐笔登记使用的票据编号，对于错开票据进行作废登记，对于批量错误登记发票编号的进行票据登记维护，保证实际开具票据与系统内登记完全相符。并将已用发票、作废发票按要求装订整理保管。

2．注意事项

（1）票据委托银行、超市等第三方代收机构开具的，应执行与票据使用部门同样的领用、开具、核销的管理程序。

（2）系统内电费及业务费发票只允许打印一次，当因操作错等原因需重复打印发票时，应说明原因，通过票据管理人员审批，方能作废、补打，并对发票作废情况予以考核。

（3）票据入库、分发功能由供电企业票据管理专责负责，基层操作员无权使用该功能。

（4）为保障系统内登记票据数据的完整性，发票版本编号不允许删除，并可随时查询。

六、缴费方式管理功能应用

1．操作内容

（1）客户缴费协议管理。根据用电客户签订的缴费协议，在系统内登记建立、变更、终止客户的缴费方式。根据用电客户的电费结算协议，对分次划拨的客户登记划拨方式、划拨时间、违约处理等资料。

在系统内办理用电客户协议签订、变更、解除时，还应注意按以下流程办理：

1）客户阅读并填写协议书（对公客户在协议上加盖账务专章）。

2）柜面人员审核客户有无欠费，证件、签章是否有效，填写账户是否与提供的银行卡、存折或对公账户证明是否相符。对于欠费客户要求先结清电费再办理，证章、账户检查不合格的，请客户补齐相关材料。

3）柜面人员机内登记相应的签订、变更、解除信息。

4）系统打印登记信息。

5）客户确认签字。

6）机内确认，协议生效，存根联存档备查。

（2）批量协议资料更新。由于客户签约只能与银行或供电企业双方签约，实际业务处理却涉及三方，因此就出现了供电企业与银行资料的同步问题。供电企业与合作银行间可根据实际需要（如银行账户升级）以文本形式批量核对、同步协议资料，或将银行协议批量导入到供电企业；或将供电企业协议批量导出指定银行，业务流程根据具体需求确定。

（3）关联客户缴费协议登记。根据用电客户的委托缴费协议，在系统内建立、变更、终止委托缴费对象的关联，允许多个客户委托一个客户缴费。建立关联后，该客户新发行的电费，可由委托缴费对象缴费。

2．注意事项

（1）代扣协议属于合同范畴，具有合同的法律效力。客户到供电企业办理代扣协议时，操作人员应加强业务办理的规范意识，严格按客户填写、机打确认的流程操作，清楚注明操作性质，做到手续严谨，合理合法，如遇客户疑问争议，以客户是否签字确认为准追究责任。不得随意使用手工登记本记录，或不履行签字确认手续变更协议资料。

（2）客户到供电企业办理代扣协议变更时，应验明系统内当前协议信息与客户确认变更的原协议信息是否相符，如有疑问，应查明原因，防止出现错误修改情况。对于银行错签定的代扣协议，应尽可能通过账户查出错签关联客户，及时更正协议。

七、营业所电费管理人员实收销账及银行账核对操作示例

（1）坐收电费：某供电公司台收人员，在 2009 年 8 月 26 日在柜面累计用现金方式收费电费一笔，金额 22.00 元，日终，台收人员统计当日电费实收报表，如图 ZY2300101005-1 所示。

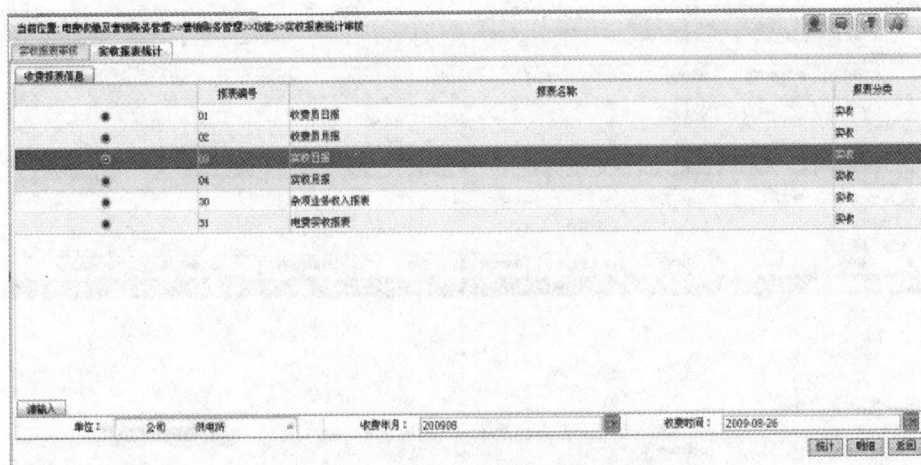

图 ZY2300101005-1　营销系统实收报表统计界面

（2）解款：经审核，报表金额与实收资金相符，确认解款，如图 ZY2300101005-2 所示。

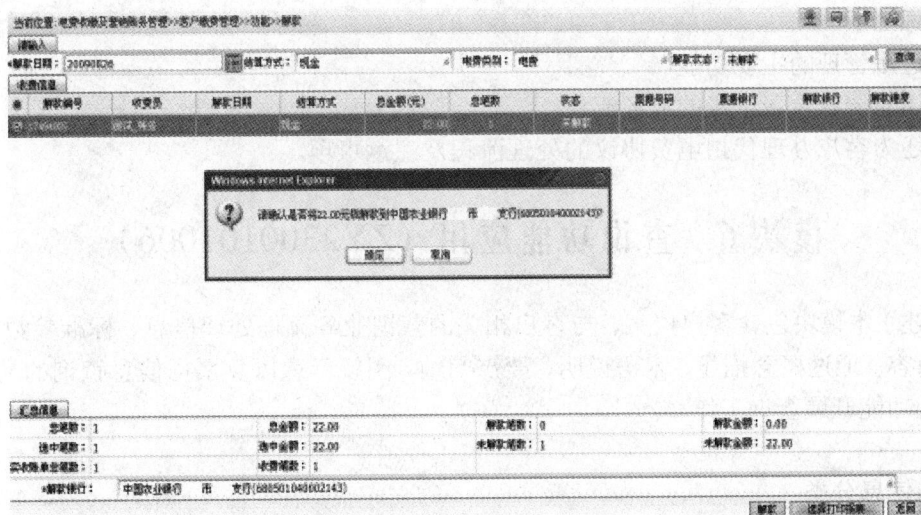

图 ZY2300101005-2　营销系统解款界面

（3）银行解款：收费员在系统内打印解款单及所收取的现金到指定农行网点解款。

（4）对账单录入：电费管理中心收到银行资金到账回单，将对账单录入到系统中，如图 ZY2300101005-3 所示。

（5）到账确认：进入到账确认界面，选中解款单，系统显示出与其匹配的对账单信息，选中正确的对账单，点击确认，即对账成功，如图 ZY2300101005-4 所示。

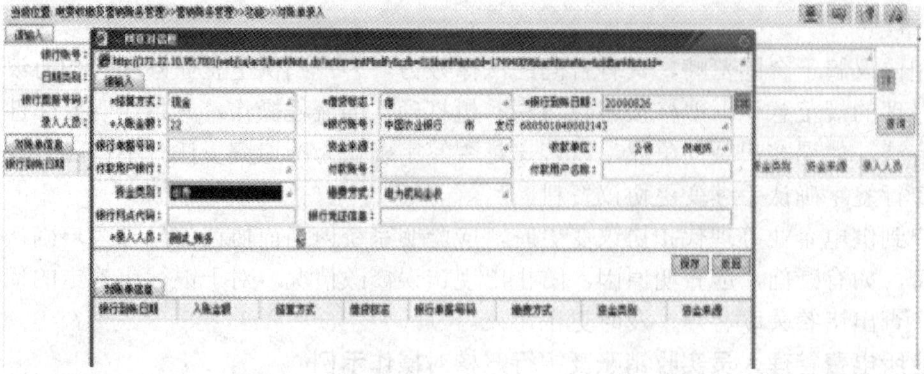

图 ZY2300101005-3　资金到账对账单录入

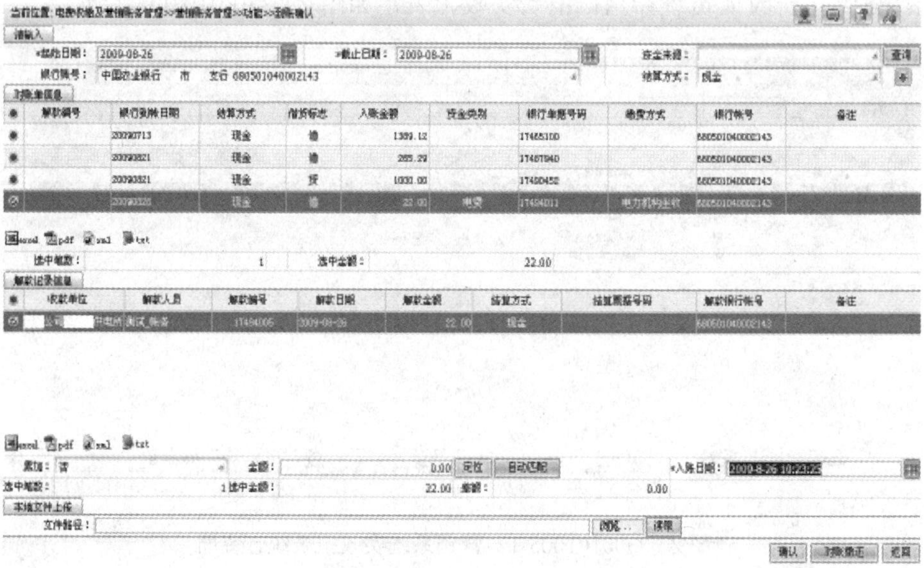

图 ZY2300101005-4　营销系统到账确认界面

【思考与练习】

1．简述进账管理的主要功能。

2．请叙述系统内收费平账的业务流程。

3．请叙述为客户办理代扣电费协议的处理流程及注意事项。

模块 6　查询功能应用（ZY2300101006）

【模块描述】本模块包含客户档案、与客户相关的营销业务流程处理信息、标准参数、报表、日志查询功能等内容。通过概念描述、术语说明、要点归纳、图解示意以及票据信息查询的功能应用示例，掌握运用系统功能开展查询工作。

【正文】

一、查询信息分类

按照信息来源、作用的不同，营销系统内需查询的信息可分为以下几类。

1．客户档案

客户从申请成为供电企业客户开始，在系统内登记的所有与客户用电相关的信息，包括基本信息、关口及配变信息、用电基本信息、计量信息、抄表及计费参数信息、供用电合同信息、用电设备信息等。

2．业务流程信息

客户办理新装、增容、变更用电等业务时记录的处理流程信息，主要包括申请类别、时间、受理人员、处理项目、处理结果、处理期间客户信息的变更、处理原因等信息。业务流程信息真实地记录了客户从申报用电到终止用电期间，除抄表计费以外所有与供电企业相关的业务活动。

3. 报表及监控管理数据

从基础业务汇总后产生的业扩、电费、计量、用电检查、稽查、客户服务等各类关键报表及工作质量监管数据，被统计并静态地保存于系统中，永久记录了各考核期的经营情况，随时备查，并用于考核指标的跨年份月份的各类横、纵向对比分析。

4. 标准参数

包括工作流及系统参数等。

（1）工作流：记录各类业务流程的流程代码、流程名称、标准流程图、版本号等信息，系统将根据此标准流程信息，产生每笔相应业务的工作流程，引导业务人员在系统内开展相应业务处理工作。

（2）系统参数：包括参数信息、参数值信息、参数分类信息、参数发布信息、参数发布审核信息等，记录了电价表等各类参数在系统内建立、生效的过程及可以使用的各类参数值信息，用于系统内各项业务处理。

5. 其他系统支撑信息

包括权限、消息管理、电气图绘制管理、系统日志、自定义查询、自定义报表、任务调度、应用服务监控、客户服务平台、电能信息采集平台等用于系统管理的参数定义。与抄核收工作相关的有：

（1）系统日志。包括系统操作日志、系统操作人员登录日志、系统异常日志、接口访问日志、特殊维护日志等，记录了系统关键数据变更及系统状态监测的各动变化数据，便于开展数据及系统异常的分析。

（2）报表。包括报表模板定义、报表统计方案等信息，用于约定需要在系统内实现的各类报表，便于操作人员开展报表统计、查询工作。

二、信息查询方法

1. 关键数据

采用信息系统开展数据查询的最大优势是通过计算机的高速运算能力，在成千上万的数据记录中分检、筛选，快速查出所需数据，因此分检、筛选数据的查询条件非常重要，是产生查询结果的关键数据。在系统中，查询界面一般设计了条件范围输入区域，确定一个或多个对象标识属性后，查询并显示信息。营销系统的关键数据包括用电客户编号、业务传单编号、供用电合同编号、业务受理编号、抄表段编号等。

2. 查询方式

查询方法一般可分为精确查询、组合条件查询、自定义查询。

（1）精确查询。精确查询依据唯一的关键数据条件，找出唯一符合条件的结果，按使用者习惯展示于界面或以表卡单据等形式输出到打印机等输出设备。

（2）组合条件查询。组合条件查询依据多个关键数据及其符合范围的条件，找出一批数据，按使用者习惯输出于界面、格式文件及其他输出设备。采用这种方式查询信息，应注意组合条件的逻辑严密性，不能出现相互矛盾及嵌套的组合条件，同时，还应限制预期的查询数据量，访问数据量太大影响系统性能。

（3）自定义查询。自定义查询针对系统尚未实现的查询需求，制定查询主题和算法定义，提供给使用者自由运用。自定义查询能获取的信息必须来源于系统已存储的数据，主题制定由业务人员申请，专业的开发维护人员实现。

（4）静态数据查询。直接调阅系统已生成的各类静态数据，满足业务需求。

3. 显示风格

显示风格是指当查询功能输出到屏幕上的显示方式。常用的显示风格包括以下几种：

（1）独立对话框。一个独立的对话框，预先定义了关键查询条件的输入区域和查询结果的显示区域，输入关键数据，直接显示查询结果。

独立对话框可以直接是选中菜单的操作界面，也可以是某组合条件查询界面的子窗口，用于展现组合查询结果的明细数据。

（2）组合界面。组合界面一般在一个界面窗口里有多个分区，有查询条件输入分区、汇总信息显示分区、明细结果列表显示分区等，便于使用者清晰的阅读、使用信息。为实现复杂的条件组合，条件输入分区中分使用标签、列表框等多种定义组件，而数据显示区域可以采取左右、上下、层级等多种组合方式，以达到清晰、易读、完整的使用效果。

（3）树型结构。一些查询需求查询的内容存在明确的父子逻辑关系，即一对多的多层结构关系，例如一个用电客户存在多个计量点，而一个计量点下又对应存在多套表计；又如一个供电企业对应多个下级供电企业，一个下级供电企业对应有多个部门，一个部门对应存在多个业务人员。系统通过树型结构展现该类层级关系，选中树形结构的每个分支，能对应查询出该层次的明细或汇总数据。

4. 查询权限限制

在信息系统设计中，为保障数据安全、高效及流量合理等，对查询功能使用权限进行了限制，主要限制手段如下：

（1）功能选择限制：对部分有保密要求的数据查询功能进行访问限制，具有该权限，才能进入到相应操作界面进行查询。

（2）身份限制：依据操作人员工作职责赋予的权限，提供相应范围内的信息。

（3）管理部门限制：限制访问数据范围，只允许对操作员所属部门的相关信息，上级单位允许查询下级数据，下级各单位间不能相互查询重要数据，部门允许查询所在单位的下级单位数据。

（4）数量限制：当按操作者的查询条件检索出的数据量很大，获取数据将影响系统性能时，系统提示超出许可范围报错，限制查询。

三、查询功能操作方法

进入查询工具界面，选中查询主题，系统自动检索并展现出相关数据。

四、某供电公司营销系统票据信息查询操作界面示例

登录系统，选择营销账务管理中票据信息界面，选择或输入"单位"、"票据类型"、"起始号码"、"截止号码"等信息，点击【查询】按钮，查询出系统内当前票据信息。

进入票据操作日志查询界面，选择或输入"单位"、"票据类型"、"操作类型"、"起始日期"、"截止日期"等信息，点击【查询】按钮可查询票据操作日志信息，如图 ZY2300101006-1 所示。

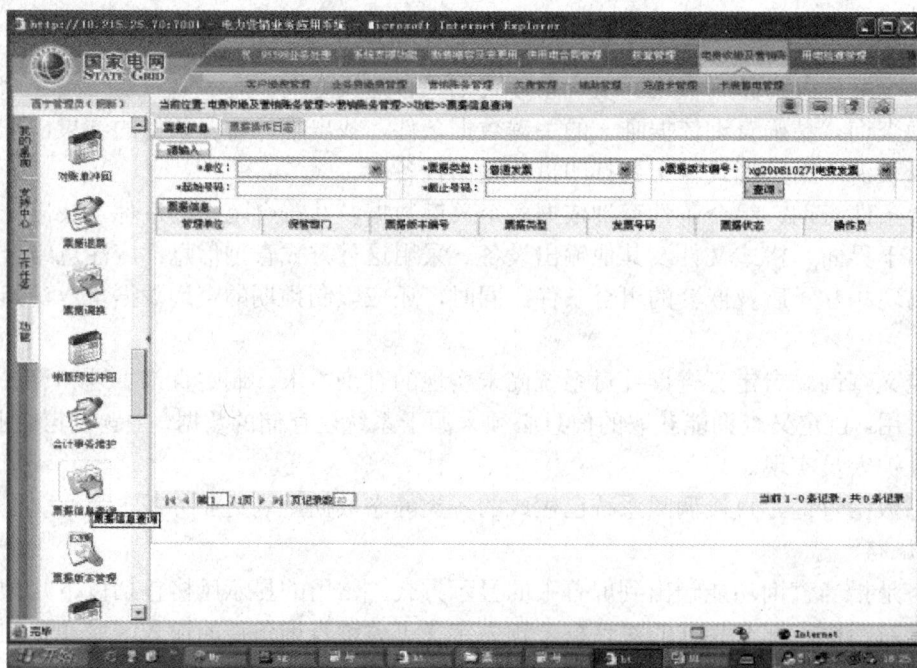

图 ZY2300101006-1　票据信息查询界面

【思考与练习】

1．对于抄核收工作人员，在营销系统中应了解哪些信息？

2．试述树形结构查询风格的作用。

3．简述系统是如何对查询权限进行限制的。

模块 7 报表功能应用（ZY2300101007）

【模块描述】本模块包含报表的系统处理流程、功能、数据交互及常见问题等内容。通过概念描述、术语说明、要点归纳、图解示意以及报表工作全过程的功能应用示例，掌握运用系统功能统计、汇总、上报报表。

【正文】

一、报表数据交互原理及分类

1．报表数据交互原理

报表数据来源于营销业务的方方面面，是对基础业务数据分类、运算、汇总产生的结果数据，是企业用于经营分析的管理数据。

系统通过专业的数据挖掘、提取、分析运算的技术方法，实现对海量基础数据的处理。

2．报表的分类

（1）按业务分类。营销业务不同环节的工作内容和考核要求不同，需统计展现的报表数据项、分类方式、格式均不同，因此，报表可按业务进行分类，电力营销报表常包括电费、业扩、计量、用检、稽查等类别。例如：

1）业扩报表。常用的有营业报装接电情况统计分析报表、营业收费情况统计分析报表等。这些报表反映了一定时间及地域范围内，不同行业、用电类别、电压等级客户报装情况，分析报装总容量、接电户数、接电容量、接电率、收取费用类别及资金收入情况等，用于报装趋势预测、报装流程规范化、业务费收入汇总等。

2）电费报表。包括应收电费统计报表、行业用电情况分析报表、电费回收情况分析报表、分时电价电量构成情况分析报表、电价分析报表等。分别实现按不同电价、行业类别、优惠电价政策等分类的应收电量、电费、电价等汇总统计分析。

3）计量报表。包括对计量标准器具、库存资产、运行设备的各类资产统计报表，常用的有计量资产的检定率、合格率、轮换率、轮换检定率、差错率报表等。

4）用检报表。常包括客户设备投运情况考核报表、客户用电情况分析报表、重点客户用电情况分析报表、违约用电及窃电处理情况统计报表等，反映对客户开展用电检查工作情况。

5）稽查报表。涵盖所有营销业务，通过处理时限、超期天数、完成率等各类数据的统计分析，对营业、抄核收、用检、计量等各类工作计划及执行情况的统计分析报表。

（2）按性质分类。虽然开展营销统计分析的基本要求相同，但不同职能层次人员对报表展现的数据范围、数据维度、实时性要求完全不同，根据对报表辅助的工作性质要求，报表可分为标准报表及非标准报表。

1）标准报表。依据国家电网公司对供电企业经营分析的统一要求，制定的规范报表，这些报表格式相对固定，能最快速的反映出最基本的经营指标数据，并能逐级汇总上报，一般由国家电网公司、网省公司、地市公司等职能层次的管理人员使用。

2）非标准报表。根据个性化的经营分析需求，由各网省及地市供电公司自行设计的统计分析报表，这些报表的格式、统计要求经常发生改变，一般通过定制方式实现，满足不断变化的统计分析业务需求。

（3）按处理方式分类。报表统计功能基于营销业务的基础数据，不同统计功能所需获取的报表数据来源不同、数据量大小不同，有些统计功能需要获取的数据量大，处理时间较长，且使用的数据读写频率高，对系统性能具有危害，为均衡系统负载，常采用定时任务方式统计，因此，按处理方式，

报表可分为以下两类:

1）系统定时处理报表。由系统在空闲时间内自动统计并保存,操作人员通过查询功能调阅,调阅出的报表数据为截止到某一时间点的静态数据,并非实时数据。

2）即时生成报表。操作人员在确认待生成的报表类别、统计范围后由系统即时生成的报表,反映实时业务数据。

（4）按存储方式分类。根据不同的处理要求,有些报表数据需要永久保存,随时备查,以反映截止到当期的经营数据,称为静态保存报表,俗称快照报表;有些报表满足临时统计需求,无需保存,称为临时报表。

二、主要功能

根据以上各种分类,对报表的统计、查询及管理功能可归纳为以下几类:

1. 报表定义

在系统内生成报表编号,对相应报表的名称、原始输出格式、统计算法、报表分类属性、统计上报流程等进行定义,并实现对报表定义的增、删、改等维护,使系统实现对该类报表的统计和权限管理功能。

2. 报表统计

选定待统计报表的时间范围、报表类型等参数,系统根据预先定义的算法、输出格式等属性统计生成报表数据,输出到屏幕,并提供报表的打印、导出功能。

3. 报表审核

选定待审核报表的时间范围、报表类型等参数,查询出已统计未审核的报表,对报表数据进行逐项审核,使用系统算法校验报表数据的合理性、有效性,对审核成功的确认上报,对审核不成功的退回到上一流程环节重统计审核。

4. 报表上报

选定待审核报表的时间范围、报表类型等参数,查询出已审核通过的统计报表,逐项确认后按单张或批量报表上报。上报后,不能再进行重复统计、审核,若发现问题,只能向上级主管部门申请退回报表,重统计、审核、上报。

5. 报表查询

按时间段、报表分类等各种方式及属性对各类报表数据进行查询,并允许打印及导出指定报表数据。

三、处理流程

报表处理的业务流程主要包括统计、审核、上报三项,其中,基层供电企业直接对营销业务数据进行统计、审核并上报,上级主管部门对基层供电企业上报的报表进行汇总、审核及上报。

四、常见问题

1. 杜绝手工录入

报表数据是反映供电企业经营成果的最直接依据,必须真实、准确,不允许手工录入或修改,杜绝虚假上报。

2. 标准报表及时上报

标准报表的逐级上报流程,高效、扁平化地营销经营分析,如果处理时间太长,将使信息失去时效性价值,因此,各级工作人员应充分认识报表上报的时限要求,按时按期开展报表统计、审核、上报。

3. 慎用海量数据统计功能

报表信息来源于大量基础业务数据,当统计数据范围很大或访问数据实时处理要求很高时,将影响系统性能,应慎重使用。

4. 开发利用报表校验功能

报表一般都是对业务数据的分类汇总,其横纵栏之间存在一定的勾对关系,勾对关系若存在不平项目,反映出可能有业务逻辑不正确的基础数据,系统的海量查询和运算能力,能帮助我们快速查出错误逻辑的明细,因此,报表校验功能具有重要的应用价值,系统一般实现了对关键报表数据的校验功能。

五、示例

图 ZY2300101007-1 所示为某供电公司营销业务应用系统报表管理功能界面，主要功能包括报表查询、报表生成、报表审核、报表上报、上报期限维护、报表基础数据分类统计、待办列表、报表编辑等。在报表生成、查询、审核、上报界面里，确立单位、起始日期、截止日期等关键属性后，可生成、查询或审核上报相应报表；在上报期限维护、报表基础数据分类统计、待办列表、报表编辑等界面里，可对指定类型的报表的上报期限等参数进行编辑维护。

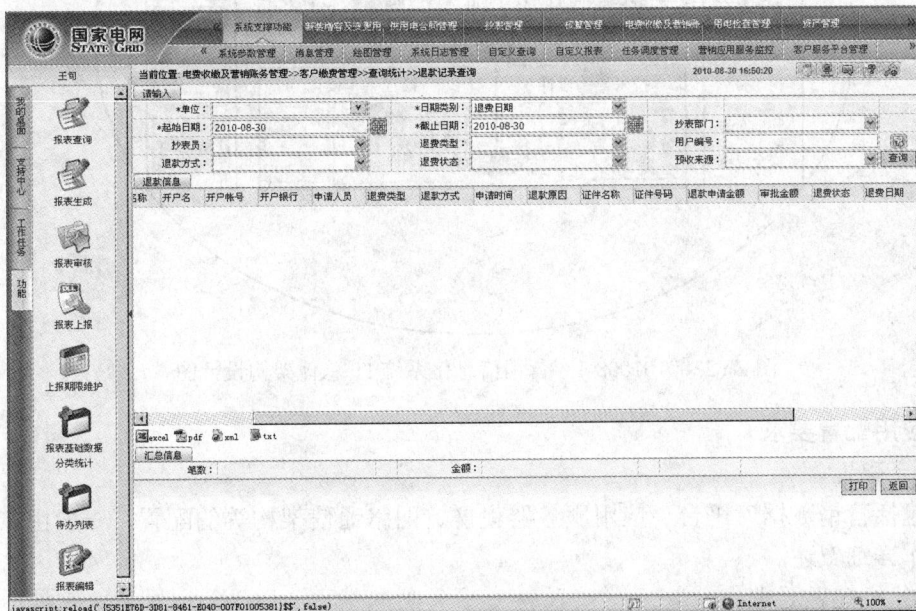

图 ZY2300101007-1　报表管理界面

【思考与练习】

1．试述报表的主要分类方法及作用。

2．简述报表统计上报的业务流程。

模块 8　电力营销信息化系统日常运行维护（ZY2300101008）

【模块描述】本模块包含电力营销信息化系统架构、系统安装配置及运行维护管理等内容。通过系统实现原理介绍、运行维护管理示例，掌握抄核收相关信息系统的简单运行维护方法。

【正文】

一、系统架构

营销信息化系统的 IT 总体架构包括业务架构、应用架构、数据架构、技术架构、物理架构、应用集成和安全架构，如图 ZY2300101008-1 所示。

（1）业务架构从业务角度规划及实现电力营销业务蓝图，建立营销业务模型；

（2）应用架构基于业务架构，从系统功能需求角度清晰准确定义应用范围、功能及模块；

（3）数据架构基于业务架构，从系统数据需求角度定义数据分类、数据来源及数据部署；

（4）技术架构基于应用架构和数据架构，从系统技术实现角度确定系统总体技术方案；

（5）物理架构基于应用架构和数据架构，确定系统总体的软硬件物理部署方式；

（6）应用集成基于"SG186"工程的一体化企业级信息集成平台，进行营销业务和企业其他业务应用、企业外部应用之间的业务耦合分析，实现营销业务应用和企业其他业务应用、企业外部应用之间的数据集成、应用集成、流程集成；

（7）安全架构依据对营销业务应用安全级别定义，从应用安全、数据安全、系统安全、网络安全、物理安全和安全运行及管理等方面对营销业务应用的安全进行说明。

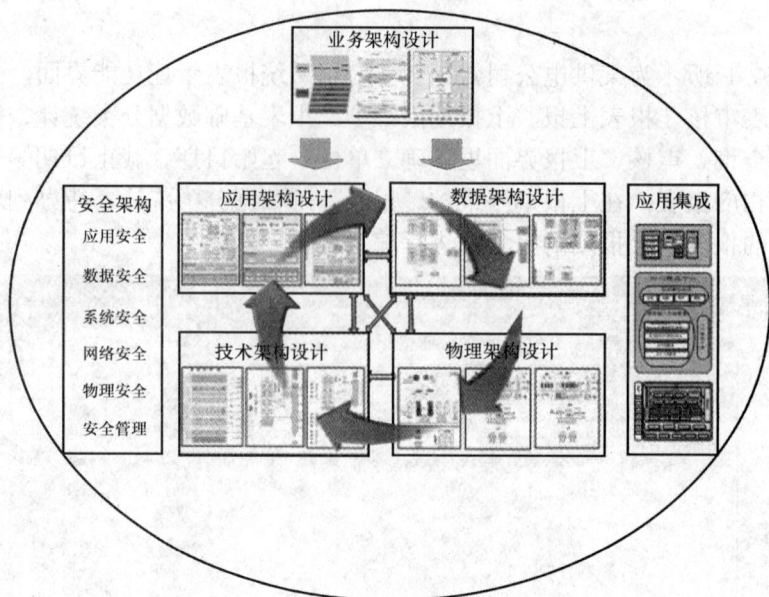

图 ZY2300101008-1　营销信息化系统 IT 总体架构设计图

二、系统应用配置要求

1. 系统平台配置

系统平台包括营销数据库平台、应用服务器集群、网络通信架构等的配置，一般由专业集成厂商完成，在此不作详细叙述。

2. 终端计算机配置要求

终端计算机指供电企业内从事电力营销业务处理的计算机，根据电力营销业务的工作内容，终端计算机配置必须满足以下基本条件：

（1）安装通用操作系统，以支持图形化界面设计，并支持抄表机、打印机等标准输入/输出设备的接入。

（2）由于营销业务涉及的数据种类繁多，数据量较大，因此对 CPU 的主频、内存、I/O 吞吐能力具有一定的要求，目前市场上流行的商用台式计算机配置均能满足系统应用要求。

（3）为能接入读写卡器、密码键盘、专业高速打印机、抄表机等多种外部设备，终端计算机必须具有 2 个及以上串口、并口、USB 接口，同时，显卡口、以太网口齐备，支持 PCI 扩展插槽，配备声卡。

（4）为保障网络通信性能，安装百兆以上网卡。

（5）推荐配置：Intel 双核 2.0GHz 处理器，内存 1G 以上，硬盘均在 160G 以上，一般可满足系统运行要求。

（6）在实际终端计算机设备配置时，还需考虑以下因素：

1）稳定性：满足业务系统长期稳定运行需求。

2）兼容性：满足软件系统、外部设备的不断扩充、优化的需要，适用于变化。

3）可扩展性：满足各种外部设备及特殊功能的扩展。

3. 终端计算机网络通信配置要求

营销系统的终端计算机是基于电力企业的内部城域网络开展工作的，对终端计算机网络通信的配置要求包括以下几个方面。

（1）网络的物理链路通畅。终端计算机与系统平台联络的物理通道，即供电企业内部网络应保持通畅。通常，连接方式分直接、分支网络上联、无线专网、宽带虚拟专区等通信接入方式。为保障网络连接通畅，供电企业一般建立了内部环网及备份网络，当链路故障时，终端计算机可通过环网的其他链路上连到骨干网络。

（2）访问策略的许可。一条通信链路可以传输不同系统平台的多组通信数据，为保障系统间传输信息的安全及互不干扰，系统的通信访问必须制定访问策略，通常通过定义交互访问端口的方式实现控制，获得允许端口访问权限，才能在物理链路连通的情况下实现逻辑连通。

营销系统所使用的数据库软件、应用软件等均配置专用通信端口，具有端口访问权限的终端计算机，才能与主机相连，开展系统应用。

策略配置需在交换机、路由器、防火墙等设备上对一批终端计算机的 IP 地址段进行管理，该工作一般由信通部门完成。

（3）其他通信访问限制：

1）流量控制：对网络中每个节点设备占用的通信数据流量进行限制，鼓励使用，但限制占用的通道资源。这就好比道路交通管理，给每辆车分配有车道，但不允许一车占多道。这种方式使网络通道基本保持畅通，终端计算机的通信性能不会受其他业务流量过大的影响，但当自身业务量很大时，也不能挤占通道因而效率降低。

2）"被网管踢出！"：当终端计算机感染病毒时，病毒软件对通信网络发起攻击，避开网络内的流量控制限制，不间断地发起各类读写操作，使网络防火墙、交换机等节点设备繁忙甚至堵塞，出现通信不畅的软故障，这时网管人员将在网络监视软件中查出攻击者，将其从网络中断开，该终端无法与网络联通，同时，其他节点通信恢复正常。

4．系统平台客户端软件安装

营销系统的各类功能应用基于核心业务主机、主机上安装的数据库、辅助应用服务器工作的其他工具软件，客户端若需与服务端相联并交互数据，必须安装对应平台软件的客户端工具。常见的系统平台客户端软件包括：Oracle 客户端软件、Sybase 客户端软件、Tuxedo 客户端软件等。软件客户端安装过程中，除需按操作提示运行安装程序外，还需要在安装完毕后配置相应服务器地址及访问端口等通信参数。

为正常开展业务工作，电力营销业务的终端计算机还需安装所配置的打印机、抄表机、读写卡器等外部设备的驱动程序，部分驱动 Windows 操作系统能自动识别并安装。

5．应用软件安装与配置

（1）专用安装程序。在系统设计、编译时，封装了专用安装程序，操作人员只需选中安装程序，按操作提示逐步确认即可成功安装并配置好应用系统；当系统程序优化或变更时，软件系统通过版本控制分析出需更新的模块，并自动采用 FTP 方式下载最新程序给操作人员使用。

（2）实时下载程序。这种方式下，程序存放于服务器端的指定位置，每次运行程序时，系统自动向服务器请求下载并运行程序，通常界面操作采取网页方式，进入程序的方式是在浏览器中输入服务器地址及特定软件端口标识，网页浏览器从指定位置获取程序界面运行。

有些程序访问需用到 Active 控件，采用这种方式运行软件时，需要在计算机网络设置中允许下载该类控件，才能保障完整下载并运行程序。

三、系统操作身份及权限管理

1．系统操作权限管理的一般方法

（1）操作权限控制的方法。在管理信息系统设计时，为保障功能应用责权分明，操作权限控制方法常包括以下几类：

1）界面功能访问控制：对登录系统的不同角色允许访问的界面功能进行权限管理，具有权限的允许访问，无权限者不能访问。

2）数据范围访问控制：对登录系统的不同身份允许访问的数据范围进行权限管理，本角色对应单位、部门的相关专业数据允许访问，非本专业单位、部门的数据不允许访问。

3）整体参数控制：通过系统的标准参数定义，对特定功能进行操作控制，例如违约金是否与普通电费合并打印电费发票控制参数，可以实现合并打印及单独打印两种方式。

（2）操作身份管理的意义。有效管理操作身份，使系统方便地通过身份确定其需使用的功能，防止业务范围以外的风险操作，同时，通过对每项业务操作的身份记录，能事后审计操作的正确性，起到监督考核工作质量的作用。

（3）操作权限管理。营销系统的权限采用分层管理，所有功能项按操作性质被分配给若干角色，操作人员是一些具有一个或多个角色权限的系统登录者。

根据操作人员所属的单位、部门、班组、业务角色的定义，系统确认允许其访问的功能及数据范围。

系统提供对操作权限角色的定义及维护功能，以保障功能角色的灵活定制，通常权限定制功能只能被系统管理人员拥有。

操作身份角色访问权限的定义，使权限管理不受组织结构及岗位职责划分的影响，解决了实际岗位职责与要求其操作系统的权限不对应的矛盾。

2. 操作身份权限管理的特殊方法

（1）临时权限调整。系统通过授权和收回权限的方法进行临时权限调整。

1）"授权"就是将指定的功能操作权限由一人分配给另一人，并设定授权有效的时间范围，使被授权者可以在一定的时间范围内执行相应操作；

2）"收回权限"是在相应权限操作完成后在授权约定时间范围内提前取消操作权限的操作。

该功能使一些特殊的跨权限范围操作能灵活实现，但又能保障基本角色权限划分合理、实用。在系统应用中，一般只有系统管理人员或某类岗位角色的业务代表具有临时权限调整功能，所收授的权限也必须是自己拥有的权限。

（2）通过整体参数控制配置权限。为适应业务的变化及各区域管理模式的差异，可以对系统内业务流程及特定功能配置一些参数定义，对不同的参数值调用不同的程序流程及操作权限，从而满足应用的差异化需求。例如，收费销账模式参数，有"见票入账"、"收妥入账"两种选项，系统实现时配置的参数选项不同，则对应销账的流程不同。

（3）权限管理日志的查询分析。权限被错误地授予将导致应用系统运行风险，因此，系统通常对这些极为重要的维护操作建立日志，并提供日志的查询功能，当系统应用中出现非法操作时，可以通过权限管理日志查询权限管理工作中的差错，加强管理，使其更完善、严谨。

四、标准业务流程管理

1. 标准流程的维护

营销系统的标准流程是在系统内对电力营销各类业务操作规范、程序的定义，在此定义中通常约定了所涉及的各类营销业务的标准处理环节，各环节应执行的操作及执行该环节操作的条件。

定义某业务标准流程的方法是在系统流程定义工具中新增、变更、删除业务流程。操作方法是按系统流程设计的图元绘制流程图，确定每个流程节点的业务处理功能定义和流程路径的执行条件后保存。

在进行某业务的标准流程定制时，应保证每个节点程序功能可用且路径设置的判断条件合理、方便读取。

2. 非标准流程的特殊处理

（1）发现同类特殊问题大量出现时，定义新业务流程。

（2）当遇到一些非常少见、不具代表性的特殊问题时，采用"流程调度"工具，将业务发送到指定岗位角色。

（3）当一个流程执行错误且无法回退时，终止流程，重产生新流程并进行业务处理。

五、示例：通信故障的诊断、排查

一日清晨，某供电公司营业所柜台收费员按常规打开电脑，登录营销系统，做收费前准备工作，发现系统无法登录，通知本单位系统维护员到现场排查故障，系统维护人员首先对通信故障进行排查，以下为其操作步骤。

（1）检测物理链路。查看内部网页是否能正常访问，查看界面上网络连接是否正常，查看资源是否能与邻近计算机共享，查看邻近计算机是否能访问网络，直接使用 ping 命令查看与某服务器设备间的连接状态是否通畅。

经检查发现网页无法打开，使用 ping 命令检测与服务器通信，确认网络不通，检查网口接线，发现接线松脱，重接线后，通信恢复正常，但营销系统仍无法登录。

（2）检查通信策略。通过 Telnet 指定的应用程序端口，检测策略是否开放，通过 Tracert 命令跟踪路由路径，以判断不通的故障点。

经检查通信端口有响应，通信策略正常。

（3）排除其他通信故障。求助网管人员，从网络监控平台查看该计算机的运行状态是否正常，是否遭病毒袭击。

经检查从网络监控平台查看计算机运行正常。

（4）其他故障。查看邻近计算机是否能登录指定系统。

经检查发现邻近计算机可以登录系统，在本机检查中常出现内存报错，初步诊断为该计算机操作系统故障，重装操作系统、应用系统软件后恢复正常。

【思考与练习】

1．请简述电力营销系统 IT 架构包括哪些元素。

2．请结合工作实际，谈谈当出现系统不能正常使用时故障排查的方法和步骤。

3．请简述功能操作权限控制的方法。

4．"标准流程"、"营销系统标准流程"分别指什么？

模块 9　系统数据、业务监控与稽查管理（ZY2300101009）

【模块描述】本模块包含客户档案管理、业务监控查询及工作质量考核等内容。通过概念描述、术语说明、要点归纳，掌握运用系统功能进行日常数据、业务监控管理及工作质量分析考核。

【正文】

系统数据、业务监控与稽查管理是营销系统管理层应用的重要组成部分，该类功能有效地保障系统内数据的准确性、业务工作质量考评的科学性。本模块针对与抄核收工作密切相关的功能应用，介绍系统开展数据、业务监控与稽查的方法、手段。

一、客户档案管理

客户档案管理是对营销所有业务处理流程中产生的客户、关口的电子信息和纸质资料进行分类、归档的管理；通过建立统一的客户视图，为营销各业务处理流程提供支撑，满足为客户提供差异化服务和内部专业管理的需要。

客户档案资料管理是对客户、关口档案电子信息产生、变更、注销的全生命周期及分类、构成的管理，也是对纸质资料的档案化管理。

客户档案管理主要包括档案维护、档案信息管理、档案资料管理功能。

1．档案维护

适用于由于信息缺失、错误、客户设备变更等原因引起的，需要对档案信息进行补充、维护的处理。

当业务人员发现客户、关口实际情况与信息档案不符，按照内部管理规定，启动档案维护业务流程进行补充或变更。档案维护流程包括业务受理、资料核实、审批、归档等环节。

2．档案信息管理

对营销各业务流程中产生、变更、注销的客户及关口档案信息进行记录、整理、组织、分类，通过对档案信息的全方面、全生命周期的管理，为营销各类业务提供统一的客户视图展现。

该功能对需管理的档案信息进行分类，分为客户档案、关口档案、业务流程档案等，对每种分类的内部逻辑维度进行划分、合理组合，按照不同的视角为各专业提供准确、方便、快捷的信息查询界面，并按照专业的视角，依据不同的关注重点，在统一的档案视图基础上，形成个性化的档案视图。

3．档案资料管理

对营销业务处理过程中产生的各种纸质资料保管的电子化管理。档案资料管理一般包括档案资料分类管理和登记存档管理功能。

（1）档案资料分类管理。按照产生源头、保存时限性、保密性、介质等属性进行资料分类。维护档案资料的分类，进行档案资料分类的创建、变更等相关工作。

（2）登记存档管理。实现档案资料编号与客户编号、计量点、采集点等的关联，记录档案的物理存放位置、档案资料编号、清单、变更日志等。部分重要的纸质档案资料，通过扫描等方式形成电子档案信息。

二、业务监控查询

系统通过稽查主题管理的方式，实现对关键业务数据的监控查询，即根据业务监控的管理要求制定营销稽查主题，经过审查确定并提交生效。功能包括稽查主题制定、稽查主题审查和稽查主题确定。

1. 稽查主题制定

按照19个营销业务分类及相应监控管理要求制定稽查主题，根据每个主题的重要性和紧急程度确定优先等级，结合应用范围编制主题编码，确认发送到主题审查流程。

2. 稽查主题审查

针对制定的稽查主题组织相关人员进行审查，确保所稽查的主题合理、实用、定义准确、编码科学。审查完毕后，签署审查意见，对不通过的主题提出修改意见，退回到稽查主题制定人员进行修改完善。

3. 稽查主题确定

对确定的稽查主题进行整理、归类、保存。

4. 常见稽查主题

（1）抄表业务监控主题：未按例日抄表客户；抄表异常处理超期客户；新装未按期分配抄表段客户；抄表段调整后抄表不连续客户；抄表示数不连续客户；连续多个月估抄客户等。

（2）核算业务监控主题：电费异常波动客户；异常审核处理超期客户；容量和电量不匹配的异常客户（变压器容量大、用电量小或变压器容量小、用电量大的异常客户）；零度客户；多次退补客户；电费发行超期客户等。

（3）收费业务监控主题：已签订缴费协议的分次划拨客户；退费客户；欠费停电执行情况（包括应执行、已执行客户）；欠费复电执行情况（包括应复电及已复电客户）；发票使用情况；收费日终未按时解款收费员等。

（4）与抄核收工作相关的其他系统稽查主题：违约用电与窃电查处客户；定比定量核定情况；客服投诉处理结果检查；月度线损异常波动情况；高耗能企业等。

三、工作质量考核

系统通过稽查任务管理的方式，实现对工作质量的考核及改进。实现方式为针对已经确定的稽查主题制定定期或不定期的稽查任务，根据各业务类的工作质量考核标准查出异常，提出整改要求，跟踪整改，实现任务制定、任务派工、稽查处理、结果审核和归档等整个稽查工作流的闭环管理。

1. 任务制定

根据确定的稽查主题及其优先等级制定稽查任务计划，合理安排，打印稽查任务清单。

2. 任务派工

确认各稽查任务的责任人或责任部门，将稽查任务清单派发给稽查工作人员，必要时可派发给相关的责任部门。

3. 稽查处理

根据稽查工作单进行调查核实，对问题的原因和相关的责任进行分析，制定整改措施，提出考核意见，跟踪整改情况，记录整改结果。

4. 结果审核

对返回的稽查处理结果进行审核，检查处理的合理性，并签署审核意见。对处理结果不符合要求的重新处理。

5. 归档

对稽查任务清单、整改措施、处理结果、考核意见等资料归类、保存。

【思考与练习】

1. 请简述稽查与工作质量管理的主要功能。

2. 请结合工作实际，谈谈如何使用计算机系统，开展客户申请报装与业务变更的纸质档案的电子化管理。

第二章 代收电费系统应用

模块 1 代收电费的实现方式与系统架构（ZY2300102001）

【模块描述】 本模块包含代收电费系统结构、常用功能等内容。通过代收电费系统概念描述、原理讲解，了解代收电费系统的功能、应用现状及未来发展。

【正文】

电费代收是指供电企业与代收机构签订委托代收电费协议，建立专用通信链路，实现中间业务平台互联，通过代收机构柜面、网上商铺、自助设备、电话、短信等多种形式开通电费收费业务的一种电费收费方式。

一、代收电费系统结构

1. 中间业务平台

中间业务平台是基于组织内部专业核心业务平台搭建的数据交互平台。通过该平台，可以实现异构数据库间的数据交互，也可用于不同组织间的数据交易。其根本作用是在保障不同系统的独立性和安全性的同时，实现跨平台信息交互。

中间业务平台通常由平台主机、通信链路、通信规约、信息交换技术规约组成，其中前两部分为硬件设备，后两部分为交互软件设计。

2. 代收电费系统结构

代收电费功能实现的实质就是供电企业与代收机构间的中间业务平台互联，其系统结构符合中间业务平台的基本组成，包括以下部分：

（1）供电企业中间业务平台主机。该主机一端与电力营销的核心数据库相连，实现代收电费数据的查询及缴费数据销账登记；另一端穿过防火墙，与代收机构的中间业务平台相连。与代收机构中间业务平台允许一对多相连，实现多家代收机构同时访问供电企业中间业务平台主机，实时代收电费。

（2）代收机构中间业务平台主机。该主机一端与代收机构的核心记账系统相连，实现收费记账业务；另一端穿过防火墙，与供电企业等专业代收服务提供方的中间业务平台相连，实现各类代收业务。该平台也能与多家代收服务提供方相连，例如供电企业、自来水公司、移动联通等行业，以实现一家代收机构代收多项费用，有效整合利用系统资源。

（3）互联通信链路。互联通信链路指供电企业、代收机构间的通信方式。该通信链路的建设可由供电企业或代收机构自建，也可采用租用专用通信运营商的通信链路，由于代收电费业务数据交互信息量不高，对通信带宽要求不高，一般 256M 以上带宽即能满足要求。

（4）通信规约。硬件平台搭建成功后，通信规约定义了双方系统间通信的规则，该规则定义了数据流向、通信协议技术标准、使用的专业中间业务软件及通信连接模式等信息。

（5）接口规约。简单地说接口规约是一套功能开发的标准或规范，在这套规范中，明确约定了该系统接口允许实现的所有交易功能、交易传输报文的基本格式、每个交易功能的传入、传出参数等。根据这套规约，服务提供方负责交易数据的查询及结果存储，服务请求方负责终端使用者的界面程序设计。

该规约使不同代收机构可基于同一技术规范，开发终端界面，实现多家代收，而供电企业只需完成一次开发，提供交易功能数据的读出与写入。

3. 代收电费系统结构图

图 ZY2300102001-1 为实时代收电费系统架构。

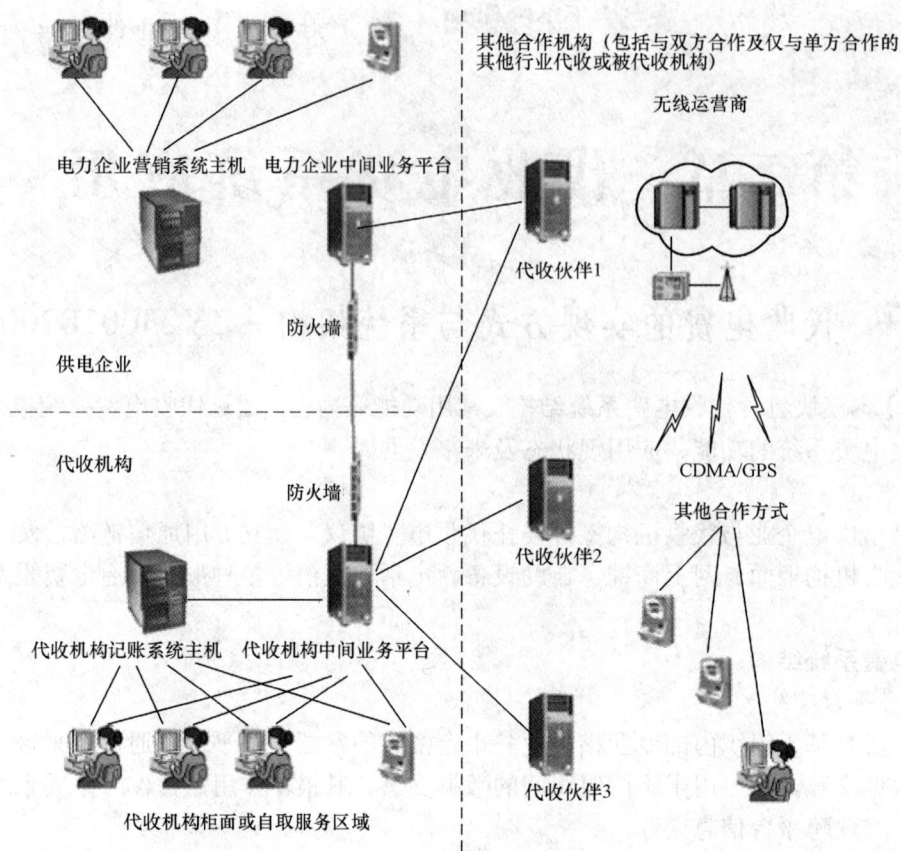

图 ZY2300102001-1　实时代收电费系统架构

二、代收电费系统的常用功能

代收电费系统的常用功能实际上就是指实时代收电费接口规约中定义的功能，这些功能明确约定了代收机构开展代收电费的业务范围，这一范围也可以随着业务发展的需要而扩展或灵活配置（修订接口规约），目前代收电费系统约定的业务范围主要包括以下功能：

1. 基本信息查询

根据请求缴费或办理业务的客户编号，查询出该客户户名、当前缴费方式、当前预存电费余额等信息，该功能主要用于代收机构柜面人员核对客户资料，保障正确收费。

2. 电费查询

根据请求缴费的客户编号，按时间段、电费发生月份、未结清电费总额等多种方式，查询出该客户的电量电费、当前欠费信息，所查询出的信息通常包括电量、综合电价、应缴电费、缴费状态等信息。

3. 实时缴费

在核对客户信息、查询到欠费后确认缴费或预存电费，该功能向供电企业传入客户编号及实际缴款金额，供电企业进行欠费销账，若收取金额大于欠费总额时，收取到预存电费中，并记录销账时间、方式、操作人等信息。

4. 当日冲账

当代收机构柜面人员错收电费并在当日缴款前发现时，按客户编号及当笔交易流水核对系统记录的已缴费金额，确认后取消当笔收费操作。

5. 缴费协议管理

当代收机构为金融机构时，其营业网点柜面或自助设备在验明客户银行卡、存折等账户有效性后，根据请求办理代扣业务的客户编号，将电力客户编号和银行账户绑定，签订代扣协议。

6. 票据打印

根据请求打印电费发票的当笔交易流水或客户编号，查询已缴费未出票电费信息，提供给代收机构界面程序打印电费发票。

7. 日终对账

当代收机构完成当日代收费记账流水与资金的平账工作后,形成实时代收电费明细流水对账数据,并通过消息通知供电企业对账电子文本已生成,可以开始对账。

三、代收电费系统发展展望

尽管代收电费业务已广泛应用于供电企业,然而未来发展的前景仍然是无限广阔的,电力、通信等行业互通支付业务、基于无线通信的移动电费收费窗口的开通、电费收费等电力业务的特许经营都可能成为未来发展的趋势。

【思考与练习】

1. 简述代收电费系统实现的常用功能。

2. 结合代收电费系统应用的成功案例及工作实际,谈谈代收电费系统的作用及未来发展。

模块 2 代收电费对账处理 (ZY2300102002)

【模块描述】本模块包含代收电费系统对账的原则、工作内容、操作流程、方法及问题处理等内容。通过概念描述、结构分析、要点归纳,掌握系统的代收电费对账业务处理。

【正文】

代收是指金融机构和非金融机构代为收取电费的一种收费方式。目前有两种模式:一种是代收机构通过与本管理单位的收费系统进行联网收费,实时进行电费销账;另一种是代收机构与本管理单位的收费系统不联网,通过邮件、移动介质等形式传递缴费数据。

采取非联网方式,缴费信息不能实时记录到营销系统,容易引起缴费后上账不及时造成的催费停电客户投诉,同时电费资金到账周期延长,资金风险较大。随着现代通信技术和中间业务技术的飞速发展,以中间业务平台为基础的实时代收电费系统已广泛应用,因此,本章节主要讲述实时代收模式的对账业务处理。

通常,代收机构收取的电费资金依据代收合作协议约定按日归集并划转到供电企业电费资金账户。为保障代收机构为供电公司收取的每一笔电费明细正确、及时地记录到供电企业的系统中,且明细收费记录的汇总资金与代收机构划转的电费资金相符,供电企业应该每日与代收机构开展代收电费对账。

一、代收电费对账原则

根据代收电费双方的合作协议,代收电费对账的原则为:应收以供电企业数据为准、实收以代收机构划转资金为准。

其中应收指通过代收业务平台查出的客户应缴电费数据。实收指代收机构实际收取并划转给供电企业的电费资金。

若代收机构划转的电费资金与代收系统销账金额不符时,以资金为准核实每笔收费明细,供电企业要求代收机构更正明细对账依据,保障销账与到账资金完全相符。若在核对代收机构划转资金与对账明细时,发现明细正确,确实为代收机构多进少进资金时,由代收机构查明原因,更正进账资金。

二、代收电费对账方法

为保障代收电费资金与供电企业系统销账明细相符,供电企业与代收机构双方必须完整保存每笔代收电费的明细账及汇总账,通过各自的明细账与汇总账平账、双方明细账平账、双方汇总账平账等工作,实现双方代收电费账目的完全相符。

反映双方明细账及汇总账的对账依据如下:

1. 供电企业实时代收电费销账明细流水账

在实时代收收费过程中,供电企业业务系统中记录的每笔费用流水,包含对应收取费用的客户编号、交易流水号、收取金额、收取时间等信息。

2. 供电企业统计的按代收机构、按日电费实收报表

供电企业系统依据实时代收交易流水明细,统计生成的按日、按代收机构的实收日报,日报中含

收取的电费、预收、违约金笔数、金额等信息。

3. 代收机构确认销账的电子对账文本

代收机构在一日收费工作结束后，汇总当日确认收取的所有电费明细，包括缴费的客户编号、电费流水号、收取金额、收取时间、双方共同认可的交易流水号等信息，并将这些明细信息形成交易明细文本，通过双方约定方式传给供电企业。

对账文本一般为文本格式，便于不同应用系统识别。

4. 电费账户实际收到的电费资金

代收机构在完成当日的收费平账后，将收取的电费资金归集进账到供电企业指定的电费账户中，供电企业以网银资金明细或收到的资金到账凭据，确认资金到账。

三、代收电费对账的工作内容

开展代收电费对账的目的是保障代收明细账与实际收到的代收电费资金相符且每笔明细对应正确，根据该目的，代收电费对账的工作内容可分为以下两类：

1. 缴费交易对账

将代收机构收取的每笔电费明细与供电企业通过中间业务平台获得的代收电费明细一一对账，保障供电企业系统内电费缴费明细记录与代收机构的明细交易记录对应正确。

2. 发票交易对账

将代收机构收取电费时为客户打印的电费发票或未收费补打的已结清电费发票记录与供电企业实际记录的票据打印明细信息进行对账，保障实际打印并开具给客户的电费发票与供电企业系统内记录的发票完全相符。

由于电费发票为确认缴费和记账的重要票据，不允许重复打印，因此发票交易对账是保障发票记录正确性的重要工作。

通常情况下，代收机构可以对这两部分信息汇总生成一个文档，通过双方约定的对账标志位加以区分，统一对账。

四、代收电费对账操作流程

通常，代收电费对账流程包括以下几个步骤。

1. 获取对账文本

通过双方约定的通信方式和文件传送时间，代收机构按时将电子对账文件送达，供电企业按时获取文件，确认该文本汇总金额与相应划转的电费资金完全正确后，确认可以开展对账。

2. 系统对账

供电企业操作人员在代收对账功能菜单里，选择代收机构、对账日期后，系统导入电子对账文本，自动与已记录的实时代收明细账进行对照，统计出银行确认的代收总金额、供电企业系统内已登记实收的总金额，显示于屏幕。若金额相符，提示明细账相符，对账成功；若金额有差异，即账务不相符，在界面里显示不相符的明细记录，提示进行单边账处理。

3. 单边账处理

对界面中出现的每笔不符账项（单边账）进行处理，将供电企业确认为已收但在代收电子文本中未收的电费重新确认为未收；将供电企业未收但在代收电子文本中确认为已收的电费销账为实收，使供电企业营销系统实收销账与代收机构电子对账文本中的数据相符。

4. 资金对账及系统平账

明细对账完成后，系统自动生成当日该代收机构代收电费的实收日报，查收银行当账资金，进行到账资金与汇总账的平账。

一般情况下，代收机构提供的对账明细电子文本与其归集的电费资金一致，通过明细账对账就能保障供电企业实收电费销账金额与银行到账资金完全相符了。

若出现代收机构到账的资金与电子对账文本不相符现象，表明代收机构内部未平账，则不能随意进行单边账处理，应首先要求代收机构核实确认电子对账文本及资金的准确性。若文本正确，则要求代收机构调平资金后，再按文本进行明细账对账；若资金正确，则要求代收机构核准电子对账文本后，再对账。

五、注意事项

1. 电子对账文本与资金无法相符时的处理

当出现由于代收机构原因引起电子对账文本与实际到账资金不相符问题时，若代收机构无法在现有技术水平下更正对账文本的，系统自动对账不能完成全部对账工作，这时，供电企业应及时与代收机构取得联系，手工查出不符账项，由代收机构提供对账文本与到账资金差异的书面说明，详细确认差异原因、处理意见，并加盖代收机构业务、账务章作为处理依据，供电企业按此书面说明手工收、退电费，实现资金的平账。

2. 出现大批量单边账的处理

若某日代收对账时出现大量单边账，则可能系统出现了特殊问题，通常有以下几种可能性：

（1）代收机构对账文本不正确：代收机构上传的电子对账文本不完整，导致大量正常收费信息未反映在电子对账文本中，出现电力已记账、代收机构未记账的单边账。这时，应要求代收机构核实对账文本重新上传及接收。

（2）通信故障：上一工作日代收机构与供电企业间的通信不畅，导致大量实收代收数据未正常记录，这时，应及时联络技术人员检查代收业务通信链路是否正常，排查隐患，同时，与代收机构核对资金，在确保代收机构实收资金与电子对账文本相符时，逐户处理单边账。

（3）时钟差异：因双方系统平台时钟差异，导致双方在 24 时左右的交易记入的日期不一致，出现单边账。遇到这种情况，应及时联系相关技术人员安排双方以北京时间为准进行系统平台时钟校验，同时，按代收机构确认的对账文本进行单边账处理。

3. 单边账处理的时限

在代收电费期间，供电企业实时记录代收的信息，但当系统通信故障等引起代收信息无法正确反馈到供电企业时，只有在日终对账且单边账处理后，正确的实收信息才能反映到供电企业的系统中，在出现单边账到单边账成功处理之间存在一个时间周期，即可能出现客户已缴费但供电企业的系统中未记账或客户未缴费但供电企业的系统中已记账的情况，出现前一种情况时，当客户在期间查询欠费，将使客户查出的信息不准确，引起客户不满，导致投诉；当出现后一种情况时，又使催费人员错误地判断欠费情况，延误了催费工作，对供电企业不利。因此，供电企业代收电费对账人员应清楚地认识对账工作的重要性，尽可能及时处理不平账项。

六、示例

以下为工商银行于 2008 年 8 月 10 日为某供电企业代收电费对账文本部分数据，文件名为：010ghdz20080810.txt，截取行数为四行，每行即为一笔交易数据，明细内容依次表示代收机构代码、对账明细类型、交易流水编号、交易金额、电费流水号、电费金额、违约金金额、记账日期等。其中，对账明细类型若为"0"表示明细交易流水数据，若为"1"表示汇总数据。

```
010 | 0 | 20080810000051112 | 166.58 | 21760054429506 | 158.65 | 7.93 | 2008-08-10
010 | 0 | 20080810000052161 | 25.01 | 21760054856213 | 24.07 | 1.00 | 2008-08-10
010 | 0 | 20080810000045608 | 296.24 | 21760055335649 | 296.24 | 0.00 | 2008-08-10
010 | 0 | 20080810000099032 | 281.92 | 21760055236027 | 281.92 | 0.00 | 2008-08-10
010 | 1 |                  | 769.75 |                |        |      | 2008-08-10
```

【思考与练习】

1. 简述代收电费对账的处理原则。

2. 请根据课程中代收电费系统对账的依据、工作内容及处理流程，简述代收电费对账的原理。

3. 简述代收电费对账的业务处理流程。

4. 简述代收电费对账业务处理的常见问题及处理方法。

第三章 相关功能应用

模块 1 新装、增容与变更用电功能（ZY2300103001）

【模块描述】 本模块包含新装、增容与变更用电功能等内容。通过概念描述、结构分析、要点归纳，了解新装、增容与变更用电的相关功能。

【正文】

新装、增容与变更用电的系统功能实现对《供电营业规则》定义的十四类业务扩充流程的全过程的计算机管理，主要流程环节包括受理、勘查、确定方案、审批、方案答复、费用管理、工程管理、签订供用电合同、验收送电、计费信息审核、客户回访和归档等。处理要点是在系统内正确地确定客户的计量、计费等运行参数，同时正确记录处理时间、处理人、处理意见等信息，并实现业务流程的电子化运作。

一、主要功能

1. 业务受理

接受客户的业务扩充请求，核对客户材料并记录客户请求信息，审核客户以往用电历史、信用情况，并形成客户请求用电的相关附加信息，生成对应业务工作单，提供客户查询单。

2. 勘查派工

将需进行现场勘查的各类客户业扩申请按班组或人员统一调配分派，生成现场任务分配单，并将生成的业务工作单转至相应工作人员。

3. 现场勘查

按照受理信息生成勘查单，指导勘查人员进行现场勘查，并实现勘查内容记录功能。其中：

（1）新装与增减容勘查记录包括供电方案的制定（供电电源位置、供电容量，有无外部、内部工程等）、计量方式的初步确定、电价的初步确定、费用及支付方式确定等相关内容。

（2）故障换表勘查记录包括电能表故障的原因和责任、需要客户赔偿的处理意见、通知客户交款信息、需更换电能表的新表的有关参数等内容。

（3）改类勘查记录包括核查确认的客户更改的用电类别、改类时的电表抄码等信息。

（4）暂停/恢复勘查主要核查客户的用电情况，确定是否可以暂停或恢复用电；进行暂停或恢复用电操作，记录暂停或恢复用电的时间、容量。

（5）移表勘查主要确认并记录电能表的位置及所需其他信息等。

（6）减容/恢复勘查主要核查客户的用电情况，用电类别是否发生变化，计量方式是否需要改变，记录减容或复容时间等。

（7）分户、并户、过户、销户主要核查客户的用电情况，确定是否需要调整计量方式，记录电表抄码等。

（8）需要安装或调整用户侧自动采集及负荷管理装置的业务，初步制定装置和终端的安装、拆除、调换、参数调整方案。

4. 审批

对供电方案进行审核，可查询供电方案，并记录签署意见。

5. 确定供电方案

根据审批情况最终确定供电方案，可对电源方案、计量方案、计费方案、费用情况等进行修改并记录变更情况。

6. 答复供电方案

回复客户供电方案情况和通知客户及时交费，提供客户答复单。

7. 费用管理

（1）营业收费：

1）对规定的收费项目和收费标准进行账务管理。

2）根据各类业务的收费项目和收费标准产生应收费用。

3）根据收费情况，打印发票/收费凭证，建立实收信息，更新欠费信息。对于减免缓收费用，记录操作人员、审批人员、时间以及减免缓收相关信息。

4）根据业务要求，确定应退金额，并出具凭证。

（2）电费清算。根据各类业务的实际情况，结算电量电费，并对电费应收账款以及电费账户进行相应调整、确认。

8. 工程项目管理

（1）客户内部工程管理。进行工程登记，记录工程负责单位、资质、负责人，以及工程的开工、竣工等进度状态。

（2）供电工程管理。进行工程登记，记录工程负责单位、负责人，以及工程的立项、设计、图纸审查、工程预算、工程施工、中间检查、竣工验收、工程决算等进度状态和信息。

9. 签定供用电合同

记录合同签定和变更的相关信息，包括合同编号、签约人、签约时间、到期时间等。同时，根据客户信息和合同模板自动生成合同文本信息。

10. 送电

提供送电工作单，记录送电人员、送电时间、变压器启用时间及相关情况。

11. 计费信息审核

核对电价信息、计量信息、收费方式等，确定抄表段和抄表顺序，建立电费账户。

12. 客户回访

告知客户缴费相关注意事项，调查客户满意情况。显示客户联系信息、计费方案、收费方式、工程信息、流程信息和调查表，记录客户回访信息。

13. 归档

审查业务处理流程，将客户资料归档，记录文档资料的档案号和物理存放位置，结束流程，自动形成或变更客户档案。对不能归档的，做出催办、重办、挂办等相应处理。

以上仅根据业扩流程的处理框架，描述了系统的主要功能。在实际应用中，各地区对不同新装、增容及变更用电类别均有不同的标准流程定义，业扩流程将依据标准流程电子化传递，同时，对于一些较复杂、处理环节差异大的业扩类别进行了更细致的划分，使系统能适用于各种情况。

二、与抄核收工作的关联

对客户计量计费的依据取决于客户的用电性质及业扩流程中确定并最终实施的供电方案，只有在业扩流程中正确录入了这些数据，才能保障正确的计量计费，因此，新装、增容与变更用电功能的全面应用对抄核收工作至关重要。以下从影响计量计费的主要参数、涉及的业务流程等方面，介绍计费参数的形成过程，便于抄核收人员理解系统实现方式，在处理特殊问题时分析查找问题源头。

1. 业扩流程中影响计费的主要参数

（1）客户用电性质。包括用电类别、行业类别、报装总容量、电源数目、高耗能行业分类、变更类别（新装、变更、拆除）等，这些参数直接影响到客户即将执行的电价、执行生效时间、按行业分类应收电量的统计分析等。

（2）电源信息。包括电源性质（主供、备供、保安）、电源类型（公用变压器、专用变压器、专线）、电源运行方式（冷备、热备、同时运行）、变电站、线路、公用变压器、供电电压、供电容量等，这些参数影响了计量方案的制定，从而影响计费表计的级数及表计间关系等计费参数，同时是计算线损、开展线损考核的重要依据。

（3）变压器信息。包括变压器变更说明（新装、停用、启用、拆除）、线路名称、变压器组号、一次侧电压、二次侧电压、名称、铭牌容量、变压器损耗编号、变压器型号、主备性质、进线方式、接线组别等，这些参数决定了基本电费、变压器损耗电量的计算方式及计量装置安装方式。

（4）计量装置信息。包括线路编号、对应变压器组号、装表位置、是否安装负控、负控地址码等，这些信息决定了抄表方式、电能表间的级别关系及与变压器的对应关系。

（5）电能表信息。包括变更说明（新装、变更、拆除、换取、虚拆、移表）、电能表出厂号、电能表资产编号、电表类别、相线、计量类型、厂家、型号等。这些信息决定了电能表的抄录方式、是否计费、异常问题的处理方式等。

（6）计费参数。包括计费起始时间、计量装置级数、电价码、执行顺序、力率考核标准、力率考核方式、执行峰谷标志、计费类型（抄表、定量）、定量定比值、定比扣减标志、基本电费计算方式、计量方式、需量核定值、TV 损耗、有功线损计算方式、有功线损计算值、无功线损计算方式、无功线损计算值等。这些参数从以上信息中转化确定，最终形成计费算法的详细定义。

2. 影响主要参数形成的流程环节

在各类业扩流程中，影响计量计费参数确定的业务流程主要包括业务受理、拟定及答复供电方案、安装采集终端及装表、信息归档等。

3. 其他与抄核收工作相关信息的确定

（1）抄表段的确定。新装分配抄表段，决定着日后是否便于抄表。在批户新装时，有大批客户需要确认抄表段，有时还需按新增工量或公变台区增加抄表段。通常客户在业务申请时或勘查人员勘查过程中，可确定并登记客户所属线路、台区及抄表段，业务流程归档时该抄表段信息生效。抄表员在抄表时若发现抄表段定义不合理，可按实际情况进行调整。当业务受理及勘查时均无法确认的（如大型小区新建，公变台区、线路、抄表段都未编排时），可在业扩流程中将客户抄表段定义为公用的临时抄表段，待抄表员确认并编排后，再统一调整。

（2）联系方式的确定。客户联系人、联系方式等信息便于供电企业开展电费通知服务，应在业扩流程中及时准确录入。同时，注意客户接受电费通知服务的意愿，避免在未经客户许可的情况下，强行登记客户联系方式，提供电费通知服务。

（3）电费结算方式的确定。签订合同时，应引导客户使用供电企业推荐的方式结算电费，例如，推荐客户采用代扣方式结算电费，在征得客户同意的情况下，录入客户的付款银行、账号、账户名称等信息，电费一发行便能自动缴费。

【思考与练习】

1. 试述新装及变更用电业务系统功能的作用。
2. 影响计费的业务流程环节有哪些？
3. 除计费参数外，业扩流程中还需确定哪些与抄核收相关的数据？

模块 2　供用电合同管理功能（ZY2300103002）

【模块描述】 本模块包含供用电合同分类、条款及管理功能等内容。通过概念描述、术语说明、要点归纳、图解示意、示例介绍，了解供用电合同管理相关功能。

【正文】

一、供用电合同分类

供电企业合同书面形式可分为标准格式和非标准格式两类。标准格式合同适于供电方式简单、一般性用电需求的用户；非标准格式合同适用于供用电方式特殊的用户。

省电网经营企业可根据用电类别、用电容量、电压等级的不同，分类制定出适应不同类型用户需要的标准格式的供用电合同。

根据各网省的《供用电合同》管理办法，通常供用电合同分为以下六类：

（1）高压供用电合同：适用于供电电压为 6～10kV 及以上供电的专用变压器用电客户。

（2）低压供用电合同：适用于除居民以外的供电电压为 220/380V 的低压供电客户。

（3）临时供用电合同：适用于临时申请用电的客户，又包含高、低压临时供电的用电客户。

（4）趸购电合同：适用于趸购电力的用电客户。

（5）委托转供电合同：适用于受供电企业委托的转供电客户，转供电合同是供电方、转供电方、被转供电方三方共同就转供电有关事宜签订的合同。

（6）居民供用电合同：适用于供电电压为 220/380V 低压供电的居民用电客户。

二、供用电合同的主要条款

根据《电力供应与使用条例》第三十三条，供用电合同应具备以下条款：

（1）供电方式、供电质量和供电时间。

（2）用电容量和用电地址、用电性质。

（3）计量方式和电价、电费结算方式。

（4）供用电设施维护责任的划分。

（5）合同的有效期限。

（6）违约责任。

（7）双方共同认为应当约定的其他条款。

三、主要功能

营销系统实现对供用电合同起草、会签、修订、签订、续签直至合同终止全过程的跟踪管理，包括合同范本管理、合同新签、合同变更、合同续签、合同补签、合同终止等功能。

1. 合同范本管理

负责获取国家电网公司下发的供用电合同范本，按不同的客户用电类别，分别发布相应供用电合同范本，规范供用电合同的格式和条款内容，管理从引用、变更、审核、发布的范本流程。

（1）合同范本引用：

1）引用范本，记录下发时间、文号、应用时间范围等信息。

2）登记管理范围内的合同的供电方信息，记录供电方的法定名称、法定地址。

3）对引用的范本及合同附件进行分类管理，并对范本按照合同分类、引用时间等信息制定命名规范。

（2）合同范本变更：

1）在引用供用电合同范本基础上，增改相应的合同条款及附件。

2）对供用电合同范本进行版本管理，对每一次条款增加、删除、修改所形成的版本登记变更内容、变更时间和操作人员。

（3）合同范本审核：

1）将初步确定的范本提交营销、生产、调度、法律等相关部门审核、审批，确保条款的规范性、合法性，记录审核人、审核时间和审核意见。对审核不通过的，发回合同范本变更流程，重新进行条款与内容的修订。

2）开展对供用电合同范本审核流程的监控管理，检查审批环节是否完整、审批时间是否符合时限要求，对审核最终决策者进行定义及管理。

（4）合同范本发布。将审核通过的供用电合同范本进行发布，供下级单位及有关人员使用，记录供用电合同范本发布文号、生效日期等信息。

发布供用电合同范本的启用通知，允许下级部门通过文档下载等方式接收合同范本。

2. 合同新签

负责在供电企业受理客户新装用电业务过程中，启动新签供用电合同，实现对新签供用电合同的起草、审核、审批、签订、归档等流程的管理。

（1）合同起草。根据客户申请的用电业务、电压等级、客户用电类别，选择相应的供用电合同范本，编制形成新的供用电合同文本，确定合同编号，编制合同正文，根据实际需求起草相关附件，确

模块
2

ZY2300103002

认生成完毕后，将草案提交相应部门进行审核。

（2）合同审核。根据相应权限，对提交的供用电合同进行审核并签署审核意见，对需修正的内容调阅相应合同正文直接进行修改，对审核不同意的，退回到起草流程重新修订合同并复审。

对不同容量或电压等级客户供用电合同的审核部门和审核权限按各网省相关规定进行管理，制定审核标准流程，附件自动分类提交相应部门审核（如《电费结算协议》自动提交电费管理人员审核，《电力调度协议》、《并网调度协议》提交调度管理人员审核等），设定审核最终决策者。

（3）合同审批。对审核后的供用电合同进行审批，签署审批意见，对审批不同意的，退回重新修订并复审。

对不同容量或电压等级客户供用电合同的审批部门和审批权限按各网省相关规定进行管理，制定审批标准流程，设定审批最终决策者。

（4）合同签订。记录合同签订信息，包括客户接收供用电合同的日期，供用电双方的签字、签章日期、签订地点。

若在签订过程中，客户对供用电合同内容有异议，可将流程退回，重新修订合同条款。

实现对合同签订与业扩流程间的监控管理，合同签订完成后才允许业扩报装流程中进行送电登记。

（5）合同归档。负责检查系统内登记的合同电子文本信息是否与已生效的供用电合同文本、附件等资料相符，供用电合同相关资料、签章是否齐全，若有问题，按要求将流程退回并重新签订，准确无误的，在系统内确认归档，并将正式签署的供用电合同文本、附件等资料及签订人的相关资料与客户档案资料合并后按照档案的存放规定进行归档存放。

3. 合同变更

在供用电合同有效期内，供用电合同条款需变更时，在系统内变更相应条款。系统内合同变更流程包括起草、审核、审批、签订、归档等，操作与合同新签大致相同，主要区别体现在：

（1）在合同起草过程中，根据有关政策或客户用电业务变更信息，可以选择重新修订合同或者增加合同附件两种形式进行供用电合同的变更。

（2）重新修订合同时，必须重新选择相应的供用电合同范本。增加合同附件时，根据客户用电业务信息及原签订的供用电合同条款，起草供用电合同附件，并对新的供用电合同及附件进行编号管理。

（3）合同变更时，系统保留原合同记录，并体现变更的合同与原合同的关联关系。

4. 合同续签

合同即将到期时，在系统内继续签订新合同期内的供用电合同，延长供用电合同有效期，保持其有效性和合法性。

续签供用电合同时，可将原供用电合同废止，重新签订新的供用电合同；也可对原供用电合同部分条款进行修改、补充，经双方签订，使供用电合同继续有效。

续签供用电合同的流程包括起草、审核、审批、签订、归档等，操作与新签大致相同，主要区别体现在：

（1）系统实现合同即将到期客户的查询功能，以便与客户及时联系，续签合同。

（2）实现对不同类供用电合同有效期限的登记管理功能。

（3）合同续签时，系统建立续签的供用电合同与原合同的关联关系。

（4）供用电合同续签时，还应核查客户续签合同相关的附件资料是否齐备，主要包括电费结算协议、电力调度协议、并网经济协议、并网调度协议、双方事先约定的其他附件资料等。

5. 合同补签

实现对已立户未签订供用电合同客户供用电合同补签功能。补签供用电合同的流程包括起草、审核、审批、签订、归档等，其系统功能及处理流程与合同新签大致相同，主要区别体现在：

（1）提供已经正式供电立户但未签订供用电合同客户的查询功能。

（2）合同补签流程不与新装及业务变更流程关联，所编制供用电合同正文以客户的相关档案信息为基础。

（3）具备对补签供用电合同编号新建及管理功能。

（4）在补签流程中详细记录补签原因。

（5）对确未签订过纸质合同的客户，供用电双方进行合同补签，并记录客户接收供用电合同的日期，供用电双方的签字、签章日期。已签订过纸质合同的客户，仅补办电子合同，不再重新签订，但在系统中登记纸质合同签订的时间。

6. 合同终止

实现对终止供用电合同的受理、归档等流程的管理。

（1）合同终止受理。客户与供电企业解除供用电关系时，受理终止供用电合同的申请，记录供用电合同终止原因、终止日期等信息。

（2）合同终止归档。将终止的客户供用电合同会同相关业务资料按照档案的存放规定进行归档，在系统内确认客户供用电合同终止原因、终止的日期。确认终止后，销户流程方可归档。

7. 辅助查询及系统维护功能

实现按客户、合同分类、签订时间等各种条件查询供用电合同的综合查询功能。

实现对未签合同、合同到期客户的补签、续签计划的管理功能，使相关工作实现自动化派工、督办。

实现各类合同修签流程时限的管理，并能自动对超时限合同管理流程及相关人员进行考核；按部门对合同新签、变更、续签、补签等流程的处理时限的分析、测算，促进各级供用电合同管理的精细化水平。

实现对供用电合同管理标准流程、操作权限等维护功能。

四、与抄核收工作的关联

与客户签订的供用电合同，是对客户抄表、计费和收取电费的执行依据，抄核收人员应熟悉合同，以了解计费算法执行是否正确，当客户欠费时如何确定应收取的违约金。

五、示例

（1）进入供用电合同管理的范本维护界面，新增合同范本，登记供电人信息如下：供电单位"大用户供电营业所"，输入单位名称、法定地址、法人代表等信息，保存，如图 ZY2300103002-1 所示，即在系统内生成该供电单位的合同范本。

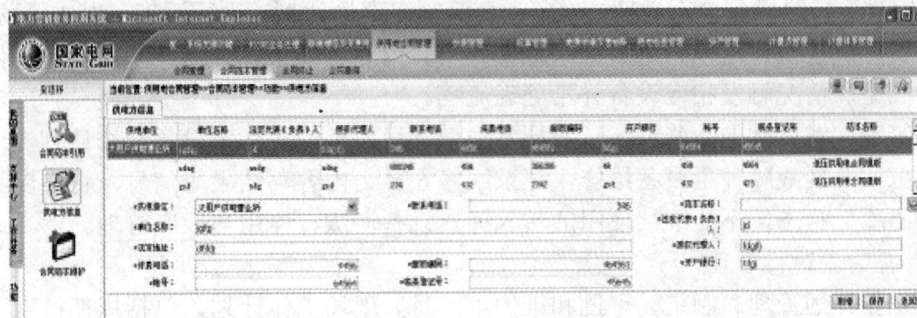

图 ZY2300103002-1 供电人信息登记界面

（2）根据新增合同范本，生成高压供用电合同及附件文本，确定文件保存路径，上传到规定合同文本管理目录，如图 ZY2300103002-2 所示。

图 ZY2300103002-2 合同及附件文本上传界面

【思考与练习】

1. 按客户的用电性质，供用电合同可分哪些类别？
2. 试述供用电合同应包括哪些内容。
3. 简述供用电合同管理的主要功能和作用。

模块 3　电能计量装置运行管理功能（ZY2300103003）

【模块描述】本模块包含电能计量装置运行管理主要功能、与抄核收工作的关联等内容。通过概念描述、术语说明、要点归纳，了解电能计量装置运行管理相关功能。

【正文】

电能计量装置运行管理的作用是对在运行的计量装置的全过程运行跟踪管理，保证其准确、客观地计量电能的传输和消耗。

电能计量装置的运行管理是对计量设备在组合安装使用以后到拆回期间进行的管理，只是计量设备生命周期资产管理中的一部分，因其与计量计费有紧密的关系，因此在此仅介绍运行管理功能。

一、主要功能

根据电能计量装置的结构，以下按计量设备、计量装置组合两个方面的运行管理功能进行介绍。

1. 设备运行管理

（1）设备台账管理。对电能表、互感器、自动采集装置、负荷管理装置、封印、计量箱柜等在运行设备及现场安装情况进行资产信息管理，对电能表确定设备用途（客户表、关口表、考核表等），便于确定抄录方式及准确计量计费。

（2）装、拆、换管理。根据从新装、增容、业务变更等相关功能转入的工作单及轮换计划等设备装、拆、换需求，按班组或按人员制定装、拆、换计划，进行派工，生成设备装、拆、换现场工作单，提供给装表人员领取设备，按要求对电能表和互感器、自动采集装置、负荷管理装置、封印等各种设备进行装、拆、换，现场工作完成后，退还拆回设备，如实记录设备资产编号、位置、当前参数和设备相互关系，并确认将装、拆、换申请流程转入下一处理环节。

（3）巡检管理。按照设备检查周期、设备类型等制定巡检计划，进行派工，生成现场巡检工作单，提供给工作人员开展巡检，巡检结束后记录巡检人员、内容、结果、异常类型和情况等信息。对于巡检发现的异常类型和情况触发相应设备异常处理流程。

（4）维修管理。对拆回的故障设备按照异常类型、设备类型等制定设备维修计划，进行派工，生成维修工作任务，开展故障计量设备维修，记录维修人员、内容、结果等信息，将可以继续使用的设备标识为"待出库"状态，不能继续使用的转入计量设备淘汰、停用与报废管理。

2. 电能计量装置运行管理

（1）现场工作计划管理。制定、审批和维护年（月）现场工作计划，包括周期检定（轮换）与抽检计划、现场检验计划、二次压降测试计划。

（2）现场工作任务安排。把年（月）轮换与抽检、压降测试、现场检验等计划转化为月现场工作任务，进行派工并生成相应的现场工作单，转入上述设备装、拆、换处理流程，安排相应人员进行现场及机内信息记录处理。

（3）周期检定（轮换）与抽检管理。根据系统内运行设备类型、装出时间等参数及周期检定（轮换）与抽检记录，统计周期轮换率，修调前检验率，指导周期检定（轮换）与抽检计划安排。

根据系统内抽检批次的检定记录，计算抽检批次是否合格，如果本批次合格，则本批次抽检完成，如果不合格，转入抽检计划安排流程，选择新的抽检数重新抽检。如果两次抽检后还不合格，为整批表建立轮换任务。

根据批量轮换计划，按批次计算轮换完成时间、完成率，分析轮换工作是否按要求完成，考核装表人员的工作质量，并分析超时或时限较长的环节，便于营销管理人员改进资产配置及相关工作岗位人员职数安排，促进业务流程更高效完成。

（4）现场检验管理。把现场检验参数传给现场检验设备，或打印现场检验数据；输入现场检验数据，或把现场检验后设备中的数据传回系统；综合分析计量装置的现场检验结果。

（5）二次压降管理。把压降测试参数传给现场压降测试设备，或打印压降测试数据；输入压降测试数据，或把压降测试后测试设备中的数据传回系统；综合分析二次压降是否正常，对于异常情况，发起相应异常处理流程。

（6）故障、差错管理。对申报故障、差错的计量装置进行检测后，记录计量故障、差错情况，测算计量装置合成误差，从而推算出差错电量，形成处理工单按故障差错处理流程进行处理，需补退电量电费的发起补退电量电费申请流程，最后记录处理结果。

二、与抄核收工作的关联

1. 装、拆、换表登记功能

电能表、互感器、自动采集装置、负荷管理装置等各类计量装置的装、拆、换业务处理，将直接影响对客户、关口表、考核表的计量，因此在相关处理流程的记录过程中应准确录入相应数据，以保障后期抄录电量的准确性。影响计量的主要参数包括：

（1）新装出电能表位数。新装出电能表位数直接影响日常表码抄录、校验与计算电量，当现场抄录表码位数与该参数不符时，则表示抄录有误或电能表装出客户对应错，应及时出具工作单现场核实处理。

（2）新表装出表底示数（起码）。新表装出起码正确性影响该表第一次抄表时计量的准确性。

（3）拆回止码。运行表因轮换、抽检、故障、销户等原因拆回后，也需正确记录拆回表码，该表码是计算上次抄表后到拆回期间电量的依据，也是判断故障、测算故障电量的重要依据。

（4）计量装置综合倍率。新装、更换计量装置后，应如实录入电能表倍率及互感器变比等参数，保障系统内产生的计量综合倍率的正确性。

（5）抄表方式。对于安装自动采集装置、负荷管理装置的客户，在登记设备信息时，还需确认是否采取该种方式抄录电能量，便于抄核收工作中从正确的渠道获取电量信息。

2. 拆表余度处理

当客户因各种原因申请销户时，必须拆回在运行计量装置，结算余度电费后，才能最终销户。余度也是一种应收电费类型，余度电量电费的计算通过销户流程发起，并在拆表登记确认后自动产生，流程经相关部门确认后发行，通知客户结清，如实登记实收资金并为客户出据相应票据。

余度电费应纳入应、实收管理，保障发行的应收电费无遗漏。

3. 电量电费补退

通常装、拆、换计量装置设备时产生的应补退电量电费有两种计算方式，即参加下期电费发行和单独补退发行。

参加下期电费发行时，通过装、拆、换流程处理，系统记录了已拆换回的旧计量装置电量信息（对于故障的拆回装置通过检定误差测算），当新装出表与同一抄表段内其他客户一起抄表后，系统自动根据新装出及已拆回设备累计电量计算出准确电费。

因运行计量装置故障，错误计量计费引起的退补电量电费，客户一般要求尽快核准差错，及时结清相应电费，需单独发行。此时差错电量的计算以拆回故障设备的误差检定结论为依据，由计量人员计算核定后转抄核收人员确认，当客户对产生的电量存在疑议时，与客户协商并在系统内修正，抄核收人员最终确认电量后，系统自动计算并发行，转入电费收费流程，收取电费后如实登记实收资金，为客户开具电费发票。该类补退电量电费也是应收电费的一种，应纳入应、实收报表统计，保障发行的应收电费无遗漏。

4. 一个抄表周期内多次出现装、拆、换流程

当一个抄表周期内出现多次装、拆、换表流程时，应按不同流程逐笔登记相应的装、拆、换信息，系统将历次已执行的装、拆、换流程所产生的电量综合计费，未完成流程待完成后参与下次抄表计费，特别复杂的也可单独生成补退流程进行计费。

抄核收人员在开展抄表段电费复核时，若发现当月内存在多个计量装置装、拆、换流程时，应逐项仔细审核，防止多次计量装置拆换期间因读取的表码不正确而错计费。

5. 资产信息异常处理

在现实的运行计量装置管理工作中，常出现一些现场运行设备与系统内登记不相符的异常情况，其产生原因主要有几类：

1）系统建设初期，数据录入不正确，误记录现场数据。

2）批量设备安装时，领用设备在现场安装时混淆，导致现场安装资产在系统内登记串户。

3）部分装拆表流程未在系统内登记，导致现场状态已发生改变，而系统内并未更新。

针对各种异常情况，提出常见解决方法如下：

（1）有资产记录，现场找不到计量装置设备。遇到这种情况，应出具工作单，请稽查等专业部门核实现场情况，力争找出系统内资产信息对应的现场安装设备，同时在库存资产中清点是否存在该资产，特别是对拆回未登记的资产进行清理排查。

若通过现场工作，找出了原有资产，检查其是否在用，在用且漏抄表计费的，与客户取得联系，追补相应电量电费；未用的，及时办理资产拆回业务流程。

若通过清点库存找出相应已拆回资产设备的，尽快在系统内登记拆回处理流程，存在余度电量的追补余度电费。

通过现场及库存清点，均未找到原始资产的，在系统内相应资产进行遗失登记，纳入遗失资产的跟踪管理。

（2）无资产记录，现场发现有计量装置设备。若在日常营业普查等各项工作中，发现有异常的现场计量装置设备，首先应根据现场设备属性（如电表生产厂商、表型号、表类型等），请计量专业人员综合分析判断该设备是否属于供电企业某批次购买的设备资产，若不属于供电企业资产，则为客户私有财产，与供电企业无关。

若现场设备为供电企业的资产，则进一步查实现场设备是否在用，对于未用的，尽快拆回并办理相应资产档案的登记、拆回，如实登记处理流程信息备查；若资产在用，则需尽快与使用客户取得联系，查询系统内信息缺失的原因，进行计量资产信息补录及相应电量电费补收工作。

值得注意的是，当发现现场设备为供电企业购置并用于客户计量计费的资产，而现场实际接入在客户计量分界点内部时，还应及时追查计量资产管理工作质量，防止有用于供电企业计量计费的资产流失于市场，被不法分子利用，非法获利。

（3）资产信息与现场设备不符。发生这种情况时，因及时查明不相符的原因，因错装、错录入数据引起的，及时更新系统内信息，使其与现场一致，并尽可能补齐相应批次资产的标准参数，对于其中串户涉及电量电费计费差错的予以调账处理；原因不明的，发起信息变更流程，如实记录变更原因，更新系统内参数。

由于现场设备的装出日期等信息已无法获取，建议在更正系统数据且现场与系统相符后，尽快出单将不明设备换回，重装出资产信息管理规范的新可用设备。

【思考与练习】

1. 请简述电能表装、拆、换的业务处理流程及其中影响计量计费的主要参数。

2. 电能计量装置运行管理一般包括哪几项功能？

3. 请叙述何为"资产信息异常"，发生这类问题时应该如何处理？

模块 4　用电检查管理功能（ZY2300103004）

【模块描述】本模块包含用电检查管理主要功能、与抄核收工作的关联等内容。通过概念描述、术语说明、要点归纳、图解示意、示例介绍，了解用电检查管理相关功能。

【正文】

一、主要功能

用电检查功能主要包括周期检查服务管理、专项检查管理、违约用电窃电管理、运行管理、用电安全管理、用电检查人员资格登记等。

1. 周期检查服务管理

（1）周期检查服务计划管理。根据服务范围内客户的用电负荷性质、电压等级、服务要求等情况，确定客户的检查周期，编制周期检查服务年检查计划、月度计划，确定客户检查服务的时间，经过审批后，形成最终的周期检查服务计划。

界面功能包括标准检查周期定义、年度（月度）计划生成、年度（月度）计划调整、计划审批、按计划派工等。

（2）现场周期检查服务管理。根据周期检查月计划，进行现场检查，对检查发现的问题及时进行相应业务处理，记录检查情况、处理结果。检查内容主要包括计量装置运行情况、客户的基本情况、设备安全运行情况、供用电合同及有关协议的履行情况以及是否存在违约用电及窃电行为。

界面功能包括用电检查工作单打印、检查结果登记、检查计划完成情况统计。

2. 专项检查管理

（1）专项检查计划管理。根据保电检查、季节性检查、事故检查、经营性检查、营业普查等检查任务以及客户用电异常情况，确定专项检查对象范围和检查内容，编制专项检查计划。界面功能包括计划制定、调整、审批、派工、查询等。

（2）专项检查工作管理。根据专项检查计划及确定的专项检查对象和检查范围，进行专项检查，针对检查范围，记录现场检查情况，如果发现异常，进行相应业务处理。界面功能包括打印用电检查工作单、检查结果登记、计划执行考核等。

3. 违约用电、窃电处理

针对稽查、检查、抄表、电能量采集、计量、线损管理、举报受理等工作中发现的涉及违约用电、窃电的用电异常，进行现场调查取证，对确有违约用电、窃电行为的及时制止，并按相关规定进行电量电费追补处理。

4. 运行管理

为了保证客户电气设备运行安全，对客户开展停复电执行、预防性试验、设备运行档案、电能质量（包括谐波监测及电压监测）及入网电工等多项业务管理。界面功能包括停复电执行管理、预防性试验管理、设备运行档案管理、谐波监测管理、电压监测管理、无功补偿管理、入网电工登记等。

5. 用电安全管理

根据《国家电网公司客户安全用电服务若干规定》的要求，有针对性地执行用电安全管理措施，减少用电安全隐患，杜绝重大设施故障造成的停电和人身伤亡事故的发生，保证客户用电的安全可靠。界面功能包括重要保电任务管理、高危及重要客户安全管理、客户用电事故管理和设备缺陷管理等。

6. 用电检查人员资格登记

登记用电检查人员的基本信息及资格信息，信息包括姓名、性别、出生日期、学历、职务、职称、专业、资格证编号、发证单位、发证日期、证书有效日期、资格等级、岗位、上岗标志、上岗日期、离岗日期、工种、技能等级等信息。当用电检查人员资格信息发生变更时，及时更新。

二、与抄核收工作的关联

用电检查管理与抄核收工作的关联主要体现在以下两个方面。

1. 违约用电、窃电的电费追补

违约用电、窃电处理事实一旦确认，就需对客户追补相应电量电费，该类电费产生后，作为一种特殊的应收电费类别，需纳入到电费的应实收管理中去，抄核收相关人员应按日、按月统计该类应收报表，落实实收及到账资金，与用电检查业务报表进行核对。同时，还应注意与用电检查人员配合，

模块4　ZY2300103004

及时做好应实收登记，防止出现应、实收跨月情况从而影响电费回收指标完成。

2. 客户用电信息变更

当用电检查人员在开展周期检查、专项检查、安全管理等各项工作中，发现客户的用电性质发生改变，或变压器启停状态与合同执行有差异等情况时，需出具工作单修正系统内电价、计费容量等参数，必要时还需重新修订合同。

三、窃电处理示例

（1）进入用电检查管理主菜单项的违约用电、窃电管理界面，单击进入现场调查取证页面，选中待处理客户，点击确定发起流程（若无客户编号直接确定）。录入调查取证情况，确认无误后保存、发送。

（2）在工作任务列表选中待办工作单，点击处理按钮后进入窃电处理页面，如图 ZY2300103004-1 所示。根据实际情况录入窃电行为、发生日期、立案、停电、处理情况后点击保存。如需立案或停电，录入相应信息。

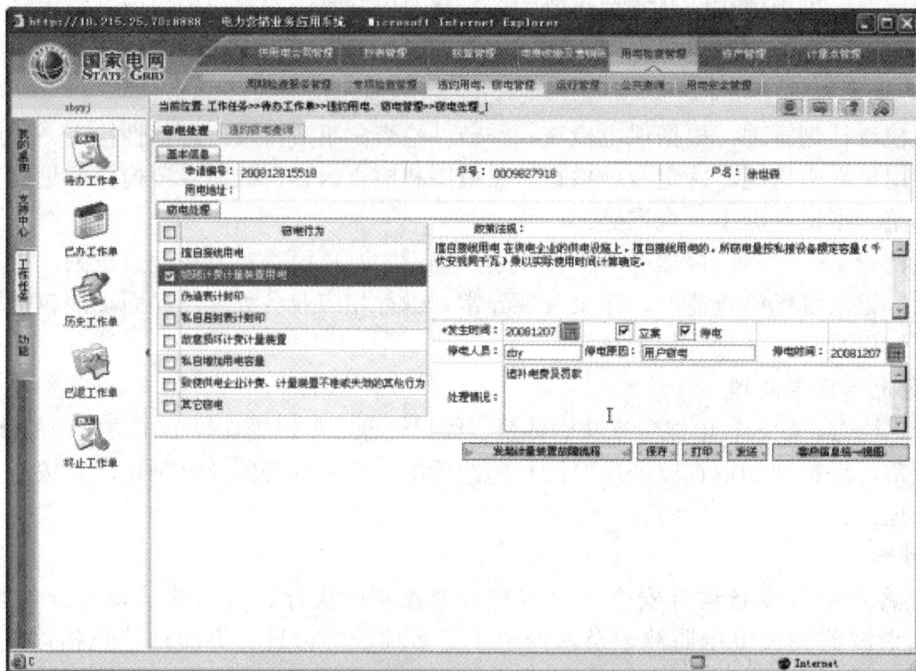

图 ZY2300103004-1　窃电处理界面

（3）对计量装置异常的，发起计量装置故障的子流程，录入处理部门、处理人员、备注信息。

（4）打印窃电通知书。

（5）将流程发送到窃电立案环节，根据实际情况录入受理部门、立案日期、涉案金额后保存发送。

（6）在当前任务中查询出待办窃电结案工作单，点击处理，录入结案日期、结案金额后保存、发送。

（7）在待办任务中选中指定工作单，进入窃电退补处理环节，在退补处理分类标志中选择追补电费，录入相关信息后保存。

（8）选择调整电费按钮，进入追补电费页面。在电价选择方式中，如果追补按当前电价执行，则选择当前档案；按历史电价，则选择电费台账或选择电价表。点击新增，在结算电量中录入需要追补的电量，确认保存，系统计算出电度电费及各项代征项，返回违约用电退补处理页面。

（9）点击确定追补电费及违约使用电费标签页，确定罚款倍数，或在其他违约使用电费中直接定义罚款数额，保存发送，流程发送到追补违约电费审批环节，如图 ZY2300103004-2 所示。

（10）选中追补违约电费审批工作单，点击处理，录入审批意见，保存发送，流程发送到违约窃电单据打印。

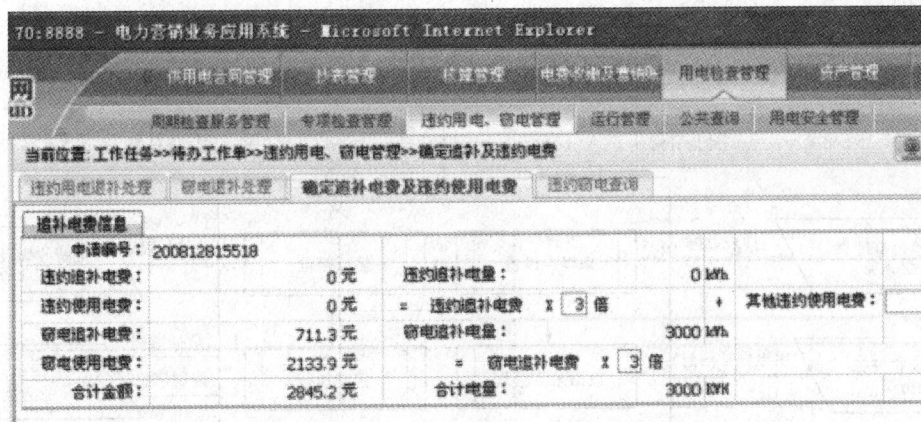

图 ZY2300103004-2 窃电违约使用电费生成界面

（11）打印缴费通知单。

（12）完成打印后发送，流程发送到退补电费发行页面。

（13）查看窃电退补明细，确定无误后发送，流程发送到电费收费环节。

（14）在坐收界面中，收取退补电费；在业务费收费界面中收取违约使用电费。

（15）收费结束后，进入归档界面，录入档案存放位置，保存并打印窃电行为报告。如果客户已经停电且结清电费和违约使用电费，点击复电，发起复电流程。录入计划复电时间、复电原因，发送，回到归档页面，确认发送，流程结束。

【思考与练习】

1．简述营销系统用电检查管理的主要功能。

2．结合示例，叙述违约用电、窃电的系统内业务处理流程。

3．简述与抄核收相关的用电检查功能。

模块 5　电能信息实时采集与监控模块（ZY2300103005）

【模块描述】本模块包含电能信息实时采集与监控主要功能、与抄核收工作的关联等内容。通过概念描述、术语说明、要点归纳、图解示意、示例介绍，了解电能信息实时采集与监控相关功能。

【正文】

一、基本概念

电能信息实时采集与监控系统借助现代化技术手段，实现客户侧、关口和公用配变电能信息远程采集，大客户负荷控制，并为抄表管理、市场管理、用电检查管理、计量点管理、有序用电管理、电费收缴及账务管理、新装增容及变更用电等业务提供数据支持，同时为电网安全运行提供必要的保障。

电能信息实时采集与监控系统涉及的概念术语如下：

（1）采集点：采集点是以安装采集装置的位置为唯一标识的采集关联关系的集合。包括采集装置与用户、计量点、电能表、用户控制开关、交流采样等关联关系。同义词：采样点。

（2）采集装置：用于电能信息采集和负荷控制的设备。包括：负荷管理终端（含通信模块、天馈线）、集中抄表装置（集中器、采集器）、表计一体化终端等。同义词：采集终端。

电能信息实时采集与监控系统功能包括：采集点设置、数据采集管理、控制执行和运行管理等。其系统结构如图 ZY2300103005-1 所示。

二、主要功能

1．采集点设置

对客户、关口以及公用配电变压器采集点进行设置，并确定终端安装方案。包括采集点方案设计

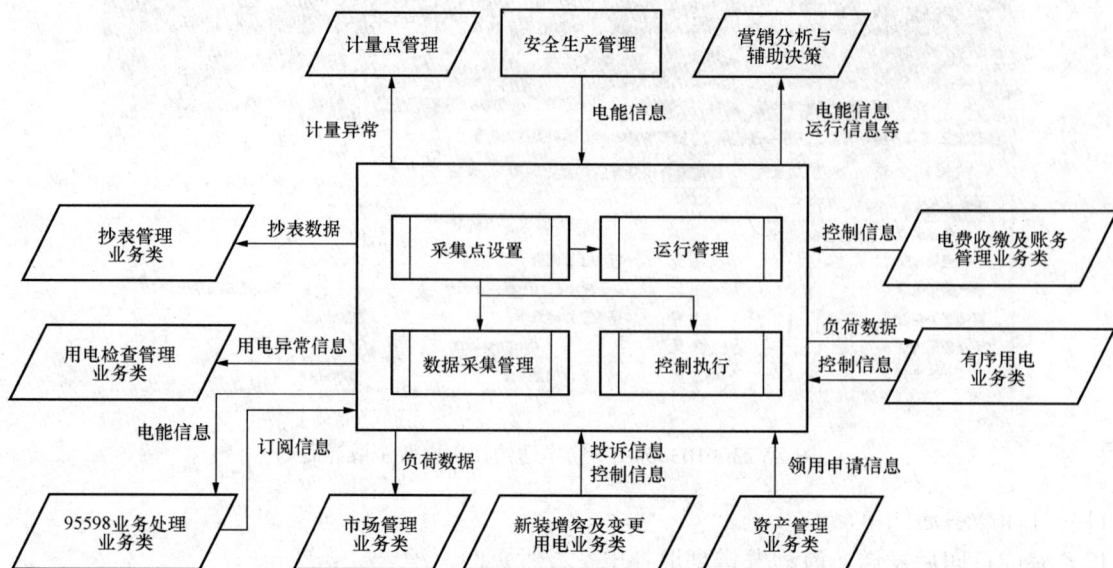

图 ZY2300103005-1　电能信息实时采集与监控功能结构图

与审查、采集点勘查、安装方案确定等功能项。其中，需在系统内登记的方案设计审查内容包括采集点、采集方式、采集装置配置等。

2. 数据采集管理

根据业务需要编制和执行采集任务，采集客户侧、关口以及公用配变电能信息，并进行数据共享和发布。包括采集任务编制、采集任务执行、采集质量检查、采集点监测以及数据发布等功能项。

3. 控制执行

根据有序用电管理、电网安全生产、预购电管理以及欠费管理的要求，综合运用多种控制方式对客户实施负荷控制。包括限电控制、预购电控制、催费控制、营业报停控制等功能项。

4. 运行管理

根据新装增容及变更用电业务和电网运行管理要求，对客户侧和关口侧采集装置进行安装、拆除和更换。根据采集装置的运行情况和使用年限，对采集装置进行更换、检修、消缺和巡视。包括终端安装、终端拆除、终端更换、终端检修、现场消缺、现场巡视等功能项。

三、与抄核收工作的关联

通过电能信息实时采集与监控管理获取信息的发布，可以使抄核收岗位在营销系统内获取抄表计量数据，经复核后发行电费。同时，还可将采集数据应用于开展负荷监控管理及线损分析。

四、某公司通过电能量采集系统采集电能信息的示例

（1）编制和执行采集任务。进入采集任务编制菜单，输入相应的条件后，查询出指定范围内已编制的所有采集任务。

在任务列表中点击定期任务新增，弹出采集任务编制对话框，输入任务名称、采集方式、补采次数、采集周期、起始时间和结束时间等信息，从列表中选择要添加的采集对象，点击保存后形成采集任务。

（2）执行采集任务。进入采集任务执行界面，如图 ZY2300103005-2 所示，输入相应的条件后，查询出指定范围内的采集任务，点击下发按钮，弹出提示框，显示采集任务执行成功。

【思考与练习】

1. 名词解释：采集点、采集装置。

2. 简述电能信息实时采集与监控模块对终端设备有哪些控制功能。

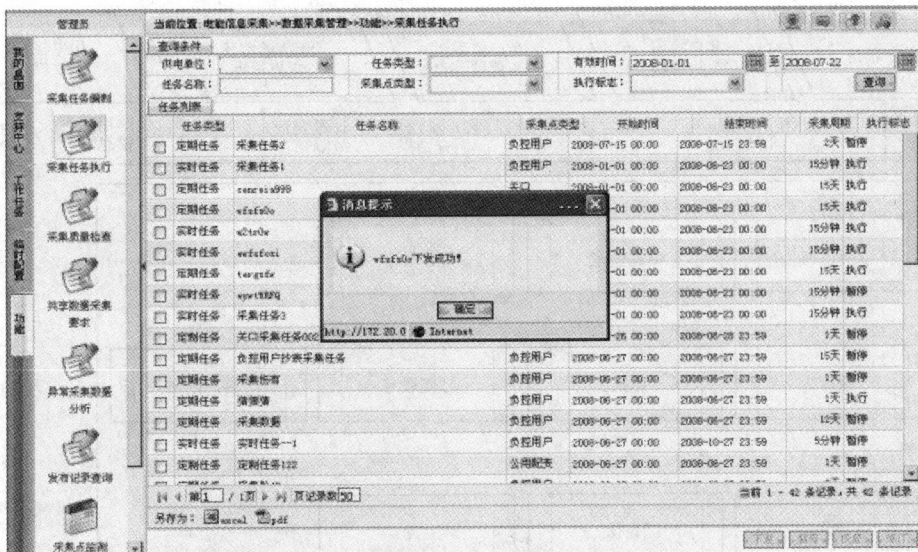

图 ZY2300103005-2 采集任务执行界面

模块 6 95598 客户服务模块（ZY2300103006）

【模块描述】本模块包含 95598 客户服务主要功能、与抄核收工作的关联等内容。通过概念描述、术语说明、要点归纳、图解示意、案例分析，掌握处理 95598 客服系统受理、分转的各类抄核收相关业务申请、咨询、投诉的方法。

【正文】

95598 客户服务系统集成了营业厅、呼叫中心、门户网站、银行网点和现场等服务渠道受理的客户各类业务请求，协调供电企业相关单位和部门，根据工作流程及有关政策法规进行业务处理，履行服务承诺，并进行客户请求的跟踪、督办，开展客户回访，形成电力客户服务的闭环管理。

95598 客户服务系统的搭建丰富了供电企业为客户提供电力服务的手段，使客户通过互联网、电话等方式足不出户便可享受服务。短短五年来，该系统已在国家电网公司下属的各网省公司全面推广使用，作为供电企业的一个"看不见"的服务窗口，如今，95598 已深入人心，被电力客户及社会公众广泛接收，并为供电企业树立起"服务社会"的良好的公众形象。

一、主要功能

95598 客户服务系统的复杂体系结构中，与抄核收相关的主要是客户服务层的业务处理功能，包括业务咨询、信息查询、故障报修、投诉、举报、建议、表扬、意见、订阅服务、客户回访等十个处理业务项，以及公共信息管理、电力知识管理、信息发布管理、人员排班管理等四个管理业务项。95598 客户服务系统功能结构图，如图 ZY2300103006-1 所示。

1. 业务咨询

通过 95598 客户服务热线等方式接收客户咨询请求，通过查询电力知识库和公共信息，答复客户有关政策法规、业务办理程序、事务处理流程、电费电价标准、停电信息、用电优惠政策、新装、增容及变更用电的有关规定及收费、用电安全知识、电力百科等信息咨询。

2. 信息查询

呼叫中心等处受理客户查询请求，答复客户有关客户档案、电价电费、计量装置、在办流程、供用电合同等信息，记录客户查询信息和处理结果。

3. 故障报修

接收客户故障报修申请，将抢修任务按营业区域、故障类型传递到相关部门进行处理，并对处理过程进行跟踪、督办，故障处理完毕后及时回访客户，形成闭环管理。

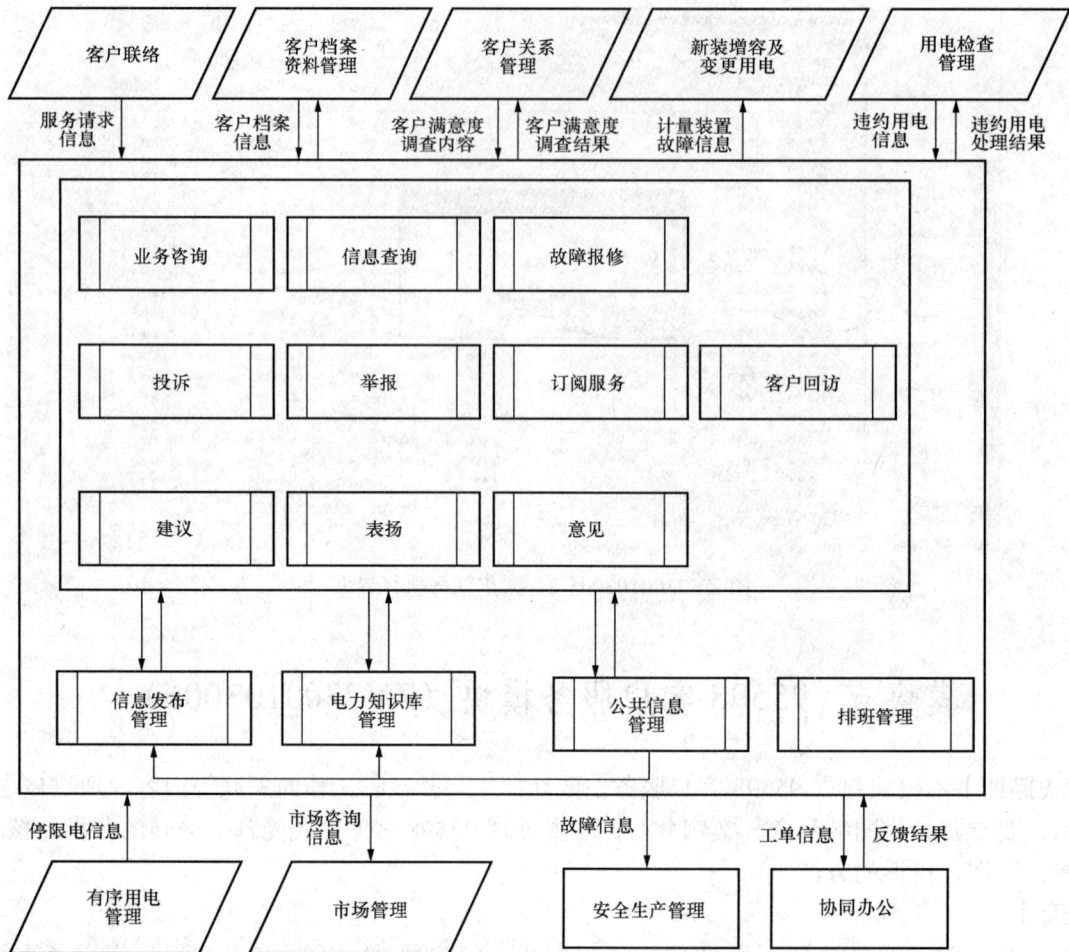

图 ZY2300103006-1　95598 客户服务系统功能结构图

4. 投诉

接收客户投诉请求，受理客户对服务行为、服务渠道、行风问题、业扩工程、装表接电、用电检查、抄表催费、电价电费、电能计量、停电问题、抢修质量、供电质量等方面的投诉，转到相关部门进行处理，并对处理过程进行跟踪、督办。投诉处理结果及时反馈给客户，形成闭环管理。

5. 举报

接收客户对行风廉政、违章窃电、破坏电力设施、偷盗电力设施、违约用电等方面的举报，转到相关部门进行处理，并对处理过程进行跟踪、催办。举报处理结果及时反馈给客户，形成闭环管理。

6. 建议

从客户联络接收客户对电网建设、服务质量等方面的建议或意见，并转到相关部门进行处理。根据相关部门的处理结果回访客户，了解客户对建议处理的满意程度，形成闭环管理。

7. 表扬

接收客户对供电业务、供电服务等方面的表扬，并转到相关部门进行处理。

8. 意见

接收客户对供电业务、供电服务等方面的意见，并转到相关部门进行处理。

9. 订阅服务

受理客户订阅或退订申请。根据客户订阅的内容及要求，向客户发送订阅的相关信息。

10. 客户回访

接收新装、增容及变更用电等传来的客户回访需求，或根据已完成的业务咨询、信息查询、故障报修、投诉、举报、建议、表扬、意见、订阅服务等服务记录，按照有关业务回访率要求，对符合回访要求的服务记录进行回访。

11. 公共信息管理

收集整理营销公共信息、向客户发布的公共信息、法律法规及公司文件信息，规范公共信息管理，做到及时更新并保证信息的完整、有序、准确，同时，如实记录信息收集整理情况。

12. 电力知识库管理

收集企业简介、电力法律法规、优质服务承诺、营业收费、电价政策、服务指南等知识及日常工作中积累的工作技巧和经验，建立和完善电力知识库。

13. 信息发布管理

通过呼叫中心、门户网站、报纸、电台、电视台等多种渠道向客户发布业务指南、停电通告、政策法规、电力新闻等信息。

14. 人员排班管理

对呼叫中心服务人员进行统一管理，制定排班计划并根据需要进行排班调整。

二、与抄核收工作的关联

95598 客户服务系统服务于广大电力客户，当客户提出与计量、计费、收费相关的需求时，工作任务将转派到抄核收岗位，抄核收岗位工作人员应配合做到以下几点：

1. 及时处理

《国家电网公司供电服务"十项承诺"》、《国家电网公司供电服务规范》等业务规范中对受理的客服请求的回复、处理及回访时限作出了明确要求，抄核收岗位收到客服部门转派的相关业务时，应积极响应，按期回复，通过本职岗位工作保障供电企业优质服务水平。

2. 正确回复

95598 网站、热线电话与营业柜台一样，是供电企业开辟的服务窗口，当客户访问此窗口时，若错误地引导或答复了客户，将产生许多不必要的误会及不满，因此，当抄核收岗位人员在收到客服受理的每一笔客户请求时，都应认真对待，努力化解矛盾、解除疑问，不能因未直接面对客户而在业务部门间相互推诿，延误服务时机。

3. 积极监督、配合知识库更新

营销政策、技术手段发展变革较快，一些业务流程也在不断优化，抄核收业务人员应积极与客服部门沟通，对营销管理工作出台的新政策、业务流程及规定，提出知识库更新的建议，帮助客服部门管理好知识库，使其更全面、完整、准确。

三、客户疑问答复不当遭投诉示例

某供电公司客服坐席接到客户投诉，称 2008 年 1 月与农行新签订了代扣电费协议，但电费未成功扣款，请求查明原因。客服人员在系统内查询该户的签约档案，发现该户当前无签约记录，转营业所核实，营业所回复该户在近期办理了解约，于是客服人员回复客户，银行签约不成功，请客户直接到银行咨询。

客户到农行核实，农行调阅代扣协议原始资料，并在系统里查询签约状态，发现系统内为正常签约客户，又通过银行内部核实，供电公司确实未请求扣划该户电费，于是告知客户未成功扣款是供电公司原因。

客户因工作繁忙，当月未及时再次与供电公司取得联系，因逾期未结清电费而被中止供电。时值隆冬季节，因停电导致客户家鱼缸恒温系统停止工作，名贵金鱼冻死，客户极度不满，向供电公司相关部门投诉，投诉理由：①供电企业不应对办理了储蓄且账户有充足余额缴纳电费的客户随意停电；②供电企业停电前未通知客户。

接到投诉后，供电公司高度重视，由技术人员在系统内再次核实，发现该户确实在农行签订代扣协议，但于几日后在供电公司柜面取消协议，调阅解除协议的原始记录，发现未填写正式的解约协议书，只在记录本上记录了日期、客户编号及客户签名。营业网点打电话与客户再次确认，告知确认解约人，客户回复确是其家属到供电公司办理原工行储蓄账户的解约。原来，该户在农行签约后，协议已生效，供电公司系统内有效合同已为农行账户，但客户仍不放心，到供电营业网点办理工行解约，而供电公司柜面未确认系统内账户，又将农行账户作了解约处理。查明原因后，供电公司对柜面差错进行了处理，同时，营业所主任与当事人一起到客户家登门致歉，最终得到了客户的谅解。

分析：如果在第一次收到客户投诉工单时，营业所就能认真查明原因，就不会造成不当停电的后果，另外，柜面人面在办理业务时，未搞清客户的需求，操作失误，也是应该引以为戒的。

【思考与练习】

1. 简述 95598 客户服务系统的作用和意义。

2. 95598 客户服务系统有哪些功能？

3. 作为抄核收工作人员，试述如何配合客服部门搞好客户服务工作。

模块 7　客户关系管理与辅助分析决策模块（ZY2300103007）

【模块描述】本模块包含客户关系管理模块、辅助分析决策模块等内容。通过概念描述、术语说明、要点归纳、图解示意，了解营销信息化管理、决策方法及应用发展。

【正文】

一、客户关系管理

1. 基本概念

（1）客户关系管理的定义。通过人、过程与技术的有效整合，将经营中所有与顾客发生接触的领域如营销、销售、顾客服务和职能支持（field support）等整合在一起的一套综合的方法。通过该方法，企业最大化地掌握和利用顾客信息，增加顾客的忠诚度，实现顾客的终生挽留，使企业投入与顾客需求满足之间取得最佳平衡，从而使企业的利润最大化。客户关系管理是协调公司战略、组织结构和文化以及顾客信息的技术。

（2）客户关系管理的作用：

1）客户关系管理是一种经营观念，它要求企业全面地认识顾客，最大程度地发展顾客与本企业的关系，实现顾客价值的最大化。

2）客户关系管理是一套综合的战略方法，它通过有效地使用顾客信息，培养与现实及潜在的顾客之间的良好关系，为公司创造大量的价值。

3）客户关系管理是一套基本的商业战略，企业利用完整、稳固的客户关系而不是某个特定的产品或业务单位来传送产品和服务。

4）客户关系管理是通过一系列的过程和系统来支持企业的总体战略，以建立与特定顾客之间长期的、有利可图的关系。

（3）电力营销客户关系管理。供电企业为开展电力客户关系管理而设计并推广应用的信息系统软件，它以电力销售业务、客户服务及客户调查数据等信息为基础，开展对目标客户的细分，从而实现对客户的差异化管理。

（4）电力营销客户关系管理系统的基本概念：

1）客户细分：是指供电企业从客户属性、用电行为、用电需求等角度对客户进行分组。

2）客户群：对若干个具有某些共同特征的客户进行分类组合形成的客户群体。同义词：客户组。

3）客户价值：是指客户对供电企业贡献度的综合评价。

4）客户信用：是对客户在电力消费过程中遵守电力相关法规及履约情况的综合评价。同义词：客户信誉。

5）业务联系单位：业务联系单位是指和供电企业存在合作关系的企业和单位。

6）满意度：满意度是指客户在购买供电企业的产品或服务的过程中，对产品或服务的实际感受与期望值比较的程度。

2. 主要功能

客户关系管理系统的功能包括客户细分、信用管理、价值管理、风险管理、VIP 认定管理、重要客户认定管理、失信客户管理、主动服务、满意度管理、业务联系单位等功能。

（1）客户细分。根据电力营销各业务的特点和要求，按客户属性、用电行为、用电需求等对客户进行分组，产生客户群，满足针对目标客户群开展的相关管理决策活动。包括细分标准定义及客户群管理功能。

（2）信用管理。制定客户信用评价标准，建立评级制度，对电力客户的信用进行科学的评价，并与社会公共事业机构建立共享的信用记录机制。包括信用标准制定和信用评价功能。

（3）价值管理。制定客户价值评价标准，建立评级制度，对电力客户的价值进行科学的评价。包括价值标准制定和价值评价功能。

（4）风险管理。根据客户属性和行为特征对电费回收风险进行识别、量化和应对的过程，通过建立并有效执行全过程风险管理制度，降低和化解电费回收风险。包括风险因素管理、风险预案管理、风险预警、客户风险评估、措施触发、效果评价、预警解除等功能。

（5）VIP 认定管理。制定 VIP 客户认定标准，对企业、居民、政府、新闻媒体等不同的客户群体进行 VIP 资格认定，并对 VIP 客户资料进行补充。包括标准与分类管理、VIP 资格认定、资料管理等功能。

（6）失信客户管理。通过对电力客户信用记录和用电行为的收集和分析，对失信客户进行识别和跟踪管理，及时发布失信客户信息，实现公司系统内部失信客户信息共享，防止此类客户继续对供电企业造成损失。包括失信客户认定、发布与跟踪、失信客户撤销等功能。

（7）重要客户认定管理。通过对重要客户进行认定和信息统一管理，保证对特殊重要客户群体做到重点关注，确保公司和客户利益都得到应有的保障。包括重要客户认定、资料管理功能。

（8）主动服务。依据客户细分结果、VIP 认定结果、重要客户认定结果，对不同的客户群体制定相应的服务策略，并指派相关人员通过各种服务渠道开展主动式服务工作。包括策略制定、对象分配、策略执行等功能。

（9）满意度管理。参照相关政策依据，以客户满意度指数为核心，围绕企业形象、客户期望、客户对供电服务品质的感知、客户对价值的感知、客户满意度、客户抱怨和客户忠诚等方面对供电公司的整体服务进行评价。包括评价因素管理、调查方案管理、满意度调查、满意度评估、满意度分析等功能。

（10）业务联系单位管理。通过收集整理业务联系单位资料和合作过程信息，对合作过程中的质量进行监督，定期对业务联系单位进行内部评价。包括档案管理、合作过程管理、评价管理等功能。

二、辅助分析决策

1. 基本概念

决策：是人们为了实现特定的目标，在占有大量调研预测资料的基础上，运用科学的理论和方法，充分发挥人的智慧，系统地分析主客观条件，围绕既定目标拟定各种实施预选方案，并从若干个有价值的目标方案、实施方案中选择和实施一个最佳的执行方案的人类社会的一项重要活动，是人们在改造客观世界的活动中充分发挥主观能动性的表现，它涉及人类生活的各个领域。

科学决策：就是建立在科学基础上的决策，它是人类聪明才智的结晶。科学决策包括以下几方面的内容：①严格实行科学的决策程序；②依靠专家运用科学的决策技术；③决策者用正确的思维方法决断。科学决策是实现经营管理科学化的关键，是保证社会、经济、科技、教育等方面顺利发展的重要因素，也是检验现代领导水平的根本标志。

决策技术：从许多个为达到同一目标而可以交换代替的行动方案中选择最优方案的一套科学方法。它吸收了运筹学、系统理论、行为科学和计算机程序等内容。在处理有人参与的竞争问题采用的一种决策技术，称之为对策论，也称博弈论；在处理人与自然关系时，所采用的方法，称为统计决策论。

决策支持系统：辅助决策者通过数据、模型和知识，以人机交互方式进行半结构化或非结构化决策的计算机应用系统。它是管理信息系统（MIS）向更高一级发展而产生的先进信息管理系统。它为决策者提供分析问题、建立模型、模拟决策过程和方案的环境，调用各种信息资源和分析工具，帮助决策者提高决策水平和质量。

模块 7

ZY2300103007

2. 营销分析与辅助决策系统

营销分析与辅助决策系统是电力营销系统的最高职能层次的应用。它以营销业务应用系统为依托，在客户服务层、营销业务层、营销工作质量管理层之上，运用数据仓库技术和各层应用的海量数据，面向决策，建立起一个以国家电网公司为核心，覆盖各网省公司营销管理的智能化查询、监督、统计、分析的高级应用系统平台，实现对营销基础数据纵横向挖掘、分析、提炼，并充分共享其他相关系统的信息，使管理层能够及时全面地了解各基层供电单位营销与服务各项业务发展情况及指标完成情况，支持电力市场宏观环境分析、主要经营指标分析、市场发展预测等决策分析，达到决策支持前瞻化的目的，为国家电网公司经营管理提供强大的分析、决策依据。营销分析与辅助决策模块系统结构图如图 ZY2300103007-1 所示。

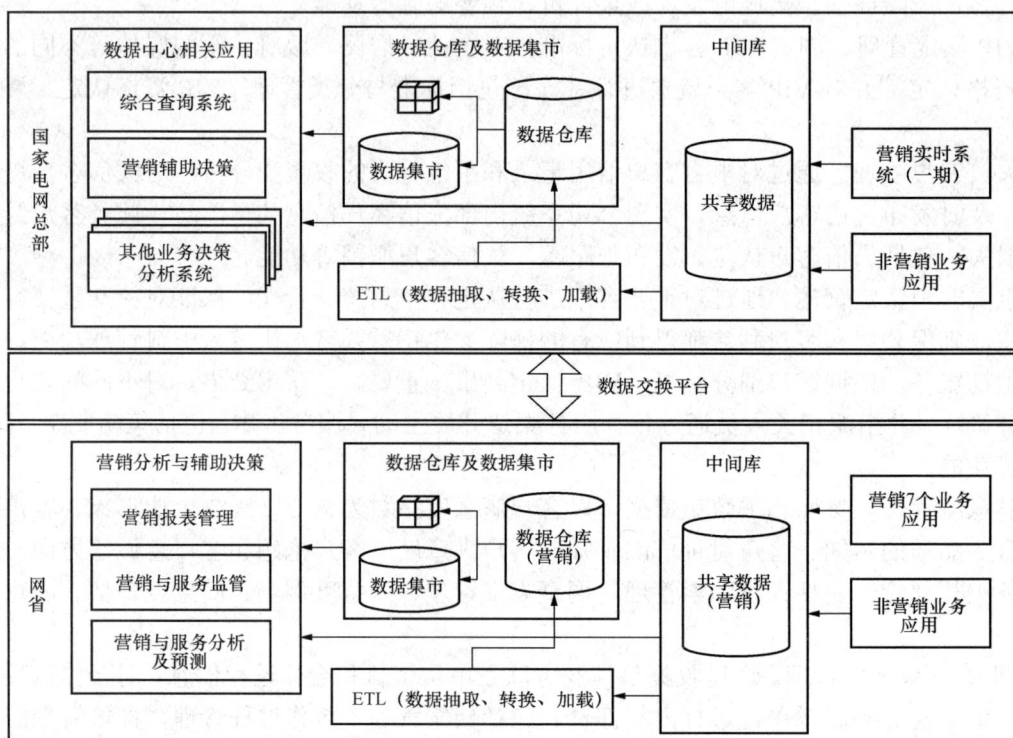

图 ZY2300103007-1　营销分析与辅助决策模块系统结构图

3. 主要功能

国家电网公司电力营销辅助决策分析系统的功能包括营销报表管理、营销与服务监管、营销与服务分析与预测、综合查询。

（1）营销报表管理。实现对国家电网公司统一的营销固定报表从区县、地市到网省、国家电网公司总部的逐级生成或汇总、审核、上报和发布；实现报表加锁、解锁回退功能；通过任务提醒，对报表流程任务进行提醒和预警；提供自定义报表功能，为报表需求变化提供灵活的支持。

（2）营销与服务监管。对营销与服务当前日常工作质量、工作业绩进行动态监督和管理，及时发现存在的问题并督促解决。其主要功能包括监管指标与异常定义、电力营销管理工作监管、电能量与采集监管、客户服务工作监管、电力市场监管、有序用电执行监管、客户关系监管、监管简报编制与发布。

（3）营销与服务分析预测。通过营销系统各类业务数据的采集、抽取、清理、转换和重组，形成面向营销分析主题的、集成的历史数据集合，实现操作型数据到分析型数据的转换，在此基础上，对电力企业的运营情况、营销能力、市场发展趋势及客户服务能力等进行多维分析和数据挖掘，为管理决策层提供有效的决策信息支持。

包括电力营销管理分析与预测、电能量与采集分析、客户服务分析、电力市场分析与预测、有序用电分析、客户关系分析等分析功能及编制各种辅助决策分析报告模板，根据分析内容和辅助决策分析报告模板生成辅助决策分析报告，对报告进行调整、转存及发布的分析决策结果编制与发布功能。

（4）综合查询。实现对各类报表、监管数据、分析预测数据的查询功能。

1）将营销主要绩效指标按照主题进行整理，形成 10 大主题，15 个查询功能；

2）采用地图、文字、表格、图形等方式对指标进行综合展现。

（5）功能结构图。图 ZY2300103007-2 为营销分析与辅助决策模块功能结构图。

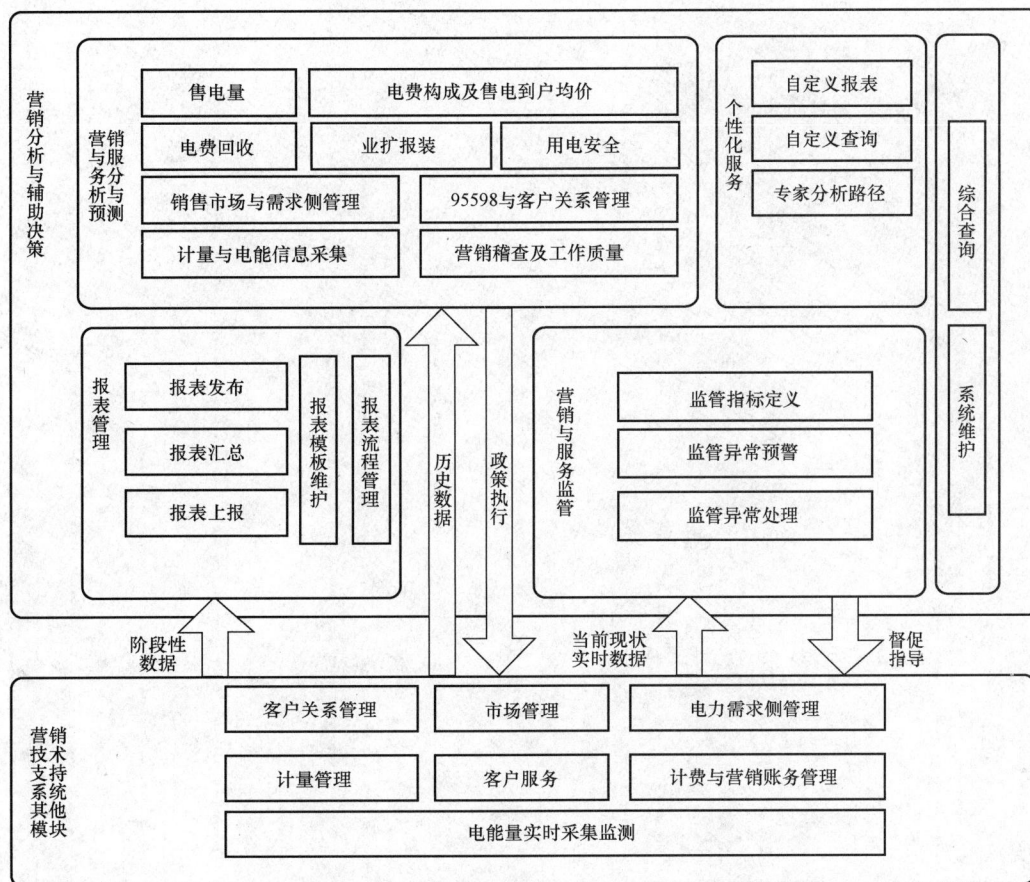

图 ZY2300103007-2　营销分析与辅助决策模块功能结构图

【思考与练习】

1．请叙述客户关系管理的概念及作用。

2．请简述电力客户关系管理系统的主要功能。

3．请简述电力营销辅助分析决策系统的意义和作用。

第二部分

电量抄录与电费核算

第四章 抄 表

模块 1 抄表段管理 (ZY2300201001)

【模块描述】本模块包含抄表段维护、新户分配抄表段、调整抄表段、抄表顺序调整、抄表派工等内容。通过概念描述、术语说明、要点归纳、图解示意，掌握抄表段管理的内容和方法。

【正文】

抄表段管理主要业务有：建立抄表段，将客户按抄表段进行分组，确定抄表段抄表例日、抄表周期、抄表方式等抄表段属性。根据均衡工作量、抄表路径合理、分变分线、方便线损考核的原则确定和调整抄表段。编排与实际抄表路线一致的抄表顺序，并及时根据抄表执行的反馈情况调整抄表例日、抄表周期、所属抄表段。

一、基本概念

抄表段是对用电客户和考核计量点进行抄表的一个管理单元，是由地理位置上相邻或相近或同一供电线路的若干客户组成的，也称抄表区、抄表册、抄表本。与抄表段属性相关的基本概念主要有抄表例日、抄表周期、抄表方式。

（1）抄表例日：是指定抄表段在一个抄表周期内的抄表日。

（2）抄表周期：连续两次抄表间隔的时间。分一月一次、一月多次、多月一次等。

（3）抄表方式：采集计量的电量信息的方式。主要分为手工抄表，抄表机抄表，IC卡抄表、红外抄表、集中抄表、负控抄表等抄表方式等。

1）手工抄表：使用抄表清单或抄表卡手工抄表。抄表员现场将电能表示数抄录在抄表清单或抄表卡上，回来后录入计算机。

2）普通抄表机抄表：抄表员运用抄表微机，在现场手工将电能表示数输入抄表机，回来后通过计算机接口将数据输入计算机。

3）IC卡抄表：使用IC卡作为抄表媒介，自动载入预付费电能表的电量、电费等用电信息，并用IC卡将信息输入计算机。

4）红外抄表机抄表：抄表员使用抄表机的红外功能（安装有红外发射和接收装置），在有效距离内，非接触地读取电能表数据。且一次可以接收一块电能表或一个集中器中的若干数据。

5）远程抄表系统（集抄）抄表方式。将抄表微机与集中抄表系统的一个集中器相连，一次可将几百只电能表的数据抄录完成。

6）远程（负控）抄表方式。在负荷管理控制中心，通过微波或通信线路实现远程抄表。

二、抄表段维护

抄表段维护是指建立抄表段名称、编号、管理单位等抄表段基本信息；建立和调整抄表方式、抄表周期、抄表例日等抄表段属性；对空抄表段进行注销等操作。

1. 新建抄表段

当现有的抄表段不能满足新装客户管理的要求时，需要增加新的抄表段。新建抄表段应定义抄表段名称、编号、管理单位等基本信息及抄表方式、抄表例日、抄表周期、配电台区等属性，提出新建要求，待审批后确认新建抄表段基本信息和属性。

注意事项：

（1）新建抄表段应从符合实际工作要求的角度出发。

（2）需要进行台区线损考核的，同一台区下的多个抄表段的抄表例日必须相同。

（3）采用手工抄表、抄表机抄表、自动抄表不同抄表方式的客户不可混编在一个抄表段。

（4）执行两部制电价的客户抄表周期不能大于一个月。

（5）执行功率因数调整电费的客户抄表周期不能大于一个月。

2. 调整抄表段信息

调整抄表段信息即根据工作需要，对抄表例日、抄表周期、配电台区等提出调整要求，待审批后调整。例如某抄表段由于计量改造，抄表方式由原来的抄表机抄表改为集中抄表，则应及时在电力营销业务应用系统中调整相应的抄表方式；抄表员现场抄表时发现，某客户位置在 1 号台区，由于台区号设置错误，该客户被编到了相邻的 2 号台区，则经批准后应在系统中调整该客户所属的配电台区。

注意：不能调整已生成抄表计划的抄表段信息，确需调整时，在电力营销业务应用系统的抄表计划管理中进行修改。

3. 注销抄表段

对没有抄表客户的抄表段，提出注销要求，待审批后注销抄表段。

4. 抄表段维护流程

抄表段维护流程如图 ZY2300201001-1 所示。

三、新户分配抄表段

根据新装客户计量装置安装地点所在的管理单位、抄表区域、线路、配电台区以及抄表周期、抄表方式、抄表段的分布范围等资料，为新装客户分配抄表段，及时开始新客户抄表。采用自动化方式抄表的客户也必须分配抄表段。一般地，新装客户的抄表段信息在方案勘察阶段已经收集了，在验收阶段确定。

1. 产生建议的抄表段

根据新装客户所在管理单位、抄表区域、线路、配电台区、抄表方式、抄表员工作量等条件，对在新装流程中没有预定抄表段的客户产生建议的抄表段。首先考虑系统中是否有合适的抄表段，如果有，选择适当的位置插进新客户；如果没有合适的抄表段，则应新增抄表段。批量新装客户与单户新装分配抄表段环节相似。

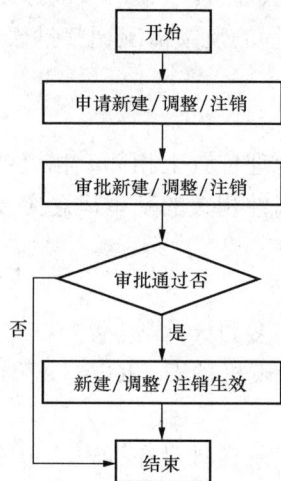

图 ZY2300201001-1 抄表段维护流程图

2. 确定新装客户抄表段

参考建议的抄表段，经现场勘察复核无误后对新装客户抄表段进行确认。

注意事项：应加强对新装客户抄表段的管理，杜绝因未及时分配抄表段造成现场电量积压的情况发生。

四、调整抄表段

调整抄表段是指经审批将用电客户从原来所属的抄表段调整到另一个抄表段。对客户所属抄表段进行调整的目的是使客户所属抄表段更合理。

调整抄表段的原因有：抄表反馈的实际抄表路线不合理、抄表工作量或抄表区域进行了重新划分、抄表方式发生了变更、线路或配电台区有变更等。

注意事项：一个抄表段必须在同一个台区内。

五、抄表顺序调整

抄表顺序是指一个抄表段内所有客户抄表时的先后顺序号，现场抄表时要求按抄表顺序抄表，目的是防止漏抄。抄表员可根据实际地理环境对抄表工作的影响，自己设计合理的抄表路线及抄表顺序，以减少往返的路程，提高工作效率。抄表员在工作中发现抄表路线设计不够合理，应经过审批后，在系统中调整抄表顺序。

六、抄表派工

确定抄表段的抄表人员即抄表派工。抄表派工主要考虑抄表工作量分配的合理性，同时考虑抄表执行情况反馈、抄表人员轮换要求等因素。

【思考与练习】

1．新建抄表段应注意哪些事项？

2．在哪些情况下需要调整抄表段？

模块2 抄表机管理（ZY2300201002）

【模块描述】 本模块包含抄表机的发放、返还及故障维护等内容。通过概念描述、术语说明、要点归纳，掌握抄表机管理的内容和方法。

【正文】

抄表机又称抄表器、掌上电脑、手持终端、数据采集器等。使用抄表机能加强抄表管理，提高抄表质量和提高工作效率。它除代替抄表册外，还能存储大量客户信息，同时在现场可对简单客户进行电费测算，判断客户用电有无异常。抄表工作结束后，可通过接口与计算机连接将抄表数据传入计算机。

抄表机应由专人集中管理，妥善保管，设专用橱柜放置，避免损坏。并建立健全抄表机领用制度及设备档案，对抄表机发放、返还及故障维护等工作进行规范管理。

一、抄表机的发放

对新购入的抄表机应进行入库管理。对抄表机进行编号，在电力营销业务应用系统中设置状态为"入库"。发放抄表机时，将入库状态的抄表机分配给抄表员，则该抄表器的状态即变为"领用"。

（1）抄表员按抄表例日领取抄表器，检查抄表机能否正常开关，检查电池是否正常，电量是否充足。

（2）抄表机管理人员将抄表机发放给抄表员，记录抄表机编号、抄表机管理单位、领用人、领用数量、领用时间、抄表机型号等发放信息。

（3）抄表员对领用的抄表机必须妥善保管，防止丢失或损坏。

二、抄表机的返还

（1）抄表员完成工作后，按照规定的时间把抄表机送交抄表机管理人员。填写抄表机交接签收记录表。同时在系统中将非入库状态的抄表机修改为"入库"状态。

（2）抄表机应防止抄表数据丢失，要求有硬盘、软盘或其他方式备份。

（3）在抄表员工作调整、人员转出、抄表机返修时，应返还抄表机，记录返还原因、返还人员、返还时间等信息。

三、抄表机的故障维护

（1）对抄表机进行定期检查，发现有故障或损坏的抄表器应及时鉴定，委托修复或进行更换，记录抄表机故障信息及修理结果。

（2）如抄表时抄表机发生损坏，应立即中断抄表，返回单位由专人对抄表机进行检查，同时填写抄表机损坏报告，并领用备用抄表机继续完成当日抄表定额。在系统中，应将需要修理的抄表器设置为"返修"状态。

（3）抄表机损坏无法修复时，向资产管理部门提出报废申请，在系统中将已经不能继续使用的抄表器设为"报废"状态。记录抄表机编号、报废原因、申请人员、申请日期等信息。

（4）使用抄表机应注意的如下事项：

1）必须及时给电池充电，防止抄表时电力不足。

2）抄表时若发现电力不足，应及时更新电池以防数据丢失。

3）抄表时，若光线太暗，请打开背光显示。

4）不要自行拆装维修抄表机，当抄表机处于颠簸运输状态下应采取减振措施。

5）长时间不用应将电池取出，防止电池漏液腐蚀抄表机。

6）液晶显示器较脆弱，使用时注意防止暴晒，禁止敲打、划伤、碰摔。

7）不要用手、有机溶剂或其他非柔性物品擦拭镜面，以保护显示区的整洁。

8）抄表机应避免接近高温、高湿和腐蚀的环境。

9）当外界温度有较大变化时，需调节显示器对比度，使抄表机处于最佳状态。

10）雨天中使用抄表机时，要采取防雨措施。抄表机若不慎进水，应及时取出电池，用电吹风的冷风或其他去湿设备清除机器内的积水，再送交维修。

【思考与练习】

1．如何进行抄表机发放、返还、报废？

2．使用抄表机应注意哪些事项？

模块 3　抄表计划管理（ZY2300201003）

【模块描述】本模块包含抄表计划的制定和调整等内容。通过概念描述、术语说明、要点归纳，掌握抄表计划管理的内容和方法。

【正文】

一、抄表计划

抄表计划是为了如期完成抄表工作，制定的各抄表段的抄表例日、抄表周期、抄表方式以及抄表人员等信息的计划。抄表计划的重点是抄表周期和抄表时间的设置。

1．抄表周期

抄表周期是连续两次抄表间隔的时间。根据《国家电网公司营业抄核收工作管理规定》的规定，抄表周期按以下原则确定：

（1）对电力客户的抄表一般为每月一次。各地可根据实际情况，对居民客户实行双月抄表。

（2）对用电量较大的用电客户每月可多次抄表。

（3）对临时用电客户、租赁经营用电客户以及交纳电费信用等级较差的客户，应视其电费收缴风险程度，实行每月多次抄表并按国家有关规定或约定，预收或结算电费。

2．抄表例日

根据《国家电网公司营业抄核收工作管理规定》的规定，抄表例日按以下原则确定：

（1）每月 25 日以后的抄表电量不得少于月售电量的 70%，其中，月末 24 时的抄表电量不得少于月售电量的 35%。

（2）根据营业区范围内客户数量、客户用电量和客户分布情况确定客户抄表例日。

（3）抄表例日应考虑抄表、核算、发行的工作量，确保抄表、核算、发行工作任务能及时完成。

（4）在具体编排过程中，还需考虑许多其他因素。

1）合同约定。对于在供用电合同中明确约定了抄表日期的客户，在确定抄表例日时，一定要遵循供用电合同中的约定。

2）考虑线损统计的准确性。抄表例日应合理安排，防止因抄表例日安排不科学，使供电量、售电量统计区间和统计天数不一致，造成线损率波动。如某配变台区的一低压新装客户，其抄表日期的确定应与该配变台区内其他客户一致。

3）考虑电费回收。抄表例日向月末后移必然增大电费回收考核压力，同时也可能面临抄表力量不够的困难，因此在确定抄表例日时，必须考虑到电费回收的现实要求，合理确定抄表例日。每月多次抄表的客户，抄表日必须安排在应收电费发生的日历月内。

4）其他。对多电源供电客户，各电源点应尽量考虑安排在同一天抄表；安装了多功能电能表并按最大需量计算基本电费的客户，抄表时间必须与表内设定的抄表日同步。

例如某省电力公司抄表日期安排如下：

a）居民客户一般在每月 15 日前完成抄表工作；

b）小电力客户一般在每月 25 日前完成抄表工作；

c）大电力客户一般在每月 25 日后安排抄表工作；

d）月用电量超过 100 万 kWh 以上的客户，一般安排在月末 24 时抄表。

二、抄表计划制订和调整

根据抄表段的抄表例日、抄表周期以及抄表人员等信息以抄表段为单位产生抄表计划。经过审批调整抄表计划。

1. 制订抄表计划

在每月抄表工作开始前，应由抄表班负责人使用电力营销业务应用系统抄表计划管理功能，根据抄表段的抄表例日、抄表周期以及抄表人员等信息生成抄表计划，经过个别维护后，做好该月的抄表计划。采用负控、集抄方式抄表的客户，应单独设立抄表段，制订抄表计划。

抄表计划生成后，即可按计划进行抄表。对无法完成的，可按规定的流程调整抄表计划。

2. 调整抄表计划

当无法按抄表计划进行抄表时，经过审批在系统中对抄表计划中的抄表方式、抄表日期、抄表员等抄表计划属性进行调整，或终止已经生成的计划。

例如：由于灾害性天气、公共假期等原因，临时调整抄表例日；由于人员临时出差调整抄表员；由于集抄、负控终端故障造成区段抄表数据招测失败，临时将抄表方式改为抄表机抄表等。

注意事项：

（1）客户抄表日期一经确定不得擅自变更，如需调整抄表日期的，必须上报审批。

（2）抄表日期变更时，应考虑到客户对阶梯电价的敏感性，抄表责任人员必须事前告知客户。

（3）新装客户的第一次抄表，必须在送电后的一个抄表周期内完成，严禁超周期抄表。

（4）对每月多次抄表的客户，严格按《供用电合同》条款约定的日期进行抄表。

（5）抄表计划的调整只影响本次的抄表计划，下次此抄表段生成抄表计划时，仍然是按照区段的原始数据形成计划。如果想彻底修改，需要到抄表段管理中进行调整。

【思考与练习】

1. 抄表周期的确定应遵循哪些原则？

2. 抄表例日的确定应遵循什么原则？还应考虑哪些因素？

3. 如何制订抄表计划？

4. 制定和调整抄表计划有哪些注意事项？

模块 4 抄表数据准备（ZY2300201004）

【模块描述】本模块包含客户档案数据、客户变更信息以及抄表数据等内容。通过概念描述、术语说明、要点归纳，掌握抄表数据准备的内容及方法。

【正文】

抄表数据准备是指根据抄表计划和抄表计划的调整内容，获取抄表所需的客户档案数据及未结算处理的客户变更信息，生成所需的抄表数据，为本次抄表采集新的抄表数据以及下次抄表做准备。

一、客户档案数据

与抄表计费有关的客户档案数据内容主要有客户基本档案信息、客户计量点信息、客户计费信息。其中以下数据需要抄表员关注，现场进行抄表信息核对：

（1）客户基本档案信息：用电地址、用电类别、供电电压、负荷性质、合同容量。

（2）客户计量点信息：综合倍率、互感器电流变比、互感器电压变比。

（3）客户计费信息：用户电价、电价行业类别、功率因数标准、是否执行峰谷标志等。

二、客户变更信息

除正常抄表外，抄表数据还来源于变更、退补、示数撤回等。

例如，抄表器下装时，电力营销业务应用系统出现"××××客户处于变更中"的显示，表示客户正处于用电变更中，选择继续下装，下装的是该客户变更前的档案信息。在计算电费之前，收到该客户变更流程已经结束、信息已归档的通知，可根据客户信息变更的类型，对该户执行档案更新，重新提取档案和提取示数，提取的是变更后的抄表数据及档案信息，之后方可继续下一步的电费计算。

三、抄表数据

（一）抄表数据的主要内容

抄表数据的主要内容有：资产号、客户编号、客户名称、用电地址、电价、陈欠总金额、示数类型、本次示数、上次示数、综合倍率、抄表状态、抄表异常情况、上次抄表日期、本次抄表日期、抄见电量、上月电量、前三月平均电量、电费年月、抄表段编号、抄表顺序、表位数、联系人、联系电话。

红外抄表还应有以下几项数据：红外标志、实际抄表方式、表计对时前日期、表计对时前时间、是否是新装增容户、是否是变更户、资产编号。

（二）抄表数据准备工作的内容和方法

在生成抄表计划时，系统将根据当前的档案信息，自动生成抄表数据，以提供给抄表员下装抄表。抄表数据准备应在抄表计划日当日及之前完成。抄表数据准备前，应尽可能归档信息变更的客户，确保客户档案信息与现场一致。

（1）信息归档后在系统内准备抄表数据。

（2）抄表数据下载。根据抄表计划，于抄表例日下载各抄表段的抄表数据或打印抄表清单，简称下装。

采用抄表机抄表方式的，抄表员进行下装后，新的抄表数据就下载到了抄表机中；采用手工抄表方式的，抄表员将抄表数据打印到抄表清单上；采用 IC 卡抄表方式的，下装后对应抄表段的抄表数据就下载到了抄表 IC 卡中。

（3）打印变更信息，便于现场核对。

（4）打印抄表通知单、催费通知单，之后到现场抄表。

（5）抄表数据上传。抄表数据上传简称上装。原则上要求抄表当天上传抄表数据。

现场抄表机抄表完成后，按区段对抄表信息进行上装，将机内的抄表数据上传到营销系统，上传的主要抄表信息包括抄表段编号、客户编号、电能表资产号、示数类型、本次抄表示数、抄表状态、抄见电量、抄表异常情况；现场手工抄表结束后，抄表员应录入抄表清单或抄表卡片记录的抄表数据和异常信息；现场 IC 卡抄表完成后，将 IC 卡插入读卡器读出抄表卡中的信息，经复核、写卡后上装。

上装时如遇到数据接收不成功的抄表段，可通过抄表机软件的数据接受和发送功能将抄表机内的数据备份到硬盘，终止、再恢复计划重新下装后，将备份的数据再发送到抄表机当中重新进行上装操作。

如果确认是抄表机故障，抄表数据丢失，则需通知抄表人员到现场重新录入数据。

（6）打印未抄表客户明细及时补抄。

（7）注意事项：

1）抄表数据的下装应严格按抄表计划进行，抄表员须按例日进行下装操作。

2）下装时应注意核对抄表户数，检查抄表机内下载数据是否正确完整。

3）下装时要做好抄表机与服务器的对时工作。

4）下装抄表信息后，应核对抄表下装内容与抄表通知单、催费通知单等内容是否相符。

【思考与练习】

1．抄表数据主要包括哪些内容？

2．抄表数据下装时应注意什么？

模块 5　现场抄表（ZY2300201005）

【模块描述】本模块包含现场抄表的具体要求、抄表信息核对、计量装置的运行状态检查、抄表机抄表、手工抄表等内容。通过概念描述、术语说明、要点归纳、示例介绍，掌握现场抄表工作内容和方法，同时能在抄表过程中进行电能计量装置的运行状态检查。

【正文】

一、现场抄表的具体要求

（1）抄表工作人员应严格遵守国家法律法规和本电网企业的规章制度，切实履行本岗位工作职责。同时注意营销环境和客户用电情况的变化，不断正确地调整自己的工作方法。

（2）抄表人员应统一着装，佩戴工作牌。做到态度和蔼，言行得体，树立电网企业工作人员良好形象。

（3）抄表员应掌握抄表机的正确使用方法，了解个人抄表例日、工作量及地区收费例日与抄表例日的关系。

（4）抄表前应做好准备工作，备齐必要的抄表工具和用品，如完好的抄表机或抄表清单、抄表通知单、催费通知单等。

（5）抄表必须按例日实抄，不得估抄、漏抄。确因特殊情况不能按期抄表的，应按抄表制度的规定采取补抄措施。

（6）遵守电力企业的安全工作规程，熟悉电力企业各项反习惯性违章操作的规定，登高抄表作业落实好相关的安全措施；对高压客户现场抄表，进入现场应分清电压等级，保证足够的安全距离。

（7）严格遵守财经纪律及客户的保密、保卫制度和出入制度。

（8）严格遵守供电服务规范，尊重客户的风俗习惯，提高服务质量。

（9）做好电力法律、法规及国家有关制度规定的宣传解释工作。

二、抄表信息核对

抄表时要认真核对相关数据。对新装或有用电变更的客户，要对其用电容量、最大需量、电能表参数、互感器参数等进行认真核对确认，并有备查记录。抄表时发现异常情况要按规定的程序及时提出异常报告并按职责及时处理。

（1）核对现场电能表编号、表位数、厂家、户名、地址、户号是否与客户档案一致。

（2）核对现场电压互感器、电流互感器倍率等相关数据是否与客户档案一致。

（3）核对变压器的台数、容量；核对最大需量；核对高压电动机的台数、容量。

（4）核对现场用电类别、电价标准、用电结构比例分摊是否与客户档案相符，有无高电价用电接在低电价线路上，用电性质有无变化。

注意事项：

（1）应注意客户是否擅自将变压器上的铭牌容量进行涂改，是否将变压器上的铭牌去掉或使字迹不清无法辨认。

（2）对有多台变压器的大客户，应注意客户变压器运行的启用（停用）情况，与实际结算电费的容量是否相符。

（3）对有多路电源电或备用电源的客户，不论是否启用，每月都应按时抄表，以免遗漏。同时应注意客户有无私自启用冷备用电源的情况。

三、计量装置的运行状态检查

抄表前应对电能计量装置进行初步检查，看表计有无烧毁和损坏现象、分时表时钟显示情况、封印状态、互感器的二次接线是否正确等。如发现异常需记录下来待抄表结束后，填写工作单报告有关部门。必要时应立即电话汇报，并保护现场。具体检查项目包括：

1. 电能计量装置故障现象检查

应注意观察：感应式电能表有无停走或时走时停，电能表内部是否磨盘、卡盘；计度器卡字、字盘数字有无脱落、表内是否发黄或烧坏、表位漏水或表内有无空蚀（汽蚀）、潜动、漏电；电子式电能表脉冲发送、时钟是否正常，各种指示光标能否显示，分时表的时间、时段、自检信息是否正确；注意电子式电能表液晶故障是否有报警提示，如失压、失流、逆相序、超负荷、电池电量不足、过压等。

常见的电能表故障现象的检查：

（1）卡字：客户正常使用电能，但电能表的计数器停止不再翻转。如果发现电能表计数器中有一个或几个数字（不包括最后一位）始终显示一半，一般也会造成卡字。

（2）跳字：客户正常使用电能，但计数器的示数不正常地向上或向下翻转，造成客户电量的突增、突减。

（3）烧表：电能表容量选用不当、过负荷、雷击或其他原因导致电能表烧坏。

现场可以通过观察电能表外观有无异常现象来判别表是否烧坏：透过玻璃窗观察内部有无白、黄色斑痕，线圈绝缘是否被烧损，若发现电能表接线处烧焦、塑料表盖变形、铝盘和计数器运转异常，应检查电源是否超压；再检查熔丝是否熔断；若熔丝没有熔断，则说明熔丝容量大于电能表的额定电流值。

（4）潜动：又称"无载自动"，也称空走。是指电能表有正常电压且负载电流等于零时，感应式电能表的转盘仍然缓慢转动、电子式电能表脉冲指示灯还在缓慢闪烁的现象。

现场可以通过以下操作判断电能表是否潜动：在电能表通电的情况下，拉开负荷开关，观察电能表转盘是否连续转动，如转盘超过一转仍在转动，则可以判断该电能表潜动。

（5）表停：客户正在使用电能，电子表没有脉冲或机械表转盘不转。失压、失流、接线错以及其他表计故障均可能导致电能表不计量。电子式多功能电能表失压、失流时，应有失压、失流相别的报警或提示。

发现电能表不计量，通常先检查电能表进出线端子有无开路或接触不良，对经电压互感器接入的电能表，应检查电压互感器的熔丝是否熔断，二次回路接线有无松脱或断线，特别要注意皮连芯断的现象，检查电能表接线螺钉有无氧化、松动、发热、变色现象。

（6）接线错：检查互感器、电能表接线是否正确，如：电流互感器一次导线穿芯方向是否反穿、二次侧的 K1、K2 与电能表的进出线是否接反，三相四线电能表每相的电压线和电流线是否是相同相别。

对于单相机械式电能表，尤其注意接地线与相线的接线是否颠倒。电能表的相线、中性线应采用不同颜色的导线并对号入孔，不得对调。因为这种接线方式在正常情况下也能正确计量电能，但在某些特殊情况下会造成漏计电能和增加不安全因素。如客户将自家的家用电器接到相线和大地相接触的设备（如暖气管、自来水管）之间，则负荷电流可以不流过或很少流过电能表的电流线路造成漏计电量，同时也给客户的用电安全带来了严重威胁。

注意分时、分相止码之和应该与总表码对应。当出现分时、分相止码之和与总表码不一致时，很可能是由于电能表接线错误造成的；注意逆相序提示，因为三相三线电能表或三相四线电能表逆相序安装接线都会造成计量错误；注意电流反向提示，电流反向有可能存在接线错误。

（7）倒走：感应式电能表圆盘反转。单相电能表接线接反、未止逆的无功表在客户向系统反送无功时、三相电能表存在接线错误、单相 380V 电焊机用电、电动机作为制动设备使用等都可能造成感应式电能表反转。

（8）表损坏：表计受外力损坏。包括外壳的损坏。

（9）电子表误发脉冲：客户没有用电或用电量很小时，电子表仍在不停地发脉冲计数。

（10）液晶无显示：电子表的液晶显示屏不能正常显示。

（11）其他：注意电池电量不足提示，电池电量不足时，显示屏"电池图标"会闪烁。如果电子表没有电池，会造成复费率表时钟飘移，分时计量不准；注意通信提示，当表计通信正常时，"电话图标"会在显示屏显示，安装了负控装置的计量装置通过通信端口，可以实现远程防窃电监控和停送电控制。

2. 违约用电、窃电现象检查

（1）检查封印、锁具等是否正常、完好。应认真检查核对表箱锁、计量装置的封印是否完好，电压互感器熔丝是否熔断，封印和封印线是否正常，有无封印痕迹不清、松动、封印号与原存档工作单登记不符、启动封印、无铅封的现象，防伪装置有无人为动过的痕迹。

（2）检查有无私拉乱接现象。

（3）检查有无拨码现象，注意核对上月电量与本月电量的变化情况。

（4）检查有无卡盘现象。

（5）查看接线和端钮，是否有失压和分流现象，重点是检查电压联片，有无摘电压钩现象。

（6）检查是否有绕越电表和外接电源，用钳表分别测电源侧电流以及负荷侧电流进行比较，也可以开灯试表、拉闸试表。

（7）检查有无相线、中性线反接，表后重复接地的：用钳型电流表分别测相线电流、中性线电流以及两电流的相量和（把相线和中性线同时放入钳型电流表内），正常现象是相线电流与中性线电流值相等，相线、中性线同时放入钳型电流表内应显示电流值为零；反之，如果中性线电流大，相线电流很小，相线、中性线同时放入钳型电流表内电流值显示不为零且数值较大，则可确定异常。

3．异常情况记录

把发现的异常情况或事项应记录在抄表机或异常清单上。

四、抄表机抄表

抄表人员在计划抄表日持抄表机到客户现场抄表，将电能表示数录入到抄表机，并记录现场发现的抄表异常情况。

注意事项：抄表前应检查确认抄表机电源情况，避免电力不足丢失数据的情况。

（1）首先进行抄表信息核对，核对无误后再开始抄表。

（2）然后进行计量装置的运行状态检查。发现电能表故障，应先按表计示数抄记，并在抄表器的指令栏内注明。

（3）开机进入抄表程序，根据抄表机的提示，按照抄表顺序或通过查询表号或客户快捷码找到待抄的客户，并将抄见示数逐项录入到抄表机内：

1）抄录电能表示数，照明表抄录到整数位，电力客户表应抄录到的小数位按照本单位规定执行。靠前位数是零时，以"0"填充，不得空缺。

2）出现抄录错误时，应使用删除键删除错误，再录入正确数据。

3）对按最大需量计收基本电费的客户，抄录最大需量时，应按冻结数据抄录，必须抄录总需量及各时段的最大需量，需量指示录入，应为整数及后4位小数。抄录机械式最大需量表后，应按双方约定的方式确认，将需量回零并重新加封，并以免事后发生争执。

抄录需量示数时除应按正常规定抄表外，还必须核对上月的需量冻结值，若发生冻结值大于上月结算数据时，必须记录上月最大需量，回公司后，填写《补收基本电费申请单》。

4）抄录复费率电能表时，除应抄总电量外，还应同步抄录峰、谷、平的电量，并核对峰、谷、平的电量和与总电量是否相符。同时检查峰、谷、平时段及时钟是否正确。注意分时、分相止码之和应该与总表码相符。当出现分时、分相止码之和大于总表码时，很可能是由于表计接线错误造成的。如有问题，应填写工作单交有关人员处理。

5）对实行力率考核客户的无功电量按照四个象限进行抄录，或按照本单位的规定抄录（如组合无功）。无功表电量必须和相应的有功表电量同步抄表，否则不能准确核算其功率因数和正确执行功率因数调整电费的增收或减收。

6）有显示反向电能时，必须抄录反向有功，无功示数。

7）如电能表有失压的报警或提示，则必须抄录失压记录。

8）对具备有自动冻结电量功能的电能表，还应抄录冻结电量数据。

9）注意总表与分表的电量关系是否正常。

（4）抄表时如对录入的数据有疑问，应及时进行核对并更正。

（5）抄表过程中，遇到表计安装在客户室内，客户锁门无法抄表时，抄表员应设法与客户取得联系入户抄表，或在抄表周期内另行安排时间补抄。对确实无法抄见的一般居民客户，可参照正常用电情况估算用电量。但必须在抄表机上按下抄表"估抄"键予以注明。允许连续估抄的次数按本单位规定执行。如系经常锁门客户，应向公司建议将客户表计移到室外。

（6）使用抄表机的红外抄表功能抄表：通过查询表号或客户号定位后，选择红外抄表功能，近距离对准被抄电能表扫描，即能抄录所有抄表数据。

（7）对具备红外线录入数据功能的抄表机抄表，除发生数据读取异常外，不应采用手工方式录入数据，同时应在现场完成电能表计度器显示数据与红外抄见数据的核对和电能表对时工作。

（8）现场抄表结束时，应使用抄表机查询功能认真查询是否有漏抄客户，如有漏抄应及时进行补抄。

五、手工抄表

抄表人员按抄表周期在抄表例日持抄表清单到客户现场准确抄表。经核对抄表信息以及检查计量装置运行状态之后，记录抄见示数，并记录现场发现的抄表异常情况。

（1）按电能表有效位数全部抄录电能表示度数，靠前位数是零时，以"0"填充，不得空缺，且必须上下位数对齐。

（2）出现抄录错误时，应用删除线划掉，在删除数据上方再填写正确数据。

（3）抄表清单应保持整洁，完整，必须用蓝黑色墨水或碳素笔填写，增减数字时使用红色墨水，禁止使用铅笔或圆珠笔。

其他手工抄表的工作要求与抄表机相同。

六、IC 卡抄表

抄表人员按抄表周期在抄表例日持抄表 IC 卡到客户电能表现场，经核对抄表信息以及检查计量装置运行状态之后，将 IC 卡插入预付费电能表，待表中数据读取到卡中后，抽出抄表卡，抄表结束。

七、现场抄表注意事项

（1）抄表时要特别注意将整数位与小数位分清。字轮式计度器的窗口，整数位和小数位用不同颜色区分，中间有小数点"·"；若无小数点位，窗口各字轮均有乘系数的标识，如 ×10 000、×1000、×100、×10、×1、×0.1，个位数字的标注 ×1，小数位的标注 ×0.1 等。

（2）沿进户线方向或同一门牌内有两个或两个以上客户电表时，必须先核对电表表号后抄表，防止错抄。

（3）使用红外抄表机抄表应注意避光。

（4）不得操作客户设备。

（5）借用客户物品需征得客户同意。

（6）登高抄表应落实好安全措施：

1）上变压器台抄表时应从变压器低压侧攀登，应戴好安全帽、穿绝缘鞋，抄表工作应由两人进行，一人操作，一人监护，并认真执行工作票制度；

2）应检查登高工具（脚扣、登高板、梯子）是否齐全完好，使用移动梯子应有专人扶持，梯子上端应固定牢靠；

3）抄表人员应使用安全带，防止脚下滑脱造成高空坠落；

4）观察是否有马蜂窝，防止被蜇伤；

5）抄表人员要与高低压带电部位保持安全距离（10kV 及以下，0.7m），防止误触设备带电部位；

6）雷电天气时严禁进行登高抄表。

例 1　某公司异常事项记录类别见表 ZY2300201005-1。

表 ZY2300201005-1　　　　　　　某供电公司异常事项记录类别

序　号	类　别	序　号	类　别	序　号	类　别	序　号	类　别
1	未抄	10	已抄表	19	TA 爆炸	28	电价错
2	正常	11	表停（盘停）	20	A 失压	29	箱无锁
3	锁门	12	档案错	21	B 失压	30	表箱坏
4	表烧	13	潜动	22	C 失压	31	变压器台错
5	故障	14	接线错	23	失压	32	表箱倾斜
6	表盗	15	液晶损	24	无铅封	33	表箱漏电
7	倒转	16	断熔丝	25	容量错	34	表位数错
8	过零	17	表损坏	26	倍率错	35	估抄
9	过零倒转	18	表异常	27	波动大		

例 2　一起因"不当得利"而引起的供用电纠纷。某市供电公司在用电普查当中，发现一大型商

场用电量与其经营规模相去甚远。经进一步检查，发现该商场计量装置中配置的 3 只电流互感器的倍率分别为 150/5、150/5、150/5，而供电公司的客户档案中记录的电流互感器倍率却分别是 50/5、50/5、75/5，分别比实际用电量少计了 2 倍、2 倍、1 倍。经过计算，该商场累计少计电量为 433555kWh，合计应追缴电费高达 411359 元人民币，电量流失之大令人惊叹。

经过数次的沟通和辩论，在供电公司提供的确凿证据面前，该商场对因电流互感器倍率不符引起的少计电量的事实签字认可，并与供电企业签订了分期返款协议，最终供电公司追回了 40 多万元的电费。

该案件反映出个别供电企业员工责任心不强的问题。如果抄表人员在抄表现场多核对一下电流互感器的穿芯匝数，电费核算人员发现电量有异常时发起现场检查流程，这起纠纷也许就不会发生了。

例 3 抄表员现场抄表时发现某客户现场表箱铅封及锁被人为破坏，箱内电能表表尾铅封不见，电能表液晶显示-Ib（如图 ZY2300201005-1 所示），检查电表接线发现 B 相电源线反接（如图 ZY2300201005-2 所示），抄表员及时上报异常情况并保护现场。经用电检查人员现场取证后，发现电能表少计 2/3 电量。客户当场对窃电行为供认不讳，并在违章、窃电通知书上签字。

图 ZY2300201005-1　电能表液晶显示-Ib

图 ZY2300201005-2　B 相电源线反接

在这起案件中，抄表员认真检查计量装置运行状态，及时上报并保护现场，对这起窃电案的取证和处理起到了关键作用。

【思考与练习】

1．现场抄表有哪些具体要求？
2．抄表时应核对哪些信息？
3．如何进行计量装置的运行状态检查？
4．如何分析判断简单的窃电现象？
5．如何进行抄表机抄表和手工抄表？
6．登高抄表落实好哪些安全措施？

模块 6　自动化抄表（ZY2300201006）

【模块描述】 本模块包含本地自动抄表技术、远程自动抄表技术、电力负荷管理技术等内容。通过概念描述、术语说明、系统结构讲解、要点归纳、示例介绍，了解自动化抄表系统的抄表原理和作用，能使用自动化抄表系统进行数据采集。

【正文】

获取抄表数据的抄表方式中除了手工抄表、抄表机抄表、IC 卡抄表之外，还有处于不断丰富和发展中的自动化抄表方式，自动遥抄客户端电能表记录数据。自动化抄表技术包括本地自动抄表技术、远程自动抄表（集中抄表）技术以及通过电力负荷管理系统远方抄表技术。

对采用自动化抄表方式的客户，应定期（至少 3 个月内）组织有关人员进行现场实抄，对远抄数据与客户端电能表记录数据进行一次校核。校核可采用抽测部分客户、采集多个不同时间点的抄表数据的方法，并保持远抄数据与客户端电能表记录数据采集时间的一致性。

如因故障不能取得全部客户抄表数据或对数据有疑问，可采用其他抄表方式补抄。

一、本地自动抄表技术

本地自动抄表就是指计量电能表的抄表数据是在表计运行的现场或本地一定范围内通过自动方式而获得。本地自动抄表系统是远程抄表系统的本地环节，目前主要用于现场监察、故障排除和现场调试，而早期的系统则主要用于抄表。

1. 本地红外抄表

本地红外抄表是利用红外通信技术实现的，若干电能表连接到一台红外采集器上，采集器完成对某一表箱中的所有电表的电量采集，抄表员手持红外抄表机到达现场，接收每块采集器中的抄表数据，然后返回主站，将红外抄表机中已抄收的电能表数据传送到主站计算机。

2. 本地 RS485 通信抄表

本地 RS485 通信抄表，是利用 RS485 总线将小范围的电表连接成网络，由采集器通过 RS485 网络对电能表进行电量抄读，并保存在采集器中，再通过红外抄表机或 RS485 设备现场抄读采集器内数据，抄表机与主站计算机进行通信，实现电量的最终抄读。

二、远程自动抄表技术

远程自动抄表技术就是利用特定的通信手段和远程通信介质将抄表数据内容实时传送至远端的电力营销计算机网络系统或其他需要抄表数据的系统。也称集中抄表系统。抄表时操作人员可以直接选择抄表段抄表即可以完成自动抄表，并可以采用无人干预方式自动抄表。

1. 远程自动抄表系统的构成

远程自动抄表系统种类很多，基本上由电能表、采集器、信道、集中器、主站组成。

电能表为具有脉冲输出或 RS485 总线通信接口的表计，如脉冲电能表、电子式电能表、分时电表、多功能电能表。

集中器主要完成与采集器的数据通信工作，向采集器下达电量数据冻结命令，定时循环接收采集器的电量数据，或根据系统要求接收某个电能表或某组电能表的数据。同时根据系统要求完成与主站的通信，将客户用电数据等主站需要的信息传送到主站数据库中。

信道即数据传输的通道。远程自动抄表系统中涉及的各段信道可以相同，也可以完全不一样，因此可以组合出各种不同的远程抄表系统。其中，集中器与主站之间的通信线路称为上行信道，可以采用电话线、无线（GPRS/CDMA/GSM）、专线等通信介质；集中器与采集器或电子式电能表之间的通信线路称为下行信道，主要有 RS485 总线、电力线载波两种通信方式。

主站即主站管理系统，由抄表主机和数据服务器等设备组成的局域网组成。其中抄表主机负责进行抄表工作，通过网络 TCP/IP 协议与现场集中器进行通信，进行远程集中抄表，并存储到网络数据库，并可对抄表数据分析，检查数据有效性，以进行现场系统维护。

2. 载波式远程抄表

电力线载波是电力系统特有的通信方式。其特点是集中器与载波电能表之间的下行信道采用低压电力线载波通信。载波电能表是由电能表加载波模块组成。每个客户室内装设的载波电能表就近与交流电源线相连接，电能表发出的信号经交流电源线送出，设置在抄表中心站的主机则定时通过低压用电线路以载波通信方式收集各客户电能表测得的用电数据信息。上行信道一般采用公用电话网或无线网络。

3. GPRS 无线远程抄表

GPRS 无线远程抄表是近年来发展较快的抄表通信方式。其特点是集中器与主站计算机之间的上行信道采用 GPRS 无线通信。集中器安装有 GPRS 通信接口，抄表数据发送到中国移动的 GPRS 数据网络，通过 GPRS 数据网络将数据传送至供电公司的主站，实现抄表数据和主站系统的实时在线连接。

CDMA、GSM 与 GPRS 无线远程抄表原理相似。

4. 总线式远程抄表

总线式抄表在集中器与电能表之间的下行信道采用，目前主要采用 RS485 通信方式，总线式是以一条串行总线连接各分散的采集器或电子式电能表，实行各节点的互联。集中器与主站之间的通信可选电话线、无线网、专线电缆等多种方式。

5. 其他远程抄表

抄表系统有很多种方式，随着通信技术的不断发展，无线蜂窝网、光纤以太网等远程通信方式也逐渐应用于电能表数据的远程抄读。

三、电力负荷管理技术

电力负荷管理系统是运用通信技术、计算机技术、自动控制技术对电力负荷进行全面管理的综合系统。该系统能够监视和控制地区和专变客户的用电负荷、电量及用电时间段等。其主要功能是遥控、遥信、遥测。各地供电企业在不断强化电力负荷管理系统基本功能的基础上，不断扩充了电力负荷管理系统的新功能。远方自动抄表功能已成为电力负荷管理系统这个综合系统的众多功能之一。

利用负荷管理系统对大客户进行远方抄表时必须严格按例日抄表，由负控员在负控系统中召测数据，电费抄核收人员通过局域网，登录系统按例日将各抄表段的抄表数据读回到营销系统中，实现自动远程抄读客户的各类用电量、电能表示数等数据，核对后用于电费结算，并及时了解实施预购电费客户的剩余电费情况，以及时提示客户预缴电费。

四、电能信息数据采集示例

集中抄表系统主要完成抄表数据的自动采集，同时能够利用自动化抄表系统的采集数据，对现场采集对象的运行状态进行监督管理。

某供电公司采用低压电力线载波集抄系统自动抄表，抄表例日前分别遥抄多份数据以作备份，抄表例日当天再抄读例日数据，可以根据需要来设定自动抄表或人工集抄。

（1）进入集抄系统，选择台区，连接到该台区的集中器。

（2）进入到该集中器，口令检测成功后，表示主站与集中器连接上了。

（3）选择远程抄读方式，如例日抄读，读取集中器数据并保存，如图 ZY2300201006-1 所示。

（4）对抄表失败的表计，再次进行抄表操作。

（5）打印再次抄表失败的客户清单和零电量客户清单（表号、地址等），通知抄表员当日补抄，现场核实，查明故障原因。

（6）抄表完毕，退出。

（7）全部抄完之后，进行集中抄表数据回读操作，从中间库中将集抄系统上传来的抄表数据回读到营销系统。

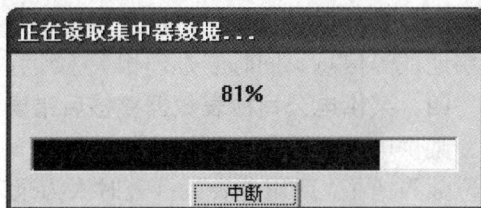

图 ZY2300201006-1

【思考与练习】

1. 如何利用集中抄表系统进行抄表？

2. 如何利用负荷管理系统进行抄表？

模块 7 抄表数据复核（ZY2300201007）

【模块描述】本模块包含抄表数据的复核、新装户计量信息的复核以及数据变动日志的记录等内容。通过概念描述、术语说明、要点归纳、示例介绍，掌握人工复核抄表数据的内容和方法，能发现电量异常和抄表差错。

【正文】

一、复核抄表数据

现场抄表机抄表完毕时，抄表员要应用抄表机的复核功能对抄表数据进行初步复核，核对抄见示数和抄见电量，检查各项内容有无漏抄、误抄等现象，发现抄表数据录入差错及时修正，无误后上传抄表数据。上装后应利用电力营销业务应用系统对抄表数据进行复核，人工选择各种复核条件，由系统自动进行复核并显示复核结果。

抄表数据复核的重点内容主要有：

（1）峰平谷电量之和大于总电量的。

（2）峰谷电量之和大于总电量的。

（3）本月示数小于上月示数的。

（4）零电量、电表循环、未抄、有协议电量或修改过示数的。

（5）抄表自动带回的异常：反转、估抄等。

（6）与同期或历史数据比较进行查看：指定 n 个月（一般用前 3 个月的）平均电量作比较，核对电量突增突减的客户。

（7）按电量范围进行查看：指定电量范围，查看客户数据是否正确。

（8）连续 3 个月估抄或连续 3 个月划零的。

由系统复核检测出来的客户异常电量、电量突变等异常情况，要填写打印电量异常信息清单，提交有关人员重新到现场进行抄表核实。再次抄回的表示数经确认正确后，履行相关手续进行电量更正，方可做发行处理。

对抄表员现场核实抄表数据后仍有疑问的其他抄表异常，应发起相关处理流程。

对采用负控抄表和集抄方式抄表的客户，经复核后如发现数据异常，应安排抄表员到现场核对数据，如确认是计量装置或通信线路故障的，应发起相关处理流程。

负控抄表和集抄方式抄表应定期（至少 3 个月内）组织有关人员进行现场实抄，对远抄数据与客户端电能表记录数据进行一次校核。

二、复核新装户的计量信息

对新装用电、变更用电、电能计量装置变更的客户，其业务流程处理完毕信息归档后的首次电量电费计算前，应在系统中逐户复核计量信息，包括资产编号、表计、倍率、线损、变压器容量、计量方式等。

三、记录数据变动日志

当抄表数据发生变化时，系统记录数据变动日志，包括变化前后数值、修改人员、修改时间、客户端地址等信息。同时应办理相关手续存档。

四、某供电公司抄表数据复核后错误示数的修改示例

某供电公司抄表数据复核时，发现一居民客户电量过大，两个月电量过万，经分析可能的原因是表位数弄错了，或用抄表机抄表时人为录入出现错误，也可能是表故障。对复核出的异常电量打印《电量异常信息提交表》，并转交抄表员进行现场核实，抄表员到现场查明原因，确认是录入数据出错，抄表员填写《修改示数申请单》进行电量更正，如表 ZY2300201007-1 所示，经审批修改了本次抄表数据。

表 ZY2300201007-1　　　　　　　修 改 示 数 申 请 单

客户号	××××	抄表段编号	××××
申请人签字	×××	处理人签字	×××
申请日期	2009/6/8	处理日期	2009/6/8
示数修改原因	录入错误	处理意见	同意修改
班长签字	×××	日期	2009/6/8

【思考与练习】

1. 抄表数据复核的主要内容有哪些？

2. 对抄表复核中发现的异常应如何处理？

模块 8 抄表异常处理（ZY2300201008）

【**模块描述**】本模块包含抄表异常分类、抄表异常的处理流程等内容。通过概念描述、术语说明、流程介绍、要点归纳，掌握抄表异常信息的分析方法并能按业务流程处理。

【**正文**】

一、抄表异常分类

1. 计量装置故障

电能计量装置故障是指各类电能表、电流互感器、电压互感器、断压断流计时仪以及相连接的二次回路等出现故障，造成电能计量装置不能准确计量。

2. 违约用电、窃电

违约用电行为：指危害供用电安全、扰乱正常供用电秩序的行为。

窃电行为：指下列以非法占用电能为目的，采用秘密手段实施的不计或者少计电量的用电行为。

3. 电量电费差错

（1）估抄、虚抄、错抄、漏抄、错算、漏算造成抄表电量电费与实际情况不符。

（2）因营销技术支持系统中电价参数或计算公式设置错误，造成电量电费计算错误。

（3）电价政策执行错误，造成电费计收错误。如错误执行用电类别及比例、电价和计量方式。

（4）计量装置有异常情况，未及时处理，造成电量、电费多收、少收。

（5）换表时错记、漏记电能表底数而造成电量、电费多收、少收。

（6）不按规定程序办理新装、增容和变更用电业务，造成营业费用和电费错收、漏收或不能收回。

（7）未按规定业务流程及时传递工作单及相关资料，造成电量电费计收错误。

（8）其他原因造成的电量电费差错。

4. 档案差错

由于工作人员失误造成档案资料出现差错。造成电量电费计收错误或无法计收。

（1）客户档案资料未建立或档案资料不健全，例如现场有表无档案。

（2）现场情况与档案不符，例如现场户名、表型、表号及倍率与档案（抄表机）上所显示的不符。

（3）用电业务变更后档案修改不及时。

（4）保管不当导致档案资料丢失。

（5）其他原因造成的档案差错。

二、抄表异常处理的流程

抄表异常处理流程如图 ZY2300201008-1 所示。

三、抄表时发现异常的处理方法

抄表时发现异常情况要按规定的程序及时提出异常报告，填写工作单并按职责及时分类启动处理流程，转相关部门按规定的职责处理。例如抄表员发现表计故障，应填写事故换表申请单，发起换表流程。

1. 客户用电性质、用电结构、受电容量等发生变化的处理

如发现客户用电性质、用电结构、受电容量等发生变化时及时传递业务工作单，启动相关流程进行处理。并通知客户办理有关手续。

2. 发现电量异常时的处理

（1）发现客户用电量或最大需量出现突增

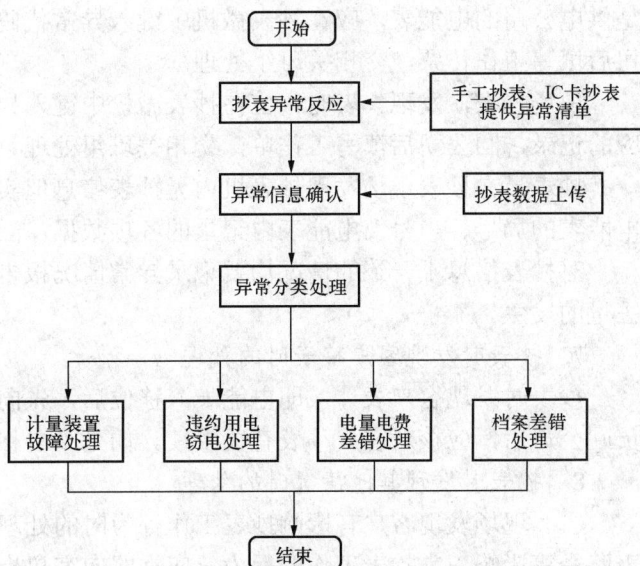

图 ZY2300201008-1 抄表异常处理流程

突减（如30%以上）时，应核对抄录示数、倍率是否正确，对电量进行复算，并检查计量装置是否发生故障，防止因错抄而错计电量和最大需量。并且要进一步查对客户变电站运行记录，了解客户的生产情况查明原因，客户有无非正当用电手段等。如属客户用非正常手段用电，应保护现场和证据，及时报告公司有关人员进行处理，同时在抄表机中记录异常情况；如电表运行正常且客户用电量确实增减较大，应在抄表机异常设置中选择为"正常"；如表计有故障，则应根据故障性质在抄表机上异常设置中选择对应的故障类别，填写工作单报告处理并根据规定推算电量。

（2）发现无功表不正常时，应了解客户电容器的投入和切除情况。

（3）现场抄表时，对用电量为零的客户，应查明原因。

（4）对用电量较小的专变客户和连续六个月电量为零的客户，应查明原因，发现异常应填写工作单报告给相关部门。

3. 抄表过程中发现窃电时的处理

现场抄表，发现窃电现象时，抄表员应在抄表机中键入异常代码做好记录，不得自行处理，应不惊动客户并保护现场，可以先用手机现场拍照固定证据，及时与公司用电检查人员或班组联系，等公司有关人员到达现场取证后，方可离开。

4. 抄表过程中发现客户违约用电时的处理

现场抄表，发现封印脱落、表位移动、高价低接、用电性质变化等违约用电现象时，应在抄表微机中键入异常代码，抄表员现场不得自行处理，并不惊动客户，应及时与用电检查人员联系或回公司后填写违约用电工作单交相关班组或人员处理。

5. 抄表时发现计量装置故障时的处理

抄表员在抄表时发现计量装置故障后，首先在现场分析了解，设法取得故障发生的时间和原因，如客户的值班记录，客户上次抄表后至今的生产情况，客户有无私自增容的情况。其次，将计量装置的故障情况及相关数据记录下来，如电能表当时的示数、负荷情况、客户生产班次及休息情况等，回公司后及时传递业务工作单，启动相关流程进行处理。

对于能确认表计故障（如停走、过载烧坏）的一般居民客户，本月抄见电量按各公司规定处理（如零电量、根据上月用电量或前三个月平均电量与客户协议电量等），并启动相关流程进行处理。

采用自动化抄表方式抄表发现数据异常时，应安排抄表员到现场核对数据。若确定采集数据不正确，则通知相关装置维护部门查找原因做出相应处理。

6. 抄表时发现表号不符或电能表遗失时的处理

现场抄表，发现表号不符或有表无档案时（如黑户、漏编错编抄表区段的移表客户、新装客户）时，应核对是否为供电公司的电能表，如果客户私自换表，应立即通知公司派员到现场进行处理；若是供电公司的电能表，应在抄表微机中键入异常代码，录入电能表的示数，并做好表号等记录，回公司后填写工作传票，交相关班组处理。

现场抄表，发现失表时，应在抄表微机中键入异常代码，录入上一个抄表周期的电量，并做好相应的记录，回公司后填写工作单，交相关班组处理。

抄表员在抄表现场发现抄表机内无抄表信息但实际在装的电能表（黑户）时，应在机外记录在装电能表的局号、户号及电能表内记录的各项数据，回单位后汇报主管领导进行处理。

对抄表信息不一致的情况均要记录异常情况报告有关部门。防止发生档案建错、漏建档案及丢户、丢量的发生。

7. 抄表时发现客户移表时的处理

抄表时发现客户表计（即电能表）移位后，先向客户查询是否办理有关手续，并做好记录。抄表员回公司后，应核对客户移表有关手续。如是私自移表，应填写工作传票，启动相关流程进行处理。

8. 抄表时发现其他情况时的处理

（1）现场发现客户有影响抄表工作行为时的处理。现场发现客户有堆放物品、占用表位、阻塞抄表路径等影响正常抄表工作的行为，应立即向客户指出，并要求其立即进行整改，恢复原样。如客户拒不整改，应及时向公司反映，由公司派专人进行处理。

（2）抄表时如果客户怀疑表不准时的处理。抄表时如果客户怀疑表不准，应耐心解答客户提出的问题，请客户申请验表。并介绍相关政策规定：根据《供电营业规则》第七十九条规定，客户认为供电企业装设的计费电能表不准时，有权向供电企业提出校验申请，在客户交付验表费后，供电企业应在 7 天内校验，并将校验结果通知客户。如计费电能表的误差在允许范围内，验表费不退；如计费电能表的误差超出允许范围时，除退还验表费外，并应按规定退补电费。客户对检验结果有异议时，可向供电企业上级计量鉴定机构申请检定。客户在申请验表期间，其电费仍应按期交纳，验表结果确认后，再行退补电费。

如果居民客户怀疑电表走字不准，询问简易的自行测试电能表方法时，可做简要介绍：

一般在电能表的标牌上均标注着每耗用 1kWh 电铝盘转动多少圈，例如标注 3000 转/kWh 的字样，便知道该表每耗用 1kWh 电铝盘转动 3000 圈。如果连续点一盏 100W 的灯泡每小时耗电 0.1kWh，便知铝盘应该转动 300 圈，那么平均每分钟铝盘应转 5 圈左右，经过这样简单测试便知道电表走字是否正常，当测试结果与实际误差很大时，应怀疑电能表有问题。

【思考与练习】

1. 抄表时发现计量电能表故障应如何处理？
2. 抄表时发现表号不符或电能表遗失应如何处理？
3. 抄表过程中发现窃电、违约用电应如何处理？
4. 抄表时如果客户怀疑表不准应如何处理？
5. 抄表时发现客户电量异常应如何处理？

模块 9　抄表工作量管理（ZY2300201009）

【模块描述】本模块包含抄表系数定义、抄表日志的编制等内容。通过概念描述、术语说明、要点归纳、示例介绍，掌握抄表日志的构成与填写方法，能统计抄表工作量。

【正文】

一、抄表系数定义

抄表系数是抄表工作难度的权重系数。同样抄表，抄不同客户电能表所需付出的工作量是不同的，这与客户类型、客户地理位置远近、电能表的类型、客户计量装置的安装位置（集中、分层、散户）位置、抄表方式等要素有关。例如农村地区客户居住分散性较强，且抄表员现场抄表需要登高操作，同城区居民小区相比，抄表数量相同时，工作难度则相对较大。

抄表系数应根据客户类型、客户区域、表类型、表位置、抄表方式等来确定。其定义标准应尽量做到客观、公正。根据抄表系数定义标准，以管理单位、抄表段、客户为单位自动生成每块运行表的抄表系数，然后人工修正。当客户的客户类型、客户区域以及客户表的表类型、表位置、抄表方式等要素发生变化时应及时修改抄表系数。

各单位应根据本公司的实际合理分配和调整抄表员的工作量。

二、抄表日志的编制

抄表日志又称抄表日报，抄表日志主要记录每天抄表人员所完成抄表总户数与发行的总电量，是反映日常抄表工作情况的综合报表。目前一般通过营销系统功能自动生成。

抄表员个人抄表日志的汇总即为总的抄表日志。主要内容有抄表员、区段、客户类型、抄表例日、抄表日期、零度户数、退补电量、户数及电量（照明、动力、商业、合计等）、应抄户数、实抄户数、未抄户数、实抄率、划零户数、估抄户数、异常户数、差错率等。凭总抄表日志，可以推测抄、核、收工作衔接程度，既可以掌握总进度，还能从汇总电量与上期或同期对比看户数增减与电量增减，预测损失率完成情况，以及全体抄表人员的实抄率完成情况。

抄表日志是营业工作上的"三大表"之一，除抄表员的抄表日志与每日汇总之外，每月还应汇总抄表月报，它能反映一个单位每个月里每个抄表人员完成工作的总情况，显示个人当月抄表的总户数和应收的总电量和个人实抄率。既有数量，也有质量内容，借此可以比较明显地看出个人工作量的完成情况，为考核提供依据。

抄表日志的另外一个作用就是作为抄表月报的形式供给有关方面了解工作完成情况。抄表日志是三大表互相核实的一个基础，用抄表日志的总应收电量与应收电量发行表的总电量核对，再以应收电费发行表的应收电费与收费日志核对。由此可见抄表日志的正确填记是十分重要的。

随着信息化系统的深入应用，抄表日志信息可以通过营销系统直接统计查询，并可实现按抄表段、抄表员、抄表日程多样化的查询方法。数据的唯一性取代了原来三大表的核对功能。

三、抄表工作量统计

统计每月抄表人员、抄表段、班组、管理单位的抄表工作量可以利用营销系统相关功能进行。其中，每块运行表的抄表工作量是根据不同电能表的抄表系数计算的，抄表工作量是统计范围内所抄电能表抄表系数之和。统计不同时间段内抄表人员、抄表段、班组或者管理单位的抄表工作量，实际上是计算统计范围内抄录的各类电表数量与其抄表系数乘积的和。

例如要统计某抄表段的抄表工作量，这个抄表段有 100 块表，其中 60 块表的抄表系数是 1，40 块表的抄表系数是 2，那么该抄表段的抄表工作量就是 $60 \times 1 + 40 \times 2 = 140$（块）。

例 1 某供电公司的抄表难度系数见表 ZY2300201009-1。

表 ZY2300201009-1   某供电公司的抄表难度系数

序号	客户分类	抄表难度系数	序号	客户分类	抄表难度系数
001	大工业客户或专用变压器客户	5.00	004	居民平房和居民收费困难户	2.00
002	收费困难的商网和机关客户	4.00	005	居民楼房户	1.00
003	一般机关、远郊客户、农排	3.00			

例 2 某供电公司抄表日志月报见表 ZY2300201009-2。

表 ZY2300201009-2   某供电公司抄表日志月报

序号	日期		区段	户数				实抄率(%)	抄见电量(kWh)	备注
	月	日		应抄户数	实抄户数	其中				
						划零户	估抄户			
1	6	5	01100-01170	1245	1221	20	4	98.07	1 568 796	
2	6	6	01171-01240	1254	1249	2	3	99.6	1 589 646	
3	6	12	01241-01300	1578	1565	8	5	99.18	1 689 543	
4	6	13	01301-01400	1684	1678	2	4	99.64	1 895 444	
5	6	15	01401-01450	985	985	0	0	100	698 215	
6	6	16	01451-01540	1965	1956	9	0	99.54	1 568 745	
7	6	27	01541-01670	2468	2367	78	23	95.91	1 105 684	
8	6	28	01171-01700	66	66	0	0	100	2 434 296	
合计				11 245	11 087	119	39	98.59	12 550 369	

【思考与练习】

1. 抄表日志主要包括哪些内容？

2. 抄表日志的作用是什么？

3. 抄表工作量与抄表系数有何关系？

模块 10 抄表工作质量管理（ZY2300201010）

【模块描述】 本模块包含抄表稽查管理、抄表工作统计等内容。通过概念描述、术语说明、要点归纳、示例介绍，掌握抄表工作质量管理的内容和方法，能以系统分析、现场抽查等方式对抄表质量进行监督。

【正文】

一、抄表稽查管理

抄表稽查可以及时发现现场管理中存在的问题，如现场信息与档案不符、电价类别不对、表封不全、锁具管理不善等，从而检查发现抄表不到位、工作不认真负责、甚至与客户勾结积压电量等违法违纪问题，并有针对性地加强抄表工作质量管理。

（1）对完成的抄表任务采用随机抽查、指定抄表人员或抄表段的方法制定抄表稽查计划，重点检查存在客户投诉抄表差错的抄表段，或通过分析可能估抄的抄表段。

（2）如需现场抄表的，可采用手工或抄表机现场稽查抄表。抄表稽查工作的重点是：

1）检查抄表人员是否严格按照抄表例日到现场抄表。

2）检查抄表时是否认真核对抄表信息。例如：现场互感器倍率与系统档案互感器倍率不符，同一套互感器变比不一致，互感器倍率不对应，计量方式与电价不一致，低压客户执行高压电价，高压客户执行低压电价，用电类别与电价不一致，高压非居民客户未考核力率，以及是否存在抄表员擅自更改用电类别及比例、电价和计量方式等现象。

3）检查计量装置运行状态，是否有抄表时发现计量装置及其他异常情况不做记录、不及时处理的问题。

4）检查是否有串户和抄错电能表读数及表位数的问题。

5）检查抄表记录与现场是否相符，本月抄见示数是否小于上月抄见示数、是否连续。

6）核对计费清单与抄表档案客户数是否一致。

7）检查是否存在估抄、漏抄及非正常划零。

8）检查是否存在现场电量积压。

9）检查是否有发现违章用电、窃电行为未按规定进行上报处理。

10）检查是否存在利用职务或工作上的便利，凭借供电设施、计量等器具教唆、传授窃电手段，或为他人窃电提供便利、内外勾结窃取电能的行为。

11）检查是否有其他违反抄表规定的行为。

（3）自动化抄表重点检查抄表正确率、抄表及时率偏低的抄表段。

1）检查是否按例日召抄或回读抄表数据。

2）检查发现抄表系统故障或对数据有疑问，是否及时上报处理。

3）检查是否定期对远抄数据与客户端电能表记录数据进行现场校核。

（4）稽查抄表完成后，将现场示数录入或上传到电力营销业务应用系统，与该客户该月抄表示数进行比较：

1）当现场稽查抄表示数小于计费抄表示数时，计费抄表示数为估抄（特殊情况除外）。

2）当稽查抄表示数大于计费抄表示数时，稽查折算抄见电量扣除计费抄见电量，与计费抄见电量比较波动率超过一定比例即可初步判断为估抄，但需管理部门确认。其中

稽查折算抄见电量 ＝稽查抄表抄见电量 －日均用电量 ×（稽查抄表日期 －计费抄表日期）

日均用电量 ＝稽查抄表抄见电量 ÷（稽查抄表日期 －上次计费抄表日期）

（5）列出连续数月零度户清单，根据零度户清单，核查客户不用电的原因，确保零度户信息准确无误。对于连续多月用电量为零的客户，派专人进行检查。

零度户指在一个抄表周期内，用电量为零的用电客户。按照形成原因分为正常和非正常两大类，正常零度户包括未用电零度户、新装表零度户、备用电源零度户、客户暂停零度户等；非正常零度户包括计量故障零度户、有户头无电表零度户、窃电零度户、抄表错误或未抄表零度户等。

（6）参考稽查结果判断抄表质量。

（7）对抄表稽查中发现的异常问题，分类启动处理流程。对抄表人员工作质量问题，按照相关考核办法对责任人进行处理。

二、抄表工作统计

1. 抄表工作统计要求

（1）建立抄表质量评价及监督考核制度。对实抄率、抄表正确率、抄表信息完整率进行考核。

（2）统计中，户数为合同户。

应抄户数＝月抄表计划的户数。

实抄户数＝月抄表计划的实抄户数。

未抄户数＝月抄表计划的未抄户数。

估抄户数＝月抄表计划的估抄户数。

超期户数＝实际抄表日期大于计划抄表日的总户数。

提前抄表户数＝实际抄表日期小于计划抄表日的总户数。

实抄率＝（实抄户数÷应抄户数）×100%。

计划完成率＝（计划抄表日的抄表户数÷计划抄表户数）×100%。

抄表正确率＝（实抄户数–差错户数）÷实抄户数×100%。

抄表及时率＝（按抄表例日完成的抄表户数÷实抄户数）×100%。

月末抄表电量比重＝（每月25日及以后的抄见户售电量之和÷月售电量）×100%。

零点抄表电量比重＝（月末24时抄见户售电量之和÷月售电量）×100%。

2．抄表工作统计内容

利用营销系统相关功能，按人员、管理单位统计实抄表率、抄表正确率、抄表及时率、月末抄表电量比重、零点抄表电量比重，并根据管理单位、抄表状态、抄表方式汇总得出应抄户数、实抄户数、未抄户数、估抄户数、超期户数、提前抄表户数等。

通过抄表工作数据的统计结果，判断抄表工作质量，及时发现问题。例如采用自动化抄表方式时，抄表及时率偏低，反映未能及时按例日召测或回读抄表数据，抄表正确率偏低，则反映存在通信网络、电能表质量、线路连接质量或其他方面存在技术问题。

现场抄表主要通过现场抽查的方式进行，在系统中录入抽查的数据进行统计。

自动化抄表可直接在系统中统计，随时反馈抄表工作质量。

例 抄表员抄表情况抽查。某抄表员负责的某抄表段，抄表段总户数495，抽查户数54，现场发现一户数据存在问题，具体数据为：客户号0200101132，抄表员本月抄表示数4172，稽查抄表示数5060，差888kWh。

经计算，稽查抄表与抄表例日相差6天，经计算该客户日均用电量20.8kWh，稽查抄表示数5060大于计费抄表示数4172。

稽查折算抄见电量＝稽查抄表抄见电量–日均用电量×（稽查抄表日期–计费抄表日期）＝5060–20.8×6＝4935（kWh）

即计费抄见示数应为4935左右，允许有合理的上下浮动，而4935与计费抄见示数4172比较相差763kWh，波动超过了合理的水平，经调查核实抄表员实际未到现场抄表，确认估抄。

【思考与练习】

1．什么是实抄率、抄表正确率？

2．抄表稽查工作的重点有哪些？

3．抄表稽查时如何判断估抄？

第五章 电费核算

模块1 执行单一制电价客户电费计算（ZY2300202001）

【模块描述】 本模块包含执行单一制电价客户电费的构成及计算方法等内容。通过概念描述、术语说明、电费构成分析、公式解释、要点归纳、计算示例，掌握执行单一制电价客户的电费构成分析及计算过程。

【正文】

一、执行单一制电价客户的电费构成

按照现行电价制度分类，所有客户分为执行单一制电价和两部制电价。

执行单一制电价客户是以电度电价结算电费的。电度电价包含目录电度电价和代征电价。目录电度电价是指不含代征电价的电度电价；代征电价是所有基金及附加单价的总和。对应的电费分别是目录电度电费和代征电费。

在受电容量不小于 100kVA（kW）的需要执行功率因数考核的客户还包括功率因数调整电费。

1. 目录电度电费

目录电度电费是客户的结算有功电量与该结算有功电量所对应的目录电度电价单价的乘积。若客户执行分时电价，则目录电度电费应分为高峰目录电度电费、平段目录电度电费、低谷目录电度电费。

2. 代征电费

代征电费是指按照国务院授权部门批准，随结算有功电量征收的基金及附加所对应的费用。

3. 功率因数调整电费

功率因数调整电费是根据客户本抄表周期内的实际功率因数及该客户所执行的功率因数标准，按功率因数调整电费表的调整系数对客户承担的目录电度电费进行相应调整的电费。

二、计量方式与变压器损耗的关系

1. 计量方式的分类

计量方式有高供高计、高供低计、低供低计三种方式。

2. 变压器损耗

变压器损耗是变压器输入功率与输出功率的差值，主要包括铜损、铁损两大部分。铜损是当电流通过线圈时在线圈内产生的损耗；铁损是在铁芯内的损耗，主要包括磁滞损耗和涡流损耗。

3. 计量方式与变压器损耗的关系

高供高计客户电能计量装置装设在变压器的高压侧，无需单独计算变压器损耗。

高供低计客户电能计量装置装设在变压器的低压侧，其损耗未在电能计量装置中记录。根据《供电营业规则》第七十四条规定："用电计量装置原则上应装在供电设施的产权分界处。如产权分界处不适宜装表的，对专线供电的高压用户，可在供电变压器出口装表计量；对公用线路供电的高压用户，可在客户受电装置的低压侧计量。当用电计量装置不安装在产权分界处时，线路与变压器损耗的有功与无功电量均须由产权所有者负担。在计算客户基本电费（按最大需量计收时）、电度电费及功率因数调整电费时，应将上述损耗电量计算在内"。

低供低计客户的变压器损耗是由供电部门承担的。

三、变压器损耗电量计算

从电费计算角度分析，变压器损耗电量计算包括两个环节：一个是根据变压器损耗计算标准和变压器参数计算出变压器损耗电量；另一个是针对不同的情况，对变压器损耗电量进行分摊。

1. 变压器损耗电量计算

变压器损耗按日计算，日用电不足 24h 的，按一天计算。

（1）查表法。查表法是根据变压器型号、容量、电压、有功用电量直接查表得到有功损耗和无功损耗电量值。

（2）协议值。协议值是与客户签订协议，确定有功损耗、无功损耗电量值。

（3）公式法。公式法是根据变压器的额定容量、型号得到变压器的有功空载损耗、有功负载损耗、空载电流百分比、阻抗电压百分比、有功损耗系数、无功 K 值，再根据公式计算得到变压器有功损耗和无功损耗电量值。

1）公式一

总有功损耗电量 = 有功空载损耗 ×24× 变压器运行天数 + 修正系数 K 值 ×（有功抄见电量^2 + 无功抄见电量^2）× 有功负载损耗/（额定容量^2×24× 变压器运行天数）

总无功损耗电量 = 无功空载损耗 ×24× 变压器运行天数 + 修正系数 K 值 ×（有功抄见电量^2 + 无功抄见电量^2）× 无功负载损耗/（额定容量^2×24× 变压器运行天数）

其中

$$无功空载损耗 = 额定容量 × 空载电流百分比$$

$$无功负载损耗 = 阻抗电压百分比 × 额定容量$$

修正系数 K 值，根据运行班制按下列规则确定：

一班制 200h，二班制 400h，三班制 600h，对应的修正系数 K 值分别为 3.6、1.8、1.2；

一班制 240h，二班制 480h，三班制 720h，对应的修正系数 K 值分别为 3、1.5、1。

2）公式二

总有功损耗电量 = 有功空载损耗功率 ×24× 变压器运行天数 + 有功电量 × 有功损耗系数

总无功损耗电量 = 无功空载损耗功率 ×24× 变压器运行天数 + 有功电量 × 有功损耗系数 × 无功 K 值

其中，有功损耗系数、无功 K 值由网省公司自行确定。

在后面电费计算的模块中涉及变压器损耗电量计算都采用"公式二"的方法。

2. 变压器损耗电量的分摊

变压器损耗电量可以按有功损耗电量和无功损耗电量分别执行分摊，但定量的电量通常不参与损耗分摊。

（1）被转供户要求分摊变压器损耗时，若与被转供户有协议，则按协议值进行计算和分摊；若没有协议，则按被转供户的抄见电量进行计算和分摊。分摊给被转供户的损耗不参与转供户的电费结算，只参与被转供户的电费结算。

（2）一级主表分摊。变压器下若存在多个一级高供低计的主表时，变压器损耗电量按每个表计的抄见电量比例分摊。

$$主表 i 损耗 = \frac{主表 i 抄见电量}{\sum\limits_{i=1}^{n}（主表 i 抄见电量）} × 总损耗$$

$$主表 n 损耗 = 总损耗 - \sum\limits_{i=1}^{n-1}（主表 i 损耗）$$

其中，i 代表各个主表。

（3）主分表分摊。若一级主表下存在分表时，则当前分表的损耗电量按其抄见电量和主表抄见电量比分摊。

$$分表损耗 i = \frac{分表 i 抄见电量}{主表抄见电量} × 主表总损耗$$

$$主表包底损耗 = 主表总损耗 - \sum\limits_{i=1}^{n}（分表 i 损耗）$$

其中，i 代表各个分表。

（4）复费率表的分摊。复费率表的变压器总有功损耗电量按各时段抄见电量比例进行分摊，变压器无功损耗电量无需分摊。

$$各时段变压器有功损耗电量_i = 总有功损耗电量 × 抄见电量比例_i$$

其中，i 代表各时段。

按抄见电量比例分摊的损耗电量之和与总有功损耗电量不等时，差异损耗放在平电量上。

（5）总电量为零时，按容量分摊。

3. 特殊情况下变压器损耗电量的处理

（1）客户用电量为零。当客户的月用电量为零时，变压器只计铁损电量，铁损电量可以按正常情况计算。

若变压器下只有一个主表，则铁损电量全部分摊到主表。

若变压器下存在多个主表，则铁损电量平均分摊到各主表。

若变压器主表下存在分表，则铁损电量平均分摊到主表与各分表。

（2）变压器暂停。因为变压器损耗已经计算到日，所以变压器暂停时的损耗只要根据变压器暂停的启停日计算出运行天数后使用损耗计算公式计算即可。

（3）转供户抄见电量为零。当转供户抄见电量为零时，变压器损耗按各自容量比例执行分摊。

$$被转供户损耗 = \frac{被转供户容量}{转供户总容量} × 总损耗$$

$$转供户损耗 = 总损耗 - 被转供户损耗$$

（4）两个变压器下接一个主表时变压器损耗的计算。按变压器的容量比把主表的电量进行分摊。

$$变压器1主表电量 = 主表抄见电量 × \frac{变压器1容量}{变压器1容量 + 变压器2容量}$$

$$变压器2主表电量 = 主表抄见电量 × \frac{变压器2容量}{变压器1容量 + 变压器2容量}$$

然后按照分摊后的电量分别计算变压器的损耗。如果有暂停（暂停恢复）时的变压器损耗要按照天数折算计算电量分配。

（5）一个专用变压器下存在两个或多个客户。一个专用变压器下面存在两个或多个客户的情况除已既成事实外，原则上对于新上的客户不允许出现一个专用变压器下面存在两个或多个客户的情况。

一个专用变压器下面存在两个或多个客户的情况损耗分摊方法如下：

1）若与客户有协议则按照协议值来分摊损耗。

2）若与客户没有协议，则按照各客户用电量与总用电量的比例进行分摊损耗。

3）若与客户没有协议且客户总用电量为零时，则按照客户容量比例进行分摊损耗。

四、线损电量的计算

根据《供电营业规则》第七十四条规定，当电能计量装置未安装在产权分界处的专线客户，其线损电量应由产权所有者负担。

线损电量计算包括两个环节：一个是根据线损计算标准和线路参数等计算出线路损耗电量，另一个是对线路损耗电量的分摊。

1. 线损电量计算

（1）采用线路参数和用电量公式计算：

$$总有功线损电量 = \frac{单位长度线路电阻 × 线路长度 × 10^{-3}}{额定电压^2 × 线路运行时间} × [(总有功抄见电量$$
$$+ 总有功变压器损耗电量)^2 + (总无功抄见电量 + 总无功变压器损耗电量)^2]$$

$$总无功线损电量 = \frac{单位长度线路电抗 × 线路长度 × 10^{-3}}{额定电压^2 × 线路运行时间} × [(总有功抄见电量$$
$$+ 总有功变压器损耗电量)^2 + (总无功抄见电量 + 总无功变压器损耗电量)^2]$$

模块 1

ZY2300202001

（2）采用与客户协定线损电量来计算

$$总线损电量 = 协定值$$

（3）采用与客户协定线路损耗系数来计算

总有功线损电量 =（总有功抄见电量 + 总有功铜损电量 + 总有功铁损电量）× 有功线损系数

总无功线损电量 =（总无功抄见电量 + 总无功铜损电量 + 总无功铁损电量）× 无功线损系数

若客户的计量方式是高供高计，则式中的各种变压器损耗都为零。

在后面电费计算的模块中涉及到"线损电量计算"时按第三种方法进行。

2．线损电量分摊

线路损耗电量分摊方法与变压器的损耗分摊方法相同。

其中一条专线下面存在多个客户情况的线路损耗分摊方法：

（1）若与客户有协议则按照协议值来分摊线损。

（2）若与客户没有协议，则按照各客户用电量与总用电量的比例分摊线损。

（3）若与客户没有协议且客户总用电量为零时，则按客户容量比例分摊线损。

五、执行单一制电价客户的电费计算示例

（一）电量的计算

1．抄见电量的计算

（1）抄见有功、无功电量的计算

$$抄见电量\,i =（本次示数\,i - 上次示数\,i）× 综合倍率$$

1）翻转

$$抄见电量\,i =（本次示数\,i + 10^{表位数} - 上次示数\,i）× 综合倍率$$

2）线路接反所引起的电能表倒转

$$抄见电量\,i =（上次示数\,i - 本次示数\,i）× 综合倍率$$

3）翻转且因线路接反所引起的电能表倒转

$$抄见电量\,i =（上次示数\,i + 10^{表位数} - 本次示数\,i）× 综合倍率$$

其中，i 代表各种电价类别对应的用电类型或各用电时段。如居民生活电量、非工业电量，高峰、平段、低谷电量等。

（2）异常处理规则。当分时表的峰、平、谷电量之和与总电量不相等时，以总、峰、谷三个电量为基准，平电量等于总电量与峰、谷电量之差。

2．各种情况扣减电量的顺序

根据各种不同情况，扣减电量的顺序为：扣减被转供户的电量；扣减实抄分表电量；扣减定量定比电量。

3．扣减被转供户电量的计算

若客户是转供户，则其被转供户可视为分表参与电量计算。转供户转供出去的电量不参与其自身的电费结算，应从转供户中扣除。

4．扣减主分表电量的计算

主分表扣减之前需先把各分表的抄见电量计算完毕。

（1）主表不分时，分表不分时

$$主表剩余抄见电量 = 主表抄见电量 - \sum_{i=1}^{n}（分表\,i\,抄见电量）$$

（2）主表不分时，分表分时

$$主表剩余抄见电量 = 主表抄见电量 - \sum_{i=1}^{n}（分表\,i\,总抄见电量）$$

若分表没有总抄见电量

$$主表剩余抄见电量 = 主表抄见电量 - \sum_{i=1}^{n}（分表\,i\,峰抄见电量 + 分表\,i\,平抄见电量 + 分表\,i\,谷抄见电量）$$

（3）主表分时，分表分时

$$剩余峰抄见电量 = 主表峰抄见电量 - \sum_{i=1}^{n}（分表i峰抄见电量）$$

$$剩余平抄见电量 = 主表平抄见电量 - \sum_{i=1}^{n}（分表i平抄见电量）$$

$$剩余谷抄见电量 = 主表谷抄见电量 - \sum_{i=1}^{n}（分表i谷抄见电量）$$

（4）主表分时，分表不分时

$$剩余峰抄见电量 = 主表峰抄见电量 - \left[\sum_{i=1}^{n}（分表i抄见电量）\times 主表峰比例\right]$$

$$剩余平抄见电量 = 主表平抄见电量 - \left[\sum_{i=1}^{n}（分表i抄见电量）\times 主表平比例\right]$$

$$剩余谷抄见电量 = 主表谷抄见电量 - \left[\sum_{i=1}^{n}（分表i抄见电量）\times 主表谷比例\right]$$

其中，主表的峰、平、谷比例是按照主表的峰、平、谷电量分别与峰、平、谷电量之和的比值，i 代表各分表。

5. 扣减定比定量电量的计算

按照《供电营业规则》第七十一条相关规定，在用户受电点内难以按电价类别分别装设用电计量装置时，可装设总的用电计量装置，然后按其不同电价类别的用电设备容量的比例或实际可能的用电量，确定不同电价类别用电量的比例或定量进行分别计算。

定比或定量计费的，不允许再往下出现定比、定量。

（1）定比电量计算。定比计量点必须有上级计量点，它可以作为计费主表的定比分表来结算电量，结算的电量供执行定比电价的客户计算电费。

定比分表有两种存在形式，一是主计费表下存在一个或多个定比，另一个形式是主表下存在若干个定比和若干个分表。根据定比分表的不同形式，定比电量的计算可以分为下列几种情况：

1）主计费表下只存在一个或多个定比，如图 ZY2300202001-1 所示。

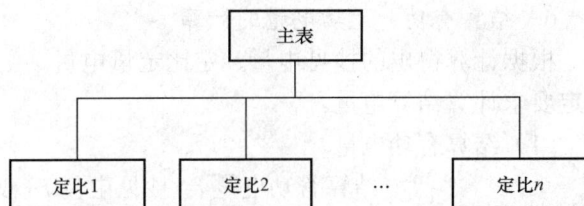

图 ZY2300202001-1　主表下存在一个或多个定比

$$定比抄见电量i = 主表总抄见电量 \times 定比值i$$

其中，i 代表各个定比分表。

2）主表下存在若干个分表和一个定比或多个定比，如图 ZY2300202001-2 所示。

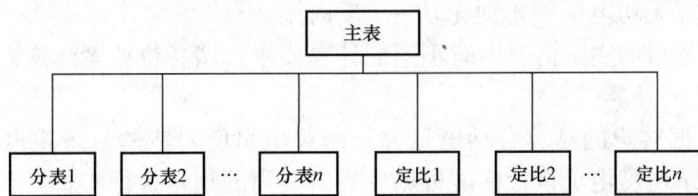

图 ZY2300202001-2　主表下存在分表、定比

定比比例定在主表

$$定比抄见电量i = 主表总抄见电量 \times 定比值i$$

定比比例定在主表和分表的电量差值

$$定比抄见电量i = \left[主表总抄见电量 - \sum_{j=1}^{n}（分表j总抄见电量）\right] \times 定比值i$$

其中，i 代表各个定比分表，j 代表各个分表。

模块 1

ZY2300202001

（2）定量电量计算。定量可以作为计费主表的分表抄见电量，也可以作为无表客户约定抄见电量的结算值。定量值必须为大于 1 的整数。

针对不同的情况，定量电量的计算要注意以下的问题：

若客户的抄表周期是两个月时：定量电量 = 定量值 ×2。

若为分次计算的客户，定量值必须分段计算到天。

当客户因变更用电引起的定量变更时，定量值必须分段计算到天。

（3）定比、定量电量计算。主表下同时存在定比、定量，如图 ZY2300202001-3 所示。此时若与客户有约定，则按照约定执行。若没有约定，则按照下列规定执行：

图 ZY2300202001-3　主表下存在定比、定量

1）定量电量 i = 定量值 i。

2）定比比例定在主表

$$定比抄见电量 i = 主表总抄见电量 × 定比值 i$$

3）定比比例定在主表和分表的电量差值

$$定比抄见电量 i = \left[主表总抄见电量 - \sum_{j=1}^{n}（分表 j 抄见电量） - \sum_{m=1}^{n}（定量 m） \right] × 定比值 i$$

其中，i 代表各个定比分表、j 代表各个分表、m 代表各个定量分表。

6. 结算有功、无功电量的计算

根据计算得出的抄见电量、定比定量电量、主分表电量、变压器损耗电量和线损电量等信息，按规定要求计算结算电量。

（1）结算有功电量

$$结算有功电量 i = 抄见电量 i + 变压器损耗 i + 线损 i + 退补电量 i$$

其中，i 代表各种时段或用电类型，如峰、平、谷，居民生活用电、大工业用电、非工业等。

若有扣减电量的，则该抄见电量指扣减后的剩余抄见电量。

有的网省公司退补电量电费是立即出账的，则退补电量就不包含在上述公式中。

（2）结算无功电量。当高供高计时，结算无功电量 = 正向无功 + │反向无功│ + 无功线损。

当高供低计时，结算无功电量 = 正向无功 + │反向无功│ + 无功变压器损耗 + 无功线损。

当低供低计时，结算无功电量 = 正向无功 + │反向无功│。

有的网省公司根据各自的实际情况也有不同的计算要求，请各位读者注意。

（二）目录电度电费的计算

目录电度电费是依据客户的结算有功电量与该结算电量所对应的目录电度电价单价的乘积计算的，各种电价类别的目录电度电价执行标准根据各省网公司的规定执行。

1. 单费率客户目录电度电费的计算

$$目录电度电费 = 结算有功电量 × 目录电度电价单价$$

2. 多费率客户目录电度电费的计算

$$目录电度电费 i = 结算有功电量 i × 目录电度电价单价 i$$

其中，i 表示各时段。

3. 执行阶梯电价客户目录电度电费的计算

阶梯电价是针对客户不同的用电量梯度执行不同的电价标准，该电价标准可以根据用电量梯度递增或递减。

执行阶梯电价客户目录电度电费的计算可以采用不同的处理方法：一是将结算电量按阶梯梯度标准划分出各档次的结算电量值，并根据各档次对应阶梯浮动电价计算出相应阶梯电费。二是根据不同的电量梯度与对应的梯度电价相乘得到阶梯电费。

如客户为多月抄表，在划分各档次电量值时阶梯梯度标准需乘以抄表间隔月数。

如当月发生变更或需要分次计算的客户，在计算目录电度电费时，按变更前后或分次抄表的抄见电量及对应的目录电度电价单价分段进行计算。

（三）代征电费的计算

代征电费是指按照国务院授权部门批准，随结算有功电量征收的基金及附加所对应的费用。

如农网还贷资金、城市公用事业附加费、三峡工程建设基金、大中型水库移民后期扶持资金、可再生能源电价附加等类型对应的费用。各基金及附加的具体类型及数额根据各省网公司的规定执行。

1. 各项代征电费计算

$$代征电费\,i = 结算有功电量 \times 基金及附加单价\,i$$

$$总代征电费 = \sum_{i=1}^{n} 代征费\,i$$

其中，i 表示各基金及附加的类型。

2. 若分时段的基金及附加单价不一致

$$某项代征电费\,j = \sum_{i=1}^{n} 代征费\,i$$

其中，i 表示各时段。

$$总代征电费 = \sum_{j=1}^{n} 某项代征费\,j$$

其中，j 表示各基金及附加的类型。

3. 特殊情况处理

按目录电度电费、代征电费分开计算与按电度电价计算电费时由于四舍五入问题出现计算结果不一致，其处理方式为代征电费四舍五入，目录电度电费包底。

如当月发生变更或需要分次计算的客户，在计算代征电费时，按变更前后或分次抄表的抄见电量及对应的基金及附加单价分段进行计算。

（四）功率因数调整电费的计算

功率因数是有功功率与视在功率的比值。功率因数低会减少系统的供电能力，增加线路的电压损耗导致供电质量下降，增加线路的损耗，降低设备的利用率，还会使客户多支出电费。

为了减少功率因数低带来的影响，在客户的用电过程中需要进行功率因数考核，计算功率因数调整电费，利用经济杠杆的作用使客户的功率因数能达到规定的标准。

1. 实际功率因数的计算

按客户本抄表周期的结算有功、无功电量，利用公式计算该抄表周期的实际功率因数，即

$$实际功率因数 = \frac{结算有功电量}{\sqrt{结算有功电量^2 + 结算无功电量^2}}$$

2. 实际功率因数计算的相关规定

若客户的实际功率因数在"功率因数调整电费表"所列两数之间，则以四舍五入取至小数点后两位。

多路供电的情况下，结算有功电量和无功电量合并计算实际功率因数。

客户有增容及变更用电时，实际功率因数计算的处理办法：

（1）如增容或变更用电引起客户执行的功率因数标准发生变化时，需根据变化前后的电量数据分段进行计算实际功率因数。

（2）如增容或变更用电未引起客户执行的功率因数标准发生变化，则根据实际业务需要按变更前后的电量数据进行分段计算或采用全月结算电量进行计算实际功率因数。

3. 功率因数执行标准

按原水利电力部、国家物价局（83）水电财字 215 号《关于颁发〈功率因数调整电费办法〉的通知》执行。

4. 功率因数调整电费的调整办法

当计算的实际功率因数高于或低于规定的标准时，在按照规定的目录电度电价计算出当月的目录电度电费后，可以依据功率因数调整电费表所规定的调整率百分数计算出相应增、减的电费。功率因数调整电费表见表 ZY2300202001-1。

表 ZY2300202001-1（a） 以 0.90 为标准值的功率因数调整电费表

减收电费	实际功率因数	0.90	0.91	0.92	0.93	0.94	0.95~1.00							
	月电费减少（%）	0.00	0.15	0.30	0.45	0.60	0.75							
增收电费	实际功率因数	0.89	0.88	0.87	0.86	0.85	0.84	0.83	0.82	0.81	0.80	0.79	0.78	0.77	0.76
	月电费增加（%）	0.5	1.0	1.5	2.0	2.5	3.0	3.5	4.0	4.5	5.0	5.5	6.0	6.5	7.0
减收电费	实际功率因数	0.95~1.00												
	月电费减少（%）	0.75												
增收电费	实际功率因数	0.75	0.74	0.73	0.72	0.71	0.70	0.69	0.68	0.67	0.66	0.65	功率因数自 0.64 及以下每降低 0.01 电费增加 2%		
	月电费增加（%）	7.5	8.0	8.5	9.0	9.5	10.0	11.0	12.0	13.0	14.0	15.0			

表 ZY2300202001-1（b） 以 0.85 为标准值的功率因数调整电费表

减收电费	实际功率因数	0.85	0.86	0.87	0.88	0.89	0.90	0.91	0.92	0.93	0.94~1.00				
	月电费减少（%）	0.0	0.1	0.2	0.3	0.4	0.5	0.65	0.80	0.95	1.10				
增收电费	实际功率因数	0.84	0.83	0.82	0.81	0.80	0.79	0.78	0.77	0.76	0.75	0.74	0.73	0.72	0.71
	月电费增加（%）	0.5	1.0	1.5	2.0	2.5	3.0	3.5	4.0	4.5	5.0	5.5	6.0	6.5	7.0
减收电费	实际功率因数	0.94~1.00													
	月电费减少（%）	1.10													
增收电费	实际功率因数	0.70	0.69	0.68	0.67	0.66	0.65	0.64	0.63	0.62	0.61	0.60	功率因数自 0.59 及以下每降低 0.01 电费增加 2%		
	月电费增加（%）	7.5	8.0	8.5	9.0	9.5	10.0	11.0	12.0	13.0	14.0	15.0			

表 ZY2300202001-1（c） 以 0.80 为标准值的功率因数调整电费表

减收电费	实际功率因数	0.80	0.81	0.82	0.83	0.84	0.85	0.86	0.87	0.88	0.89	0.90	0.91	0.92~1.00	
	月电费减少（%）	0.00	0.1	0.20	0.30	0.40	0.5	0.6	0.7	0.8	0.9	1.0	1.15	1.30	
增收电费	实际功率因数	0.79	0.78	0.77	0.76	0.75	0.74	0.73	0.72	0.71	0.70	0.69	0.68	0.67	0.66
	月电费增加（%）	0.5	1.0	1.5	2.0	2.5	3.0	3.5	4.0	4.5	5.0	5.5	6.0	6.5	7.0
减收电费	实际功率因数	0.92~1.00													
	月电费减少（%）	1.30													
增收电费	实际功率因数	0.65	0.64	0.63	0.62	0.61	0.60	0.59	0.58	0.57	0.58	0.55	功率因数自 0.54 及以下每降低 0.01 电费增加 2%		
	月电费增加（%）	7.5	8.0	8.5	9.0	9.5	10.0	11.0	12.0	13.0	14.0	15.0			

功率因数调整电费表中的数据都有各自的特点。在实际处理时也可以根据这些特点计算功率因数调整率。

（1）在表 ZY2300202001-1（a）的"以 0.90 为标准值的功率因数调整电费表"中：当实际功率因数 0.91~0.95 时，实际功率因数每增加 0.01，功率因数调整率增加 0.15%；0.96~1.00 时，功率因数调整率均为 0.75%。

当实际功率因数 0.89～0.70 时，实际功率因数每降低 0.01，功率因数调整率增加 0.5%；0.69～0.65 时，实际功率因数每降低 0.01，功率因数调整率增加 1%；功率因数自 0.64 及以下每降低 0.01，功率因数调整率增加 2%，可用下列公式进行计算

$$功率因数调整率 = \frac{0.65 - 实际功率因数}{0.01} \times 2\% + 15\%$$

（2）在表 ZY2300202001-1（b）的"以 0.85 为标准值的功率因数调整电费表"中：当实际功率因数 0.86～0.90 时，实际功率因数每增加 0.01，功率因数调整率增加 0.10%；当实际功率因数 0.91～0.94 时，实际功率因数每增加 0.01，功率因数调整率增加 0.15%；0.95～1.00 时，功率因数调整率均为 1.10%。

当实际功率因数 0.84～0.65 时，实际功率因数每降低 0.01，功率因数调整率增加 0.5%；0.64～0.60 时，实际功率因数每降低 0.01，功率因数调整率增加 1%；功率因数自 0.59 及以下每降低 0.01 功率因数调整率增加 2%，可用下列公式进行计算

$$功率因数调整率 = \frac{0.60 - 实际功率因数}{0.01} \times 2\% + 15\%$$

（3）在表 ZY2300202001-1（c）的"以 0.80 为标准值的功率因数调整电费表"中：当实际功率因数 0.81～0.90 时，实际功率因数每增加 0.01，功率因数调整率增加 0.1%；当实际功率因数 0.91～0.92 时，实际功率因数每增加 0.01，功率因数调整率增加 0.15%；0.93～1.00 时，功率因数调整率均为 1.3%。

当实际功率因数 0.79～0.60 时，实际功率因数每降低 0.01，功率因数调整率增加 0.5%；0.59～0.55 时，实际功率因数每降低 0.01，功率因数调整率增加 1%；功率因数自 0.54 及以下每降低 0.01 功率因数调整率增加 2%，可用下列公式进行计算

$$功率因数调整率 = \frac{0.55 - 实际功率因数}{0.01} \times 2\% + 15\%$$

5. 功率因数调整电费的计算

按规定，销售电价内包含的国家规定的各类基金和附加不列入功率因数调整电费计算。

（1）执行分时电价客户

功率因数调整电费 = ±功率因数调整率% × （结算高峰电量 × 高峰目录电度电价单价 + 结算平段电量 × 平段目录电度电价单价 + 结算低谷电量 × 低谷目录电度电价单价）

（2）不执行分时电价客户

功率因数调整电费 = ±功率因数调整率% × 结算电量 × 目录电度电价单价

上述式子中的各种目录电度电价根据各省公司的具体规定执行。

有的网省公司根据当地的实际情况是执行尖峰、高峰、低谷考核的，只要在上述公式中的对应位置适当修改即可。

（五）计算示例

例 1 某客户，供电容量 200kVA，供电电压为 10kV，计量方式为高供低计，其中商业定量为 5000kWh。已知该客户变压器对应的损耗参数分别为：有功损耗系数 0.015；无功 K 值 2.91；有功空载损耗 0.34kW；无功空载损耗 1.563kvar。电费年月为 2009 年 7 月电费台账中的相关信息见表 ZY2300202001-2。请计算该电费。

表 ZY2300202001-2

电量类型	上次示数	本次示数	综合倍率	目录电度电价单价（元/kWh）	∑基金及附加单价（元/kWh）
正向有功总	17 422.2	17 898.5	60	0.7657	0.0493
正向无功总	7474.1	7714.7	60	—	—
商业定量	—	—	—	0.8667	0.0493

计算步骤：

（1）主表相关电量：

$$抄见有功总电量 = (17\,898.5 - 17\,422.2) \times 60 = 28\,578（kWh）$$

$$抄见无功总电量 = (7714.7 - 7474.1) \times 60 = 14\,436（kWh）$$

$$变压器有功损耗电量 = 0.34 \times 24 \times 30 + 28578 \times 0.015 = 673（kWh）$$

$$变压器无功损耗电量 = 1.563 \times 24 \times 30 + 28\,578 \times 0.015 \times 2.91 = 2373（kvarh）$$

（2）商业定量：

$$有功总电量 = 5000（kWh）$$

$$目录电度电费 = 5000 \times 0.8667 = 4333.5（元）$$

$$\sum 代征电费 = 5000 \times 0.0493 = 246.5（元）$$

（3）非工业剩余有功相关电量：

$$剩余有功总电量 = 28\,578 - 5000 = 23\,578（kWh）$$

（4）非工业结算电量：

$$结算有功总电量 = 23\,578 + 673 = 24\,251（kWh）$$

$$结算无功总电量 = 144\,36 + 2373 = 16\,809（kvarh）$$

（5）非工业相关电费：

$$目录电度电费 = 24\,251 \times 0.7657 = 18\,568.99（元）$$

$$\sum 代征电费 = 24\,251 \times 0.0493 = 1195.57（元）$$

（6）功率因数调整电费：

$$实际功率因数 = \cos\left(\arctan\frac{14\,436 + 2373}{28\,578 + 673}\right) = 0.87$$

该客户的标准功率因数为 0.85，查功率因数调整电费表可知功率因数调整率为 −0.2%，则

$$功率因数调整电费 = -0.2\% \times (4333.5 + 18\,568.99) = -45.80（元）$$

（7）该客户本月交的总电费：

$$4333.5 + 246.5 + 18\,568.99 + 1195.57 - 45.80 = 24\,298.76（元）$$

例 2　某普通工业客户，供电容量为 200kVA，供电电压为 10kV，计量方式为高供低计。已知该客户变压器对应的损耗参数分别为：有功损耗系数 0.015；无功 K 值 2.91；有功空载损耗 0.48kW；无功空载损耗 2.555kvar。电费年月为 2009 年 7 月的信息见表 ZY2300202001-3，请计算该电费。

表 ZY2300202001-3

电量类型	上次示数	本次示数	综合倍率	目录电度电价单价（元/kWh）	∑基金及附加单价（元/kWh）
正向有功总	29 347	30 710	60	—	0.050 16
高峰	2672	2787	60	1.090 84	0.050 16
平段	13 082	13 641	60	0.792 84	0.050 16
低谷	13 592	14 282	60	0.480 84	0.050 16
正向无功总	12 716	13 384	60	—	—

计算步骤：

（1）抄见电量：

$$抄见有功总电量 = (30\,710 - 29\,347) \times 60 = 81\,780（kWh）$$

$$抄见有功高峰电量 = (2787 - 2672) \times 60 = 6900（kWh）$$

$$抄见有功平段电量 = (13\,641 - 13\,082) \times 60 = 33\,540（kWh）$$

$$抄见有功低谷电量 = (14\,282 - 13\,592) \times 60 = 41\,400（kWh）$$

由于该分时表的抄见峰、平、谷电量之和与总有功抄见电量不相等，按照规定平电量等于总有功抄见电量与抄见峰、谷电量之差。

$$抄见有功平段电量 = 81\,780 - 6900 - 41400 = 33\,480（kWh）$$

$$抄见无功总电量 = (13\,384 - 12\,716) \times 60 = 40\,080（kvarh）$$

（2）变压器损耗电量：

$$有功损耗电量 = 0.48 \times 24 \times 30 + 81\,780 \times 0.015 = 1572（kWh）$$

$$有功高峰损耗电量 = \frac{6900}{81\,780} \times 1572 = 133 \;（kWh）$$

$$有功低谷损耗电量 = \frac{41\,400}{81\,780} \times 1572 = 796 \;（kWh）$$

$$有功平段损耗电量 = 1572 - 133 - 796 = 643 \;（kWh）$$

$$无功损耗电量 = 2.555 \times 24 \times 30 + 81\,780 \times 0.015 \times 2.91 = 5409 \;（kvarh）$$

（3）结算电量：

$$结算有功总电量 = 81\,780 + 1572 = 83\,352 \;（kWh）$$

$$结算有功高峰电量 = 6900 + 133 = 7033 \;（kWh）$$

$$结算有功平段电量 = 33\,480 + 643 = 34\,123 \;（kWh）$$

$$结算有功低谷电量 = 41\,400 + 796 = 42\,196 \;（kWh）$$

$$结算无功总电量 = 40\,080 + 5409 = 45\,489 \;（kvarh）$$

（4）目录电度电费：

$$目录高峰电度电费 = 7033 \times 1.090\,84 = 7671.88 \;（元）$$

$$目录平段电度电费 = 34\,123 \times 0.792\,84 = 27\,054.08 \;（元）$$

$$目录低谷电度电费 = 42\,196 \times 0.480\,84 = 20\,289.52 \;（元）$$

（5）代征电费：

$$\sum 代征电费 = 83\,352 \times 0.050\,16 = 4180.94 \;（元）$$

（6）功率因数调整电费：

$$实际功率因数 = \cos\left(\arctan\frac{45\,489}{83\,352} \right) = 0.88$$

该客户的功率因数标准为 0.9，查功率因数调整电费表得到功率因数调整率为 1%。

$$功率因数调整电费 = 1\% \times （7671.88 + 27\,054.08 + 20\,289.52） = 550.15 \;（元）$$

（7）该客户本月交的电费：

$$7671.88 + 27\,054.08 + 20\,289.52 + 4180.94 + 550.15 = 59\,746.57 \;（元）$$

【思考与练习】

1．执行单一制电价客户的电费由哪几部分构成？

2．计量方式与变压器损耗有什么关系？

3．变压器损耗的计算有哪些方式？

4．客户当月有增容或变更用电时，功率因数及功率因数调整电费计算的处理办法怎样？

5．某商业客户，供电容量为 200kVA，计量方式为高供低计，供电电压 10kV。已知该客户变压器对应的损耗参数分别为：有功损耗系数 0.015；无功 K 值 2.1；有功空载损耗 0.66kW；无功空载损耗 5.46kvar。电费年月 2009 年 6 月对应的信息如表 ZY2300202001-4 所示，请计算该电费。

表 ZY2300202001-4　　　　　　思 考 练 习 题 5 信 息

计度器类型	上次抄见数	本次抄见数	综合倍率	电度电价单价（元/kWh）	∑基金及附加单价（元/kWh）
有功总	2300	3000	60	—	0.050 16
高峰	220	310	60	0.916	0.050 16
平段	1905	2300	60	0.792	0.050 16
低谷	1790	1900	60	0.480	0.050 16
无功总	2450	2550	60	—	—

模块 2　执行单一制电价新增、变更客户电费计算信息复核
（ZY2300202002）

【模块描述】本模块包含与电费计算有关的各类信息，执行单一制电价的新增、变更客户电费计算

信息的复核等内容。通过要点介绍及归纳、示例介绍，掌握执行单一制电价客户新增、变更时电费相关信息的复核方法。

【正文】

一、与电费计算有关的信息

1. 客户信息统一视图中与电费计算有关的信息

与电费计算有关的信息主要有：供电容量、行业分类、供电电压、功率因数考核方式、功率因数标准、是否执行峰谷考核、执行电价、定价策略类型、电量定比、计量方式、综合倍率、示数、变压器首次运行时间、转供标志、变压器损耗及线损分摊标志、划拨信息、分次结算信息等。

2. 变压器损耗计算标准中与电费计算有关的信息

在变压器损耗计算标准中与电费计算有关的信息主要有：有功空载损耗、无功空载损耗、有功负载损耗、无功负载损耗、有功损耗系数、K 值等。

3. 与电费计算的关系

相关信息与电费计算的关系见表 ZY2300202002-1。

表 ZY2300202002-1　　　　　　　相关信息与电费计算的关系

相关信息	与电费的关系
供电容量	确定功率因数标准是否正确
供电电压	确定不同电压下的电价单价数值
执行电价、电价行业分类	确定电价分类
转供标志	确定是否转供、转供的电量和容量
功率因数考核方式	确定客户是否进行功率因数考核
定价策略类型	确定客户执行单一制电价还是两部制电价
是否执行峰谷标志	确定客户是否执行分时电价
功率因数标准	结合实际功率因数值确定客户功率因数调整率
计量方式、变压器损耗计算标志	确定客户是否需要单独计算变压器损耗
定量定比值、定比扣减标志	确定定量定比值及扣减规定
变压器损耗计算标准	确定计算变压器损耗计算所需的参数
变压器损耗算法标志	确定变压器损耗的计算方法
变压器损耗分摊标志、分摊协议值	确定变压器损耗分摊的方法及分摊的数值
线损结算方式、计算标志	确定线损是否计算
线损分摊标志、分摊协议值	确定线损分摊的方法及分摊的数值
电压变比、电流变比、综合倍率	确定客户的综合倍率
示数类型，示数，抄见位数	确定抄见电量
铭牌容量、运行状态、首次运行日期	确定变压器的状态及运行时间
流程编号、开始时间、结束时间	确定新增客户流程的相关信息
划拨协议信息、分次结算信息	确定客户的划拨、分次结算相关信息
违约金信息	确定违约金的计算日期
目录电度电价	确定客户的目录电度电费
各类基金及附加	确定代征电费

二、电费计算信息复核要求

根据《国家电网公司营业抄核收工作管理规定》，对新装用电客户、用电变更客户，业务流程处理完毕后的首次电量电费计算，应进行逐户审核。

根据上述与电费计算相关的信息的分析，对于一个新增的客户必须从客户的供电容量、供电电压、行业分类、执行电价、计量方式、功率因数考核方式及功率因数标准、综合倍率以及计算变压器损耗的相关信息、抄见电量计算的相关信息、客户流程中对应的接电信息、定量定比信息等方面进行细致的复核，以杜绝电费错误的发生。

对于增容的客户，需要对增加容量值、用电类别、变压器损耗相关信息、功率因数考核方式及标准、增容时间、有否换表、有否特抄、增容后电量变化、用电性质等信息进行复核。

由于在变更用电中客户的许多情况发生了改变，因此在电费计算信息的复核过程中针对不同的变更类型要特别注意相关信息的变化，如容量、用电类别、变压器损耗相关信息、功率因数考核方式及标准、计量方式、变更时间、执行电价、表计示数等。

三、电费计算信息复核示例

例 1　某新增客户，供电容量为 400kVA，供电电压为 10kV，计量方式为高供低计，居民生活（城镇合表）用电。接电日期为 2009 年 4 月 26 日，第一次抄表日期为 2009 年 6 月 5 日。已知该客户变压器对应的损耗参数分别为：有功损耗系数 0.01；无功 K 值 2.772；有功空载损耗 1kW；无功空载损耗 5.51kvar。电度电价为 0.538 元/kWh。电费年月为 2009 年 6 月的电费台账信息（在台账中对应变压器使用天数为 31 天），见表 ZY2300202002-2。根据给定条件复核相关信息，若有错，请分析可能的原因并说明处理情况。

表 ZY2300202002-2　　　　　　　　例 1 信 息

电量类型	抄见电量（kWh）	变压器有功损耗电量（kWh）	线损电量（kWh）	结算有功电量（kWh）
正向有功总	15449	898	0	16347

复核结果：根据新增客户的复核要求，对要求的各项内容进行复核。由给定信息计算得出其有功损耗电量为 $15\,449 \times 0.01 + 1 \times 24 \times 31 = 898$（kWh）。但从 2009 年 4 月 26 日变压器投运到第一次抄表日期 2009 年 6 月 5 日，变压器铁损电量的计算天数应为 40 天，显然铁损电量的计算信息发生了错误，少计算了 9 天的铁损电量。

处理情况：按规定补收这 9 天的铁损电量及对应的电度电费。

利用电量电费退补流程完成该电费的补收工作。

例 2　某客户，主要从事电线、电缆及电工器材制造。供电容量为 160kVA，供电电压为 10kV。定价策略类型为单一制电价，功率因数标准为 0.85。不执行分时电价。2009 年 6 月 18 日通过改类流程改为执行分时电价，功率因数标准也随之调整为 0.90。根据给定条件复核相关信息，若有错，请分析可能的原因并说明处理情况。

复核结果：根据变更客户的复核要求，对执行电价是否执行峰谷考核标志、计量方式、表计相关信息、功率因数标准、流程开始、结束日期等内容进行复核，复核结果是发现功率因数标准异常。对于该客户来说，供电容量为 160kVA，按照规定功率因数标准是 0.85。

经过对变更过程的分析，发现是由于工作人员在做改类流程时，将功率因数标准从 0.85 改为 0.90。

处理情况：通过确定、审批，将该客户的功率因数标准改为 0.85。重新计算错误年月的功率因数调整电费。

利用电量电费退补流程完成功率因数调整电费的退补工作。

【思考与练习】

1. 对新装客户复核时需要关注哪些信息？
2. 《供电营业规则》规定变更用电的类型有哪些？
3. 对增容、减容客户复核时需要关注哪些信息？
4. 对暂停、暂换客户复核时需要关注哪些信息？
5. 某新装客户，供电容量为 25kW，计量方式为低供低计，行业分类为一般旅馆，于 2009 年 5 月 6 日送电。每月 10 日抄表。执行非工业电价。2009 年 6 月抄见有功读数为 12 000。根据给定条件复核相关信息，若有错，请分析可能的原因并说明处理情况（已知非工业电价为 0.835 元/kWh，商业电价为 0.936 元/kWh。也可以结合你们自己所在网省公司的电价执行情况进行分析）。
6. 某新装客户，供电容量为 250kVA，供电电压为 10kV，计量方式为高供低计，执行非工业电价。接电日期为 2009 年 3 月 7 日，每月 10 日抄表，第一次抄表日期为 2009 年 4 月 10 日。已知该客户变压器对应的损耗参数分别为：有功损耗系数 0.015；无功 K 值 3.55；有功空载损耗 0.4kW；无功空载损耗 2.468kvar。电费年月为 2009 年 4 月的电费台账信息（在台账中对应变压器使用天数为 31 天），见表 ZY2300202002-3。根据给定条件复核相关信息，若有错，请分析可能的原因并说明处理情况（已知非工业电价为 0.815 元/kWh。也可以结合你们自己所在省公司的电价执行情况进行分析）。

表 ZY2300202002-3   思考与练习题 6 信息

电量类型	表计电量	变压器损耗电量	结算电量
有功（kWh）	0	298	298
无功（kvarh）	0	1836	1836

模块 3 执行单一制电价客户疑问电费复核（ZY2300202003）

【模块描述】本模块包含执行单一制电价客户电费异常情况的原因分析和复核等内容。通过要点介绍及归纳、示例介绍，掌握执行单一制电价客户疑问电费的产生原因分析和复核方法。

【正文】

在电费复核过程中，复核人员经常会发现由于各种原因引起的电费异常，需要针对不同的异常情况分析其产生的原因，并根据不同的原因进行相应的处理。

一、功率因数异常的主要原因

电量原因造成功率因数异常，主要是由于未抄表、表抄错、计量装置故障、自动抄表数据错误、拆表冲突造成的数据无法输入等。

参数错误，主要是客户的功率因数标准设置错误、行业分类与执行电价不对应等。

客户自身的原因，主要是客户的用电设备配置不合理、无功过补偿或欠补偿、用电情况不正常等。

违约用电、窃电。

客户变更用电时未按照要求进行特抄等。

二、变压器损耗异常的主要原因

变压器损耗计算标志设置错误。如在营销业务应用系统中将高供低计客户的变压器损耗计算标志设置成高供高计的情况，营销系统就无法计算变压器损耗；或将高供高计客户的变压器损耗计算标志设置成高供低计的情况，营销系统又重复计算了变压器损耗。

变压器损耗分摊标志或分摊协议值设置错误，会导致有变压器损耗分摊的情况发生错误。

变压器的损耗算法设置错误，会导致变压器损耗计算的方法发生错误。

变压器的损耗计算标准错误，会导致变压器损耗数值计算错误。

变压器运行状态不正确。如变压器实际是在运行状态，而由于某种原因在营销系统中的状态为停用，营销系统也无法计算变压器损耗。

没有抄见数（未用电、未抄表等原因），会导致变压器铜损为零。

抄错表计读数、表计故障等原因也会造成变压器损耗计算异常。

三、线损异常的主要原因

专线且计量装置未装在产权分界处的客户，线损计算方式、线损计算标志设置错误，导致应该计算线损电量的客户其线损电量为零。

线损分摊标志或分摊协议值设置错误，会导致线损电量分摊的情况发生错误。

对于高供低计的客户来说，其计量方式与线损计算匹配与否也是造成线损计算异常的原因，因为这类客户计算线损时要计入变压器的损耗。

另外抄错表计读数、计量装置故障等原因也会造成线损计算异常。

四、抄见零电量的主要原因

客户自身未用电。

多功能电能表的各时段未设置好，会造成客户某个时段的电量为零。

抄表质量问题。由于抄表人员抄表不到位、抄错等原因造成抄见电量为零。

计量装置故障等原因造成无法抄录电能表的读数。

变更时应进行特抄的客户未进行特抄。

客户绕越计量装置用电等。

五、电量突增突减的主要原因

造成电量突增的原因主要有客户私自增容、私自转供、擅自改变用电性质、电能表倍率错误、抄表错误、拆表读数输入错误、气候原因、正常增容等。

造成电量突减的原因主要有生产任务减少、客户长时间未用电、客户有可能窃电、气候原因、减容、暂停等。

六、总表电量小于子表电量的主要原因

抄表质量、表计故障、接线错误、客户窃电等。

七、电费异常的主要原因

1. 目录电度电费异常的原因

执行电价错、抄见电量计算错误、变压器损耗电量计算错误、线损电量计算错误、转供电量计算错误、各种分表电量计算错误、多费率表时段设置错误、抄表人员读数输错等。

2. 代征电费异常的原因

基金及附加类型和数额错误。主要是一些特殊的客户，其基金和附加与一般的客户是有区别的。电量错误。

3. 功率因数调整电费异常的原因

功率因数考核方式设置错误、功率因数标准设置错误、抄表错误、换表后数据输入错误、客户自身的用电状况等原因造成功率因数调整电费异常。

八、发生电量电费退补的主要原因

计量原因：电能表倒走，电能计量装置故障，电能计量装置被盗，电能计量装置停走、失准，电能计量装置接线错误，因调表原因退居民阶梯电费等。

抄表差错：电能表读数抄错，拆表客户的拆表读数输错，实行阶梯电价的客户由于抄表的原因需要退阶梯电费。

计费参数错误：电价执行错误，变压器运行时间错误，电力营销业务应用系统中变压器状态与现场不一致。

违约用电、窃电。

无表临时用电等。

九、疑问电费复核示例

例 1　某非工业客户，供电容量为 200kVA，供电电压为 10kV，计量方式为高供低计。已知该客户变压器对应的损耗参数分别为：有功损耗系数 0.015；无功 K 值 2.91；有功空载损耗 0.48kW；无功空载损耗 2.555kvar。上次抄表日期为 2009 年 3 月 22 日，本次抄表日期为 2009 年 4 月 22 日。电费年月为 2009 年 4 月的电量电费计算信息见表 ZY2300202003-1。根据给定条件复核相关信息，若有错请分析可能的原因并说明处理情况。

表 ZY2300202003-1　　　　　　　例 1 信 息

电量类型	抄见电量	变压器损耗电量	线　损	结算电量
正向有功总（kWh）	2160	390	0	2550
无功（kvarh）	0	1995	0	1995

复核结果：根据电费复核的要求，对该客户的相关电费数据进行分析，发现本月的无功表计电量为零，这肯定是不正常的。另外对于 200kVA 的客户，有功电量太少，会直接影响客户的功率因数。

根据表 ZY2300202003-1 中相关信息计算得到该客户的实际功率因数为 $\dfrac{2550}{\sqrt{2550^2 + 1995^2}} = 0.79$，根

据客户性质得知其功率因数标准为 0.85，显然实际功率因数未达到功率因数标准值。

处理情况：对于该客户需解决两个方面的问题：一个是为什么无功表计电量为零？经相关工作人员的了解，是抄表人员工作失误所致，结合表计的现场实际情况重新计算功率因数调整电费，并利用电量电费退补流程完成功率因数调整电费的退补工作。

另一个需要解决的问题是：该客户的有功电量为什么那么少？虽然这是客户自身的原因，但是我们从优质服务的要求出发，还是需要提醒客户是否能考虑增加生产任务，或者是结合生产能力进行减容，另外需要考虑无功补偿装置安装、使用是否得当，以降低客户的平均电价。

例 2　某客户，有主、备电源，供电容量分别为 315、200kVA，供电电压均为 10kV，计量方式为高供低计。每月 25 日抄表。已知该客户 315kVA 变压器对应的损耗参数分别为：有功损耗系数 0.015；无功 K 值 3.304；有功空载损耗 0.67kW；无功空载损耗 3.4kvar。200kVA 变压器对应的损耗参数分别为：有功损耗系数 0.015，无功 K 值 2.91，有功空载损耗 0.48kW，无功空载损耗 2.555kvar。主供电源于 2009 年 1 月 27 日暂停，备用电源自 2009 年 1 月 27 日开始运行。电费年月为 2009 年 2 月的电量电费计算信息见表 ZY2300202003-2。根据给定条件复核相关信息，若有错，请分析可能的原因并说明处理情况。

表 ZY2300202003-2　　　　　　　　　　　例 2 信 息

电量类型	抄见电量（含主、备）	变压器损耗电量	线损电量	结算电量
正向有功总（kWh）	7800	149	0	7949
无功（kvarh）	1560	550	0	2110

复核结果：从表 ZY2300202003-2 可以看出，对于变压器正常运行的客户来说有功铁损电量、无功铁损电量值是偏小的。

经过计算，该客户电费年月为 2009 年 2 月的变压器有功损耗电量为 149kWh，其中有功铜损电量为 117kWh，有功铁损电量为 $0.67 \times 24 \times 2 = 32$（kWh）。变压器无功损耗电量为 550kvar，其中无功铜损电量为 387kvar，无功铁损电量为 $3.4 \times 24 \times 2 = 163$（kvar）。显然变压器铁损只是主供电源运行两天的电量，而备用电源运行天数的铁损电量未计入。

经过查询该客户的信息，发现该客户的备用变压器的损耗计算标志设置为"否"，因此在主用变压器暂停时造成铁损电量均为零。

另外客户的有功电量也是偏少的，需要根据客户的实际情况进行处理。

处理情况：通过确定、审批修改错误信息。

补收未计的有功铁损电量及对应的电度电费。

因该客户是实行功率因数考核的，因此还需根据实际情况计算功率因数调整电费。

利用电量电费退补流程完成电度电费、功率因数调整电费的退补工作。

例 3　某专用变压器客户，供电容量为 630kVA，供电电压为 10kV，客户信息中显示计量方式为高供高计。用电性质为非工业用电。于 2009 年 6 月 9 日送电。每月 5 日抄表。电费年月为 2009 年 7 月的电量计算信息见表 ZY2300202003-3。根据给定条件复核相关信息，若有错，请分析可能的原因并说明处理情况。

表 ZY2300202003-3　　　　　　　　　　　例 3 信 息

电量类型	抄见电量	变压器损耗电量	线损电量	结算电量
正向有功总（kWh）	11 780	526	0	12 306
正向有功峰（kWh）	870	43	0	913
正向有功平（kWh）	5540	225	0	5765
正向有功谷（kWh）	5370	258	0	5628
无功总（kvarh）	3980	2711	0	6691

复核结果：从表 ZY2300202003-3 可以看出，该客户 2009 年 7 月的电量电费信息中除了表计电量外，还包含了变压器的铜、铁损。从客户信息知道这是一个高供高计的专变客户，不需要单独计算变压器损耗。

经核实客户信息，发现误将该客户变压器损耗计算标志设置成"是"，导致该高供高计的客户在电量电费信息中出现了变压器损耗。

处理情况：通过确定、审核修改该客户的变压器损耗计算标志。

重新计算结算电量及对应的电度电费、功率因数调整电费。

利用电量电费退补流程完成结算电量及对应的电度电费、功率因数调整电费的退补工作。

例 4　某公司变压器容量为 250kVA，供电电压 10kV，计量方式为高供低计。执行分时电价。抄表时间为每月的 10 号。变压器损耗计算参数为：有功损耗系数 0.015，无功 K 值 2.29，有功空载损耗 0.64kW，无功空载损耗 4.96kvar。相关电费年月的电费计算信息见表 ZY2300202003-4。请根据给定条件复核表 ZY2300202003-4 中"退补"相关信息的正确性，并计算需要退补的电费（∑基金及附加单价为 0.050 16 元/kWh）。

表 ZY2300202003-4　　　　　　　　　　例 4 信 息

电费计年月	电量类型	抄见电量	变压器损耗电量	结算电量	电度电价单价（元/kWh）
2009-07（正常电费）	总（kWh）	0	0	0	—
	高峰（kWh）	0	0	0	1.341
	平段（kWh）	0	0	0	1.043
	低谷（kWh）	0	0	0	0.531
	无功总（kvarh）	0	0	0	—
2009-07（退补）	总（kWh）	70 000	1542	71 542	—
	高峰（kWh）	10 500	231	10 731	1.341
	平段（kWh）	45 500	1003	46 503	1.043
	低谷（kWh）	14 000	308	14 308	0.531
	无功总（kvarh）	25 000	6214	31 214	—

复核结果：电费复核人员在复核电费时，发现 2009 年 7 月"正常电费"中的抄见电量、变压器的损耗电量、结算电量均为零。另外有一条退补电费的记录，作为电费复核人员需要审核相关信息的正确性。经核实是因为电能表发生故障无法抄录电量信息，追补相应的电量电费的信息。

由于是表计故障无法显示正常读数，经有关部门确定故障时间 6 月 10 日～7 月 11 日共计为 32 天。工作人员查阅了客户的生产记录，并参照上几个月的电量情况与客户协商确定追补抄见总有功电量 70 000kWh，并按 15%、65%、20%分别分摊到高峰、平段、低谷；追补抄见无功电量 25 000kvarh。

追补抄见高峰、平段、低谷电量：

补抄见高峰电量为 $70\,000 \times 15\% = 10\,500$（kWh）。

补抄见平段电量为 $70\,000 \times 65\% = 45\,500$（kWh）。

补抄见低谷电量为 $70\,000 \times 20\% = 14\,000$（kWh）。

对应的变压器损耗电量分别为：

总变压器有功损耗电量 $= 70\,000 \times 0.015 + 0.64 \times 32 \times 24 = 1542$（kWh）。

高峰变压器损耗电量 $= 1542 \times \dfrac{10\,500}{70\,000} = 231$（kWh）。

低谷变压器损耗电量 $= 1542 \times \dfrac{14\,000}{70\,000} = 308$（kWh）。

平段变压器损耗电量 $= 1542 - 231 - 308 = 1003$（kWh）。

总变压器无功损耗电量 $= 70\,000 \times 0.015 \times 2.29 + 4.96 \times 32 \times 24 = 6214$（kvarh）。

补电度电费：

高峰电费 =（10 500 + 231）× 1.341 = 14 390.27（元）。

平段电费 =（45 500 + 1003）× 1.043 = 48 502.63（元）。

低谷电费 =（14 000 + 308）× 0.531 = 7597.55（元）。

实际功率因数 = $\cos\left(\arctan\dfrac{25\,000 + 6214}{70\,000 + 1542}\right)$ = 0.92，该客户的标准功率因数为 0.9，查功率因数调整

电费表得到功率因数调整率为 −0.30%，所以有

功率因数调整电费 = −0.30% ×（14 390.27 + 48 502.63 + 7597.55 − 71 542 × 0.050 16）= −200.71（元）

需要补的电费 = 14 390.27 + 48 502.63 + 7597.55 − 200.71 = 70 289.74（元）

从严格的意义上分析，7 月 11、12 日两天的对应的电量、电费应该补到 8 月的电费信息中更为合理，考虑到退补程序的简便，所有 32 天的电量电费均补在 7 月份。

另外，在实际工作中，退补电量电费的过程也可以根据实际情况及与客户协商的结果进行更简便的处理。

【思考与练习】

1．结合自己的工作分析功率因数的异常、变压器损耗异常、线路损耗异常的原因。

2．在实际工作中碰到的电量突增、突减的情况有哪些？

3．结合自己的工作对一个电费异常的客户进行分析。

4．某居民客户，供电容量为 6kW，供电电压为 220V，计量方式为低供低计。抄表时间为每月 5 日，2009 年 1～5 月的结算电量见表 ZY2300202003-5。请根据给定条件复核相关信息是否正常，若不正常请分析可能的原因，并针对分析得到的原因说明对应处理方法及依据。

表 ZY2300202003-5　　　　　　　　　思考与练习题 4 信息

电费年月	结算电量（kWh）	电费年月	结算电量（kWh）
2009 年 1 月	140	2009 年 4 月	333
2009 年 2 月	331	2009 年 5 月	3595
2009 年 3 月	253		

模块 4　执行两部制电价客户电费计算（ZY2300202004）

【模块描述】本模块包含执行两部制电价客户电费的构成和计算方法等内容。通过术语说明、电费构成分析、公式解释、要点归纳、计算示例，掌握执行两部制电价客户的电费构成分析及计算过程。

【正文】

一、执行两部制电价客户电费的构成

按照现行电价制度分类，所有客户可分为执行单一制电价和两部制电价。

两部制电价包含基本电价、电度电价。电度电价包含目录电度电价、各项基金及附加单价的总和。对应的电费有基本电费、目录电度电费、代征电费。

基本电费是根据客户变压器的容量（包括不通过变压器的高压电动机的容量）或最大需量和国家批准的基本电价计收的电费。目录电度电费、代征电费与执行单一制电价客户相同。

执行两部制电价的客户均应包含功率因数调整电费。

二、执行两部制电价客户电费的计算方法

（一）基本电费的计算

1．按变压器容量计收

根据客户受电变压器容量加上不通过该变压器的高压电动机容量（此时 kW 或 kVA 等同），按国家批准的基本电价计收。

根据《供电营业规则》的相关规定：

以变压器容量计算基本电费的客户，对备用的变压器（含不通过变压器的高压电动机），属于冷备用状态并经供电企业加封的，不收基本电费；属于热备用状态或未经加封的，不论使用与否都计收基本电费。

客户专门为调整功率因数的设备，如电容器、调相机等，不计收基本电费。

在受电装置一次侧装有连锁装置互为备用的变压器（含高压电动机），按可能同时使用的变压器（含高压电动机）容量之和的最大值计算其基本电费。

如转供户为按容量计算基本电费，应按合同约定的方式进行扣减。

2. 按最大需量收取

根据客户与供电部门协商的最大需量核准值，从最大需量表中抄录本抄表周期的最大需量读数，经过计算得到实际的最大需量值，按相关规定及国家批准的基本电价计收。

抄见最大需量的计算：抄见最大需量 i = 本次示数 i × 综合倍率。

结算最大需量的计算：结算最大需量 = max（抄见最大需量 i）。其中，i 表示不同的时段。如客户变更用电时变更前后的时间段。

按最大需量计收基本电费时应遵循下列规定：

（1）对有两路及以上供电的客户，各路进线应分别计算最大需量。在分别计算需量时，如因供电部门有计划的检修或其他原因而造成客户倒用线路而增加的最大需量，其增大部分可在计算客户当月最大需量时合理扣除。

（2）双路电源情况下，按照需量计算基本电费的，如果是双路常供，基本电费需要按照两个需量表分别计算，各路按照单路供电需量计算基本电费的原则计算，客户上报两路各自的核准值。如果是一路常用一路备用，基本电费需要按照需量值大的一路计算。

（3）在计算转供户用电量、最大需量及功率因数调整电费时，应扣除被转供户、公用线路与变压器消耗的有功、无功电量。但是被转供户如果不执行功率因数调整电费时，其有功无功电量都不扣除。

最大需量按下列规定折算：

1）照明及一班制：每月用电量 180kWh，折合为 1kW；

2）两班制：每月用电量 360kWh，折合为 1kW；

3）三班制：每月用电量 540kWh，折合为 1kW；

4）四班制：每月用电量 720kWh，折合为 1kW。

如转供户为按最大需量计算基本电费，需将被转供户电量折算成最大需量扣除。

（4）按最大需量计算基本电费的客户，凡有不通过专用变压器接用的高压电动机，其最大需量应包括该高压电动机的容量。客户申请最大需量，也应包括不通过变压器接用的高压电动机容量。

实际计收时按下列不同的情况进行处理：

1）实际抄见最大需量少于等于核定值或大于但没超过核定值 5% 的，按实际最大需量计收基本电费。

2）客户实际最大需量超过核定值 5%，超过 5% 部分的基本电费加一倍收取。

3）低于按变压器容量（kVA 视同 kW）和高压电动机容量总和的 40% 时，则按容量总和的 40% 核定最大需量。由于电网负荷紧张，供电部门限制客户的最大需量低于容量的 40% 时，可以按低于 40% 数核定最大需量。并按此计算基本电费。

需要说明的是，有的网省公司根据自己的情况确定的规定也有不同。读者可以根据自己网省公司的规定计算基本电费。

3. 变更用电时的基本电费

基本电费以月计算，但新装、增容、变更与终止用电当月的基本电费，可按实用天数（日用电不足 24h 的，按一天计算）每日按全月基本电费 1/30 计算。事故停电、检修停电、计划限电不扣减基本电费。

（1）增加容量时的基本电费：

$$基本电费 = 原有容量的基本电费 + 新增容量 × \frac{基本电价}{30} × 增加容量后变压器实际运行天数$$

对于新装客户，上式中"原有容量的基本电费"为零。

（2）变更时的基本电费：

$$基本电费 = 原容量 \times \frac{基本电价}{30} \times 变更前变压器实际运行天数 + 变更后容量 \times$$

$$\frac{基本电价}{30} \times 变更后变压器实际运行天数$$

对于终止用电客户，上式中"变更后容量"为零。

其中变更时按每台变压器进行计算。

按变压器实际运行天数进行容量计算时，如有小数，计算基本电费时将变压器容量保留到小数后2位。

需要说明的是：《国家电网公司信息化建设工程全书八大业务应用典型设计卷 营销业务应用篇》中还有关于基本电费的计算公式，这里推荐其中两个。

（3）其他相关规定。减容期满后以及新装、增容的客户，两年内不得申办减容或暂停。如确需要办理减容或暂停的，减少或暂停部分容量的基本电费应按 50% 计算收取。

暂停期满或每一个日历年内累计暂停用电时间超过六个月者，不论客户是否申请恢复用电，供电企业须从期满之日起，按合同约定的容量计收其基本电费。

暂停时间少于 15 天的，暂停期间基本电费照收。

对两部制电价的客户，若暂换变压器，则应从暂换之日起，按替换后的变压器容量计收基本电费。

对于影响基本电费计算的业务变更（如增容、减容、减容恢复、暂停、暂停恢复等），如计算方式发生变化（如容量变需量或者需量变容量），变更前后分别按各自计算方式以实际使用天数进行计算。

（二）目录电度电费计算

目录电度电费计算与执行单一制电价客户的方法一致。

（三）代征电费的计算

代征电费的计算与执行单一制电价客户的方法一致。

需要注意的是执行两部制客户的电价类别中所包含基金及附加的类型和数额也有不一样的。

（四）功率因数调整电费的计算

执行两部制电价客户的功率因数调整电费计算方法与执行单一制电价客户相同。但需要注意的是基本电费参与功率因数调整电费的计算。

三、计算示例

例 1 某工业客户，供电容量为 315kVA，供电电压为 10kV，计量方式为高供低计。该客户实行分时电价。按容量计算基本电费，基本电价为 28 元/kVA/月。抄表日期为每月 21 日。无其他变更情况。已知该客户变压器对应的损耗参数为：有功损耗系数 0.015；无功 K 值 2.214；有功空载损耗 0.78kW；无功空载损耗 6.889kvar。基金及附加单价总和为 0.05016 元/kWh。电费年月为 2009 年 7 月的相关信息见表 ZY2300202004-1。请计算该电费。

表 ZY2300202004-1 例 1 信 息

计度器类型	上次抄见数	本次抄见数	综合倍率	电度电价单价（元/kWh）
有功总	1996	2850	100	—
高峰	170	285	100	1.054
平段	834	1401	100	0.872
低谷	991	1663	100	0.388
无功总	468	724	100	—

计算步骤：

（1）抄见电量：

$$抄见有功总电量 = （2850 - 1996）\times 100 = 85\,400（kWh）$$

抄见有功高峰电量 =（285 − 170）× 100 = 11 500（kWh）

抄见有功平段电量 =（1401 − 834）× 100 = 56 700（kWh）

抄见有功低谷电量 =（1163 − 991）× 100 = 17 200（kWh）

抄见无功总电量 =（724 − 468）× 100 = 25 600（kvarh）

（2）变压器损耗电量：

有功损耗电量 = 85 400 × 0.015 + 0.78 × 24 × 30 = 1843（kWh）

$$有功高峰损耗电量 = \frac{11\,500}{85\,400} × 1843 = 248（kWh）$$

$$有功低谷损耗电量 = \frac{17\,200}{85\,400} × 1843 = 371（kWh）$$

有功平段损耗电量 = 1843 − 248 − 371 = 1224（kWh）

无功损耗电量 = 85 400 × 0.015 × 2.214 + 6.889 × 24 × 30 = 7796（kvarh）

（3）结算电量：

结算有功总电量 = 85 400 + 1843 = 87 243（kWh）

结算有功高峰电量 = 11 500 + 248 = 11 748（kWh）

结算有功平段电量 = 56 700 + 1224 = 57 924（kWh）

结算有功低谷电量 = 17 200 + 371 = 17 571（kWh）

结算无功总电量 = 25 600 + 7796 = 33 396（kvarh）

（4）电度电费：

高峰电度电费 = 11 748 × 1.054 = 12 382.39（元）

平段电度电费 = 57 924 × 0.872 = 50 509.73（元）

低谷电度电费 = 17 571 × 0.388 = 6817.55（元）

（5）基本电费：315 × 28 = 8820（元/月）。

（6）功率因数调整电费。实际功率因数 $= \cos\left(\arctan\frac{33\,396}{87\,243}\right) = 0.93$，该客户的标准功率因数为 0.9，查功率因数调整电费表得到功率因数调整率为 − 0.45%。

功率因数调整电费 = − 0.45% ×［8820 + 11 748 ×（1.054 − 0.050 16）+ 57924 ×（0.872 − 0.050 16）+ 17571 ×（0.388 − 0.050 16）］= − 333.69（元）

（7）该客户本月交的电费：12 382.39 + 50 509.73 + 6817.55 + 8820 − 333.69 = 78 195.98（元）

例 2　某工业客户，2007 年 3 月 23 日接电，供电容量为 315kVA，供电电压为 10kV，计量方式为高供低计，配有 600/5 的电流互感器。已知该客户变压器对应的损耗参数分别为：有功铜损系数 0.015，无功 K 值 2.214，有功空载损耗 0.78kW，无功空载损耗 6.889kvar。按需量计算基本电费，需量核定值为 126kW。抄表日期为每月 20 日。因生产任务原因于 2009 年 7 月 5 日申请全部容量的暂停四个月，经供电企业确定于 7 月 10 日完成对客户变压器的加封。电费年月为 2009 年 7 月对应的信息见表 ZY2300202004-2。请计算该电费。

表 ZY2300202004-2　　　　　例 2 信息

计度器类型	上次抄见数	7月10日抄见数	销售电价（元/kWh）	∑基金及附加单价（元/kWh）	基本电价（元/kW/月）
有功总	7575	7678	—	0.050 16	—
高峰	242	250	1.054	0.050 16	—
平段	5468	5538	0.872	0.050 16	—
低谷	1865	1891	0.388	0.050 16	—
无功总	2507	2550	—	—	—
需量	0.968	1.021	—	—	38

基本电费计算：实际最大需量值 $= 1.021 \times 120 = 123$（kW）。

按照规定，实际最大需量值未到变压器容量40%，则按变压器容量40%，即 $315 \times 40\% = 126$（kW）计收。

$$基本电费 = 126 \times \left(\frac{20}{30}\right) \times 38 = 3192 \text{（元/月）}$$

其他步骤与按变压器容量计算基本电费的相同。

例3　某大学，供电容量为8510kVA，供电电压为10kV，计量方式为高供高计，执行居民生活合表电价，不执行分时电价，不执行功率因数考核。某半导体有限公司，供电容量为2000kVA，供电电压为10kV，计量方式为高供高计，实行分时电价，按容量计算基本电费，基本电价为28元/kVA/月。该大学对该半导体有限公司进行电量的转供。转供户和被转供户的抄表日期均为每月20日。无变更情况。该大学电费年月为2009年7月对应的信息见表 ZY2300202004-3。

表 ZY2300202004-3　　　　　　　**例 3 信 息**

计度器类型	上次抄见数	本次抄见数	综合倍率	目录电度电价（元/kWh）	∑基金及附加单价（元/kWh）
有功总	10 514	10 658	8000	0.488 84	0.049 16

该半导体有限公司电费年月为2009年7月对应的信息见表 ZY2300202004-4。请计算该电费。

表 ZY2300202004-4　　　　　　　**例 3 信 息**

计度器类型	上次抄见数	本次抄见数	综合倍率	目录电度电价（元/kWh）	∑基金及附加单价（元/kWh）
有功总	6344	6546	3000	—	0.050 16
高峰	534	551	3000	1.003 84	0.050 16
平段	2775	2864	3000	0.821 84	0.050 16
低谷	3034	3129	3000	0.337 84	0.050 16
无功总	3138	3239	3000	—	

计算步骤：

先计算被转供户（某半导体有限公司）的电费。

（1）抄见电量：

$$抄见有功总电量 = (6546 - 6344) \times 3000 = 606\,000 \text{（kWh）}$$
$$抄见有功高峰电量 = (551 - 534) \times 3000 = 51\,000 \text{（kWh）}$$
$$抄见有功低谷电量 = (3129 - 3034) \times 3000 = 285\,000 \text{（kWh）}$$
$$抄见有功平段电量 = 606\,000 - 51\,000 - 285\,000 = 270\,000 \text{（kWh）}$$
$$抄见无功总电量 = (3239 - 3138) \times 3000 = 303\,000 \text{（kvarh）}$$

（2）基本电费计算。基本电费 $= 2000 \times 28 = 56\,000$（元/月）。

（3）目录电度电费计算：

$$高峰目录电度电费 = 51\,000 \times 1.003\,84 = 51\,195.84 \text{（元）}$$
$$平段目录电度电费 = 270\,000 \times 0.821\,84 = 221\,896.8 \text{（元）}$$
$$低谷目录电度电费 = 285\,000 \times 0.337\,84 = 96\,284.4 \text{（元）}$$

（4）各项代征电费总和 $606\,000 \times 0.050\,16 = 30\,396.96$（元）。

（5）功率因数调整电费计算。实际功率因数 $= \cos\left(\arctan\frac{303\,000}{606\,000}\right) = 0.89$，该客户的标准功率因数为0.9，查功率因数调整电费表得到功率因数调整率为0.5%。

$$功率因数调整电费 = 0.5\% \times (56\,000 + 51\,195.84 + 221\,896.8 + 96\,284.4) = 2126.89 \text{（元）}$$

（6）该客户本月交的电费 $56\,000 + 51\,195.84 + 221\,896.8 + 96\,284.4 + 30\,396.96 + 2126.89 = 457\,900.89$（元）

再计算转供户（某大学）的电费：

$$抄见有功总电量 = (10\ 658 - 10\ 514) \times 8000 = 1\ 152\ 000\ (kWh)$$
$$剩余有功结算电量 = 1\ 152\ 000 - 606\ 000 = 546\ 000\ (kWh)$$
$$目录电度电费计算 = 546\ 000 \times 0.488\ 84 = 266\ 906.64\ (元)$$
$$代征电费总和 = 546\ 000 \times 0.049\ 16 = 26\ 841.36\ (元)$$
$$该大学本月交的电费 = 266\ 906.64 + 26\ 841.36 = 293\ 748.00\ (元)$$

【思考与练习】

1. 执行两部制电价客户的电费有哪几部分？与执行单一制电价客户的电费构成有什么不同？

2. 《供电营业规则》、国家电网公司《营销业务应用标准化设计业务模型说明书》对双路电源且按最大需量计算基本电费的规定怎样？

3. 《供电营业规则》对增容、减容、暂停时基本电费计算有哪些规定？

4. 执行两部制电价客户与执行单一制电价客户在计算功率因数调整电费时有什么区别？

5. 某工业客户，供电容量为 630kVA，供电电压为 10kV，计量方式为高供高计，按容量计算基本电费，基本电价为 28 元/kVA/月。抄表日期为每月 22 日。无变更情况。电费年月为 2009 年 6 月对应的表计信息见表 ZY2300202004-5，请计算该电费。

表 ZY2300202004-5　　　　　　　　　思考与练习题 5 信息

计度器类型	上次抄见数	本次抄见数	综合倍率	电度电价单价（元/kWh）	∑基金及附加单价（元/kWh）
有功总	1554.66	1636.03	800	—	0.050 16
高峰	110.05	115.28	800	1.054	0.050 16
平段	979.59	1029.75	800	0.872	0.050 16
低谷	465.02	491.00	800	0.388	0.050 16
无功总	300.85	310.38	800	—	0.050 16

6. 某工业客户，供电容量为 315kVA，供电电压为 10kV，计量方式为高供低计，按需量计算基本电费，需量核定值为 126kW，基本电价为 38 元/kW/月。抄表日期为每月 20 日。无变更情况。已知该客户变压器对应的损耗参数分别为：有功损耗系数 0.015；无功 K 值 2.43；有功空载损耗 0.75kW；无功空载损耗 6.25kvar。电费年月为 2009 年 7 月对应的表计信息见表 ZY2300202004-6，计算该电费。

表 ZY2300202004-6　　　　　　　　　思考与练习题 6 信息

计度器类型	上次抄见数	本次抄见数	综合倍率	电度电价单价（元/kWh）	∑基金及附加单价（元/kWh）
有功总	3271	3414	100	—	0.050 16
高峰	347	360	100	1.054	0.050 16
平段	1922	2003	100	0.872	0.050 16
低谷	1001	1050	100	0.388	0.050 16
无功总	245	262	100	—	—
需量	0.4781	0.5175	100	—	—

模块 5　分期结算电费计算（ZY2300202005）

【模块描述】　本模块包含分期结算电费的概念、分期结算电费的计算与一般电费计算的区别等内容。通过概念描述、要点归纳、计算示例，掌握分期结算电费的计算过程及计算中应注意的问题。

【正文】

一、分期结算的概念

对月用电量较大或是存在电费回收风险的客户，供电企业可按客户月电费情况确定每月分若干次抄表计收电费。也称分次结算。

二、分期结算客户电费计算的特殊规定

对于分期结算的客户，除月末最后一次计算，其余各期按抄见电量计算电度电费和代征电费。

对于分期结算的客户，每月最后一次结算时，计算其全月基本电费。

对于分期结算的客户，在最后一次抄表时按全月用电量计算功率因数，以全月目录电度电费和全月基本电费作为基数计算功率因数调整电费。

变压器损耗、线损电量根据各网省的实际情况可分期计算，也可以全月计算。

三、分期结算注意事项

分期结算应与客户签订分期结算协议，并根据协议约定的时间、期数进行抄表计收电费。

供电企业应按协议约定给分期结算客户的客户提供电费发票。

按协议约定对逾期未交清分期结算电费的客户计算相应的电费违约金。

四、计算示例

例　某分期结算的工业客户，供电容量为 630kVA，供电电压为 10kV，计量方式为高供高计，配有 40/5 的电流互感器。按容量计算基本电费，基本电价为 28 元/kVA/月。每月分两次抄表结算电费。无变更情况。基金及附加单价总和为 0.050 16 元/kWh。电费年月为 2009 年 7 月对应的表计信息见表 ZY2300202005-1。请计算该电费。

表 ZY2300202005-1　　　　　　　　　　　　例　信　息

计度器类型	上次抄见数	7 月 11 日抄见数	7 月 21 日抄见数	电度电价单价（元/kWh）
有功总	7575	7625	7650	—
高峰	242	252	257	1.054
平段	5468	5498	5513	0.872
低谷	1865	1875	1880	0.388
无功总	2507	—	2545	—

计算步骤：

（1）计算综合倍率 $\dfrac{10\,000}{100} \times \dfrac{40}{5} = 800$。

（2）对应 11 日的电费：

$$抄见有功总电量 = （7625 - 7575）\times 800 = 40\,000（kWh）$$

$$抄见高峰电量 = （252 - 242）\times 800 = 8000（kWh）$$

$$抄见平段电量 = （5498 - 5468）\times 800 = 24\,000（kWh）$$

$$抄见低谷电量 = （1875 - 1865）\times 800 = 8000（kWh）$$

$$高峰电度电费 = 8000 \times 1.054 = 8432.00（元）$$

$$平段电度电费 = 24\,000 \times 0.872 = 20\,928.00（元）$$

$$低谷电度电费 = 8000 \times 0.388 = 3104.00（元）$$

$$11 日应缴电费 = 8432.00 + 20\,928.00 + 3104.00 = 32\,464.00（元）$$

（3）对应 21 日的电费：

$$抄见有功总电量 = （7650 - 7625）\times 800 = 20\,000（kWh）$$

$$抄见高峰电量 = （257 - 252）\times 800 = 4000（kWh）$$

$$抄见平段电量 = （5513 - 5498）\times 800 = 12\,000（kWh）$$

$$抄见低谷电量 = （1880 - 1875）\times 800 = 4000（kWh）$$

$$抄见无功总电量 = （2545 - 2507）\times 800 = 30\,400（kvarh）$$

$$基本电费 = 630 \times 28 = 17\,640（元/月）$$

$$高峰电度电费 = 4000 \times 1.054 = 4216.00（元）$$

$$平段电度电费 = 12\,000 \times 0.872 = 10\,464.00（元）$$

$$低谷电度电费 = 4000 \times 0.388 = 1552.00（元）$$

实际功率因数 $= \cos\left(\arctan\dfrac{30\,400}{40\,000 + 20\,000}\right) = 0.89$，该客户的标准功率因数为 0.9，查功率因数调整电费表得功率因数调整率为 0.5%。

$$功率因数调整电费 = 0.005 \times [17\,640 + 32\,464.00 + 4216.00 + 10\,464.00 + 1552.00$$
$$- (40\,000 + 20\,000) \times 0.050\,16] = 316.63（元）$$

$$21\,日应缴电费 = 17\,640 + 4216.00 + 10\,464.00 + 1552.00 + 316.63 = 34\,188.63（元）$$

【思考与练习】

1．在你们的网省公司，分期结算有什么注意事项？

2．国家电网公司《营销业务应用标准化设计业务模型说明书》关于分期结算客户的基本电费计算有什么规定？你所在的网省有不同的规定吗？

3．国家电网公司《营销业务应用标准化设计业务模型说明书》关于分期结算客户的功率因数调整电费计算有什么规定？你所在的网省有不同的规定吗？

4．某分期结算的工业客户，供电容量为 500kVA，供电电压为 10kV，计量方式为高供高计，综合倍率为 800。按变压器容量计收基本电费，基本电价为 28 元/kVA/月。抄表日期为每月 25 日，分期结算日期为分别为每月 5 日、15 日。无变更情况。基金及附加单价总和为 0.050 16 元/kWh。电费年月为 2009 年 6 月对应的表计信息见表 ZY2300202005-2。请计算该电费。

表 ZY2300202005-2　　　　　　　思考与练习题 4 信息

计度器类型	上次抄见数	6 月 5 日抄见数	6 月 15 日抄见数	6 月 25 日抄见数	电度电价单价（元/kWh）
有功总	300	400	510	600	—
高峰	20	30	40	48	1.054
平段	200	270	350	420	0.872
低谷	160	180	201	213	0.388
无功总	220	—	—	300	

5．某分期结算的工业客户，供电容量为 1000kVA，供电电压为 10kV，计量方式为高供高计。按需量计算基本电费，基本电价为 38 元/kW/月，核定需量值为 550kW。抄表日期为每月 25 日，分期结算日期为每月 10 日。无变更情况。基金及附加单价总和为 0.050 16 元/kWh。电费年月为 2009 年 6 月对应的表计信息见表 ZY2300202005-3。请计算该电费。

表 ZY2300202005-3　　　　　　　思考与练习题 5 信息

计度器类型	上次抄见数	6 月 10 日抄见数	6 月 25 日抄见数	综合倍率	电度电价单价（元/kWh）
有功总	8911	9005.3	9056	1000	—
尖峰	768	775	778	1000	1.026
高峰	4821	4878.7	4910	1000	0.814
低谷	3322	3351.6	3368	1000	0.388
需量	0.407	0.516	0.55	1000	
无功总	1798	—	1835	1000	—

模块 6　电能损耗的分类及影响因素（ZY2300202006）

【模块描述】本模块包含电能损耗的基本概念、分类及影响因素等内容。通过概念描述、术语说明、要点归纳、示例介绍，熟悉电能损耗的分类和影响电能损耗的因素。

【正文】

一、电能损耗的基本概念

本模块电能损耗指的是电力网电能损耗，也就是我们通常所称的线损。

（一）线损电量定义

电能从发电机发出输送到客户，必须经过输、变、配设备，由于这些设备存在着阻抗，因此电能通过时，就会产生电能损耗，并以热能的形式散失在周围介质中。另外还有由于管理不善，在供用电过程中偷、漏、丢、送等原因造成的损失。这些电能损失电量称为线损电量，简称线损。线损电量是用供电量与售电量相减计算得到的，它反映了一个电力网的规划设计，生产技术和运营管理水平，其计算式为

$$线损电量 = 供电量 - 售电量$$

1. 供电量

供电量是指供电企业供电生产活动的全部投入量，它是由以下几部分组成：

（1）发电厂上网电量：该电量的计量点规定在发电厂出线侧（一般情况为发电厂与电网的产权分界处），上网电量为发电厂送入电网的电量。

（2）外购电量：电网向地方电厂、客户自备电厂购入的电量。

（3）电网输入、输出电量：指电网（地区）之间互供电量。

供电量的计算公式为

$$供电量 = 发电厂上网电量 + 外购电量 \pm 网间互供电量$$

2. 售电量

售电量是指供电企业出售给客户的电量（包括趸售电量）。

（二）线损电量的组成

线损电量主要由固定损失、可变损失和其他损失三部分组成。

1. 固定损失

固定损失也称为空载损耗（铁耗）或基本损失，一般情况下不随负荷变化而变化，只要设备带有电压，就要产生电能损耗。但是，固定损失也不是固定不变的，它随着外加电压的高低而发生变化。实际上，由于电网电压正常情况下波动不大，认为电压是恒定的，因此这部分损失基本上是固定的。固定损失主要包括：

（1）发电厂、变电站的升、降压变压器及配电变压器的铁损。

（2）高压线路的电晕损失。

（3）调相机、调压器、电抗器、互感器、消弧线圈等设备的铁损及绝缘子损失。

（4）电容器和电缆的介质损失。

（5）电能表的电压线圈损失。

2. 变动损失

变动损失也称为可变损失或短路损失，是随着负荷变动而变化的，它与电流的平方成正比，电流越大，损失越大。变动损失主要包括：

（1）发电厂、变电站的升、降压变压器及配电变压器的铜损，即电流流经线圈的损失，电流越大，铜损越大。

（2）输、配电线路的损失，即电流通过导线所产生的损失。

（3）调相机、调压器、电抗器、互感器、消弧线圈等设备的铜损。

（4）电能表电流线圈的铜损。

3. 其他损失

其他损失也称为管理损失或不明损失，是由于管理不善，在供用电过程中偷、漏、丢、送等原因造成的损失。

二、线损的分类及影响因素

线损的分类有多种形式，从损耗产生的来源分可分为技术类损耗和管理类损耗两类。

（一）技术类线损

技术损耗是指电能在发、送、配过程中，由于潮流分布在电气元件中产生的功率损耗，这些损耗不可避免，只能通过新技术、新设备等技术手段减小。

1. 分类

（1）与电流平方成正比的电阻发热引起的损耗。

（2）与电压平方成正比的泄漏损耗。

（3）与电流平方和频率成正比的介质磁化损耗。

（4）与电压平方和频率成正比的介质极化损耗。

（5）高压设备的电晕损耗。

2. 影响因素

（1）电网的运行电压。电网功率损耗与运行电压的平方成反比，对电网进行升压改造，提高运行电压，提高线路输送容量，降低线路损耗。

（2）电网的经济运行方式。电网电网潮流分布是否合理对线损影响很大。可以通过调整电网的运行方式，合理控制电网潮流来降低线损。

（3）变压器的运行方式。单台主变运行时，所带负荷在变压器额定容量的50%～70%时损耗最小，多台变压器运行时，应当根据负荷变化情况决定是否并列运行（并列运行要满足变压器组别本同、变比相等、短路电压相等的条件）。

（4）系统的功率因数以及无功补偿方式。系统的功率因数对线损影响很大，可通过合理的无功补偿方式，提高功率因数，减少线路中无功电流分量引起的线损。

（5）导线的截面。导线的截面越大电阻越小，线损也就越小。但导线的截面也不是越大越好。一般采用经济电流密度选取导线截面，在兼顾经济效益的同时保证电流的合理通过，减少线路损耗。

（二）管理类线损

1. 分类

（1）电能计量装置的误差，如表计错误接线、计量装置故障、互感器倍率错误、二次回路电压降、熔断器熔断等引起的线损。

（2）用电营销环节中由于抄表不到位，存在估抄、漏抄、错抄、错算电量等现象引起的线损。

（3）供、售电量抄表时间不一致引起的线损（实际上这种情况并不是真的线损，只会造成线损统计的虚增虚降）。

（4）带电设备绝缘不良引起的泄露电流所产生的损耗。

（5）客户窃电等引起的线损。

2. 影响因素

（1）抄表例日的变动导致线路损耗统计值的变化。

（2）错抄、漏抄影响线损统计异常。

（3）由于季节、负荷变化等原因使电网潮流发生较大变化导致运行方式不合理。

（4）供售不同期电量的大小以及当年新增送电客户、季节性用电户的数量导致线损统计异常。

（5）无损客户电量增减会导致区域电网经营企业无损电量的变化，从而影响整体线损值的变化。

（6）电能表计的正负误差影响线损变化。

（7）客户窃电。

例　某10kV公用线路抄表人员在月度抄表结束后，统计线损率时发现，该线路当月线损率20.1%，超出正常值幅度较大，试分析线损赠高高的原因。

分析：先统计该线路高压线损率，再统计低压线损率，两者对比，从中找出影响线路线损率的切入点。结果高压线损率为13.6%，比上月升高9个百分点，低压线损率为7.6%，与上月基本持平。说明在专用变压器客户及公用台区总表计量上可能有问题。经对专用变压器客户电量对比，发现某食品加工厂用电量比上月下降30%，而该厂生产并没有发生大的变化，这样就可初步判断为该厂计量装置存在问题。经现场检查发现计量用电压互感器二次V相断线，少计电量。

经验显示，通常多数线损率异常升高主要发生在抄表错误和计量装置异常等问题上，不同期电量通常会在季节交替变化时发生。所以，管理线损往往是线损升高的重要原因。

【思考与练习】

1. 线损电量的定义是什么？
2. 影响线损的因素是什么？

模块 7 线路电能损耗理论计算（ZY2300202007）

【模块描述】本模块包含线路电能损耗理论计算等内容。通过概念描述、术语说明、公式解释、要点归纳、计算示例，掌握常用的线路电能损耗理论计算方法。

【正文】

一、线路参数的计算

（一）线路电阻

电流通过导线时受到的阻力，称为线路电阻。电阻的存在不仅会使导线消耗有功功率并发热，而且还会造成电压降落，这些现象对电力网的安全、经济运行都是不利的。

三线制线路通常每项导线的电阻可按以下公式计算

$$R = r_0 L = \rho \frac{L}{S}$$

式中　R —— 每相导线的电阻，Ω；

r_0 —— 导线单位长度的电阻，Ω/km；

S —— 导线的截面积，mm^2；

L —— 导线的长度，km；

ρ —— 导线材料的单位长度电阻率，$\Omega \cdot mm^2/km$。

在电力网中导线材料的电阻率通常采用：铜为 $18.8\Omega \cdot mm^2/km$，铝为 $31.5\Omega \cdot mm^2/km$。

在交流电路中，由于集肤效应和邻近效应的影响，其电阻值要比直流电阻大，为区别起见，一般称交流电流在导线中流过的电阻为有效电阻。

由于有效电阻的计算较为复杂，涉及的内容也较多，为了便于工作，我们这里只给出一个参考公式来计算线路电阻

$$R = (1 + \beta_1 + \beta_2) R_{20}$$

式中　R_{20} —— 线路电阻的基本恒定分量，是每相导线在 20℃ 的电阻值；

β_1 —— 导线温度对电阻的修正系数；

β_2 —— 周围空气温度对电阻的修正系数。

以上值都可以在有关手册中查得，这里不再叙述。

（二）线路电抗

线路电抗是导线中通过交流电流，在其内部和外部产生交变磁场引起的。一方面导线内部交变磁场与导线的自感有关，另一方面导线外部的交变磁场不仅与自感有关，还与导线几何尺寸、三相导线的排列方式和相间距离及每一相采用分裂导线的根数有关。

三线制线路每相每千米的电抗计算公式

$$x_0 = 0.1445 \lg \left(\frac{D_{cp}}{r} \right) + 0.0157$$

式中　r —— 导线半径，cm 或 mm；

D_{cp} —— 三相导线的几何均距，cm 或 mm。

$$D_{cp} = \sqrt[3]{D_{12} D_{23} D_{31}}$$

线路三角排列：$D_{12} = D_{23} = D_{31} = D_0$，则 $D_{cp} = D_0$。

线路水平排列：$D_{12} = D_{23} = D_0$，$D_{31} = 2D_0$，则 $D_{cp} = 1.26D_0$。
每相线路电抗

$$X = x_0 L$$

（三）线路简化等值电路

把全线阻抗集中起来构成简化的等值电路，如图
ZY2300202007-1 所示。阻抗为

$$Z = R + jX$$

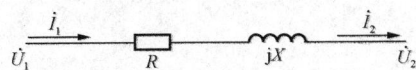
图 ZY2300202007-1　线路简化等值电路图

二、线路功率损耗计算

当电力线路末端有一个集中负荷时，则线路中的功率损耗为：
有功功率损耗

$$\Delta P = \frac{P^2 + Q^2}{U^2} R \times 10^{-3} \quad (kW)$$

无功功率损耗

$$\Delta Q = \frac{P^2 + Q^2}{U^2} X \times 10^{-3} \quad (kvar)$$

视在功率损耗

$$\Delta \tilde{S} = \Delta P + j\Delta Q = \frac{P_2^2 + Q_2^2}{U_2^2} (R + jX) \times 10^{-3} \quad (kVA)$$

式中　P——线路中通过的有功功率，kW；

Q——线路中的无功功率，kvar；

U——线电压，kV；

R——线路每相的电阻，Ω；

X——线路每相的电抗，Ω。

应用公式时须注意，必须采用线路同一点上的功率及电压。若所取功率是线路末端功率，则所用电压必须是线路末端的电压；若所用的功率是线路始端功率，则所用电压必须是线路始端电压。

当线路上有几个负荷时，如图 ZY2300202007-2 所示（两个负荷），线路总功率损耗等于电力网各段功率之和。

$$\Delta \tilde{S} = \Delta \tilde{S}_1 + \Delta \tilde{S}_2$$

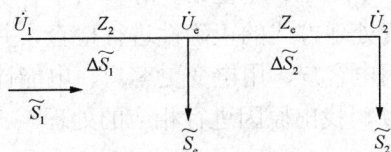
图 ZY2300202007-2　多负荷线路示意图

三、线路电量损失计算

前面我们介绍了线路的功率损失，电量损失只需在功率损失的基础上乘以线路运行时间 t 即可

$$\Delta A_P = \frac{P^2 + Q^2}{U^2} R \times 10^{-3} \times t \quad (kWh)$$

$$\Delta A_Q = \frac{P^2 + Q^2}{U^2} X \times 10^{-3} \times t \quad (kvarh)$$

但是，这样计算在工作中比较繁琐，所以我们可以利用抄见电量来计算线路的电量损耗，如下

$$\Delta A_P = \frac{R \times 10^{-3}}{U^2 t} (A_P^2 + A_Q^2) \quad (kWh)$$

$$\Delta A_Q = \frac{X \times 10^{-3}}{U^2 t} (A_P^2 + A_Q^2) \quad (kvarh)$$

式中　A_P——抄见有功电量，kWh；

A_Q——抄见无功电量，kvarh。

　例　如图 ZY2300202007-3，电力线路长 5km，额定电压

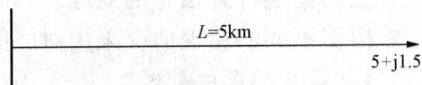
图 ZY2300202007-3　图例

10kV，线型 LGJ-120，导线的参数为：$r_0 = 0.27\Omega/km$，$x_0 = 0.347\Omega/km$，所带负荷 5+j1.5（MVA），正常运行要求末端电压达到 10.3kV，求线路首端输出功率（不考虑线路电阻修正系数）。

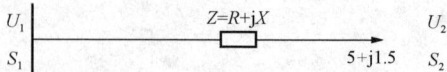

图 ZY2300202007-4 等值电路图

解 线路等值电路图如图 ZY2300202007-4 所示。

不考虑修正系数，有

$$R_L = 0.27 \times 5 = 1.35 \ （\Omega）$$

$$X_L = 0.347 \times 5 = 1.735 \ （\Omega）$$

$$S_2 = P_2 + jQ_2 = 5 + j1.5 （MVA） = 5000 + j1500 \ （kVA）$$

$$U_2 = 10.3kV$$

线路的功率损耗为

$$\Delta \tilde{S}_L = \frac{P_2^2 + Q_2^2}{U_2^2}(R + jX) \times 10^{-3} = \frac{5000^2 + 1500^2}{10.3^2}(1.35 + j1.735) \times 10^{-3} = 347 + j446 \ （kVA）$$

所以，电源点节点注入功率为

$$\tilde{S}_1 = \tilde{S}_2 + \Delta \tilde{S}_L = (5000 + j1500) + (347 + j446) = 5347 + j1946 \ （kVA）$$

【思考与练习】

1．写出电力线路的有功功率、无功功率损耗表达式。

2．写出利用抄见电量计算电力线路电量损失的表达式。

模块 8 各类错误计算信息修改（ZY2300202008）

【模块描述】本模块包含各类错误计算信息的判断、修改的流程和处理方法等内容。通过概念描述、术语说明、流程讲解、要点归纳、示例介绍，掌握错误计算信息判断及处理方法。

【正文】

根据要求，电费复核人员应对涉及电费计算的电价类别、计算方式、电压、定量比、综合倍率、功率因数标准、峰谷考核等计费参数和退补、违约用电、窃电等电量电费处理方式的正确性进行检查，并对平均电价过高、平均电价过低、功率因数异常、零电量客户、新装用电客户、用电变更客户、电能计量装置参数变化等客户进行重点复核，旨在发现电费计算中存在的问题，找出原因进行相应的处理。

一、错误计算信息的判断

1．容量类的错误计算信息

计算起止日与实际不符、变压器客户计算容量与档案容量不一致等。

2．计量类的错误计算信息

综合倍率错误、计量故障造成错误、表计失窃、接线错误、计量装置质量等。

3．电价类的错误计算信息

执行电价错误、行业分类错、功率因数标准错、电价与行业分类不对应等。

4．其他原因

档案信息与现场信息不一致、由于换表等原因造成变压器使用天数重复、营销业务应用系统中信息错误、抄表错误等。

二、错误计算信息修改的流程

按照国家电网公司《营销业务应用标准化设计业务模型说明书》，错误信息的修改可以依照如图 ZY2300202008-1 所示的流程完成。

三、错误计算信息的处理

根据不同的错误情况采用对应的方法进行处理。

1．容量错误的处理

当客户的容量计算发生错误时，主要影响客户的基本电费、功率因数调整电费。结合实际情况计算需要退补的基本电费、功率因数调整电费，在电力营销业务应用系统中发起电量电费退补流程，经审核、审批后完成电量电费的退补工作。

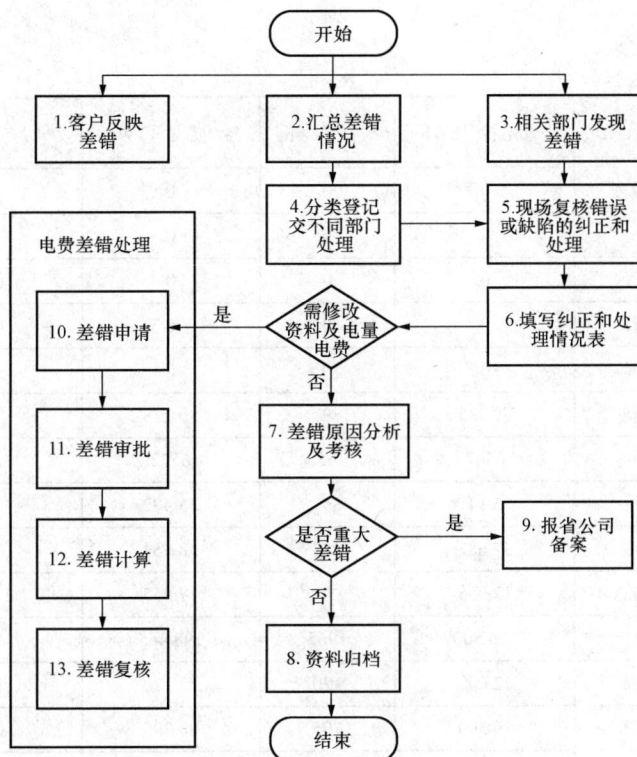

图 ZY2300202008-1　错误信息修改流程

2. 计量错误的处理

计量错误主要影响客户的电度电费、功率因数调整电费。根据不同的计量错误类型，按照《供电营业规则》相关条款的规定，确定需要退补的电量、电度电费、功率因数调整电费，经审核、审批确认后在营销业务应用系统中完成电量电费的退补工作。

3. 电价错误的处理

电价错误会影响客户的基本电费、电度电费、功率因数调整电费。针对不同的错误类型，经调查、审批、确认后更正错误信息，计算需要退补的电费，在营销业务应用系统中完成电量电费的退补工作，必要的时候可以全减另发。

4. 其他错误的处理

对档案信息错误的情况可以经调查、审批、确认后更正信息，并在营销业务应用系统中进行电量电费的退补。对抄表错误的情况可以在营销业务应用系统中进行工单拆分，按要求进行数据更正的工作。其他的情况经审核、审批确认后计算需要退补的电量电费，在营销业务应用系统中进行电量电费的退补。

无论是什么差错，对发现的问题应每日记录相关的信息，如差错类型、发生时间、责任部门和责任人；各类电费计算特殊事件、处理时间、工作人员、事件发起联系人、批准人、发起原因等；根据现场的实际情况纠正和处理差错，并按月汇总形成复核报告并上交。

例1　某工业客户，供电容量 900kVA，分别有 400、500kVA 两台变压器，其中 400kVA 的变压器暂停（该变压器使用时间已超过两年），500kVA 的变压器在用。供电电压为 10kV，计量方式为高供高计。专线供电，有功线损系数为 10‰。该客户每月 22 日抄表。于 2009 年 4 月 25 日进行电能表轮换。其他相关信息见表 ZY2300202008-1。根据给定条件复核相关信息，若有错，请分析可能的原因并说明处理情况。

复核结果：分析表 ZY2300202008-1 的信息，2009 年 3 月 22 日～4 月 22 日的电费信息为零，说明该客户在 4 月 22 日应抄表时未抄，主要是考虑到马上要进行电能表轮换。分析 2009 年 3 月 22 日～

4月25日轮换表计时的信息，基本电费的计算时间是从2009年3月22日算至4月25日，计算天数为34天，计算容量为 $500 \times \dfrac{34}{30} = 566.67$（kVA）。

表 ZY2300202008-1　　　　　　例 1 信 息

电费年月	电量性质	抄见电量（kWh）	线损（kWh）	合计电量（kWh）	电度电价（元/kWh）	计算容量（kVA）
2009年4月（3月22日~4月22日）	有功总	0	0	0	—	0
	高峰	0	0	0	1.026	—
	平段	0	0	0	0.814	—
	低谷	0	0	0	0.388	—
	无功总	0	0	0	—	
2009年4月（3月22日~4月25日）	总	79 335	793	80 128	—	566.67
	高峰	6507	65	6572	1.026	—
	平段	35 141	351	35 492	0.814	—
	低谷	37 687	377	38 064	0.388	—
	无功总	17 955	0	17 955	—	
2009年5月（4月22日~5月22日）	总	196 500	1965	198 465	—	500
	高峰	12 000	120	12 120	1.026	—
	平段	79 500	795	80 295	0.814	—
	低谷	105 000	1050	106 050	0.388	—
	无功总	18 000	—	18 000	—	

从表 ZY2300202008-1 中还可以看出，电费年月 2009 年 5 月的电费，计算时间是从 2009 年 4 月 22 日算至 5 月 22 日。是一个完整抄表周期的电费，计算容量为 500kVA。

很显然，重复计算了 3 天的基本电费。

处理情况：

1）退多收三天的基本电费。

2）根据计算退补功率因数调整电费。

3）利用电量电费退补流程完成基本电费、功率因数调整电费的退补工作。

例 2　某 2008 年 12 月新增的普通工业客户，供电容量为 80kVA，供电电压为 10kV，计量方式为高供低计，综合倍率为 40。已知该客户变压器对应的损耗参数分别为：有功铜损系数 0.015；无功 K 值 2.701；有功空载损耗 0.18kW；无功空载损耗 1.186kvar。每月 17 日抄表。2008 年 12 月起至 2009 年 4 月的结算电量见表 ZY2300202008-2。根据给定条件复核相关信息，若有错，请分析可能的原因并说明处理情况。

表 ZY2300202008-2　　　　　　例 2 信 息

电费年月	结算电量（kWh）	电费年月	结算电量（kWh）
2008年12月	4177	2009年3月	4632
2009年1月	6021	2009年4月	6346
2009年2月	5493		

复核结果：分析表 ZY2300202008-2 中所列的数据几个月的电量都差不多。但是细心的抄表人员结合该客户的生产任务，认为这个客户每个月的电量不应只有这么多，抄表人员将这个疑问反映给了相关的领导。经过对现场的仔细检查，发现该客户的电流互感器 A 相内部接线端子断裂，引起表计缺

相运行。

针对这个故障，装接部门于 2009 年 5 月 4 日将故障计量装置换掉。拆表时的读数分别为：总 701.25；峰 70.22；平 382.65；谷 248.38。

处理情况：补收因电流互感器 A 相内部接线端子断裂所造成的少计的电量及对应电度电费。

利用电量电费退补流程完成相关电量、电费的补收工作。

例 3　某新装客户，2009 年 3 月 17 日送电，供电容量为 630kVA，行业分类为"水污染治理"，执行电价为非工业电价，不执行分时电价，功率因数标准为 0.85。抄表日期为每月的 21 日。2009 年 4 月 21 日完成了第一次抄表。相关信息见表 ZY2300202008-3。根据给定条件复核相关信息，若有错，请分析可能的原因并说明处理情况。

表 ZY2300202008-3　　　　　　　　　　　　　例 3 信息

电费年月	结算有功电量（kWh）	结算无功电量（kWh）	计算容量（kVA）	基本电费（元）
2009 年 3 月	0	0	0	0
2009 年 4 月	16100	11900	0	0

复核结果：从表 ZY2300202008-3 中看出，2009 年 3 月的结算有功、无功电量为零，这是因为 3 月 21 日未抄表。而 2009 年 3 月、4 月的计算容量均为零，这是因为该客户的执行电价为"非工业电价"，是不需要计算基本电费的。

但是根据题目给定的信息，该客户是从事"水污染治理"的工作，供电容量是 630kVA，按规定应执行"大工业电价"，不应该执行"非工业电价"，显然是执行电价错误，对应的功率因数标准执行也是错误的。

处理情况：

1）经调查、确认、审批后将错误信息改正；

2）因为电价执行错误，导致电度电费、功率因数调整电费计算错误，基本电费未算。需要按规定补相应的基本电费，重新计算电度电费、功率因数调整电费；

3）利用电量电费退补流程完成相关电费的退补工作。

【思考与练习】

1．结合实际工作举例分析容量类错误计算信息产生的原因及处理方法。

2．结合实际工作举例分析计量类错误计算信息产生的原因及处理方法。

3．结合实际工作举例分析电价类错误计算信息产生的原因及处理方法。

模块 9　执行两部制电价的新增、变更客户电费计算信息复核（ZY2300202009）

【模块描述】本模块包含执行两部制电价新增、变更客户相关信息的复核等内容。通过概念描述、术语说明、要点归纳、示例介绍，掌握执行两部制电价新增、变更客户计算信息复核方法。

【正文】

一、与电费计算有关的内容

执行两部制电价客户的基本信息中与电费计算有关的内容主要有：供电容量、行业分类、供电电压、功率因数考核方式、是否执行峰谷考核、执行电价、定价策略类型、电量定比、计量方式、综合倍率、示数、变压器首次时间、基本电费计算方式、需量核定值、计算容量等。

二、电费计算信息复核

复核执行两部制电价客户的电费信息时，除按照执行单一制电价客户的要求复核外，还要特别关注与基本电费有关的信息。

对新装、增容客户要注意复核容量、基本电费计算方式、需量值、变压器投运时间等。

对变更客户要注意复核容量、基本电费计算方式有否改变、基本电费计算起止时间；减少、暂停容量值有否需要计收 50%基本电费；一年内暂停的次数、暂停的实际天数（少于 15 天或已超过 6 个月）、需量客户是否全部容量暂停、暂换客户是否按暂换后的容量计算基本电费等。

三、电费计算信息复核示例

某工业客户，供电容量为 815kVA，两台变压器信息见表 ZY2300202009-1。每月 25 日抄表。经客户申请，供电部门批准，于 2009 年 6 月 21 日将 500kVA 的变压器暂停 4 个月。基本电价为 20 元/kVA/月。电费年月 2009 年 6 月的电费信息见表 ZY2300202009-2。根据给定条件复核相关信息，若有错，请分析可能的原因并说明处理情况。

表 ZY2300202009-1　　　　　　　信 息 一

变压器编号	容量（kVA）	主备性质	首次运行日期
1 号	500	主用	2007 年 11 月 15 日
2 号	315	主用	2003 年 7 月 29 日

表 ZY2300202009-2　　　　　　　信 息 二

电费年月 2009 年 6 月的电费信息	结算有功电量（kWh）	结算无功电量（kvarh）	计算容量（kVA）	基本电费（元/月）
5 月 25 日～6 月 21 日	0	0	733.5	14 670.00
5 月 25 日～6 月 25 日	63 000	29 000	42	840.00

复核结果：从表 ZY2300202009-2 中可以分析得出：因为 500kVA 变压器于 2009 年 6 月 21 日暂停，"5 月 25 日～6 月 21 日"的数据对应的是 5 月 25 日～6 月 21 日的电费信息，由于 6 月 21 日暂停时未进行抄表，所以只有计算容量；

$$\frac{27}{30} \times 815 = 733.5 \text{（kVA）}$$

在表 ZY2300202009-2 中"5 月 25 日～6 月 25 日"对应的有功、无功电量对应 5 月 25 日～6 月 25 日的信息，而计算容量对应 6 月 21～25 日的信息，计算容量：

$$\frac{4}{30} \times 315 = 42.00 \text{（kVA）}$$

从表 ZY2300202009-1 中可以看出，1 号变压器的首次运行日期为 2007 年 11 月 15 日，至 2009 年 6 月 21 日暂停时未满两年，按照《供电营业规则》的相关规定："减容期满后的客户以及新装、增容客户，两年内不得申办减容或暂停。如确需要办理减容或暂停的，减少或暂停部分容量的基本电费应按百分之五十计算收取。"因此对应 6 月 21～25 日的计算容量信息有误，少收了 500kVA 变压器 50%的基本电费。

处理情况：

1）补收少算的计算容量所对应的基本电费；

2）根据计算补收或退还相应的功率因数调整电费；

3）利用电量电费退补流程完成基本电费的补收及功率因数调整电费的退补工作。

【思考与练习】

1. 对新装、增容的两部制客户进行电费复核时需要关注哪些信息？

2. 对变更的两部制客户复核时需要关注哪些信息？

3. 某新装工业客户，供电容量为 500kVA，供电电压为 10kV，计量方式为高供高计。接电日期为 2009 年 7 月 8 日，每月 21 日抄表，第一次抄表日期为 2009 年 7 月 21 日。执行的功率因数标准为 0.85。基本电价为 20 元/kVA/月。电费年月为 2009 年 7 月的电费信息见表 ZY2300202009-3。根据给定条件复核相关信息，若有错，请分析可能的原因并说明处理情况。

表 ZY2300202009-3　　　　　思 考 与 练 习 题 3

电量类型	表计电量	结算电量	电度电价单价（元/kWh）	∑基金及附加单价（元/kWh）	电度电费（元）	基本电费（元/月）	功率因数调整电费（元）
有功总	2310	2310	—	0.0493	—	—	—
高峰	200	200	1.026	0.0493	205.2	—	—
平段	1440	1440	0.814	0.0493	1172.16	—	—
低谷	670	670	0.388	0.0493	259.96	—	—
无功总	1740	1740	—	—	—	—	—
—	—	—	—	—	—	4333.33	146.42

注　有功电量的单位为 kWh，无功电量的单位为 kvarh。

模块 10　执行两部制电价客户疑问电费复核（ZY2300202010）

【模块描述】本模块包含执行两部制电价客户异常情况的原因分析和复核等内容。通过概念描述、术语说明、要点归纳、示例介绍，掌握疑问电费产生原因分析和复核方法。

【正文】

在电费的复核过程中，复核人员经常会发现由于各种原因引起的电费异常。对于执行两部制电价客户特别要复核的是基本电费引起的差错。寻找其产生的原因，并根据不同的原因进行相应的处理。

造成基本电费异常的原因主要有：计费容量与现场容量不一致；变压器运行日期与基本电费计算日期不一致；未计收暂停不足 15 天的基本电费；未计收新装、增容、减容期满不足两年又办理减容或暂停的容量 50%的基本电费；未按暂换后的变压器容量计收基本电费；执行电价错误等。

对于变线损异常、抄见零电量、电量突增突减、电度电费异常、总表电量小于子表电量的原因与执行单一制电价客户相同。

对于功率因数异常、电量电费退补除了与单一制客户相同的原因外，还要注意基本电费的异常带来的影响。

例 1　某自行车生产厂，供电容量为 400kVA，供电电压为 10kV，计量方式为高供高计。按容量计算基本电费，基本电价为 20 元/kVA/月。每月 10 日抄表。该客户因为生产任务的原因于 2009 年 7 月 2 日执行全部容量的暂停，已特抄；于 7 月 5 日又执行暂停恢复，未特抄。电费年月 2009 年 7 月的相关信息见表 ZY2300202010-1。根据给定条件复核相关信息，若有错，请分析可能的原因并说明处理情况。

表 ZY2300202010-1　　　　　例 1 信 息

电 费 信 息	结算有功电量（kWh）	结算无功电量（kvarh）	计算容量（kVA）
暂停对应信息（6 月 10 日～7 月 1 日）	19 605	5058	293.33
暂停恢复对应信息（7 月 2～4 日）	0	0	0
正常电费信息（7 月 5～9 日）	4452	1120	66.67

复核结果：根据题目给定的信息，从表 ZY2300202010-1 可以分析，结算有功电量、无功电量应该是正确的。暂停对应信息中的计算容量为 $\frac{400}{30} \times 22 = 296.77$（kVA），正常电费信息中的计算容量为 $\frac{400}{30} \times 5 = 66.67$（kVA）。暂停 3 天的基本电费未计算。

根据《供电营业规则》第二十四条第四款规定：在暂停期限内，用户申请恢复暂停用电容量用电时，须在预定恢复日前 5 天向供电企业提出申请。暂停时间少于 15 天者，暂停期间基本电费照收。显然对于暂停 3 天的基本电费未计算是错误的。

处理情况:

1)补少算 3 天的基本电费:$\dfrac{400}{30} \times 3 \times 20 = 40.00 \times 20 = 800.00$(元)。

2)退补相应的功率因数调整电费。

3)利用电量电费退补流程完成基本电费、功率因数调整电费的退补工作。

例 2 某大工业客户,供电容量为 1250kVA,供电电压为 10kV,计量方式为高供高计,按容量计算基本电费,基本电价为 20 元/kVA/月。每月 21 日抄表。于 2008 年 11 月申请减容,从 1250kVA 减至 315kVA,计量方式由高供高计改为高供低计,于 12 月 12 日流程结束。已知 315kVA 变压器对应的损耗参数分别为:有功铜损系数 0.015;无功 K 值 2.43;有功空载损耗 0.75kW;无功空载损耗 6.25kvar。减容换表时的对应变更数据(2008 年 11 月 21 日~12 月 12 日)见表 ZY2300202010-2。减容后正常抄表数据(2008 年 11 月 21 日~12 月 21 日)信息见表 ZY2300202010-3。根据给定条件复核相关信息,若有错,请分析可能的原因并说明处理情况。

表 ZY2300202010-2 　　　　　　　　　　　　**例 2 信 息 一**

电量类型	抄见电量	变压器损耗	结算电量	电度电价(元/kWh)	计算容量(kVA)
有功总	31 290	0	31 290	—	875
高峰	1524	0	1524	1.026	—
平段	17 767	0	17 767	0.814	—
低谷	11 999	0	11 999	0.388	—
无功总	14 550	0	14 550		

注 有功电量的单位为 kWh,无功电量的单位为 kvarh。

表 ZY2300202010-3 　　　　　　　　　　　　**例 2 信 息 二**

电量类型	抄见电量	变压器损耗电量	结算电量	电度电价(元/kWh)	计算容量(kVA)
有功总	12 312		12312	—	94.5
高峰	672	0	672	1.026	—
平段	7248	0	7248	0.814	—
低谷	4392	0	4392	0.388	—
无功总	2832	0	2832		

注 有功电量的单位为 kWh,无功电量的单位为 kvarh。

复核结果:对该客户减容前后的相关信息进行复核,从表 ZY2300202010-2、表 ZY2300202010-3 可以看出,该客户减容前后的变压器损耗均为零。当然在减容前计量方式是高供高计,变压器对应的损耗是为零,但是减容后计量方式已改为高供低计,而我们知道对于高供低计的客户而言,是需要单独计算变压器损耗的。

经过查询该客户的信息,发现变压器的"变压器损耗计算标志"是在减容前后是一样的,也就是说把高供低计的"变压器损耗计算标志"设置成了高供高计的"变压器损耗计算标志",而实际上高供高计、高供低计的变压器"变压器损耗计算标志"是不一样的。针对这个客户而言,应该是在走减容流程的过程中未修改变压器的"变压器损耗计算标志",导致了该客户减容后变压器损耗为零。

处理情况:

1)通过审批确定后修改客户变压器的"变压器损耗计算标志"。

2)补收变压器损耗电量、对应的电度电费、重新计算功率因数调整电费。

3)利用电量电费退补流程完成电度电费、功率因数调整电费的退补工作。

例 3 某大工业客户,供电容量为 2400kVA,有两台变压器,供电容量 1 号为 800kVA、2 号为 1600kVA,供电电压为 35kV,专线供电,有功线损系数为 15‰,暂不考虑无功线损电量。计量方式为高供高计。按容量计算基本电费,基本电价为 20 元/kVA/月。每月 21 日抄表。在 2009 年 3 月电费台账信息中有一条补电费的记录，相关信息见表 ZY2300202010-4。根据给定条件复核该补电费记录得正确性。

表 ZY2300202010-4 例 3 信 息 一

电费年月	有功电量（kWh）	无功电量（kvarh）	计算容量（kVA）	基本电费（元/月）
2009 年 3 月（退补电费）	0	0	1574.19	31483.8

复核结果：分析表 ZY2300202010-4 信息，该客户在 2009 年 3 月有一条补计算容量为 1574.19kVA，基本电费为 31483.8 元的记录。作为电费复核人员需要确定该条记录的来源和正确性。

复核该客户的电量电费台账信息，该客户在 2009 年 1 月 27 日完成了一个暂停流程，相关信息见表 ZY2300202010-5。

表 ZY2300202010-5 例 3 信 息 二

电费年月	结算有功电量	结算无功电量	计算容量（kVA）	基本电费（元/月）
2009 年 2 月	0	0	480	9600

显然这条变更数据对应的是 2009 年 1 月 21 日至 2009 年 1 月 27 日的计算容量：$(6 \div 30) \times 2400 = 480$（kVA）。

对应的基本电费：$480 \times 20 = 9600$（元/月）。

复核该客户的 2009 年 2 月、3 月电量电费台账信息，相关信息见表 ZY2300202010-6。

表 ZY2300202010-6 例 3 信 息 三

电费年月	电量性质	抄见电量	线 损	结算电量	电度电价（元/kWh）	计算容量
2009 年 2 月	有功总	60 200	903	61 103	—	0
	高峰	3150	47	3197	1.026	—
	平段	33 250	499	33 749	0.814	—
	低谷	23 800	357	24 157	0.388	—
	无功总	20 300	0	20 300	—	—
2009 年 3 月	有功总	75 250	1129	76 379	—	0
	高峰	3832	57	3889	1.026	—
	平段	39 367	591	39 958	0.814	—
	低谷	32 051	481	32 532	0.388	—
	无功总	16 450	0	16 450	—	—

注 有功电量的单位为 kWh，无功电量的单位为 kvarh。

分析表 ZY2300202010-6 中的信息可以知道，该客户 2009 年 2 月、3 月的正常电费信息中的计算容量均为零。说明该客户暂停了所有变压器。

核对变压器档案信息，见表 ZY2300202010-7。

表 ZY2300202010-7 例 3 信 息 四

变压器编号	变压器容量（kVA）	主备性质	变压器状态	首次运行日期
1 号	800	主	暂停	2003 年 7 月 22 日
2 号	1600	主	暂停	2004 年 6 月 22 日

从表 ZY2300202010-7 可以看出，确实两台变压器都暂停了。

根据上述信息的分析，两台变压器都暂停导致计算容量和基本电费为零是正常的。但是若两台变压器都暂停，则该客户 2 月、3 月的正常电费信息中就不应该有电量，除非该客户违约用电。

调查现场发现该客户只是申请 1600kVA 主变压器的暂停，在现场也只暂停了 1600kVA 的变压器，而 800kVA 的变压器仍在使用。是工作人员错把两台变压器都做了暂停，以至于造成了这样的错误。这就是该客户 2009 年 3 月产生电费退补的原因。

处理情况：

1）完成 800kVA 的变压器的暂停恢复工作；

2）补收基本电费、根据计算退补功率因数调整电费；

3）利用电量电费退补流程完成基本电费、功率因数调整电费的退补工作。

【思考与练习】

1．结合实际工作举一个功率因数异常的例子进行原因分析，并说明解决方法。

2．为什么会造成变压器损耗、线路损耗的异常？结合实际工作进行分析。

3．造成基本电费异常的原因有哪些？在实际工作中应如何尽量减少这些原因的产生？

4．某客户，供电容量为 800kVA，供电电压为 10kV，计量方式为高供高计，按需量计算基本电费，核定需量值为 320kW，基本电价为 38 元/kW/月。供电方式为"10kV 一回路（专线供电，计量点在客户变电站）"，接电日期为 2009 年 5 月 1 日。该客户每月 21 日抄表。电费年月为 2009 年 5 月的电费信息见表 ZY2300202010-8。根据给定条件复核相关信息，若有错，请分析可能的原因并说明处理情况（需要的参数可以结合自己单位的实际情况设定）。

表 ZY2300202010-8　　　　　　　　　思考与练习题 4

电量类型	表计电量	线损电量	结算电量	电度电价单价（元/kWh）	计算容量（kVA）	∑基金及附加单价（元/kWh）
有功总	43 000	0	43 000	—	213.33	0.050 16
高峰	4700	0	4700	1.054	—	0.050 16
平段	26 200	0	26 200	0.872	—	0.050 16
低谷	12 100	0	12 100	0.388	—	0.050 16
无功总	10 200	0	10 200	—	—	—
最大需量	219kW	—	—	—	—	—

注　有功电量的单位为 kWh，无功电量的单位为 kvarh。

5．有一大工业客户，供电容量为 4040kVA，供电电压为 10kV，计量方式为高供高计，倍率为 4000。按容量计算基本电费，基本电价为 28 元/kVA/月。每月 20 日抄表。电费年月为 2009 年 6 月的电费台账信息见表 ZY2300202010-9。经电费复核人员复核发现该客户该月的无功电量比以前的要多得多，经确定是由于无功本月示数输错，应为"3687"，分析该客户电量电费的退补情况。

表 ZY2300202010-9　　　　　　　　　思考与练习题 5

电量类型	上次示数	本次示数	抄见电量	结算电量	电度电价单价（元/kWh）
正向有功总	10 538	10 866	1 312 000	1 312 000	—
正向有功高峰	792	817	100 000	100 000	1.054
正向有功平段	4955	5110	620 000	620 000	0.872
正向有功低谷	4791	4939	592 000	592 000	0.388
正向无功总	3555	3867	1 248 000	1 248 000	—

注　有功电量的单位为 kWh，无功电量的单位为 kvarh。

6．有一大工业客户，供电容量为 715kVA，有两台变压器容量分别为 400、315kVA，首次运行日期为 2007 年 10 月 16 日。供电电压为 10kV，计量方式为高供高计。按容量计算基本电费，基本电价为 20 元/kVA/月。每月 20 日抄表。客户在 2009 年 4 月 26 日将 400kVA 变压器申请暂停四个月，经供电部门同意于 2009 年 4 月 30 日加封。电费年月为 2009 年 5 月的电费台账信息见表 ZY2300202010-10。根据给定条件复核相关信息，若有错，请分析可能的原因并说明处理情况。

表 ZY2300202010-10　　　　　　　　思 考 与 练 习 题 6

电费年月	电量性质	抄见电量	结算电量	电度电价单价（元/kWh）	计算容量（kVA）
2009 年 5 月（变更数据）	—	—	—	—	238.33
2009 年 5 月（正常电费）	有功总	96 000	96 000	—	210
	高峰	12 000	12 000	1.026	—
	平段	58 000	58 000	0.814	—
	低谷	26 000	26 000	0.388	—
	无功总	24 000	24 000	—	—

注　有功电量的单位为 kWh，无功电量的单位为 kvarh。

模块 11　应收电费的核对与汇总（ZY2300202011）

【模块描述】本模块包含应收电费的汇总项目及各种报表之间的核对等内容。通过概念描述、术语说明、公式示意、要点归纳、示例介绍，掌握应收电费的汇总与核对方法。

【正文】

每个抄表段的电费计算审核完毕后进行电费发行，产生应收电费。通过应收日报、应收月报相关对应汇总信息的核对，确认应收电费的正确。

一、应收日报

1. 编制目的

用于统计每日电费发行情况。

2. 内容简述

统计各单位每个电价类别的本日售电量、本日应收电费、本日到户单价等信息。

3. 应用层次

地市公司、区县公司、供电所。

4. 统计说明

售电量 = 当日或当月累计发行电费的计费电量之和。

$$到户单价 = \frac{应收电费}{售电量}。$$

应收电费 = 电费发行后的电费总额。

二、应收月报

1. 编制目的

用于统计每月和当年累计的电费发行情况。

2. 内容简述

统计各单位每个电价类别的本月售电量、本月应收电费、本月到户单价等信息。

3. 应用层次

地市公司、区县公司、供电所。

4. 统计说明

售电量 = 当月累计发行电费的计费电量之和。

$$到户单价 = \frac{应收电费}{售电量}。$$

应收电费 = 电费发行后的电费总额。

三、应收电费的核对

1. 编制应收日报

应收电费工作人员检查每天各抄表段的电费发行情况，如发现未按期发行电费的，反馈给所属的电费核算人员及时处理。

在当天的抄表段应收电费产生后，按照不同的用电类别汇总当日及当月累计发行的售电量、应收电费，按照 到户电价 $=\dfrac{\text{应收电费}}{\text{售电量}}$ 的公式计算到户电价，编制应收日报，见表 ZY2300202011-1。

表 ZY2300202011-1　　　　　应 收 日 报

编报单位：××供电局　　　　统计时段：2009 年 6 月 1 日～6 月 23 日　　　　2009 年 6 月 23 日

项　　目	本　日			当 月 累 计		
	售电量（MWh）	到户单价（元/MWh）	应收电费（元）	售电量（MWh）	到户单价（元/MWh）	应收电费（元）
一、大工业用电	16 766.1408	639.6518	10 724 491.42	415 405.7740	645.4226	268 112 286.60
（一）优待电量	290.4566	619.8961	180052.91	7236.6480	622.0177	4 501 322.82
1. 煤炭生产	0.0000	0.0000	0.00	0.0000	0.0000	0.00
1～10kV	0.0000	0.0000	0.00	0.0000	0.0000	0.00
35～110kV	0.0000	0.0000	0.00	0.0000	0.0000	0.00
110～220kV	0.0000	0.0000	0.00	0.0000	0.0000	0.00
2. 电石	69.4734	768.2372	53 372.05	1741.4010	766.2229	1 334 301.30
1～10kV	69.4734	768.2372	53 372.05	1741.4010	766.2229	1 334 301.30
35～110kV	0.0000	0.0000	0.00	0.0000	0.0000	0.00
110～220kV	0.0000	0.0000	0.00	0.0000	0.0000	0.00
3. 化肥、农药	0.0000	0.0000	0.00	0.0000	0.0000	0.00
1～10kV	0.0000	0.0000	0.00	0.0000	0.0000	0.00
35～110kV	0.0000	0.0000	0.00	0.0000	0.0000	0.00
110～220kV	0.0000	0.0000	0.00	0.0000	0.0000	0.00
4. 氯碱	220.9832	573.2601	126 680.86	5495.2470	576.3201	3 167 021.52
1～10kV	220.9832	573.2601	126 680.86	5495.2470	576.3201	3 167 021.52
35～110kV	0.0000	0.0000	0.00	0.0000	0.0000	0.00
110～220kV	0.0000	0.0000	0.00	0.0000	0.0000	0.00
5. 电解铝（35～110kV）	0.0000	0.0000	0.00	0.0000	0.0000	0.00
（二）丰水期优惠电量	0.0000	0.0000	0.00	0.0000	0.0000	0.00
（三）能源替代用电	0.0000	0.0000	0.00	0.0000	0.0000	0.00
（四）由电厂直接供电	0.0000	0.0000	0.00	0.0000	0.0000	0.00
（五）代购代销	0.0000	0.0000	0.00	0.0000	0.0000	0.00
（六）其他单列电价	0.0000	0.0000	0.00	0.0000	0.0000	0.00
（七）除优、特电价外	16 475.6842	640.0000	1 0544 438.51	408 169.1260	645.8376	263 610 963.78
1～10kV	14 986.8322	640.7438	9 602 719.59	368 714.0610	651.0953	240 067 989.80
35～110kV	1488.8520	632.5134	941 718.92	39 455.0650	596.7035	23 542 973.98
110～220kV	0.0000	0.0000	0.00	0.0000	0.0000	0.00
220kV 及以上	0.0000	0.0000	0.00	0.0000	0.0000	0.00
二、非、普工业用电	2356.2389	764.4760	1 801 288.14	54 214.0540	764.1861	41 429 627.17
三、居民生活用电	7878.2391	510.2050	4 019 516.61	181 222.5390	510.1401	92 448 882.36
四、非居民照明用电	0.0000	0.0000	0.00	0.0000	0.0000	0.00
五、商业用电	3280.3043	878.8568	2 882 917.63	75 493.5860	878.3145	66 307 111.84
六、农业生产用电	72.2300	561.5914	40 563.75	1774.5410	548.6096	973 530.17
七、贫困县农排用电	0.0000	0.0000	0.00	0.0000	0.0000	0.00

续表

项 目	本 日			当 月 累 计		
	售电量（MWh）	到户单价（元/MWh）	应收电费（元）	售电量（MWh）	到户单价（元/MWh）	应收电费（元）
八、趸售用电	0.0000	0.0000	0.00	0.0000	0.0000	0.00
九、售给外省电量	0.0000	0.0000	0.00	0.0000	0.0000	0.00
十、互抵及不结算	0.0000	0.0000	0.00	0.0000	0.0000	0.00
（一）××年基数互抵电量	0.0000	0.0000	0.00	0.0000	0.0000	0.00
（二）其他不结算电量	0.0000	0.0000	0.00	0.0000	0.0000	0.00
合 计	30 353.1531	641.4087	19 468 777.55	728 110.4940	644.5058	469 271 438.14

主管：×××　　　　　　　　　审核：×××　　　　　　　　　制表：×××

2. 编制应收月报

应收电费工作人员在应收月报生成之前，必须确认当月电费已全部按期结束发行，形成应收电费。否则必须及时反馈给单位处理，以免造成应收电费信息不准确。

在应收电费关账日后，按照不同的用电类别汇总当月及当年累计发行的售电量、应收电费，按照

$$到户电价 = \frac{应收电费}{售电量}$$ 的公式计算到户电价，编制应收月报，见表 ZY2300202011-2。

表 ZY2300202011-2　　　　　　应 收 月 报

编报单位：××供电局　　　　　　统计时段：2009 年 1 月～6 月　　　　　　2009 年 7 月

项 目	本 月			当 年 累 计		
	售电量（MWh）	到户电价（元/MWh）	应收电费（元）	售电量（MWh）	到户单价（元/MWh）	应收电费（元）
一、大工业用电	502 500.4893	640.2124	321 707 053.89	2 973 175.7347	649.1970	1 930 176 833.93
（一）优待电量	8715.6582	619.8060	5 402 017.30	52 192.0856	621.0177	32 412 209.79
1. 煤炭生产	0.0000	0.0000	0.00	0.0000	0.0000	0.00
1～10kV	0.0000	0.0000	0.00	0.0000	0.0000	0.00
35～110kV	0.0000	0.0000	0.00	0.0000	0.0000	0.00
110～220kV	0.0000	0.0000	0.00	0.0000	0.0000	0.00
2. 电石	2085.2020	767.8832	1 601 191.50	12 405.7600	774.4144	9 607 199.56
1～10kV	2085.2020	767.8832	1 601 191.50	12 405.7600	774.4144	9 607 199.56
35～110kV	0.0000	0.0000	0.00	0.0000	0.0000	0.00
110～220kV	0.0000	0.0000	0.00	0.0000	0.0000	0.00
3. 化肥、农药	0.0000	0.0000	0.00	0.0000	0.0000	0.00
1～10kV	0.0000	0.0000	0.00	0.0000	0.0000	0.00
35～110kV	0.0000	0.0000	0.00	0.0000	0.0000	0.00
110～220kV	0.0000	0.0000	0.00	0.0000	0.0000	0.00
4. 氯碱	6630.4562	573.2374	3 800 825.80	39 786.3256	573.1871	22 805 010.23
1～10kV	6630.4562	573.2374	3 800 825.80	39 786.3256	573.1871	22 805 010.23
35～110kV	0.0000	0.0000	0.00	0.0000	0.0000	0.00
110～220kV	0.0000	0.0000	0.00	0.0000	0.0000	0.00
5. 电解铝（35～110kV）	0.0000	0.0000	0.00	0.0000	0.0000	0.00
（二）丰水期优惠电量	0.0000	0.0000	0.00	0.0000	0.0000	0.00
（三）能源替代用电	0.0000	0.0000	0.00	0.0000	0.0000	0.00

续表

项　目	本　月			当　年　累　计		
	售电量 （MWh）	到户电价 （元/MWh）	应收电费 （元）	售电量 （MWh）	到户单价 （元/MWh）	应收电费 （元）
（四）由电厂直接供电	0.0000	0.0000	0.00	0.0000	0.0000	0.00
（五）代购代销	0.0000	0.0000	0.00	0.0000	0.0000	0.00
（六）其他单列电价	0.0000	0.0000	0.00	0.0000	0.0000	0.00
（七）除优、特电价外	493 784.8311	640.5726	316 305 036.59	2 920 983.6491	649.7005	1 897 764 624.14
1～10kV	449 604.3660	640.7445	288 081 510.23	2 655 903.2213	650.7854	1 728 423 061.56
35～110kV	44 180.4651	638.8237	28 223 526.36	265 080.4278	638.8309	169 341 562.58
110～220kV	0.0000	0.0000	0.00	0.0000	0.0000	0.00
220kV 及以上	0.0000	0.0000	0.00	0.0000	0.0000	0.00
二、非、普工业用电	70 896.1563	762.2072	54 037 560.23	425 576.5658	761.8700	324 234 037.40
三、居民生活用电	236 340.5862	510.2212	120 585 980.56	1 414 640.5689	509.7558	721 121 170.45
四、非居民照明用电	0.0000	0.0000	0.00	0.0000	0.0000	0.00
五、商业用电	98 460.2369	878.4046	86 487 926.80	590 961.4215	878.1045	518 925 865.65
六、农业生产用电	2169.5634	560.9021	1 216 912.56	13 102.3546	557.3407	7 302 475.89
七、贫困县农排用电	0.0000	0.0000	0.00	0.0000	0.0000	0.00
八、趸售用电	0.0000	0.0000	0.00	0.0000	0.0000	0.00
九、售给外省电量	0.0000	0.0000	0.00	0.0000	0.0000	0.00
十、互抵及不结算	0.0000	0.0000	0.00	0.0000	0.0000	0.00
（一）××年基数互抵电量	0.0000	0.0000	0.00	0.0000	0.0000	0.00
（二）其他不结算电量	0.0000	0.0000	0.00	0.0000	0.0000	0.00
合　　计	910 367.0321	641.5384	584 035 433.90	5 417 456.644	646.3846	3 501 760 383.32

主管：×××　　　　　　　　　审核：×××　　　　　　　　　制表：×××

应收月报形成后，报表不能再修改。

3. 应收电费的核对

应收日报中本日的售电量、应收电费之和与当月累计值应相符。应收月报中本月的售电量、应收电费之和与当年累计值应相符。

每天的应收日报汇总与应收月报、电量电费汇总清单等信息进行核对，确保应收月报与应收日报汇总以及相应的应收业务数据之间的数据关系正确。

若发现相关信息不符，一定要进行分析找出原因，并通知相关部门，采取必要措施纠正错误。

【思考与练习】

1. 应收日报中有哪些内容？各量之间有什么关系？

2. 应收月报中有哪些内容？各量之间有什么关系？

模块 12　变压器电能损耗理论计算（ZY2300202012）

【模块描述】本模块包含变压器电能损耗理论计算等内容。通过概念描述、术语说明、公式解释、要点归纳、计算示例，熟悉变压器有功、无功电能损耗理论计算方法。

【正文】

一、双绕组变压器的参数计算

变压器的参数中，绕组的电阻和漏抗分别用 R_T 及 X_T 表示，而铁芯的有功损耗和励磁功率 P_0 和 Q_0 表示。一般可由变压器铭牌标注或变压器短路、空载试验结果求得。

（一）变压器参数计算

1. 电阻

由变压器铭牌标注或变压器短路试验结果可得到变压器短路损耗 ΔP_k，进而求得变压器绕组是电阻 R_T。

$$R_T = \frac{\Delta P_k U_N^2}{S_N^2} \times 10^3 \quad (\Omega)$$

式中　ΔP_k——变压器的短路损耗，kW；

$\quad\quad S_N$——变压器的额定容量，kVA；

$\quad\quad U_N$——变压器的额定电压，kV。

如果 U_N 是高压侧的电压，则 R_T 为归算到高压侧的电阻；若 U_N 是低压侧的电压，则 R_T 为归算到低压侧的电阻。因此所取得的基准电压不同则电阻值也不同。

2. 电抗

由变压器铭牌标注或变压器短路试验结果可得到变压器短路电压百分值 $U_k\%$。进而求得变压器绕组的漏抗 X_T。

$$X_T = \frac{U_k\% U_N^2}{100 S_N} \times 10^3 \quad (\Omega)$$

式中　S_N——变压器的额定容量，kVA；

$\quad\quad U_N$——变压器额定电压，kV。

同电阻一样，归算到高压侧或低压侧的变压器每相漏抗值是不相同的。

3. 变压器铁芯的有功损耗

由变压器铭牌标注或变压器短路、空载试验结果可得到变压器铁芯的有功损耗（空载损耗）ΔP_0（kW）。

4. 变压器铁芯的励磁功率

由变压器铭牌标注或变压器短路、空载试验结果可得到变压器空载电流百分数 $I_0\%$。由 $I_0\%$ 可求得变压器铁芯的励磁功率 ΔQ_0。

$$\Delta Q_0 = \frac{I_0\%}{100} S_N \quad (\text{kvar})$$

式中　S_N——变压器的额定容量，kVA。

（二）双绕组变压器简化等值电路

变压器的四个参数 R_T、X_T、P_0、Q_0 可组合成简化等值电路来表示双绕组变压器，对 P_0 和 Q_0 应接在电源侧，即降压变压器一般在高压侧，升压变压器一般在低压侧，如图 ZY2300202012-1 所示。

二、双绕组变压器功率损耗计算

变压器功率损耗分为两部分，与负荷无关的损耗称为空载损耗，随负荷变化的损耗称为负载损耗。

图 ZY2300202012-1　双绕组变压器简化等值电路图

（一）空载损耗

空载损耗指变压器铁芯损耗，它与变压器的容量和电压有关，空载损耗用 $\Delta \tilde{S}_0$ 表示，计算式为

$$\Delta \tilde{S}_0 = \Delta P_0 + j\Delta Q_0 = \Delta P_0 + j\frac{I_0\%}{100} S_N \quad (\text{kVA})$$

式中　ΔP_0——变压器空载有功损耗，kW；

$\quad\quad \Delta Q_0$——变压器的空载无功损耗，kvar；

$\quad\quad U$——加在变压器上的运行电压，kV。

（二）负载损耗

负载损耗又称短路损耗，指变压器绕组中的损耗，负载损耗用 $\Delta \tilde{S}_f$ 表示，它与负荷有关，当变压

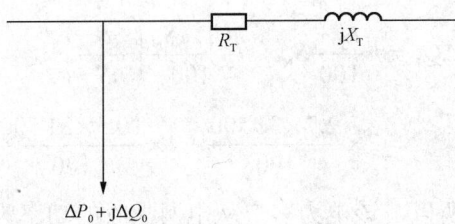

器通过负荷时，有功功率损耗等于绕组的铜损 ΔP_{f}，无功功率损耗等于绕组中的漏抗损耗 ΔQ_{f}。

$$\Delta \tilde{S}_{\mathrm{f}} = \Delta P_{\mathrm{f}} + \mathrm{j}\Delta Q_{\mathrm{f}} = \frac{P^2 + Q^2}{U^2}(R_{\mathrm{T}} + \mathrm{j}X_{\mathrm{T}}) \times 10^{-3} = \left(\Delta P_{\mathrm{k}} + \mathrm{j}\frac{U_{\mathrm{k}}\% S_{\mathrm{N}}}{100}\right)\left(\frac{S}{S_{\mathrm{N}}}\right)^2 \quad (\mathrm{kVA})$$

式中　P——变压器有功负荷，kW；

　　　Q——变压器的无功负荷，kvar；

　　　U——加在变压器上的运行电压，kV；

　　　S——通过变压器的实际负荷，kVA；

　　　S_{N}——变压器额定容量，kVA。

（三）双绕组变压器功率损耗

根据双绕组变压器的铭牌和变压器负荷可求得功率损耗为

$$\Delta P_{\mathrm{T}} = \Delta P_0 + \Delta P_{\mathrm{k}}\left(\frac{S}{S_{\mathrm{N}}}\right)^2$$

$$\Delta Q_{\mathrm{T}} = \frac{I_0\%}{100}S_{\mathrm{N}} + \frac{U_{\mathrm{k}}\% S_{\mathrm{N}}}{100}\left(\frac{S}{S_{\mathrm{N}}}\right)^2$$

式中　S——通过变压器的实际负荷，kVA；

　　　S_{N}——变压器额定容量，kVA。

几台参数相等的变压器并联运行时的功率损耗

假如有 n 台参数相等的变压器并联运行，总的负荷 $\tilde{S} = P + \mathrm{j}Q$，这时总损耗为

$$\Delta P_{\mathrm{T}} = n\Delta P_0 + n\Delta P_{\mathrm{k}}\left(\frac{S}{nS_{\mathrm{N}}}\right)^2$$

$$\Delta Q_{\mathrm{T}} = n\frac{I_0\%}{100}S_{\mathrm{N}} + n\frac{U_{\mathrm{k}}\% S_{\mathrm{N}}}{100}\left(\frac{S}{nS_{\mathrm{N}}}\right)^2$$

例　某电力客户有两台降压变压器并列运行，每台铭牌数据相同，变比 $K = 110 \pm 2 \times 2.5\%/10\mathrm{kV}$、额定容量 $S_{\mathrm{N}} = 31\,500\mathrm{kVA}$、短路损耗 $\Delta P_{\mathrm{k}} = 200\mathrm{kW}$、空载损耗 $\Delta P_0 = 86\mathrm{kW}$、短路电压 $U_{\mathrm{k}}\% = 10.5$、空载电流 $I_0\% = 2.7$、变压器二次负载为 $40\,000 + \mathrm{j}30\,000\mathrm{kVA}$。求该电力客户从电网吸收多少功率？

解：$\Delta P_{\mathrm{T}} = n\Delta P_0 + n\Delta P_{\mathrm{k}}\left(\dfrac{S}{nS_{\mathrm{N}}}\right)^2 = 2 \times 86 + 2 \times 200\dfrac{40\,000^2 + 30\,000^2}{(2 \times 31\,500)^2} = 424\,(\mathrm{kW})$

$$\Delta Q_{\mathrm{T}} = n\frac{I_0\%}{100}S_{\mathrm{N}} + n\frac{U_{\mathrm{k}}\% S_{\mathrm{N}}}{100}\left(\frac{S}{nS_{\mathrm{N}}}\right)^2$$

$$= 2 \times \frac{2.7 \times 31\,500}{100} + 2 \times \frac{10.5 \times 31\,500}{100} \times \frac{40\,000^2 + 30\,000^2}{(2 \times 31\,500)^2} = 5868\,(\mathrm{kvar})$$

所以，该电力客户从电网吸收的功率为

$$\tilde{S} = (40\,000 + \mathrm{j}30\,000) + (424 + \mathrm{j}5868) = 40\,424 + \mathrm{j}35\,868\,(\mathrm{kVA})$$

【思考与练习】

1．写出双绕组变压器参数计算表达式。

2．画出双绕组变压器简化等值电路图。

3．写出双绕组变压器的功率损耗表达式。

第三部分

电费回收与风险防范

第六章 电费回收

模块 1 常用电费回收渠道、方法和结算方式（ZY2300301001）

【模块描述】 本模块包含常用缴费渠道、方式和资金结算方式的介绍等内容。通过概念描述、术语说明、流程讲解、要点归纳、示例介绍，掌握各类简单电费回收方式的工作内容及处理流程。

【正文】

一、收费渠道

电费缴费渠道是供电企业销售电能、获得收入的渠道。电费缴费的方式层出不穷，根据参与缴费过程的收费服务提供商的不同，客户缴纳电费的渠道可以分为以下三类：

1. 供电企业

供电企业作为电能产品的供应商，也是多年来电能的唯一销售商，是历史最悠久、最被客户认知的电费缴费渠道。

2. 金融机构

各银行为拓展业务能力，树立金融品牌形象，与供电企业合作开通代收电费业务，成为电力客户缴纳电费的新渠道。随着邮局、银联等特殊金融企业的加入，该缴费渠道服务的客户群体范围得到了更全面纵深的发展。

3. 非金融机构

随着代收电费中间业务的发展，电信等通信行业、大型商场、超市、特殊行业的连锁专卖店、通过保证金授权的个体经营者等各类社会化代收电费渠道纷纷诞生，并不乏取得巨大经济效益和社会效益的成功案例，现已成为十分受客户欢迎的缴费渠道。

二、常见缴费方式及业务处理

1. 坐收

坐收是指收费人员在设置的收费柜台使用本单位收费系统以现金、POS 刷卡、支票、汇票等结算方式，收取客户电费、违约金或预缴费用，并出具收费凭证的一种收费方式。

坐收的场所大多在供电营业窗口，供电企业在本单位以外的区域通过 VPN 虚拟专网、无线通信等通信技术与内部系统通信，还可实现"移动坐收"，如在人流量大的社区、超市租用场地指派工作人员开展坐收，或通过改装车、无线通信便携电脑组合，设立移动收费车坐收电费。坐收业务处理流程如下：

（1）受理缴费申请。根据客户编号查询客户应缴电费、违约金，确认缴费或预收电费。

（2）票据核查及费用收取。收取费用，根据客户交纳资金的不同形式，审验资金（详见本篇后续章节），确认资金的有效性。

（3）确认收费并开具收费凭证。根据客户缴款性质（结清电费、部分缴费、预付电费），为客户开具电费发票或收据。

（4）日终清点。一日收费终止，统计生成当日各类坐收资金的实收报表，将收款笔数、金额与已开具的电费发票、收据及实际资金进行盘点，不相符查找原因，处理收费差错，直至报表、票据、资金三账完全相符。最后，清点各类票据、发票存根联、作废发票、未用发票等。

（5）解款。根据不同资金形式解款的方法将资金进账到指定的电费收入账户。

（6）票据交接。将资金解款的原始凭据以及"日实收电费交接报表"等上交相关人员，票据交接需双方签字确认。

坐收电费成本较高，自然收费的实收率较低，但却是知晓度最高且必不可少的一种方式。

坐收电费面对的客户群体，通常是时间充裕、周转资金少的低端低压客户或未办理自动划拨电费的高压客户群体，当一个区域内坐收客户比例较高时，说明该区域内开通的缴费方式不够丰富，应努力创新收费渠道。

供电企业窗口收费人员在开展坐收电费时，应注意以下事项：

（1）电费收取应做到日清月结，及时解款，票款相符，按期统计实收报表，财务资金实收与业务账相符（《营业抄核收工作管理规定》第二十四条）。

（2）不得将未收到或预计收到的电费计入电费实收。

（3）为提高收费效率，可以对客户电费进行调尾处理。调尾的额度可以是角或元，采用取整或舍去尾数的方式。

（4）当允许坐收在途电费时，对于处在走收或代扣等方式在途状态的应收电费，坐收收费人员应主动询问客户是否继续收费，尽可能避免引起重复收费，减少客户不满。

（5）因卡纸等原因造成发票未完整打印，需重新补打印时，应注意作废原发票，保障发票不被重复发放。

2. 走收

走收是指收费员带着打印好的电费发票到客户现场或设置的收费点手工收取电费的收费方式，收费结束后，核对所收款项，存入银行，并将相关票据及时交接。走收电费的业务流程如下：

（1）确定走收对象，按台区、抄表段等方式准备单据（包括应收清单、收款凭证、电费发票等）。

（2）走收收费人员领取票据，核对应收。检查领取的发票和应收费清单是否相符，对于一户多笔电费的高压客户，检查发票累计是否与实际要求客户缴款的收款凭证相符。

（3）现场收费。对客户交付的现金、支票按不同资金结算方式的清点要求进行审核、清点，确认无误后将发票提交给客户，做到票款两清，不允许多收少收。

（4）银行解款。核对所收各类资金是否与已收费发票的存根联金额一致，应收、未收票据及实收资金是否相符，不一致应查找原因。核对正确后，将资金及时存入指定电费资金账户。解款后，在收费清单上注明所解款电费的解款日期。

（5）票据交接与销账。收费人员在规定时间内返回单位，将已收发票存根、未收发票、资金进账凭据交相关人员审核，确认无误后相关人员在营销系统内登记销账。

（6）日终清点。相关人员统计生成实收报表，再次与应收清单、资金进账凭据、已收费发票存根、未收发票等凭据进行平账，做到应、实、未收相符，确认无误后，交接双方应签字确认，出现差错的，配合收费人员及时查找原因并处理。

（7）客户未交电费的发票处理。重新走收时，电费违约金发生变化的，将原发票作废，重新打印发票。没有发生变化的，可以使用原先的发票。

走收方式需逐户上门，效率较低，且资金在途风险较大，主要适用于以下两类客户：①农村或偏远地区的低压客户，缴纳的电费资金多为现金；②部分不方便柜面缴费且未开通银行代扣的高压客户，在走收人员上门时，多以支票形式结算电费。

开展走收电费工作时，应注意以下事项：

（1）电费收取应做到日清月结，并编制实收电费日报表、日累计报表、月报表，不得将未收到或预计收到的电费计入电费实收（《营业抄核收工作管理规定》第二十四条）。

（2）按收费片区固定上门收费时间，需要调整的应提前通知客户。

（3）开展走收的单位，应事先明确每个走收人员负责的客户范围。走收电费的应收清单和发票打印、实收销账等工作应由专人负责，并与走收人员核对确认，保障对走收工作质量的有效监督。

（4）收取的电费资金应及时全额存入银行账户，不得存放他处，严禁挪用电费资金。

（5）收费人员在预定的返回日期内应及时交接现金解款回单、票据进账单、已收费发票存根、未收费发票等凭证，及时进行销账处理。

3. 代扣

代扣是指客户与供电企业或银行签订委托自动扣划电费的协议，银行按期从供电企业获取客户待缴电费信息，从客户账户扣款，并将扣款结果返回给供电企业的一种销账收费方式。

委托代扣缴费方式又分为两种：

（1）文件批扣模式。客户与供电企业签约，指定扣款账户，应收电费产生后，供电企业生成批量扣款文件，向指定银行申请扣款，银行返回扣款结果，供电企业依据扣款结果批量销账，未成功划款的形成欠费。

（2）实时请求模式。客户与银行签约，委托银行不定期向供电企业查询欠费，发现有未结清电费，则通过代收方式从客户指定账户扣划电费，缴纳到供电企业账户中。

实时请求模式的收费业务处理与供电企业无关，这类客户在供电企业被视为柜台缴费客户，供电企业只需负责客户对应收电费疑问的答复及欠费催收工作，当抄核收人员查出有超期未缴电费时，可直接对其进行催费。

文件批扣模式的收费处理涉及多个部门和岗位，其流程如下：

（1）签约。客户到供电营业窗口或银行柜面，填写委托代扣协议，柜面人员登记协议，并将协议资料记录到供电企业的系统中。

（2）代扣处理。供电企业查询出所有代扣客户的未结清电费，按银行生成批量扣款文件，发送到银行（或由银行按约定时间提取），银行进行批量扣款，生成扣款结果文件，返回给供电企业进行批量销账，不成功户还原为欠费。

（3）收费整理。供电企业汇总每批扣款文件的应收、实收、欠费是否相符，查收银行实际到账资金是否与系统登记实收相符，对不符账项查明原因，及时处理，并在系统内登记实收资金。

（4）欠费催收。责任催收人员对扣款不成功客户进行分析，对于账户错误的，与客户联系核实账户，另行扣款；对于资金不足的通知客户及时存款再扣，仍不能解决的，由催费人员上门催收。

（5）客户取票。确认电费缴纳成功后，客户到供电营业窗口或约定银行网点索取电费发票，也可由供电企业主动邮寄或银行直接送达客户，具体方式由各地区供电企业与当地合作银行协商确认业务流程，并通过业务系统实施。

代扣方式扣款效率高，大大减轻手工收款工作量，服务成本低，并能为银行带来资金沉淀，但要求供电企业在客户的开户银行设立电费资金账户。

目前，几乎国内所有商业银行都有与供电企业开通代扣电费业务的实例，邮局也因其网点广泛、服务于低端客户群体的特性，在代收电费业务中占有一定比例。近年来，随着供电企业与银联的合作，具有银联标识银行卡客户，在任何银行签订代扣协议，供电企业都可通过银联扣划电费，这将使代扣业务发展更为迅速、广泛。

4. 代收

代收是指供电企业以外的金融、非金融机构或个人与供电企业签订委托协议，代为收取电费的一种收费方式。代收电费可以采取脱机方式（买票收费，独立于供电企业之外），也可以采取联网方式。目前最常用的是供电企业与代收机构间中间业务平台互联，实现实时联网收取电费的联网方式。

代收电费模式的推出与应用日趋成熟，使供电企业的营业窗口得到了无限拓展，营业时间从 8h 发展到了 24h，窗口形式从固定柜台发展到自助柜台、电话服务站、网上商户、移动服务终端、空中充值平台等各种形式。代收电费给代收机构带来宣传效应，为供电企业延伸了柜面，只要代收电费资金安全且手续费成本合理，这种方式是值得大力推广的。

三、常用的电费资金结算方式

1. 现金缴款

现金缴款是指用现金来交纳电费的一种资金形式，主要用于居民或电费额度不高的低压非居民客户。收费人员接受客户的现金后，应当面认真地检验票面的真伪，防止收到假钞带来不必要的损失。日终收费结束后，应清点资金，打印或填写现金解款单，及时进账到指定的电费资金账户中。

2. POS 刷卡

POS 刷卡是指在收费柜台安装 POS 机具，通过客户刷卡消费方式，将应缴电费从客户银行卡账户划转到供电企业指定电费资金账户的一种结算方式。

POS 收费的业务处理包括以下内容：

（1）每日上班前，检查打印部件并进行 POS 机具签到，做好刷卡收费准备，日终 POS 收费结束时，进行签退。

（2）开展 POS 收费时，根据合作方规定的验卡常识验卡；确认卡有效后在 POS 机具上确认交费金额，要求客户确认金额，输入密码，完成交费；交费成功后，打印出当笔交易的 POS 凭条，柜面收费员再次确认凭条打印的卡号是否与卡面卡号一致，防止伪卡消费；确认后请客户在存根凭条上签字确认消费金额；收费员将客户在凭条上的签名与缴费的银行卡背书签名核对，核对无误后，交易完成，将客户的银行卡退还给客户。

（3）POS 存根保存。按合作方规定，按日装订保管好带有客户签名的 POS 交易凭条存根联，随时备查。

在开展 POS 收费时，还应注意按金融行业验卡要求进行验卡，保障交易资金安全到账。验卡一般要求如下：

（1）确认持卡人出示的卡为银联（合作银行）识别的银行卡；

（2）确认卡正面的卡号印制清晰且未被涂改；

（3）确认卡背面的签名清晰且未被涂改，签名条上没有"样卡、作废卡、测试卡"等非正常签名的字样；

（4）确认银行卡无打孔、剪角、毁坏或涂改的痕迹；

（5）如是信用卡，确认银行卡是在有效期内使用。

3. 支票

支票是指由出票人签发的，委托办理支票存款业务的银行或者其他金融机构在见票时无条件支付确定金额给收款人或者持票人的票据。支票是目前客户用于缴纳电费最常见的一种票据形式。

按支票的功能分，支票通常可以分为现金支票、转账支票、普通支票。其中现金支票上印有"现金支票"字样，用于提取现金；转账支票上印有"转账支票"字样，用于账户转账，普通支票未印有现金或转账字样，即可以作为现金支票使用，又可以作为转账支票使用。通常在电费收费工作中最常见到的是现金支票和转账支票。

收费人员在收到支票后，首先应审核支票的有效性，防止因支票填写问题导致退票，影响电费资金回收。支票验票通常应核对支票的收款人、付款人的全称、开户银行、账号等填写是否准确、规范、无涂改；金额大小写是否一致、正确；出票日期是否在有效期内；印鉴是否完整、清晰；对于背书转让支票，还应审核被背书人是否确为供电企业收款账户收款人，背书是否连续，无"不准转让"字样，支票付款账户与收款账户是否在同一属地。支票审验合格，确认收费后，应尽快到银行办理进账手续。

现金支票只能到付款账户开户银行提取现金，收费人员使用现金支票提取现金后，应立即存入供电企业指定的资金账户中。

转账支票进账可以到付款账户开户行或收款账户开户行办理。直接到客户开户行进账，银行柜面不但可以验明票据的有效性，还可审核账户余额是否充足，一般银行确认后即进账成功，基本上不会发生退票，资金转账安全、高效，建议收费员采用这种方式进账。

在转账支票进账时还需填写进账单，进账成功后，银行将确认支票进账行为的进账单回执联盖章退还给进账人作为进账依据。当从付款账户开户行进账，收款人信息填写不正确或进账单左右联转账金额不相符时，也可能导致收款账户银行退票，收款人银行将资金退还到付款人银行并上账到付款账户，出现这种问题时，资金周转期较长，将严重影响电费回收，因此进账单填写也同样重要，收费员一定要认真对待。

有些地区的供电企业为规范资金管理，要求客户缴纳电费时不直接缴纳支票，而是缴纳支票从其开户银行进账后的进账单回执联，供电企业确认收到资金后再进行实收销账。采用这种方式电费资金到账安全、及时，实收销账准确、可靠，值得推广。

4. 银行直接划转

客户通过网上银行、转账汇款、银行柜面电子兑对等形式直接将资金进账到供电企业指定的电费资金账户中的电费资金回收形式即为银行直接划转。客户在成功进账后，将通过各种方式通知供电企业缴费事实，收费人员只需审核确认资金到账属实，即可登记当笔到账资金并进行电费销账。

通过代收机构缴纳电费的客户，其电费资金由代收机构及时进账到供电企业指定的电费账户中，其资金形式也为银行直接划转。由于机构代收电费多采用实时交易模式，在代收的同时也对供电企业系统内电费进行了销账，因此无需另行销账。

银行直接划转这种电费资金回收形式确保了先回收资金、再销账，不但资金安全可靠，业务流程也科学合理，是一种值得推广使用的资金结算形式。但在实际收费工作中，还应注意及时查收落实资金，进行电费销账，避免出现已缴费客户被催费停电而引起客户服务差错事故。

四、电费回收的特殊处理

1. 多种缴费方式混用

随着代扣代收电费业务的多样化发展，客户经常变更缴费方式或多种方式混用，例如，签订代扣协议的客户可直接通过代收网点缴纳电费，采用充值缴费的客户到柜面缴清电费尾款等。客户通过不同方式成功缴纳的每笔电费，供电企业均完整、清晰地记录其日期、收费人员、收取金额等重要交易信息，以准确进行电费销账及备查。

2. 多种资金结算形式混合收费

为方便客户，一笔电费可以通过多种资金形式缴纳，例如，一部分现金、一部分支票，业务处理时，可以对每笔实收资金如实收记入客户预存电费中，待足额后通过预收转电费的形式进行电费销账。

3. 关联缴费

根据用电客户的委托缴费协议，多个客户可以委托一个客户缴费。若供电企业与客户签订了该类缴费协议，应主动建立（变更、终止）委托缴费对象的关联关系，当关联客户有新电费发行时，可由委托缴费对象缴费。通常一个客户需要支付多个下属用电客户的电费或一批低压客户希望集中缴费时，可以通过这种方式并笔缴费、销账、出票，即简化了操作，也方便了客户。

五、某供电公司代收电费业务开通及发展情况实例

某供电公司是国家电网公司下属的特大型供电企业，营业户数 200 万户以上，户数每年增长约10%，低压客户占公司营业户数的 98.7%，其中，低收入、低文化程度客户群体占 50% 以上，营业窗口配套建设远不能满足客户增长的需要，缴费难问题一直困扰着该供电企业。

从 2002 年起，率先与招商银行合作，开通代收电费业务。在短短几年时间内，代收电费的合作银行发展到九家，业务范围涉及柜面、电话银行、网上银行，同时，为解决低收入、高年龄层客户群体，开通邮政网点代收电费业务，一时间，该地区缴纳电费的营业网点延伸到 1000 个以上，通过代收代扣方式缴纳电费的客户达到 60% 以上。

2006 年起，为从根本上解决缴费难问题，该公司对市场进行了深入的分析、研究、调查，确定了开辟非金融业的社会化代收电费合作伙伴的方针，先后与通信行业、大型商业企业、网络支付平台运营商合作，开辟新的代收电费渠道，较好地满足了现金缴费客户群体的需求。

与此同时，该公司注意到中国银行卡业务的兴起和快速发展，与银联公司合作，将代收电费业务移植到银联公司开发的公共支付平台，实现了国内商业银行全面代收电费功能，并基于银联公共支付平台，研发、推广了一批具有自助缴纳电费功能的自助终端机、移动 POS 等设备，代收电费业务被广泛的应用于银联合作商户的衍射产品中，如固网支付、手机钱包业务等，代收电费业务整合各类合作方的资源优势，缴费渠道拓展的能力、宽度、速度远远超出了公司自身的规划。

该公司通过发展多种收费方式，彻底解决了缴费难问题，同时得到社会公众的广泛认同。

【思考与练习】

1. 请简述客户缴纳电费的渠道有几种。

模块 1

ZY2300301001

2. 试述坐收电费的业务流程，并简述开展坐收电费应注意哪些业务规范。

3. 请阐述坐收、走收、代扣、代收几类收费方式收取电费的利与弊。

4. 采用 POS 刷卡收费时应如何验卡？

5. 请简述收到支票后如何审验支票的有效性。

6. 请简述常用的电费资金结算形式有哪些？

模块 2　收费业务处理（ZY2300301002）

【模块描述】本模块包含电费、业务费收取、退费及调账等内容。通过概念描述、术语说明、流程图解示意、要点归纳、计算示例，掌握收费业务处理。

【正文】

供电企业面向客户的收费业务范围包括电费及业务费收取，其中业务费是供电企业办理客户用电时根据国家有关政策所收取的必要开支，是保障业务正常开展的必要环节；电费回收是供电企业获得销售收入、实现利润目标的途径。收费业务开展不好，将引起供电企业流动资金周转缓滞、再生产受阻、经营成本增加、利润减少等一系列后果，电费回收考核等指标已成为衡量各级供电企业经营水平的一个重要考核标准。

一、电费回收

（一）基本概念

电费回收工作内容：按电费通知、电费收缴、欠费催收、欠费停复电、欠费司法救济、电费坏账核销顺序开展应收电费的收取、催收、欠费处理工作，保证供电企业主营收入任务的全面完成。

电费回收目标为：当年不发生新欠电费，陈欠电费逐年下降，确保应收电费余额下降。

电费回收基本要求：采取任何方式收取的电费资金应做到日清月结，并编制实收电费日报表、日累计报表、月报表，不得将未收到或预计收到的电费计入电费实收（《国家电网公司营业抄核收工作管理规定》第二十四条）。

电费回收考核指标：电费回收工作质量的好坏，通常用电费回收率、应收电费余额、在途资金控制额三个指标来考核。

1. 电费回收率

$$电费回收率 = 实收电费（元）÷ 应收电费（元）× 100\%$$

根据应、实收电费性质，电费回收率又分为当月电费回收率、当年累计电费回收率、陈欠电费回收率，分别对应于当月、当年累计、历史欠费的当前实收。

2. 应收电费余额

指按财务口径在月末、年末 24 点时的应收电费账面余额。其中，应收电费指当期按国家规定向客户征收的全口径电费。包括目录电费、农网还贷资金、库区建设基金、农网维护费、城市公用事业附加费等国家规定的代征费。

3. 在途资金控制额

指在上级考核部门对供电企业在次月规定日期的允许本年度累计欠费控制数。

（二）电费通知

1. 常用通知方式

（1）主动通知。供电企业通过各种手段，在电费发行后，主动通知客户应缴电费信息。例如《电费通知单》上门送达、《电费通知书》邮寄、《电费账单》电话或传真通知等。

（2）被动通知。供电企业不主动通知客户，保持抄表日程相对固定，提供电费查询平台，使客户自觉在抄表结算期查询电费后及时缴费。目前，全国各地区的电力"95598"客户服务系统均已实现自动语音电量电费及欠费查询功能。

（3）委托通知。电力公司委托第三方，通过其特殊资源，通知客户应缴电费信息。例如，与移动、联通、电信等通信运营商合作，通过其语音、短信平台发布电费通知信息；又如，通过代收机构的网点、特殊服务方式对其客户群体发布电费通知信息等。

2．电费通知的内容

一般应包括：

（1）当期电量、电价、应缴电费信息；

（2）客户缴费期限、当前缴费方式、当前预存余额等信息；

（3）代扣客户当前欠费退票原因。

（三）电费收缴

电费通知到位后，收费员可根据各种收费方式的业务流程开展电费收费工作。各类收费方式的业务流程、工作内容、相关规定等详见电费回收渠道方法及结算方式等模块。

（四）电费催收管理

在规定的缴费期限内，客户未按约定的缴费方式交纳电费，则形成欠费。供电企业必须通过各种催收手段开展电费催缴，才能保证电费顺利、足额回收。

依据《电力供应与使用条例》第二十七条、第三十九条，对于逾期不缴纳电费的客户，供电企业可以采取两种催收手段：加收违约金或终止供电。通过这两种手段，绝大部分欠费能及时回收，为充分用好电费回收手段，以下分别介绍与电费催收相关的法规、基本概念及方法。

1．电费的交费期限

根据《供电营业规则》第八十二条中的描述，用户应按供电企业规定的期限和交费方式交清电费，不得拖延或拒交电费。

法规中对供电企业规定的客户缴纳电费的期限未作明确说明，通常该期限以与客户签订的《供用电合同》为准。因此，在与客户签订《供用电合同》时，应充分考虑不同客户类型、区域抄表日程因素，使确定的期限即合理又能保障电费在较短周期内回收，降低资金风险，提高回收效率。

2．电费违约金的计算

电费违约金是客户在未能履行供用电双方签订的《供用电合同》、未在供电企业规定的电费缴纳期限内交清电费时，应承担电费滞纳的违约责任，向供电企业交付延期付费的经济补偿费用，又称为电费滞纳金。电费违约金是法定违约金，是维护供用电双方合法权益的措施之一。

依据《供电营业规则》第九十八条，电费违约金从逾期之日起计算至交纳日止。每日电费违约金按下列规定计算：

（1）居民用户每日按欠费总额的1‰计算；

（2）其他用户：

1）当年欠费部分，每日按欠费总额的2‰计算；

2）跨年度欠费部分，每日按欠费总额的3‰计算。

（3）电费违约金收取总额按日累加计收，总额不足1元者按1元收取。

在违约金计算时还应注意以下事项：

（1）欠费金额为当笔电费的实欠金额，当客户有预存电费或采取分期结算已回收部分电费时，应将当笔应收电费扣减已收部分后作为欠费，计算违约金。

（2）计算应以每笔电费为依据，按当笔电费执行电价为判断标准，不足1元取1元。

（3）电费违约金只能计算一次，不得将已计算的违约金数额纳入欠费基数再次计算违约金。

（4）经催交仍未交付电费者，供电企业可依照规定程序停止供电，但电费违约金应继续按规定计收。

3．欠费分析与催收

欠费分析与催缴工作的主要内容是确定欠费催缴责任人、考核指标，由责任人按要求有计划地开展欠费的分析及催费工作，相关业务处理详见后续模块。

（五）欠费停复电

根据《电力供应与使用条例》第三十九条，自逾期之日起计算超过30日，经催交仍未交付电费的，供电企业可以按照国家规定的程序停止供电。停电催费的程序应遵守相关法规。关于停复电业务处理

模块
2

ZY2300301002

及注意事项详见后续模块。

（六）欠费风险防范

对于通过欠费停电程序催费后仍未缴纳电费的客户，供电企业建立电费风险防范的预警制度，按其欠费性质、额度分类管理，并运用法律手段追讨电费。关于欠费风险防范及欠费追讨的法律手段，详见后续模块。

（七）电费坏账核销

电费坏账是指经法院依法宣告破产的欠费、因企业关停、倒闭或企业被工商部门注销以及账龄超过三年以上的经确认难以收回的电费。电费坏账作为电力企业的无法追回的债权性资产损失，需进行"账销案存"（即核销）处理。

所谓账销案存资产是指企业通过清产核资经确认核准为资产损失，进行账务核销，但尚未形成最终事实损失，按规定应当建立专门档案和进行专项管理的债权性、股权性及实物性资产。

为规范和加强资产管理，促进账销案存资产的清理回收，盘活不良资产，防止国有资产流失，国务院国有资产监督管理委员会下发了《关于印发中央企业账销案存资产管理工作规定的通知》（国资发评价〔2005〕13号），国家电网公司也出台了《国家电网公司账销案存资产管理实施办法》，对电费坏账核销的清查、核销做出了明确规定，现将电费坏账核销的必要认定条件及办理程序介绍如下：

1. 必要认定条件

（1）电费债务单位被宣告破产的，应当取得法院破产清算的清偿文件及执行完毕证明。

（2）电费债务单位被注销、吊销工商登记或被政府部门责令关闭的，应当取得清算报告及清算完毕证明。

（3）电费债务人失踪、死亡（或被宣告失踪、死亡）的，应当取得有关方面出具的债务人已失踪、死亡的证明及其遗产（或代管财产）已经清偿完毕、无法清偿或没有承债人可以清偿的证明。

（4）涉及诉讼的，应当取得司法机关的判决或裁定及执行完毕的证据；无法执行或债务人无偿还能力被法院终止执行的，应当取得法院的终止执行裁定书等法律文件。

（5）涉及仲裁的，应当取得相应仲裁机构出具的仲裁裁决书，以及仲裁裁决执行完毕的相关证明。

（6）与债务人进行债务重组的，应当取得债务重组协议及执行完毕证明。

（7）电费债权超过诉讼时效的，应当取得债权超过诉讼时效的法律文件。

（8）清欠收入不足以弥补清欠成本的，应当取得清欠部门的情况说明及企业董事会或总经理办公会等讨论批准的会议纪要。

（9）其他足以证明债权确实无法收回的合法、有效证据。

2. 办理程序

（1）供电企业内部相关业务部门提出销案报告，说明对账销案存资产的损失原因和清理追索工作情况，并提供符合规定的销案证据材料。

（2）供电企业内部审计、监察、法律或其他相关部门对资产损失发生原因及处理情况进行审核，并提出审核意见。

（3）供电企业财务部门对销案报告和销案证据材料进行复核，并提出复核意见。

（4）供电企业销案报告报经总经理办公会等决策机构审议批准，并形成会议纪要（单项资产备查账簿账面金额在5000万元以上的，报国家电网公司总部核准）。

（5）根据本单位决策机构会议纪要、上级单位核准批复及相关证据，由供电企业负责人、总会计师（或主管财务负责人）签字确认后，进行账销案存资产的销案。

（6）财务销案后在电力营销业务系统中进行核销登记。

电费坏账核销涉及抄核收人员的主要工作是根据实际用电环境，认真分析、甄别陈欠电费，确定需申报坏账，收集必要的认定证明材料，在完成账销案存资产的销案程序后，进行业务系统内的销账。抄核收人员应当充分认识到电费收入作为国有资产的重要性质，与管理人员一起，对清产核资中清理出的各类欠费资产损失进行认真剖析，查找原因，明确责任，提出整改措施，同时应当按照《国有企业清产核资办法》规定，组织对账销案存资产进行进一步清理和追索，通过法律诉讼等多种途径尽可能收回资金或残值，防止国有资产流失。对账销案存资产清理和追索收回的电费资金，应当按国家和国家电网公司有关财务会计制度规定及时入账，不得形成"小金库"或账外资产。账销案存资产备查账簿是辅助会计账簿，用于辅助管理，各单位不得通过备查账截留资金收入。

二、业务费收取

1. 业务费的基本概念

供电企业在核准的供电营业区内享有电力经销专营权，有依法向客户收取电费和相关费用的权利。

2. 业务费收取的工作内容及流程

业务费收取的方式有坐收、银行代收两种，其工作内容为通过各种方式收取费用，进行收取资金的平账、解款与交接，流程如图 ZY2300301002-1 所示。通常供电营业窗口坐收的方式被更为普遍的使用。

3. 业务费坐收

收费人员在收费柜台使用本单位收费系统查询出客户应缴业务费，以现金、POS 刷卡、支票、汇票等结算方式，完成收缴，并出具收费凭证。

4. 业务费代收

金融机构和非金融机构代为收取用电客户业务费。代收业务费可以采取脱机方式（买票收费，独立于供电企业之外），也可以采取联网方式，实时从供电企业获取代收业务费信息，收费并为客户开具业务费发票。

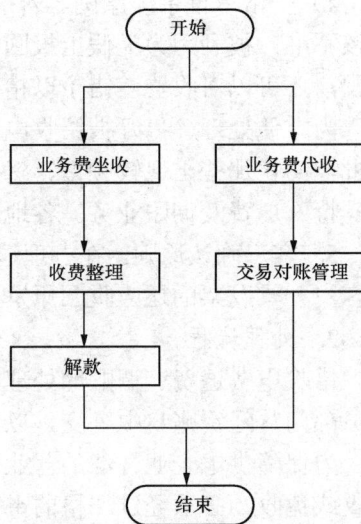

图 ZY2300301002-1　业务费收费流程图

代收单位未给缴费客户出具业务费发票的，供电企业应凭缴费凭证为客户换取业务费发票，需要增值税发票的应按国家有关增值税发票的规定开具。

采取代收方式收取业务费，应及时与代收单位进行交易对账，核对缴费数据，如果有单边账应及时处理，保障代收业务费资金与代收业务费记账相符。

三、收费的特殊业务处理

1. 错收业务处理

（1）处理方法。出现错收电费或业务费时通常有以下几种处理方法：

1）当日冲正。当日解款前发现的错收费用可进行冲正处理，撤销当笔错误操作，重新按正确客户及金额收取费用。冲正处理时记录冲正原因，如果发票已打印的，收回并作废。冲正只能全额操作，不允许部分冲正。

2）隔日退费。当错收电费已确认实收并解款后，无法撤销错误操作，可在次日或发现差错的当日申请退费，经过规定的审批流程后，确认退费，按当笔收费的资金形式退还费用，日终实收报表将如实反映当日实际收款及退款情况。

3）隔日调账。当错收电费已确认实收并解款后，无法撤销错误操作，但当笔收费系客户确认错、所收资金正确时，可在次日或发现差错的当日申请调账，经过规定的审批流程后，确认调账，将错收电费调减，重新收取到应收客户的相关费用中。这种方式当日实收款汇总不发生变化，只是将费用从一个客户调到另一个客户。

4）资金冻结。在极特殊的情况下，收费人员发现错收事实，但不知道当笔费用实际应计到哪个客户时，应将当笔费用转至预存中并冻结起来，待查出应计或应退客户后再行处理。

（2）处理原则。退费、调账是收费差错处理与考核的关键环节，关系到电费资金的准确安全，在业务处理中应始终坚持以下原则：

1）谁收谁退原则。退费、调账必须由当事人核准确认差错后处理，确保处理正确，防止错退、错调电费（业务费）引起的差错风险。对于银行或其他机构代收引起的差错，应由代收机构核准并出具书面说明后，由供电企业代收对账员统一审核后，以代收机构身份处理。

2）原资金结算形式退费原则。确认退费、调账后，收费人员应查明收取当笔费用的资金结算形式，在审批流程通过后按原资金结算形式将错收费用退还给客户，以防止出现支票、POS刷卡缴费后通过现金退费等违规套现行为。

3）确认到账后处理原则。对于采取支票等非现金方式错缴的电费，应在确认资金到账后方能进行退费处理，防止出现空套现象。

4）严格审批手续原则。若退费调账不经审批手续，则随时可能出现新欠费，导致过去实收不准、考核不准，被利用为虚假上报回收指标完成的工具，因此，严格的审批流程是十分重要的，通过审批流程，还可以对收费差错予以精确考核。

为方便处理，搞好被错收电费客户的服务工作，退费、调账处理一般按金额、资金形式实行分级审批，简化那些出现较频繁、资金量小、服务时限要求高的小额退费调账业务流程，扁平透明化控制大额特殊退费及调账业务。各地区的退费、调账审批流程由网省级供电单位制定并监督执行。

5）客户确认原则。在办理退款、调账时，应确认客户身份证明，要求客户在退款凭证上签字，已为客户开具发票的还应收回原发票（或开具红字发票由客户签字确认）。

2．处理流程

错收电费退费、调账的处理流程包括申请、审批、打印凭据、确认处理几个环节，对于退费，由账务部门从经费账户中列支，以现金或支票等形式支付给客户，并收回客户签字确认的退款凭证。

为保障供电企业合法的营业外收入，有效制约违约行为，违约金、违约使用电费等费用不得随意减收或免收，必须经过严格的审批流程方能执行。审批权限按待减收金额分为多个级别，分别由营业班长、营业所主任、县市公司电费分管领导、地市公司分管领导等审核。具体流程设计制定由省级供电单位确定。

四、违约金计算示例

例1　居民客户李某，与供电公司签订供用电合同，条款中约定"抄表例日为每月15日，客户方应在供电方抄表计费后当月内结清电费，否则按相关规定加收违约金。经催交仍未交付电费达30天及以上者，依照规定程序停止供电。"2008年5、6月期间，客户因工作原因未能按期缴纳电费，2个月电费金额分别为88.24元及145.54元，7月5日，该客户到附件供电营业厅缴纳电费，请计算他应缴纳多少违约金？

分析：客户欠2个月电费，将超过免交违约金的合同约定日期，其中5月电费迟交35天（合同约定当月内结清电费，从次月1日起收取，共30+5＝35天），6月电费迟5天（从7月1日算起），因其为居民客户，按1‰收取，因此，分别计算2月的违约金如下：

5月：$88.24 \times 35 \times 0.001 = 3.09$（元）

6月：$145.54 \times 5 \times 0.001 = 0.73$（元）

不足1元取整到1元，两月违约金累计4.09元。

例2　某企业在申请用电时，与供电企业签订电费结算协议，采用分期结算方式缴纳电费，每月5、15日定额缴纳5万元电费，月末25日抄表后结算尾款，多退少补。合同双方约定在抄表后7日内结清尾款电费，付费方式为银行电子托收，若未按期缴纳，从退票之日起加收违约金。该企业为一茶叶加工制作企业，用电性质为普通工业，2007年年底，资金出现问题，从11月起连续3个月出现欠费，供电企业经催缴后仍未能收回电费，于2008年2月实施停电，2008年4月10日，客户前来供电营业窗口缴纳电费并申请复电，表ZY2300301002-1列举了其2007年11月以来的欠费及缴费情况，请计算其应缴纳的违约金金额。

表 ZY2300301002-1　　　　　　　　例 2 信 息

时　间	电费金额（元）	5日缴费金额（元）	15日缴费金额（元）	25日应缴金额（元）	退票日期	实际结清日期
2007年11月	121 992.15	50 000.00	50 000.00	21 992.15	2007年11月27日	2007年12月5日
2007年12月	70 806.96	50 000.00	0.00	20 806.96	2007年12月27日	2008年4月10日
2008年1月	39 117.77	0.00	0.00	39 117.77	2008年1月29日	2008年4月10日

分析：从上述表格可以看出，2007 年 11 月，客户虽未结清尾款，但次月首次分期结算款到账，按欠费管理规定，该首次分期结算款应首先冲抵 11 月所欠电费，因此，11 月结清电费日期为 2007 年 12 月 05 日，为电费产生后第 10 日，大于 7 天，应加收违约金，超期天数从退票之日算起，天数为 4＋5＝9（天），且为当年非居民欠费，加收违约金执行标准 2‰，计算违约金金额如下：21 992.15×9×0.002＝395.86（元）

2007 年 12 月分期结算的电费，扣除 11 月应结清欠费后，实际余下预存电费为：50 000－21 992.15－395.86＝27 611.99（元）

2007 年 12 月实际跨年度欠费为：70 806.96－27611.99＝43 194.97（元）

2007 年 12 月欠费超期天数为：5＋31＋29＋31＋10＝106 天，因其为跨年欠费，加收违约金执行标准 3‰，计算违约金金额如下：43 194.97×106×0.003＝13736（元）

2008 年 1 月欠费超期天数为：3＋29＋31＋10＝73 天，因其为当年欠费，加收违约金执行标准 2‰，计算违约金金额如下：39 117.77×73×0.002＝5711.19（元）

根据以上计算，四月应收取电费为：43 194.97＋39 117.77＝82312.74 元，收取违约金金额为：13 736＋5711.19＝19 447.19 元。违约金收取情况如表 ZY2300301002-2 所示。

表 ZY2300301002-2   **违 约 金 收 取 情 况 表**

时　间	欠费（元）	实际计算欠费（元）	退票日期	实际结清日期	违约天数	计算标准	违约金金额（元）
2007 年 11 月	21 992.15	21 992.15	2007 年 11 月 27 日	2007 年 12 月 5 日	9	0.002	395.86
2007 年 12 月	20 806.96	43 194.97	2007 年 12 月 27 日	2008 年 4 月 10 日	106	0.003	13 736.00
2008 年 1 月	39 117.77	39 117.77	2008 年 1 月 29 日	2008 年 4 月 10 日	73	0.002	5711.19

【思考与练习】

1．电费回收的基本要求是什么？电费回收的主要考核指标有哪些？

2．请简述电费回收的工作内容。

3．请简述退费调账的处理原则。

4．计算题：某企业与供电企业签订电费结算协议，月末 25 日抄表，合同双方约定在抄表后七日内结清电费，付费方式为银行电子托收，若未按期缴纳，从退票之日起回收违约金。该企业用电性质为商业用电，累计欠 2008 年 4、5 月电费分别为 4233.60、4692.24 元，退票日期分别为 29、27 日。6 月 18 日客户结清电费，请计算其应缴纳的违约金金额。

5．请叙述电费坏账核销的办理程序。

模块 3   普通客户催缴电费、欠费停限电通知书内容和要求（ZY2300301003）

【模块描述】本模块包含普通客户催缴电费、欠费停限电通知书的内容和要求等内容。通过概念描述、术语说明、流程图解示意、要点归纳、示例介绍，熟悉催缴电费、欠费停限电通知书的内容，掌握填写要求和发送程序。

【正文】

一、普通客户催缴电费通知书

1．填写内容及要求

对普通欠费客户进行催费时填写客户催缴电费通知书，填写内容如下：

（1）年月：填写催缴电费的年份和月份。

（2）抄表段：客户所在供电部门抄表区段。

（3）户号：指营销信息系统中客户编号。

（4）户名：指欠费客户的名称。

（5）截止日期：指客户欠费截止日期。

（6）通知日期：指通知客户日期。

（7）欠费金额（元）：客户欠费金额。

（8）签收人：接受催缴电费通知书人姓名。

（9）催款电话：供电企业负责催缴电费部门电话。

（10）陈欠电费（元）：客户本月之前欠费金额。

（11）本月电费（元）：客户本月欠费金额。

（12）合计欠费（元）：陈欠电费和本月欠费合计数。

（13）通知人：送达催缴电费通知书人姓名。

（14）供电单位：供电单位名称。

在填写普通客户催缴电费通知书时应注意，签收人必须手工填写本人姓名，其他项由信息系统打印。

2. 催缴电费通知书的发送

对当月欠费未缴的客户，要根据欠费信息制定催费计划，发送催缴电费通知书。

催缴电费通知书必须按填写要求填齐项目内容，送到客户手中，并请客户在催缴电费通知书签收人处签字。如确实找不到人，应采用客户愿意接受的方式送达。如放在客户报箱处、张贴在门上、请邻居转交等方式，同时要注意避免丢失。

催缴电费通知书要按规定时间填写、发放。

3. 业务流程

普通客户催缴电费流程如图 ZY2300301003-1 所示。

催费后，要记录催费结果。对于确有困难无法一次还清欠费的，应同客户签订还款计划，对还款计划进行记录和归档，并监督是否按计划执行。

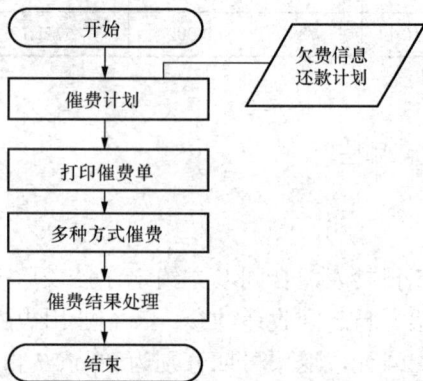

图 ZY2300301003-1　普通客户催缴电费流程图

二、普通客户欠费停（限）电通知书

1. 填写内容及要求

（1）客户名称：指欠费客户名称。

（2）停（限）电类别：停限电原因，本例为欠费。

（3）填写时间：填写欠费停（限）电通知时间。

（4）处理单号：停（限）电处理单编号。

（5）通知书编号：通知书顺序号。

（6）欠费起始时间：客户欠费开始月份和截止月份。

（7）停（限）电时间：计划对客户进行停（限）电的时间。

（8）欠费金额：当年欠费和旧欠电费及违约金合计数。

（9）当年欠费：当年欠费金额。

（10）旧欠电费：上年底以前欠费金额。

（11）客户签收人：签收停（限）电通知书人姓名。

（12）承办送达人：送达停（限）电通知书人姓名。

（13）留置送达见证人：见证停（限）电通知书留置送达人姓名。

（14）送签收地点：停（限）电通知书送达签收地点。

（15）送达签收时间：停（限）电通知书送达签收时间。

在填写普通客户欠费停限电通知书时应注意，客户签收人、承办送达人、留置送达见证人、送签收地点、送达签收时间等，必须手工填写，其他项由信息系统打印。

2. 欠费停（限）电通知书的申报

对普通欠费客户，经多次催缴仍未结清电费的，由催收人或营销（所）班长提出欠费停（限）电申请，注明停（限）电的原因、时间及欠费客户停（限）电的范围。向上级部门进行申报，批准后方可向客户下达欠费停（限）电通知书。

3. 欠费停（限）电通知书的审批

各类客户按责任权限进行审批（批准权限和程序由省电网经营企业制定）。

4. 欠费停（限）电通知书的发送

根据批准后的停限电申请，制定欠费停限电计划，打印欠费停限电通知书，加盖公章后，由催收人提前 7 天将停（限）电通知书送达客户。

停（限）电通知书的送达主要有三种方式：直接送达、留置送达、公证送达。

（1）直接送达。直接送达指将停（限）电通知书直接送交给客户的方式。

客户是居民的，应当是客户本人签收。如果客户本人不在，交由客户的同住成年家属签收；客户是法人或者其他组织的，应当由法人的法定代表人、其他组织的主要负责人或者该法人、组织负责收件的人签收。在签收时请签收人在停（限）电通知书的签收人、签收地点、签收时间处签字。

停（限）电通知书如果不是客户本人签收，应当注意的是其他人员签收不能等同于客户签收，其中可能涉及举证责任，因此必须对签收人的身份和在停（限）电通知书上的签名进行审核。审核时要注意两个方面：一是签名人的身份。如果是居民客户应当是与客户同住的成年家属；如果是法人或其他组织的，应当是该法人、组织负责收件的人；二是签名人在通知书上所签的姓名应与其本人身份证姓名相符。

（2）留置送达。留置送达指客户拒绝签收停（限）电通知书时，把所送达的停（限）电通知书留放在客户处的送达方式。

采取留置送达的方式发送停（限）电通知书时，必须要有见证人。供电部门应邀请第三人如当地派出所、司法部门、社区、居（村）委会等部门人员，对停（限）电通知书进行留置送达见证，并请见证人在留置送达见证人处签字，将欠费停（限）电通知书留放在客户处。

（3）公证送达。公证送达就是当客户拒绝签收停（限）电通知书时，由公证机构证明供电部门将停（限）电通知书送达于客户的一种送达方式。

当送达停（限）电通知书客户无故拒绝签收时，供电部门即可申请公证机构派员现场监督，记录有关情况。从供电部门送达通知书开始至送达到客户的用电地址，公证员参与其中，对送达全过程实施法律监督。当客户拒绝签收或无人时，由公证员制作现场笔录，证明客户拒收的事实或现场情况，而后将停（限）电通知书留置客户处，并出具送达公证书。供电部门拿到送达公证书，就达到了停（限）电通知书送达的目的。

三、样例

1. 普通客户催缴电费通知书

催缴电费通知书存根
2009 年 5 月：
抄表段：0101001
客户编号：0101001002
客户名称：×××厂
截止日期：5 月 25 日
通知日期：5 月 26 日
欠费金额：850 975.12
通知人：×××
签收人：×××
催款电话：95598

催缴电费通知书

截止日期：2009 年 5 月 25 日　　通知日期：2009 年 5 月 26 日

客户编号	0101001002	户名	×××厂
抄表段	0101001	地址	开发区和平路 49 号
陈欠电费（元）		本月电费（元）	合计欠费（元）
321 079.00		529 896.12	850 975.12

　　注：你户上述欠费至今尚未付清（若因本通知单送达时间与银行发送信息时间差的原因而通知错误时，谨请谅解），请务必于 2009 年 5 月 30 日前到开发区供电局缴清电费及违约金，否则按《电力法》和国家有关规定对你户暂停用电时会给您诸多不便。

　　特此通知，谢谢合作。

通知人：×××　　　　　　　　　　　　供电单位（盖章）：

2. 普通客户欠费停限电通知书

停（限）电通知书

×××供电公司（电力公司）停（限）电通知书

停（限）电类别	欠费	填写时间	2009 年 6 月 23 日
处理单号	50 082	通知书编号	500 856

客户名称：×××厂

　　贵户自 2008 年 12 月起至 2009 年 5 月止，共欠电费 850 975.12 元。其中：当年欠费 529 896.12 元，旧欠电费 321 079.00 元。虽经多次催收，但仍未履行双方签订的协议，根据《电力法》以及《电力供应与使用条例》第三十九条的规定，并按程序批准将对贵单位从 2009 年 6 月 30 日 9 时起对线路（或设施）实行限电（或停电）。

　　鉴此，我们非常抱歉的通知贵客户，请你们提前做好生产、生活用电安排，并承担由此所带来的一切不良影响。

　　特此通知。

客户签收人：×××	承办送达人：×××（盖章）：

留置送达见证人：×××送签收地点：×××厂厂长办 送达签收时间：2009 年 6 月 23 日 9 时

注：本通知书一式两份，供电企业与用电客户各一份。

【思考与练习】

1. 普通客户催缴电费通知书有哪些内容？
2. 普通客户欠费停（限）电通知书有哪些内容？
3. 对需要采取停限电的欠费客户，什么时间向客户送达停（限）电通知书？
4. 客户拒绝签收停（限）电通知书，应该如何处理？
5. 停（限）电通知书的送达方式有几种？

模块 4　普通客户停限电操作程序和注意事项
（ZY2300301004）

【模块描述】 本模块包含普通客户停限电操作程序和注意事项等内容。通过概念描述、术语说明、流程图解示意、要点归纳、示例介绍，掌握停限电操作程序和停限电注意事项。

【正文】

一、普通客户欠费停限电操作程序及注意事项

以下内容着重介绍普通客户欠费时所采取的停限电操作程序及注意事项和危险点控制，欠费结清或符合复电要求，进行复电程序。

1. 相关规定及操作程序

规范停限电操作程序，掌握停限电操作中的注意事项，是供电企业防范经营风险、减少或避免法律纠纷的重要环节。对客户停限电必须严格按照相关法律法规的规定执行。

（1）按《电力供应与使用条例》第三十九条规定："逾期未交付电费的，供电企业可以从逾期之日起，每日按照电费总额的千分之一至千分之三加收违约金，具体比例由供用电双方在供用电合同中约定；自逾期之日起计算超过 30 日，经催交仍未交付电费的，供电企业可以按照国家规定的程序停止供电。"

（2）《供电营业规则》第六十七条规定：除因故中止供电外，供电企业需对用户停止供电时，应按下列程序办理停电手续：

1）应将停电的用户、原因、时间报本单位负责人批准。批准权限和程序由省电网经营企业制定。

2）在停电前 3～7 天内，将停电通知书送达用户。对重要用户的停电，应将停电通知书报送同级电力管理部门。

3）在停电前 30min，将停电时间再通知用户一次，方可在通知规定时间实施停电。

（3）《供电营业规则》第六十九条规定：引起停电或限电的原因消除后，供电企业应在三日内恢复供电。不能在三日内恢复供电的，供电企业应向用户说明原因。

（4）严格按照停（限）电通知书上确定的时间实施停电操作。

（5）停电客户仍未交清电费的但申请恢复送电，经审批同意后实施复电。

2. 业务流程

普通客户停复电操作流程如图 ZY2300301004-1 所示。

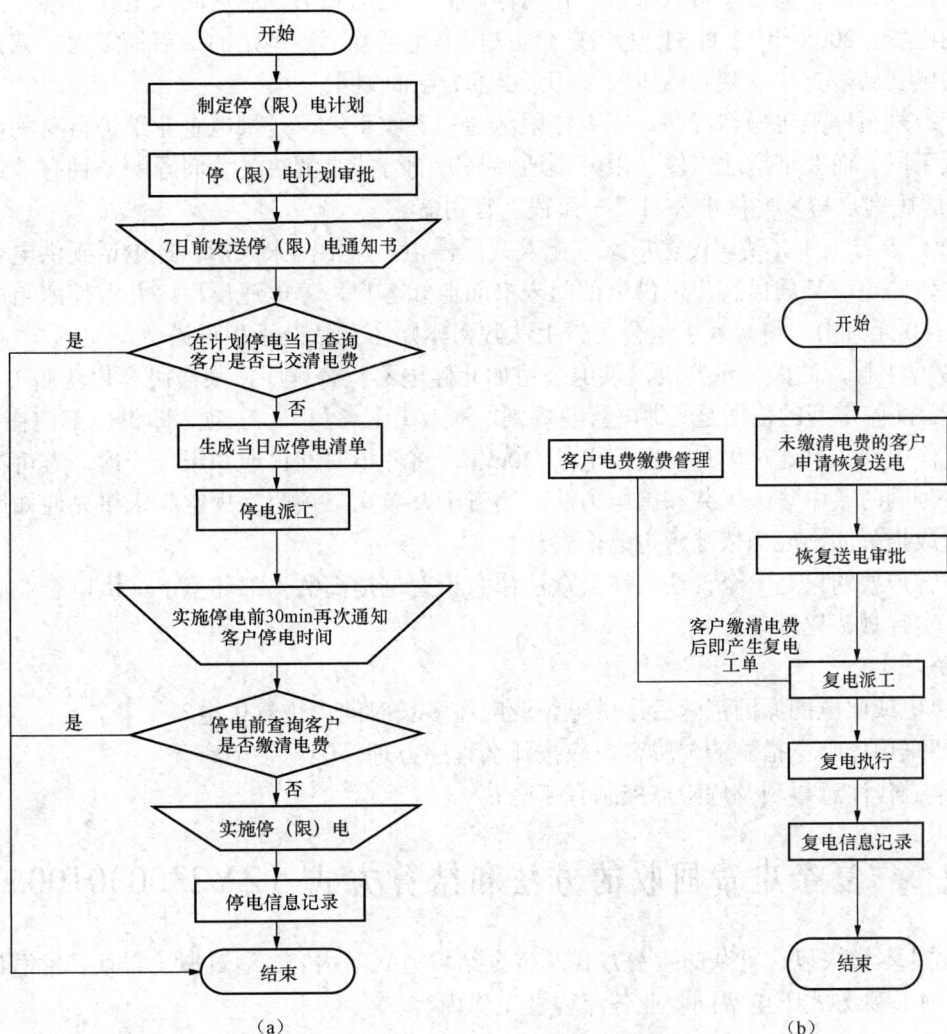

图 ZY2300301004-1　普通客户停、复电操作流程图

（a）欠费停电操作流程；（b）复电操作流程

3. 注意事项及危险点控制

对需要采用停限电的欠费客户首先要制定停限电计划，并按分级审批的原则报相关部门审批；将需要由生产部门、用电检查、负荷管理系统实施停电的客户清单发送给本单位生产系统、用电检查、电能量采集系统。

"停（限）电通知书"在送达客户时要履行签收手续，客户拒绝签收的应采用"公证"等措施，防范法律风险；在实施停（限）电操作前再次通知客户时要做好电话录音，记录通知信息，包括通知人、通知时间、接收通知人员、通知方式等。

对安装负荷管理终端客户，停电前应确认负荷管理系统处于正常状态。对其他客户停电前应确认是否已缴清电费，已缴清电费的应及时终止停电。防范擅自停电行为和停电可能出现的不良后果。停电客户交清电费后，要按规定及时复电。对停电客户仍未交清电费申请恢复送电的，审批同意后复电。

二、示例

例1 某供电公司向某宾馆送《停（限）电通知书》案。

某宾馆是某供电公司的欠费户，从 2008 年 7～11 月，共拖欠电费额达 28 万元。经由某供电公司多次催要，该宾馆以种种理由拖延缴纳。为保证电费足额回收上缴，某供电公司派催费人员向该宾馆送达了《停（限）电通知书》，该宾馆拒收。某供电公司遂决定对该宾馆采取公证送达《停（限）电通知书》的方式。2008 年 12 月 20 日，某供电公司的工作人员再次向某宾馆送达了《停（限）电通知书》，并请公证处的公证员对送达的全过程作了现场公证，并制成了《公证书》。面对严格按照法律程序办事的供电公司工作人员，某宾馆负责人不得不在《停（限）电通知书》送达回执上签了字，并表示一定尽快筹款缴纳电费。2008 年 12 月 31 日，在《停（限）电通知书》规定的最后期限内，某供电公司收到了某宾馆的电费转账支票，某宾馆所欠 28 万元电费全部收回。

案例分析：规范停限电操作程序，完善停限电通知签收手续，是供电企业维护自身利益、合法回收欠费的有效手段。而公证送达《停（限）电通知书》的方式是解决欠费问题的一种有效途径。

例2 某居民客户与××供电公司"一元钱"官司案。

2007 年 2 月 5 日上午，某居民客户家中无人突然停电，家中回来人后，打电话到供电公司查询才得知是因为欠费停电。某居民客户以供电部门未书面通知客户，停电违反程序并致使冰箱内食品腐烂变质造成损失 50 元为由，将××供电公司告上法院，索赔 1 元钱及承担诉讼费。

2007 年 3 月 1 日，法院一审判决，供电公司如此停电不符合程序，某居民客户获赔 1 元钱。

案例分析：法院审理的依据是《供电营业规则》第六十七条第二、三项，即供电部门在停电前 3～7 天内，应将停电通知书送达用户；在停电前 30min，将停电时间再通知用户一次，方可在通知规定时间实施停电。同时《中华人民共和国电力法》第五十九条第二项明确规定：未事先通知用户中断供电，给用户造成损失的，应当依法承担赔偿责任。

1 元钱，客户要的只是一个说法。在公众法律意识普遍提高的外部环境下，供电企业必须严格执行操作程序，实行规范化管理。

【思考与练习】

1. 引起停电或限电的原因消除后，供电企业应在多长时间内恢复供电？

2. 对需要采用停限电措施的欠费客户应按什么程序办理停限电手续？

3. 停限电操作注意事项及危险点控制有哪些？

模块 5 复杂电费回收的方法和结算方式 （ZY2300301005）

【模块描述】本模块包含复杂的缴费方式及资金结算方式等内容。通过概念描述、术语说明、要点归纳，掌握各种特殊方式下电费回收业务流程及工作内容。

【正文】

一、较复杂的电费回收方法

1. 特约委托

特约委托收费方式是指根据客户、银行、供电企业三方签定电费结算协议，供电企业委托电费开户银行向客户收取电费，从客户银行账户上扣款缴纳的一种方式，俗称"托收"。银行通常只针对对公账户开放特约委托收费业务，根据付款性质，特约委托收费可分为两种，分别是"无承付"和"承付"。其中托收无承付是指客户账户开户银行见凭证后不经账户所有人同意，即按凭证所需将款项划出的一种支付方式；托收承付是指客户账户开户银行见凭证后，需经账户所有人同意后，方可按凭证所需将款项划出的一种支付方式。采取无承付方式时，供电企业享有更高的划款优先权。

（1）依据扣款形式的不同，特约委托又可分为电子托收及手工托收两种方式：

1）电子托收与代扣业务流程相似，由供电企业以文件形式发起扣款请求，经银行电子清算系统进行扣款，供电企业根据返回文件进行实收销账及未收处理，对于客户账户与供电企业电费账户不属同一开户银行的，委托银行可通过人民银行小额支付系统进行电子清算。

2）手工托收方式，供电企业必须先填写（打印）特约委托收款凭证、电费发票等票据，按客户开户银行（简称付款人银行）分类汇总封包，送供电企业开户银行（简称收款人银行），与银行共同审核票据及应收款汇总金额、笔数，确认后交接封包，收款人银行将封包送人民银行清算，各付款人银行到人民银行提取清算票据，逐笔按凭证划转电费（签订承付协议的银行方还需与客户确认是否允许扣款），扣款完成后，将扣款成功的凭证回执联及扣款不成功的原始票据（注明退票理由）全部返还到人民银行清算中心，由收款行提票送达给供电企业，供电企业依据返回票据确认业务系统收费。这一过程环节众多，周期较长，通常需求 2～5 天，有时因付款银行处理不及时等原因，周期甚至可能超过 10 天，极端情况下还会出现清算票据遗失，即无退票也无返回的情况，当出现超期时，收费人员应及时与银行取得联系，追查票据，催办划款，才能保障电费如期回收。在有些地区，手工托收流程也实现了电力方的电子化处理，即在供电企业向收款人银行交接清算票据同时提供电子扣款文件，付款人银行负责根据清算完成后的票据登记实收及退票，通过电子文件方式返回清算结果，方便供电企业电子销账。特约委托手工托收方式虽然操作复杂、周期长，但满足了托收承付客户的需要，因此也是必不可少的。

（2）特约委托业务处理中的常见问题处理：

1）增值税客户：增值税发票不能随托收凭证一起送银行，这类客户在委托收款时打印普通电费发票或销货清单，待收款成功后，客户凭普通发票或销货清单到供电企业办理换票。

2）分次划拨客户：对采用分次划拨的客户，前几次托收时打印收据，月末最后一次结算电费时打印电费发票及明细账单。

3）分次结算客户：采用分次结算的客户，每次结算都开具发票并委托收费，在月末最后一次结算时，除打印电费发票外还需提供全月电费清单一并封包至收款银行办理扣款。

4）退票处理：对于银行退票，应如实登记退票信息，对因客户账户错误导致的扣款不成功电费进行核查处理；对因资金不足导致扣款不成功的，通过 95598 业务处理或催费人员及时通知客户尽快缴纳电费。

5）重新托收：退票核实原因后，需要重托的，若电费违约金发生变化的，应将原发票作废，重新打印发票后托出。

6）并笔托收：多个用电客户可以通过一个银行账号进行托收。发票上的单位名称可以以被托收的付款单位名称开具。供电企业可以为这些客户确定关联缴费关系，并笔打印托收凭证，并笔申请划款。

7）托收管理人员应及时到电费开户银行索取银行的到账通知单，以便及时销账。

8）未退未回处理。超过正常日期未返回托收回单的，托收人员应联系收、付银行，尽可能追回票据，重新处理，对于确实无法找回票据的，应登记未退未回信息，通知客户，同时，找出相应电费发票存根联，复印作为发票，补齐收款凭证后按退票的操作方式重新托出电费，或转入其他收费方式尽快回收电费。

2. 购电

为防范电费风险，客户采取"先付后用"的方式支付电费的一种收费方式。购电通常有两种处理方式：

（1）购电方式：客户申请购电，供电企业根据客户预购电金额，计算出电量，直接发行，做电费应收、实收处理并为客户开具电费发票。

（2）预收方式：客户申请购电，供电企业根据客户预购电金额，做预收处理，为客户开具预存电费收据。

采用购电方式结算电费的客户主要包括以下类别：

（1）卡表客户。使用 IC 卡表计量计费的客户。客户持卡在营业网点或具备购电条件的银行网点购电，通过读写卡器将客户购买的电量电费信息写入电卡，卡表中电量近零时报警，若未及时续购电，电表自动断电。

有些供电企业对 IC 卡表客户也采取按期抄表的预收方式结算电费。

在办理卡表购电业务时，还应注意对以下特殊问题的处理：

1）办理卡表新装、换表，读写异常换卡、读入异常换卡、卡表清零等业务后，需要分别处理预置电量、剩余电量、购电信息。预置电量是指在新装、换表或对卡表做清零时给电表预置一定量的电量，使得用户能正常用电。供电单位需要对预置电量额度进行严格控制和管理。剩余电量是指卡表换表时旧表剩余电量或电表清零时电表的剩余电量。

2）对于卡表换普通表和卡表客户销户的情况，卡表的剩余电量形成负应收，相应的金额转为预收。

3）购电当日，在电量未输入电表的情况下，客户可以申请取消最后一次售电，并将电卡信息还原。

（2）负控购电。负控购电是指客户在营业网点预购电量，供电企业通过电能量采集控制功能传送给电能采集系统，管理控制客户用电的缴费方式。

负控购电一般为预购方式，即客户在接收到"购电余额不足"提示时，通过各种方式购买电量，计入电能量采集系统，待供电企业抄表计费后，再如实结算电费，结清电费后，供电企业为客户出具电费发票。如遇收费差错，采用冲回处理，重新将客户缴纳金额折算成可用电量，进行电能量采集控制管理。

购电方式在收取客户电费资金环节与其他柜面收费方式类似，与其他收费方式不同的是，购电方式在正常收取了电费资金后，还需向卡表或负控系统写入客户缴费折算的电量电费信息。

供电企业可以对交纳电费信誉等级较差等电费风险较大的电力客户，采取以合同方式约定实行预购电制度（《国家电网公司营业抄核收工作管理规定》第二十二条）。

3. 自助缴费

自助缴费是指客户通过电话、公共网站、自助型终端设备等各种媒介自主缴纳电费的一种缴费方式。

所有自助缴费方式大多都是非供电企业的各缴费渠道代收电费的一种形式，其实现原理与其他代收方式完全相同，例如，招行自助服务区开通的自助终端签约、缴纳电费等业务与招行柜面开通的代收电费业务完全相同，不同的是客户不再面对服务人员，而是根据自助设备操作提示缴纳电费。

各类自助缴费收取的电费资金均与对应渠道柜面实时收费、预约社区坐收等其他缴费形式一起归集到供电企业指定的电费资金账户中，供电企业每日按不同渠道进行代收电费的对账（详见营销信息化相关章节）。

自助缴费的形式主要有以下几类：

（1）自助终端机：客户通过银行、银联、非银行机构、供电公司的自助终端机按照界面提示步骤缴纳电费。

（2）电话银行：客户通过拨打持卡银行的电话，根据语音提示缴纳电费。

（3）网上缴费：客户通过登陆持卡银行或银联的网上银行、代收机构网上商铺、供电企业网上营业厅等网站，根据提示缴纳电费。

（4）手机短信：客户将移动、联通等手机与银行卡绑定，开通"手机钱包"，同时，银联等代收电费机构的公共支付平台将电力客户编号与银行卡绑定，实现手机短信指令缴纳电费。

（5）电费充值卡：供电企业自建"95598"充值平台，或借助移动、联通、电信充值平台，开通充值业务后，客户购买充值卡，拨打指定充值电话，根据语音流程提示缴纳电费。

（6）固网支付：购买具有刷卡功能的电话，开通固定电话公共支付功能，实现"足不出户，轻松缴费"。目前，电信公司已在一些地区与银联合作，开通这一功能。

4. 分次划拨电费

分次划拨电费是指根据加强电费风险控制与管理要求，对月用电量较大的电力客户实行每月分次划拨电费，月末抄表后结清当月电费的收费方式。分次划拨电费的业务处理流程如下：

（1）供电企业与客户签订分次划拨协议，在协议中约定每月电费划拨次数、每次缴款的金额、缴款所采用的方式等。在划拨协议中，一般每月划拨次数不少于3次，每次划拨金额计算方式有定额（固定金额）、系数（按上月电量的一定比例）两种方式。

（2）根据客户分次划拨协议，按日或按月生成分次划拨计划并形成应收，划拨计划包括：客户编号、年月、期数、金额、划拨违约金计算日期等。

（3）客户根据分次划拨协议按时缴纳每期的划拨金额，记入预存电费中，供电企业为客户出具收据。对于逾期未缴的，供电企业采用各种策略开展催费。

（4）记录分次划拨实收信息，在月末抄表电费发行后根据前期缴费情况计算尾款，生成缴费明细清单，请客户补交剩余部分电费，如果有溢收，可以作为预收，在下月分次划拨时扣除本部分预收，或者直接退还给客户。结清电费后，为客户开具全额电费发票。

在办理分次划拨电费业务时，应注意以下问题：

（1）在签定分次划拨电费协议期间，具体划拨期数、额度的确定要与客户充分协商，即不能期中缴费金额太小，不足以控制风险，又不能定得太大，占用客户资金。

（2）供电企业收费人员应注意检查分次划拨情况，对于没有按计划执行的，查明原因及时处理。

（3）月底统计本期分次划拨计划应收及实收，对分次划拨客户数量增减进行分析，保障电量较大客户电费资金的安全回收。

二、复杂的电费资金结算方式

1. 汇票

汇票是指出票人签发的，委托付款人在见票时或者在指定日期无条件支付确定的金额给收款人或持票人的票据。汇票是委托证券，其付款日可有见票即付、定日付款、出票后定期付款、见票后定期付款四种方式，出票时将载于汇票上。其中除见票即付方式外，其余三种均为远期付款方式。通常汇票分为银行汇票和商业汇票。其中银行汇票是指汇款人将款项交存当地银行，由银行签发给汇款人持往异地办理转账结算或支取现金的票据，多用于付款人异地办理转账结算，其出票人、付款人均为银行。商业汇票是指由收款人或存款人签发，由承兑人承兑，并于到期日向收款人或被背书人支付款项的一种票据。按其承兑人不同，商业汇票又分为银行承兑汇票和商业承兑汇票。银行承兑汇票利用银行的资金信誉，由银行向收款人承诺，具有更高的安全性。商业汇票作为远期汇票，承兑期限由交易双方商定，一般为 3~6 个月，最长不得超过 9 个月，远期商业汇票必须以商品交易为基础，以防止利用商业汇票拆借资金、套取银行贴现资金。

多数汇票为远期付款，客户若要求以汇票形式结算电费，电费资金将存在承兑风险，为保障资金安全，供电企业需安排熟悉凭证票据管理的专业财会人员办理汇票的结算，并制定严格的内部处理流程，约定汇票收取、处置办法。内部处理流程应包括以下基本要素：

（1）客户申请以汇票方式结算电费。

（2）基层收费人员向分管领导或上级主管部门提交客户申请。

（3）分管领导审批同意结算的，通知收费人员收取汇票，不同意则要求收费员通知客户以其他方式缴纳电费。对于远期汇票，收费人员应提示客户签发金额中需承担远期支付电费相应的违约金。

（4）收费人员收到汇票，按汇票审验的一般要求审验汇票，不合格退回付款单位重签发。

（5）收费人员将收到的合格汇票上缴单位（或上级主管单位）财务部门，并办理交接手续，登记备查。

（6）财务部门按汇票使用程序办理结算。

（7）结算成功的，通知基层收费人员作电费销账处理，未成功的，通知催收电费。

由于汇票的结算程序专业性强，操作复杂，且由专业账务人员处理，因此在此不作详细讲解。另外，根据以上讲解，商业承兑汇票的结算具有极大的风险性，因此在电费回收工作中，应尽可能避免客户以该方式结算电费，一些供电企业甚至明文规定不允许使用商业承兑汇票。

2. 本票

本票是指出票人签发的，承诺自己在见票时无条件支付确定的金额给收款人或者持票人的票据。根据出票人的不同，可以将本票分为银行本票和商业本票。

银行本票是银行签发的，承诺自己在见票时无条件支付确定的金额给收款人或者持票人的票据。

银行本票是银行提供的一种银行信用，见票即付，可当场抵用。银行本票的提示付款期限自出票日起一个月。

商业本票，又称一般本票，是指企业为筹措短期资金，由企业署名担保发行的本票。商业本票的发行多采用折价方式，根据其发行目的，又可分为交易商业本票和融资商业本票两种。

本票作为一种"预约证券"，其实际资金结算存在着一定的风险，因此接收本票作为缴纳电费的资金也需要经过严格的审批确认手续，其操作流程与汇票大致相同。同时，由于两类本票的资金风险不一样，其中银行本票资金风险小，建议在电费回收工作中，避免接收商业本票。

除按上述流程办理本票结算电费手续外，收费员在收取本票时，还需注意审验以下事项：

（1）收款人是否确为本单位或本人；

（2）银行本票是否在提示付款期限内；

（3）必须记载的事项是否齐全；

（4）出票人签章是否符合规定，不定额银行本票是否有压数机压印的出票金额，并与大写出票金额一致；

（5）出票金额、出票日期、收款人名称是否更改，更改的其他记载事项是否由原记载人签章证明。

3. 内部账单

客户缴纳的电费资金若以各种形式反映到供电企业经费账户或直接上划到上级主管单位时，电费实收销账以相应账务部门收到款项后的内部账单为依据。供电企业收费人员在收到账务部门或上级主管部门转来的内部账单并审核确认有效后，进行电费实收销账并为客户开具电费发票。

收费人员收到该类电费结算凭据时，应注意与相应账务部门及时沟通，核实缴款事实，以防止错销电费。

4. 列账单

当客户需要通过物电互抵方式缴纳电费时，应与供电企业就抵缴电费金额及相应物资进行协商，达成协议后，形成列账单并经双方审批确认后，办理物资转移手续，所有手续完成后，供电企业收费人员使用具有审批权限的财务部门出具的列账单作为收费依据进行相应电费销账。

三、收费业务的发展趋势

随着金融行业的飞速发展和金融产品的不断丰富，电费支付的电子化程度将不断提高，例如，非收款银行或付款银行的第三方网点支票进账、特约委托完全电子化清算等电子化支付形式都将成为可能。同时，随着各行业与金融行业的空前合作，跨行业支付业务的互通技术已完全成熟，基于共赢经营理念的跨行业合作将直接施惠于最终客户。

【思考与练习】

1. 试述特约委托业务的常见分类及相应处理流程。

2. 结合工作实际，谈谈在特约委托收费过程中遇到的常见问题及处理方法。

3. 试述常见的自助缴费形式。

4. 试述汇票收费的业务流程。

模块 6　重要客户和高危企业催缴电费、欠费停限电通知书内容和要求（ZY2300301006）

【模块描述】本模块包含重要客户催缴电费、欠费停限电通知书的内容和要求等内容。通过概念描述、术语说明、流程图解示意、要点归纳、示例介绍，熟悉催缴电费、欠费停限电通知书的内容，掌握填写要求和发送程序。

【正文】

一、重要客户和高危企业催缴电费通知书

1. 填写内容及要求

对重要客户和高危企业欠费进行催费时填写重要客户和高危企业催缴电费通知书，填写内容如下：

（1）年月：填写催缴电费的年份和月份。

（2）抄表段：客户所在供电部门抄表区段。

（3）户号：指营销技术支持系统中客户编号。

（4）户名：指欠费客户的名称。

（5）截止日期：指客户欠费截止日期。

（6）通知日期：指通知客户日期。

（7）欠费金额（元）：客户欠费金额。

（8）签收人：接受催缴电费通知书人姓名。

（9）催款电话：供电企业负责催缴电费部门电话。

（10）陈欠电费（元）：客户本月之前欠费金额。

（11）本月电费（元）：客户本月欠费金额。

（12）合计欠费（元）：陈欠电费和本月欠费合计数。

（13）通知人：送达催缴电费通知书人姓名。

（14）供电单位：供电单位名称。

在填写重要客户和高危企业催缴电费通知书时应注意，签收人项必须手工填写本人姓名，其他项由系统打印。

2. 催缴电费通知书的发送

重要客户和高危企业催缴电费通知书必须按填写要求填齐项目内容，由催费人员到现场送交给客户。催缴电费通知书必须由客户法定代表人、组织的主要负责人或者是该法人、组织负责收件的人签收。催缴电费通知书必须按规定时间填写、发放。

3. 业务流程

重要客户和高危企业催缴电费流程如图 ZY2300301006-1 所示。

催费后，要记录催费结果。对于确有困难无法一次还清欠费的重要客户和高危企业，应向主管汇报，经批准后可以同客户签订还款计划，对还款计划进行记录和归档，并监督是否按计划执行。

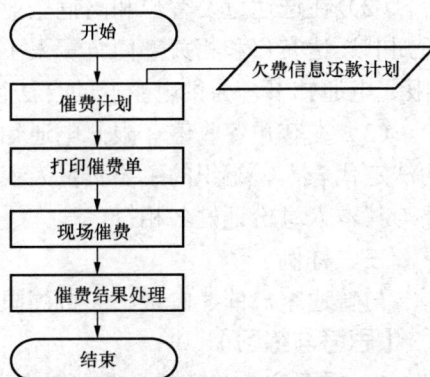

图 ZY2300301006-1　重要客户和高危企业催缴电费流程图

二、重要客户和高危企业欠费停（限）电通知书

1. 填写内容及要求

（1）客户名称：指欠费客户名称。

（2）停（限）电类别：停限电原因，本例为欠费。

（3）填写时间：填写欠费停（限）电通知时间。

（4）处理单号：停（限）电处理单编号。

（5）通知书编号：通知书顺序号。

（6）欠费起始时间：客户欠费开始月份和截止月份。

（7）停（限）电时间：计划对客户进行停（限）电的时间。

（8）欠费金额：当年欠费和旧欠电费合计数。

（9）当年欠费：当年欠费金额。

（10）旧欠电费：上年底以前欠费金额。

（11）客户签收人：签收停（限）电通知书人姓名。

（12）承办送达人：送达停（限）电通知书人姓名。

（13）留置送达见证人：见证停（限）电通知书留置送达人姓名。

（14）送达签收地点：停（限）电通知书送达签收地点。

（15）送达签收时间：停（限）电通知书送达签收时间。

在填写重要客户和高危企业欠费停限电通知书时应注意，客户签收人、承办送达人、留置送达见证人、送签收地点、送达签收时间等，必须手工填写。其他项由信息系统打印。

2. 欠费停（限）电通知书的申报

（1）对重要客户和高危企业，经多次催缴仍未结清电费的，由催收人提出欠费停限电申请，向上级部门进行申报。

（2）对重要客户和高危企业的停限电申请，要注明停限电的原因、时间及欠费客户停限电的范围，同时要对客户用电情况进行简要介绍，对停电后对客户的影响程度进行分析。

（3）在停限电申请批准后，方可向客户下达欠费停（限）电通知书。

3. 欠费停（限）电通知书的审批

重要客户和高危企业的停限电申请，由营销主管部门提出申请，主管营销负责人进行审核，供电企业负责人批准，同时报送省公司营销部和同级政府电力主管部门备案。在审批重要客户和高危企业的停限电申请时，要对客户用电情况进行认真了解，充分估计停限电对客户的影响。

4. 欠费停（限）电通知书的发送

（1）根据批准后的停限电申请，制定重要客户和高危企业欠费停限电计划，打印欠费停（限）电通知书，加盖公章后，由催收人提前7天将停限电通知书送达给客户，同时要将停（限）电通知书抄送其主管部门、同级电力管理部门等。

（2）在送达重要客户和高危企业停（限）电通知书时，一般采取直接送达的方式，将停（限）电通知书送达客户和相关部门负责人手中。如果客户拒不签收，供电部门亦采取公证送达的方式发送停（限）电通知书，为供电企业的合法行为保留合法的凭证和依据。

（3）在客户签收停（限）电通知书时，必须要对签收人的身份进行审核。签收人应当是客户法人的法定代表人、组织的主要负责人或者是该法人、组织负责收件的人，签收人在通知书上所签的姓名要与其本人身份证姓名相符。

三、样例

与普通客户催缴电费、欠费停限电通知书内容和要求（模块编码：ZY2300301003）相同。

【思考与练习】

1. 重要客户和高危企业催缴电费通知书有哪些内容？

2. 重要客户和高危企业欠费停（限）电通知书有哪些内容？

3. 在审批重要客户和高危企业的停限电申请时，应注意哪些问题？

4. 在发送重要客户和高危企业的停（限）电通知书时，还应向哪些部门进行抄报？

5. 为什么要对停（限）电通知书的签收人身份进行审核？

模块 7　重要客户和高危企业停限电操作程序和注意事项（ZY2300301007）

【模块描述】本模块包含重要客户和高危企业停限电操作程序和注意事项等内容。通过概念描述、术语说明、条文解释、要点归纳、示例介绍，掌握停限电操作程序和注意事项。

【正文】

一、重要客户和高危企业停限电操作程序及注意事项

以下内容着重介绍重要客户和高危企业欠费时所采取的停限电操作程序及注意事项和危险点控制，欠费结清或符合复电要求，进行复电程序。

1. 相关规定及操作程序

规范重要客户和高危企业停限电操作程序，把握对重要客户和高危企业停限电的注意事项，是供电企业防范经营风险，减少或避免法律纠纷的重要环节。对重要客户和高危企业停限电，必须严格按

照相关法律法规的规定执行。

（1）按《电力供应与使用条例》第三十九条规定：逾期未交付电费的，供电企业可以从逾期之日起，每日按照电费总额的千分之一至千分之三加收违约金，具体比例由供用电双方在供用电合同中约定；自逾期之日起计算超过 30 日，经催交仍未交付电费的，供电企业可以按照国家规定的程序停止供电。

（2）《供电营业规则》第六十七条规定：除因故中止供电外，供电企业需对用户停止供电时，应按下列程序办理停电手续：

1）应将停电的用户、原因、时间报本单位负责人批准。批准权限和程序由省电网经营企业制定；

2）在停电前 3～7 天内，将停电通知书送达用户，对重要用户的停电，应将停电通知书报送同级电力管理部门；

3）在停电前 30min，将停电时间再通知用户一次，方可在通知规定时间实施停电。

（3）《供电营业规则》第六十九条规定：引起停电或限电的原因消除后，供电企业应在三日内恢复供电。不能在三日内恢复供电的，供电企业应向用户说明原因。

（4）对重要客户和高危企业停限电，在严格执行上述法律法规的条款基础之上，还要注意以下事项：

1）停限电前，认真核对停限电计划和停限电通知书发送记录，确认客户在计划停限电时间前 7 天已前收到停限电通知书。

2）停限电前对客户用电情况要认真了解，充分估计停限电对客户的影响，督促客户及时调整用电负荷，做好停电准备。对企业的生产用电情况要进行现场检查，掌握现场是否具备停限电条件。

3）严格按照停（限）电通知书上确定的时间实施停限电工作。

4）在实施停限电操作 30min 前将停限电时间再次通知客户，详细记录通知信息，并做好电话录音。

5）停限电前再次查询客户是否已缴清电费，已缴清电费的应及时终止停电流程。

6）停限电前，停电客户仍未交清电费的但申请恢复送电，按停电审批级别申报审批。审批同意后方实施复电。

7）停（限）电计划、停（限）电通知书的送达及签收、停电实施信息和复送电信息必须及时记录。

2. 业务流程

重要客户和高危企业停、复电操作流程如图 ZY2300301007-1 所示。

3. 注意事项及危险点控制

（1）对需要采用停限电的欠费客户首先要制定停限电计划，并按分级审批的原则报相关部门审批；将需要由生产部门、用电检查、负荷管理系统实施停电的客户清单发送给本单位生产系统、用电检查、电能量采集系统。

（2）"停（限）电通知书"在送达客户时要履行签收手续，客户拒绝签收的应采用"公证"等措施，防范法律风险；在实施停（限）电操作前再次通知客户时要做好电话录音，记录通知信息，包括通知人、通知时间、接收通知人员、通知方式等。

（3）停电前检查现场。现场检查人员向相关职能部门人员发出是否能够实施停电操作的通知。现场不具备停限电条件的要暂时终止停电操作。防范停限电造成人身伤亡和环境污染等安全事故的风险。

（4）停电前应确认客户是否已缴清电费，已缴清电费的应及时终止停电。防范擅自停电行为和停电可能出现的不良后果。停电客户交清电费后，要按规定及时复电。

（5）对停电客户仍未交清电费申请恢复送电的，审批同意后复电。

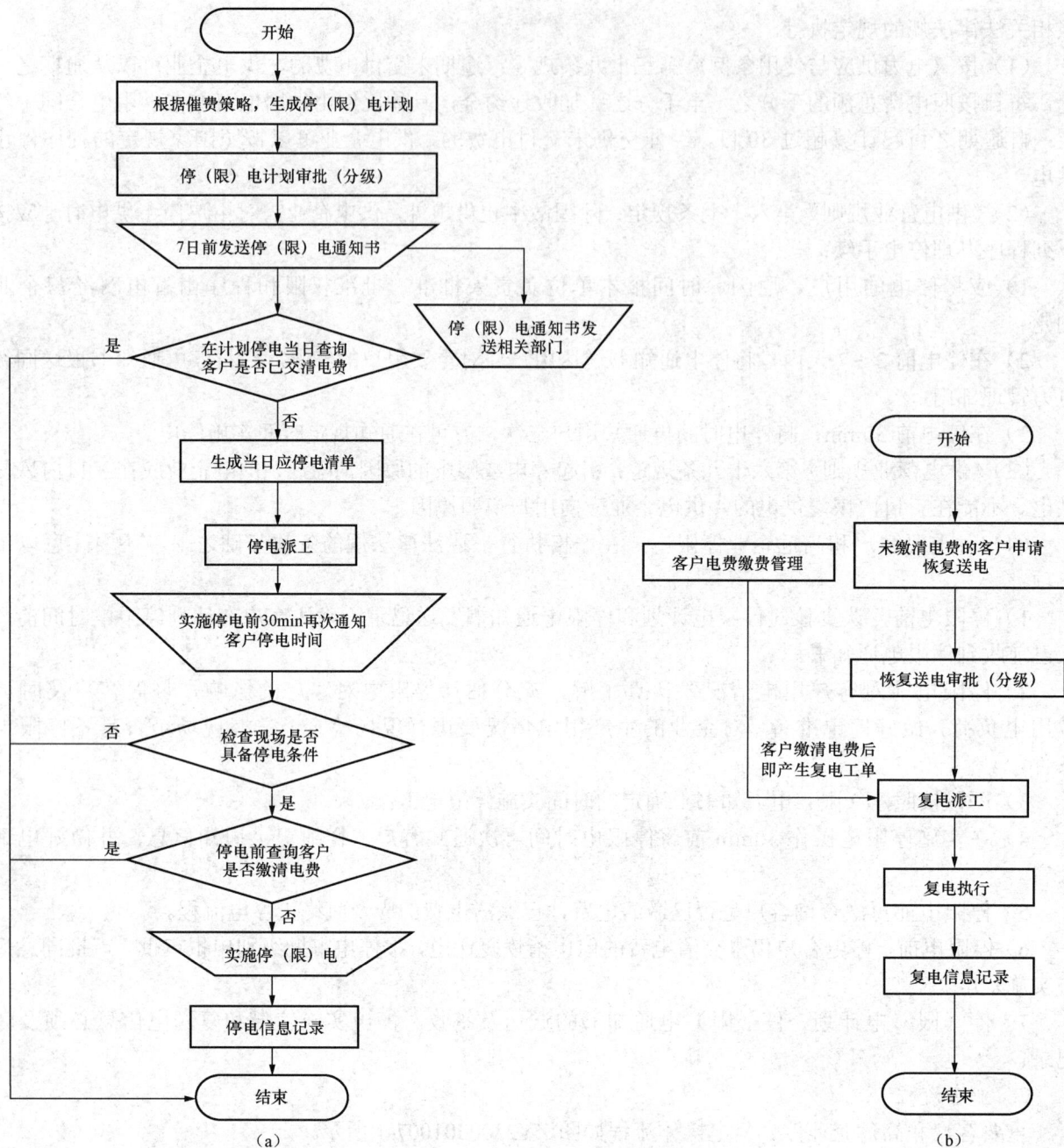

开始

根据催费策略，生成停（限）电计划

停（限）电计划审批（分级）

7日前发送停（限）电通知书

停（限）电通知书发送相关部门

在计划停电当日查询客户是否已交清电费 — 是

否

生成当日应停电清单

停电派工

实施停电前30min再次通知客户停电时间

检查现场是否具备停电条件 — 否

是

停电前查询客户是否缴清电费 — 是

否

实施停（限）电

停电信息记录

结束

（a）

开始

未缴清电费的客户申请恢复送电

客户电费缴费管理

恢复送电审批（分级）

客户缴清电费后即产生复电工单

复电派工

复电执行

复电信息记录

结束

（b）

图 ZY2300301007-1　重要客户和高危企业停复电操作流程图

（a）欠费停电操作流程；（b）复电操作流程

二、某玻璃厂停电赔偿案例

某玻璃厂（原告）与某供电局（被告）一直是供用电关系双方。2007 年 6 月 20 日，被告向原告下达一份《欠费停电通知书》，言明"你单位欠 2007 年电费及违约金 3000 元，至今未缴。自 7 月 1 日起，对你单位停止供电（限电）"。之后，被告并未停电，仍旧连续向原告供电。原告在 2007 年 10 月 27 日已支付当年 9 月份电费 2 万元。

2007 年 11 月 4 日在被告未向原告下达任何书面通知的情况下，突然采取措施，停止向原告供电。事后于 11 月 6 日就其停电一事，向原告补送了一份《欠费停电通知书》，言明你单位欠 2007 年当年及以前电费及违约金共计 3 万元，至今未缴。自 11 月 4 日起对你单位停止供电（限电）。

当某供电局实施停电之时，某玻璃厂正在生产一批中空孚法玻璃，到 11 月 6 日恢复通电时，由于停电致使玻璃制造工艺流程中断，造成玻璃水不能保温，从而引起玻璃水不能凝固，使生产线上的产品报废，经物价部门核实总价值为 32 万元。其玻璃厂因此提起诉讼，要求赔偿损失。

某市中级人民法院认为原告与被告之间是事实上的供用电关系双方，应遵守《中华人民共和国电力法》及相关的《电力供应与使用条例》和《供电营业规则》规定。被告在未能确定原告是否拖欠电费的情况下，又不按照法定程序，擅自先行停电，再补送《欠费停电通知书》是违反法定停电程序的行为。被告随意中断供电，而非电力事故，给原告造成的经济损失，应承担责任。赔偿由此给原告造成的直接经济损失。故此，依照《中华人民共和国电力法》第四条、第五十九条，《电力供应与使用条例》第四十二条和《供电营业规则》第六十七条之规定，判决被告（某供电局）赔偿原告（某玻璃厂）经济损失32万元并承担案件受理费。

案例分析：后该供电局通过上诉而减少了赔偿数额，但其未按法定程序停电行为的性质是难以改变的。此案是一起典型的颠倒停电程序操作案例。对欠费客户停（限）电是法律赋予供电企业的权利，但必须树立严格按照法定程序停电的意识。只有停电程序合法，自觉养成程序意识，才能最有效地保障供电企业的电费实体权益。

【思考与练习】

1．对欠费客户实施停限电有哪些法律依据？

2．重要客户、高危企业停限电注意事项及危险点控制有哪些？

3．停电客户未缴清电费申请恢复送电应如何处理？

4．实施停电前，是否应该电话查询客户是否已缴清电费？已缴清电费的应如何处理？

第七章　电费风险预警及防范

模块1　电费风险因素的调查与分析（ZY2300302001）

【模块描述】本模块包含开展电费风险因素调查与分析的意义、电费风险因素调查内容及分析方法等内容。通过概念描述、术语说明、要点归纳、示例介绍，掌握调查分析方法，能对风险因素进行分类管理。

【正文】

一、开展电费风险因素调查与分析的意义

1. 电费风险因素调查与分析的作用

通过收集与电费回收风险相关的信息，进行分析、比较，甄别影响电费回收的关键因素，并对风险因素进行分类管理。开展电费风险因素调查与分析是有效地预警、降低和化解电费回收风险，防范发生新欠电费和电费呆坏账。

2. 调查前期工作要求

根据不同客户电费风险因素的特点，对客户群进行分类，明确各类客户信息所包含数据项；通过周期性的数据采集，获取完整、准确、规范的客户信息。初步划分出不同客户群体类别，按不同层次、客户类别、容量、缴费难易程度分别开展调查。

二、电费风险因素调查内容及分析方法

1. 调查项目

（1）项目内容。制定科学、合理的客户调查方案，在对各类客户有关情况进行调查时要综合分析以下8个方面的内容：

1）客户的缴费能力和缴费时间。在进行调查前要对各客户群以往的缴费能力和缴费时间进行了解，通过查阅一个周期年需调查客户档案，了解客户各月电费回收情况、回收日期，是否存在延迟回收及跨月欠费情况等。

在现场调查时要对目前及今后客户的缴费能力和缴费时间做出评估。

2）客户的资金周转、货币回笼的情况。可采取到客户的财务部门了解资金的运转情况，产品货币回笼。如出现资金周转不灵或货币回笼缓慢，要调查其程度。

3）是否发生过违章用电、窃电问题或阻碍扰乱电力生产建设秩序，破坏或危害电力设施事件。通过查阅客户以往的用电检查记录档案，对客户用电行为进行分析，对违章用电、窃电和阻碍扰乱电力生产建设秩序及破坏或危害电力设施事件的行为要进行区分，分别定性。

4）供用电合同的签订和履约情况。供电企业与客户双方的权利义务关系是通过供用电合同来规范的。收费时间、收费额、收费方式、收费措施等都是建立在供用电合同约定的基础之上的。判断客户是否欠交电费、欠交多少、欠交了多长时间等，都要依据供用电合同来判定。检查供用电合同的履约情况，客户是否认真履行供用电合同，在合同的履约过程中有无不良记录，违约行为的发生。

5）客户设备的预试、定校、轮换情况；是否存在用电安全隐患，对电力系统或其他客户能否造成影响。客户变压器、用电设备周期性的试验，计量设备定校、定期轮换是保障客户安全用电、准确计量的首要条件。要调查客户是否按期完成各种试验。客户用电设备安全状况直接影响电网的安全，也可能影响到同一线路或同一变压器其他客户的安全，要通过查阅客户用电检查记录档案等方式，收集资料。

6）了解客户经营管理；企业规模、生产能力、产品销售情况，发展能力和发展潜力等。要对客户

的经营管理部门进行现状调查，了解其经营管理情况和企业业绩、企业产品结构、市场占有率、市场发展前景、企业领导人信誉观念、企业文化等情况。是否列入政策性限制行业，是否列入政策性淘汰类行业范围等。

7）了解客户对缴纳电费的重视程度。通常按其重视程度分为三种情况：重视、一般、不重视。

8）了解客户的银行存款、信用和负债情况。可采取到客户开户的银行了解客户的资金运转情况、经常性账上资金余额、资金是否被冻结等；在银行的信用等级。

（2）客户群划分。通过收集的有效客户相关信息并加以分析、定性，归类不同属性和行为特征的客户群，对客户信用、风险进行评估，依据评估结果找出信用客户、重要客户、失信客户及风险客户，并分别对其进行管理，对每类客户群进行细分。

1）客户细分。

a．根据电力营销各业务的特点和要求，按客户属性、用电行为、用电需求、缴费情况等将客户分为不同的客户群，针对目标客户群开展的相关管理决策活动。

客户属性：所属单位、用电类别、行业类别、高能耗行业、电压等级、电价类别、容量、变电所、线路、抄表段、负荷类别、自备电源、信用等级、电费风险等级等。

用电行为：电量电费情况、违约窃电情况、欠费情况、负荷情况。

b．确定各细分特征之间的关系，确定客户《细分标准》。

c．对客户细分的标准进行审核，使其符合客户细分的需求目标，对不符合目标的客户细分标准重新调整客户细分特征。

2）客户群管理。根据客户细分标准，从客户档案管理、核算管理、电费收缴及账务管理、用电检查管理获取客户的属性、用电行为等信息，建立客户群。当客户群属性或用电行为发生变化时及时进行动态调整，使得客户群建立符合营销管理的目标。

（3）风险类别划分：

1）政策性风险：

a．产业政策调整使某些行业被列为限制、淘汰类企业，导致企业限产、停产。

b．由于金融危机，导致各行业流动资金困难，支付能力弱。

c．国家电价政策的调整对企业刚性支出的影响。

d．国际市场需求变化，导致相关企业生产经营萎缩。

e．土地、矿产资源价格大幅升降，导致相关企业关停并转。

f．企业改制相关政策的变化而导致债权债务关系的变化。

g．房地产投资、买卖政策的变化，导致行业低迷。

h．税收政策的变化、惠农政策的实施对企业的影响。

2）经营性风险：

a．一次能源市场供求关系变化导致相关企业生产经营困难。

b．成长期及衰退期产品的生产企业。

c．停产户产品未改变再启动企业，合同约定的变更。

d．计量故障和轮换，业务变更等事宜导致争议性电费。

e．抄表、核算错误导致的电费少计、漏计未能及时更正，导致追诉时效逾期。

f．毁损计量装置引起电费流失。

g．高危及重要客户由于重大安全事故和不法经营行为而导致巨额赔偿、罚款。

h．违章用电、窃电导致电费隐性流失。

i．应收电费余额过大导致电费滞缴及形成客户旧欠电费。

3）管理性风险：

a．电费回收组织体系不完善，政令不畅通。

b．资金管理和保证电费资金安全措施不健全。

c．抄核收管理不规范、电价政策执行不到位。

模块1

ZY2300302001

d. 电费考核办法不完善，激励和约束机制不到位。

e. 营销人员责任心差、风险意识薄弱、缺乏危机感，用电服务不到位。

f. 供电企业人员发生贪污、截留、挪用电费。

4）法律性风险：

a.《中华人民共和国电力法》规定供电企业在对欠费客户采取停、限电措施时必须在欠费30天并要经过多次催缴无效后才可进行，客观上方便个别客户的恶意逃费，造成了恶意客户拖欠2个月电费的后果。

b. 电费担保行为中的循环担保。

c. 质押、抵押标的物的处分权模糊。

d. 供用电合同时效性无法获得法律支持。

e. 产权归属与运行维护责任不清晰、停限电操作不规范，引起的法律纠纷。

2. 风险因素产生的原因

电费回收风险是供电企业在经营过程中，因外部环境或企业内部原因而造成电费不能及时回收甚至造成电费流失的各种可能情况的总和。由于电力商品的特殊性和长期形成先用电、后交款观念，造成电费回收风险的普遍存在。

（1）外部因素：

1）国家宏观经济政策的调控对客户产生的影响。国家对高耗能行业的调控，及时掌握对列入淘汰类、限制类的高耗能企业关停等有关变化信息。

2）与市场经济相适应的体制和制度建设尚未成熟。

3）日益加剧的市场竞争对客户的影响。

4）客户需求变化对供电企业的挑战。

（2）内部因素：

1）供电企业基础管理薄弱。

2）供电企业内部管理不善。

3）没有建立完善的风险管理机制。

4）管理者和员工普遍缺乏风险意识。

3. 分析方法

（1）收集与风险相关的信息。

（2）对各类信息进行分析、比较，甄别风险因素，重点甄别主要欠费大户电费回收风险因素。

（3）对风险因素进行分类管理，按政策性、经营性、管理性、法律性原因，对发生风险的可能性、必然性、变动性和不确定性进行分析。区分影响风险的主观因素、客观因素，以及各种因素对风险的影响程度。

1）对政策性风险，认真研究国家宏观调控政策的实施给电费回收带来的影响，尤其要加强对高耗能行业的电费风险控制，及时掌握对列入淘汰类、限制类的高耗能企业关停并转等有关变化信息。

2）对经营性风险，要从供电企业内部和外部用电市场两方面进行分析，由于抄表、计量装置故障、违章用电、窃电等原因导致的电费流失；预防经营处于困境的企业和高危及重要客户由于重大安全事故和欠费造成的风险。

3）对管理性风险，要对抄核收管理制度执行情况进行分析，预防和控制电费差错、电费资金被截留或挪用、职务犯罪及用电服务质量等风险。

4）对法律性风险，要研究对欠费客户必须在30天并要经过多次催交无效后才可采取停、限电措施，会出现恶意逃费的风险；预防电费担保及各种电费追讨法律手段应用过程中引起的法律纠纷产生的风险。

三、客户电费风险调查案例

某玻璃厂，专线66kV供电，合同容量15200kVA（自备变压器），变电站出口计量，行业分类为××玻璃生产加工业，电价类别为大工业电价，电费采取银行分次划拨方式结算，对其调查结果如下：

（1）到其财务部门了解到资金的周转经常出现不及时，产品货币回笼较慢。

（2）查客户缴费档案了解到其缴费能力一般，2007 年中共有 4 个月延期缴费，未形成跨月欠费。

（3）用电检查档案记载，曾发生过两次基建用电私自接入到生产用电线路上，存在客户变电站安全隐患两处，现场检查仍未整改。

（4）查合同档案显示按期签订供用电合同，在合同的履约过程中无不良记录。

（5）到其经营管理部门进行现状调查，了解到企业经营状况一般、产品有 1/10 积压，但尚未出现亏损，市场占有率呈下降趋势，未被列入政策性限制行业或淘汰类行业范围。

（6）到客户开户的银行了解到客户的资金运转情况，由于客户银行存款经常空头，贷款较多，信用等级为三级，存在缴费风险。

（7）与客户财务主管领导了解客户对缴纳电费的重视程度为一般，经常发生其他用途挤占应缴电费现象。

（8）了解到企业经营性质未发生改变，但存在较大缴费风险。

对上述 8 项调查结果进行综合分析，得出结果见表 ZY2300302001-1。

表 ZY2300302001-1　　　　客户电费风险因素调查表

编号	户号	户名	合同容量（kVA）	资金周转	客户缴费能力	安全用电、合法用电	银行信用等级	经营状况	缴费意识	经营性质及缴费风险判断	合同签订、履约	综合情况分析
DGY001	0220002153	××市×××玻璃厂	15 200	资金周转不及时，产品货币回笼较慢	缴费能力一般，2007 年延期缴费 4 个月	变电站安全隐患两处，基建用电高价低用两次	银行存款经常空头，贷款较多，信用等级三级	经营状况一般、产品 1/10 压，无亏损	重视程度一般，经常发生挤占电费现象	缴费风险较大	按期签订，认真履约	客户能认真履行合同，未发生欠费。但由于经营出现产品积压，资金周转不及时，对缴电费有拖延现象，并存在用电安全隐患，存在较大电费风险

注　本表用于对客户电费信用风险预警分析管理。

【思考与练习】

1. 开展电费风险调查应遵循什么原则？

2. 调查项目有几部分组成？具体内容有哪些？

3. 如何对客户群进行划分？

4. 风险类别划分包括几部分？

5. 风险因素分析有几部分组成？具体内容有哪些？

模块 2　欠费明细表与汇总表编制（ZY2300302002）

【模块描述】本模块包含欠费明细表与汇总表的格式等内容。通过概念描述、术语说明、公式示意、要点归纳、示例介绍，掌握欠费明细表与汇总表的编制、统计方法、内容，以及表的构成和统计要素。

【正文】

一、欠费明细表与汇总表的统计方法、结构及要素

（一）欠费明细表

1. 应用层次

地市公司、区县公司、供电所。

2. 生成周期

日。

3. 内容简述

按各行业、城乡居民、趸售的欠费单位、各种缴费渠道、收费员统计欠电费总额、本年新欠、陈欠电费、上年末累计欠费、回收陈欠、核销坏账、欠费原因等。

4. 编制目的

用于统计每日电费欠收情况。

5. 统计说明

$$收费员 = 收取电费的人员$$

$$全行业合计 = 农林牧渔业小计 + 工业小计 + 建筑业小计 + 交通运输仓储和邮政业小计$$
$$+ 信息传输、计算机服务和软件业小计 + 商业、住宿和餐饮业小计$$
$$+ 金融房地产商务及居民服务业小计 + 公共事业及管理组织小计$$

$$城乡居民合计 = 城镇居民 + 乡村居民$$

$$趸售合计 = 趸售售电各类别欠费合计金额$$

单位名称：欠电费的单位名称或客户名

$$欠电费总额 = 本年新欠 + 陈欠电费$$

$$本年新欠 = 本年发生的新欠电费金额$$

$$陈欠电费 = 上年末累计欠费 - 回收陈欠$$

$$上年末累计欠费 = 截至上年末累计欠电费金额$$

$$回收陈欠 = 截至统计日陈欠电费回收金额$$

$$核销坏账 = 已核销的坏账金额$$

欠费原因：欠电费主要原因描述，包括还款计划

本表统计的数据精度保留到小数点两位。

6. 统计期

当日。

7. 统计维度

科目类别：

（1）总计。

（2）A 全行业合计。

（3）一、农林牧渔业小计。

（4）二、工业小计。

（5）三、建筑业小计。

（6）四、交通运输仓储和邮政业小计。

（7）五、信息传输、计算机服务和软件业小计。

（8）六、商业、住宿和餐饮业小计。

（9）七、金融房地产商务及居民服务业小计。

（10）八、公共事业及管理组织小计。

（11）B 城乡居民合计。

（12）一、城镇居民。

（13）二、乡村居民。

（14）C 趸售合计。

8. 统计要素描述

$$收费员 = 收取电费的人员$$

$$全行业合计 = 农林牧渔业小计 + 工业小计 + 建筑业小计 + 交通运输仓储和邮政业小计$$
$$+ 信息传输、计算机服务和软件业小计 + 商业、住宿和餐饮业小计$$

$$+ 金融房地产商务及居民服务业小计 + 公共事业及管理组织小计$$

$$城乡居民合计 = 城镇居民 + 乡村居民$$

$$趸售合计 = 趸售售电各类别欠费合计金额$$

$$欠电费总额 = 本年新欠 + 陈欠电费$$

$$本年新欠 = 本年发生的新欠电费金额$$

$$陈欠电费 = 上年末累计欠费 - 回收陈欠$$

$$上年末累计欠费 = 截至上年末累计欠电费金额$$

$$回收陈欠 = 截至统计日陈欠电费回收金额$$

$$核销坏账 = 已核销的坏账金额$$

9. 统计要素算法

$$全行业合计 = 农林牧渔业小计 + 工业小计 + 建筑业小计 + 交通运输仓储和邮政业小计$$

$$+ 信息传输、计算机服务和软件业小计 + 商业、住宿和餐饮业小计$$

$$+ 金融房地产商务及居民服务业小计 + 公共事业及管理组织小计$$

$$城乡居民合计 = 城镇居民 + 乡村居民$$

$$欠电费总额 = 本年新欠 + 陈欠电费$$

$$陈欠电费 = 上年末累计欠费 - 回收陈欠$$

（二）欠费汇总表

1. 应用层次

地市公司、区县公司、供电所。

2. 生成周期

月。

3. 内容简述

统计各单位每月各行业、城乡居民、趸售欠电费总额、本年新欠、陈欠电费总额、上年陈欠电费发生额及回收情况包括上年结转欠费、本年回收、核销情况。

4. 编制目的

用于统计每月电费欠收情况。

5. 统计说明

$$公司（所）全行业合计 = 全行业合计1 + 城乡居民 + 趸售$$

$$全行业合计1 = 第一产业 + 第二产业 + 第三产业$$

$$全行业合计2 = 农林牧渔业 + 工业 + 建筑业 + 交通运输仓储和邮政业$$

$$+ 信息传输、计算机服务和软件业 + 商业、住宿和餐饮业$$

$$+ 金融、房地产、商务及居民服务业 + 公共事业及管理组织$$

$$城乡居民 = 城镇居民 + 乡村居民$$

$$趸售 = 趸售售电各类别欠费合计金额$$

$$欠电费总额 = 本年新欠 + 陈欠电费总额$$

$$上年发生 = 截至上年末累计欠电费金额$$

$$陈欠电费总额 = 上年末结转欠费 - 回收陈欠电费额$$

$$上年陈欠电费 = 上年末结转上年欠费 - 回收上年电费额$$

本表统计的数据精度保留到小数点两位。

6. 统计期

本月。

7. 统计维度

科目类别：

（1）公司（所）全行业合计。

（2）A 全行业合计1。

（3）一、第一产业。

（4）二、第二产业。

（5）三、第三产业。

（6）B 城乡居民合计。

（7）一、城镇居民。

（8）二、乡村居民。

（9）C 趸售合计。

（10）A 全行业合计2。

（11）一、农林牧渔业。

（12）二、工业。

（13）三、建筑业。

（14）四、交通运输仓储和邮政业。

（15）五、信息传输、计算机服务和软件业。

（16）六、商业、住宿和餐饮业。

（17）七、金融房地产商务及居民服务业。

（18）八、公共事业及管理组织。

8. 统计要素描述

公司（所）全行业合计 = 全行业合计1 + 城乡居民 + 趸售

全行业合计1 = 第一产业 + 第二产业 + 第三产业

全行业合计2 = 农林牧渔业 + 工业 + 建筑业 + 交通运输仓储和邮政业

+ 信息传输、计算机服务和软件业 + 商业、住宿和餐饮业

+ 金融、房地产、商务及居民服务业 + 公共事业及管理组织

城乡居民 = 城镇居民 + 乡村居民

趸售 = 趸售售电各类别欠费合计金额

欠电费总额 = 本年新欠 + 陈欠电费总额

上年发生 = 截至上年末累计欠电费金额

陈欠电费总额 = 上年末结转欠费 – 回收陈欠电费额

上年陈欠电费 = 上年末结转上年欠费 – 回收上年电费额

9. 统计要素算法

统计要素算法同上。

二、示例

表 ZY2300302002-1 为××供电公司 2008 年 7 月 31 日欠费明细表。

表 ZY2300302002-1　　　　　　欠 费 明 细 表

填报单位：××供电公司　　　　　　2008 年 7 月 31 日　　　　　　　　单位：元

行　业	单位名称	欠 费 情 况			电费回收情况		其中核销坏账	欠费原因
		欠电费总额	其　中		上年末累计欠费	收回陈欠		
			本年新欠	陈欠电费				
1	2	3	4	5	6	7	8	9
总计	户数：1816 个	16 745 915.91	201 372.15	16 544 543.76	23 393 966.26	6 849 422.50		
A 全行业合计		16 334 576.61	169 623.98	16 164 952.63	22 531 198.47	6 366 245.84		
一、农林牧渔业小计		373 042.73	7693.96	365 348.77	465 026.40	99 677.63		
	1. 早繁鱼苗良种场	117 147.12	2578.56	114 568.56	140 025.60	25 457.04		客户繁育育苗池北洪水冲毁，资金困难
	2. 园林苗圃	255 895.61	5115.40	250 780.21	325 000.80	74 220.59		树苗销路不好，占资金

续表

行　业	单位名称	欠 费 情 况			电费回收情况			欠费原因
		欠电费总额	其　中		上年末累计欠费	收回陈欠	其中核销坏账	
			本年新欠	陈欠电费				
1	2	3	4	5	6	7	8	9
二、工业小计		11 673 531.30	138 887.67	11 534 643.63	14 686 421.23	3 151 777.60		
	1.万通铝厂	2 485 789.76	121 235.67	2 364 554.09	4 578 620.56	2 214 066.47		产品销路差，价格低
	2.思宇啤酒	9 187 741.54	17 652.00	9 170 089.54	10 107 800.67	937 711.13		面临转产、停产
三、建筑业小计		1 029 359.10	4801.34	1 024 557.76	1 562 854.65	538 296.89		
	1.基础工程公司	272 101.54	3600.56	268 500.98	756 853.78	488 352.80		企业不景气，无资金
	2.新成建筑公司	757 257.56	1200.78	756 056.78	806 000.87	49 944.09		企业不景气，无资金
四、交通运输仓储和邮政业小计		485 356.43	2469.07	482 887.36	1 046 050.29	563 162.93		
	1.远帆粮库	127 762.26	953.40	126 808.86	260 000.23	133 191.37		拨付资金未到位
	2.神龙货站	357 594.17	1515.67	356 078.50	786 050.06	429 971.56		停业，将破产清算
五、信息传输、计算机服务和软件业小计		275 955.34	2689.00	273 266.34	407 616.49	134 350.15		
	1.千瑞网络公司	177 281.34	1600.67	175 680.67	228 650.45	52 969.78		企业经营困难，负债严重
	2.信息工程公司	99 171.47	1585.80	97 585.67	178 966.04	81 380.37		企业亏损，三角债严重。但有偿还能力
六、商业、住宿和餐饮业小计		1121902.49	5864.26	1 116 038.23	1 537 025.23	420 987.00		
	1.凯瑞达宾馆	662 683.56	4660.56	658 023.00	768 504.67	110 481.67		经营困难，停业
	2.富源商业街	459 218.93	1203.70	458 015.23	768 520.56	310 505.33		部分商户停业
七、金融房地产商务及居民服务业小计		458 059.93	4458.36	453 601.57	1 513 350.85	1 059 749.28		
	1.欣宇证券	130 001.72	3200.60	126 801.12	756 500.80	629 699.68		证券市场不景气，资金困难
	2.新宇典当	328 058.21	1257.76	326 800.45	756 850.05	430 049.60		已渡过困难期，还款较大
八、公共事业及管理组织小计		917 369.29	2760.32	914 608.97	1 312 853.33	398 244.36		
	1.地质勘查局	789 960.50	960.20	789 000.30	956 852.44	167 852.14		资金困难，已多次欠费停电
	2.气象研究所	127 408.79	1800.12	125 608.67	356 000.89	230 392.22		拨付资金未到位
B 城乡居民合计		411 339.30	31 748.17	379 591.13	862 767.79	483 176.66		
城镇居民	300	102 638.16	3852.60	98 785.56	106 562.56	7777.00		
乡村居民	1500	308 701.14	27 895.57	280 805.57	756 205.23	475 399.66		
C 趸售合计								

主管：×××　　　　　　　制表人：×××　　　　　　　填报日期：2008 年 8 月 1 日

模块2

ZY2300302002

表 ZY2300302002-2 为××供电公司 2008 年 9 月止全行业欠电费汇总表。

表 ZY2300302002-2　　　　　　2008 年 9 月止全行业欠电费汇总表

填报单位：××供电公司　　　　　　　　　　　　　　　　　　　　单位：元

行　　业	欠电费总额	其　中				占欠费总额（%）
		本年新欠	陈欠电费			
			总　额	其中：上年发生		
栏　　次	1	2	3	4		5
公司全行业合计	16 544 429.37	1 535 924.43	15 008 504.94	3 714 892.31		100.00
A 全行业合计 1	15 480 057.27	822 257.75	14 657 799.52	3 609 020.07		93.57
第一产业	430 601.02	105 252.25	325 348.77	125 632.85		2.60
第二产业	12 267 741.02	429 833.66	11 837 907.36	2 778 820.99		74.15
第三产业	2 781 715.23	287 171.84	2 494 543.39	704 566.23		16.81
B 城乡居民	435 948.90	85 243.48	350 705.42	105 872.24		2.64
C 趸售	628 423.20	628 423.20				3.80
A 全行业合计 2	15 480 057.27	822 257.75	14 657 799.52	3 609 020.07		93.57
一、农林牧渔业	430 601.02	105 252.25	325 348.77	125 632.85		2.60
其中：排灌	369 825.77	85 240.23	284 585.54	98 754.58		2.24
二、工业	11 173 906.98	321 423.14	10 852 483.84	2 393 580.14		67.54
（一）采矿业	2 963 115.14	85 235.52	2 877 879.62	101 091.52		17.91
其中：煤炭开采和洗选业	2 031 034.69	58 423.75	1 972 610.94	74 279.75		12.28
（二）制造业	8 210 791.84	236 187.62	7 974 604.22	2 292 488.62		49.63
其中：烧碱	263 609.09	7582.85	256 026.24	23 438.85		1.59
电石	167 674.76	4823.25	162 851.51	20 679.25		1.01
黄磷						
水泥制造	2 968 121.13	85 379.52	2 882 741.61	1 012 350.52		17.94
14. 黑色金属冶炼及压延加工业	1 245 362.91	35 823.50	1 209 539.41	51 679.50		7.53
其中：钢铁	1 079 503.87	31 052.48	1 048 451.39	46 908.48		6.52
其中：铁合金冶炼	120 231.48	34 58.52	116 772.96	19 314.52		0.73
15. 有色金属冶炼及压延加工业	3 566 023.96	102 578.50	3 463 445.46	1 184 340.50		21.55
其中：铝冶炼	2 963 369.96	85 242.85	2 878 127.11	1 010 980.85		17.91
其中：锌冶炼	429 615.18	12 358.10	417 257.08	28 214.10		2.60
三、建筑业	1 093 834.04	108 410.52	985 423.52	385 240.85		6.61
四、交通运输、仓储和邮政业	437 043.59	108 520.07	328 523.52	184 250.85		2.64
其中：电气化铁路	396 779.10	98 522.20	298 256.90	167 275.96		2.40
五、信息传输、计算机服务和软件业	256 422.39	23856.05	232 566.34	95 856.45		1.55
六、商业、住宿和餐饮业	960 928.19	95 685.20	865 242.99	152 354.85		5.81
七、金融、房地产、商务及居民服务业	379 454.09	25 852.52	353 601.57	103 561.58		2.29
八、公共事业及管理组织	747 866.97	33 258.00	714 608.97	168 542.50		4.52

主管：×××　　　　　　制表人：×××　　　　　　　　填报日期：2008 年 10 月 1 日

【思考与练习】

1. 欠费明细表和欠费汇总表统计维度中科目类别包含几部分内容？

2. 欠费明细表和欠费汇总表有哪些统计要素算法？

模块 3　电费担保手段的应用（ZY2300302003）

【模块描述】 本模块包含实行电费担保的意义、《担保法》及电费担保合同的内容等内容。通过概念描述、术语说明、条文解释、要点归纳、案例分析，掌握电费担保的几种方式及担保手段在电费回收中的应用。

【正文】

一、实行电费担保的意义

在我国各种法律法规不断健全、完善的今天，充分利用法律武器保护供电企业自身的利益，是供电企业在市场经济环境下开展经营活动的迫切需要。《中华人民共和国担保法》（简称《担保法》）为保障债权的实现提供了一系列行之有效的措施，在当前形势下，利用《担保法》实行电费担保，对于解决电费回收难、降低供电企业的经营风险是非常必要的，也是保障电费债权的一种有效途径，具有很重要的现实意义。

二、电费担保在供用电合同中的约定及担保设置

1. 供用电合同中担保条款的约定

供用电合同关系属民事法律关系范畴，供电企业要充分利用法律法规保护自身合法权益，在具备法定条件时，依法要求客户提供电费担保。供电方应与用电方签订《供用电合同》和《电费保证合同》，或在《供用电合同》中设立保证条款，依法明确供用电双方权利和义务关系，减少不必要用电纠纷的发生。这既有《合同法》、《担保法》支持，能有效降低电力销售风险，又缩短了电力贸易结算周期，减小供电方占有用电方担保资金总量，易于取得社会的支持和客户的理解，障碍较少。

为了使担保方式符合法律要求，避免当事人滥用担保措施，我国《担保法》对担保方式作出了具体明确的规定，即保证、抵押、质押、留置和定金五种方式。根据《担保法》的规定，结合供用电合同的特点，在电费回收管理中可选择的担保方式有保证、抵押、质押三种。担保问题可在补充条款中予以约定，如果客户发生拖欠电费事宜，应在补缴电费、恢复供电前，向供电企业提供适当担保。不提供担保或采取其他措施的，不予恢复供电。

2. 根据客户风险评估结果设置担保

对用电人划分信用等级并设定担保，供电企业可以根据用电人本身的经营状况和对缴纳电费的态度对其划分信用等级，分为五个信用等级：

（1）AAA级，经营状况良好，按时足额交纳电费；

（2）AA级，经营状况一般，但能勉强按时交纳电费；

（3）A级，经营困难，不能按时交纳电费，但交费态度积极；

（4）B级，经营状况较差，交纳电费出现严重困难，或有能力交纳电费，但是拒不交纳；

（5）C级，濒临破产或已经破产，不可能再交纳电费。

对客户划分信用等级的主要目的是针对不同信用等级的客户决定是否要求其提供担保。客户的信用等级是动态的、长期的评价体系，应根据用电人经营状况的变化随时进行调整。根据《担保法》的规定，债权人需要以担保方式保障其债权实现的，可以依法设定担保。供电人不可能要求所有客户都提供电费担保，同时也没有这种必要。因此，在对用电人划分信用等级后，供电人可首先选择C级和B级的客户要求其提供担保。

三、《担保法》及电费担保合同的内容

1. 保证

（1）概述：

1）保证的概念。保证是指保证人和债权人约定，当债务人不履行债务时，保证人按照约定履行债务或者承担责任的行为。

2）保证的方式：

a. 一般保证：当事人在保证合同中约定，债务人不能履行债务时，由保证人承担保证责任的，为

一般保证。一般保证的保证人在主合同纠纷未经审判或者仲裁，并就债务人财产依法强制执行仍不能履行债务前，对债权人可以拒绝承担保证责任。

b. 连带责任保证：当事人在保证合同中约定保证人与债务人对债务承担连带责任的，为连带责任保证。连带责任保证的债务人在主合同规定的债务履行期届满没有履行债务的，债权人可以要求债务人履行债务，也可以要求保证人在其保证范围内承担保证责任。

（2）保证人的资格及违法作保的处理：

1）保证人的资格：

a. 根据《担保法》第七条的规定，保证人必须是具有代为清偿能力的法人、其他组织或公民，可以作保证人。

b. 下列法人或其他组织禁止作为保证人：国家机关不得作为保证人，但经国务院批准为使用外国政府或者国际经济组织贷款进行转贷的除外；学校、幼儿园、医院等以公益为目的的事业单位、社会团体不得为保证人；企业法人的分支机构、职能部门不得为保证人，但企业法人的分支机构有法人书面授权的，可以在授权范围内提供保证；任何单位和个人不得强令银行等金融机构或者企业为他人提供保证；另外，《公司法》规定董事、经理不得以公司资产为本公司的股东或者其他个人债务提供担保。

2）违法作保的处理：

a. 根据《担保法》第五条第二款的规定，如果禁止作为担保人的法人或其他组织与债权人签订保证合同，那么，该保证合同无效。债务人、保证人、债权人有过错的，应根据其过错各自承担相应的民事责任。

b. 根据《最高人民法院关于适用〈中华人民共和国担保法〉若干问题的解释》（简称《解释》）第七条规定，主合同有效而担保合同无效，债权人无过错的，担保人与债务人对主合同债权人的经济损失，承担连带赔偿责任；债权人、担保人有过错的，担保人承担民事责任的部分，不应超过债务人不能清偿部分的 1/2。

c.《解释》第十七条第四款规定：企业法人的分支机构提供的保证无效后应当承担赔偿责任的，由分支机构经营管理的财产承担。企业法人有过错的，按照《担保法》第二十九条的规定处理，即要区分债权人与企业法人的过错责任，分别处理。若债权人无过错，应由企业法人承担责任；若债权人与企业法人均有过错，应当根据其过错各自承担相应的民事责任。

d. 根据《解释》第十八条的规定，企业法人的职能部门提供的保证无效后，债权人知道或应当知道保证人为企业法人的职能部门的，因此造成的损失由债权人自行承担；债权人不知保证人为企业法人的职能部门的，因此造成的损失，可以参照《担保法》第五条第二款的规定和第二十九条的规定处理（第五条第二款："以法律、法规限制流通的财产设定担保的，在实现债权时，人民法院应当按照有关法律、法规的规定对该财产进行处理。"第二十九条："保证期间，债权人许可债务人转让部分债务未经保证人书面同意的，保证人对未经其同意转让部分的债务，不再承担保证责任。但是，保证人仍应当对未转让部分的债务承担保证责任。"）。

（3）保证合同的内容。根据《担保法》第十五条的规定，保证合同应具有以下内容：

1）被保证的主债权种类及数额。

2）债务人履行债务的期限。

3）保证的方式。保证方式包括一般保证方式和连带责任保证方式。

4）保证担保的范围。保证担保的范围依当事人在保证合同的约定，无约定时按《担保法》第二十一条规定处理，即包括主债权及利息、违约金、损害赔偿金和实现债权的费用等全部损失。

5）保证的期间。保证期间为保证责任的存续期间，保证合同应明确约定。无此约定的，在连带责任保证的情况下，"债权人有权自主债务履行期届满之日起六个月内要求保证人承担保证责任"；在一般保证场合，"保证期间为主债务履行期届满之日起六个月"。另外，在最高额保证情况下，如果保证合同中约定有保证人清偿债务期限的，保证期间为清偿期限届满之日起六个月；如果没有约定债务清偿期限的，保证期间自最高额保证终止之日或自债权人收到保证人终止保证合同的书面通知到达之日起六个月（《解释》第三十七条）。

6）双方认为需要约定的其他事项。主要是指赔偿损失的范围及计算方法，是否设立反担保等。保证合同的内容不完全的，可以补充。

（4）保证责任：

1）主债权债务的转让对保证责任的影响。保证期间，债权人依法将主债权转让给第三人的，保证人在原保证担保的范围内继续承担保证责任。保证合同另有约定的，按照约定。保证期间，债权人许可债务人转让债务的，应当取得保证人书面同意，保证人对未经其同意转让的债务，不再承担保证责任。

2）主合同的变更对保证责任的影响。债权人与债务人协议变更主合同的，应当取得保证人书面同意，未经保证人书面同意的，保证人不再承担保证责任。保证合同另有约定的，按照约定。

3）保证与物权担保并存时的保证责任。《担保法》第二十八条第一款规定：同一债权既有保证又有物的担保的，保证人对物的担保以外的债权承担保证责任。债权人放弃物的担保的，保证人在债权人放弃权利的范围内免除保证责任。

（5）电费担保合同中适用保证担保的内容及注意事项：

1）严格审查保证人资格，避免由于保证人资格不合法而导致保证合同无效。

2）选择恰当的保证方式。结合供用电合同的特点，最好采用"连带责任保证"且为"最高额保证"。最高额保证所担保的债务，最好限定在一年内该供用电合同所产生的债务。也可采取供电人与保证人就一定期间（一般为一个月）内连续发生的电费单独订立保证合同，当用电人欠费时，保证人按照保证合同的约定履行缴费义务。

3）一定要签订书面保证合同。保证合同可以是与保证人签订的正式合同书，也可以是体现保证性质的信函、传真、签章、供用电合同中的担保条款及保证人单方出具的担保书。

4）要约定好保证期间。未约定或约定不明时，要依法确定保证期间，并注意及时行使权利。《解释》第三十二条第二款规定：保证合同约定保证人承担保证责任期间直至主债务本息还清时为止等类似内容的，视为约定不明。保证期间为主债务履行期届满之日起两年。

5）要注意保证合同的诉讼时效期间。根据《解释》第三十四条之规定：

a．保证合同的诉讼时效期间为两年；

b．一般保证的债权人在保证期间届满前对债务人提起诉讼或申请仲裁的，从判决或仲裁裁决生效之日起，开始计算保证合同的诉讼时效；

c．连带责任保证的债权人在保证期间届满前要求保证人承担保证责任的，从债权人要求保证人承担保证责任之日起，开始计算保证合同的诉讼时效。

2．抵押

（1）概述：

1）抵押的概念：抵押是指债务人或者第三人向债权人以不转移占有的方式提供一定的财产作为抵押物，用以担保债务履行的担保方式。债务人不履行债务时。债权人有权依照法律规定以抵押物折价或者从变卖抵押物的价款中优先受偿。其中的债务人或者第三人是抵押人，债权人是抵押权人，提供担保的财产是抵押物。

2）抵押物的范围。抵押物必须是法律规定可以用作抵押的物，根据《担保法》第三十四条的规定，下列财产可以抵押：

a．抵押人所有的房屋和其他地上定着物。

b．抵押人所有的机器、交通运输工具和其他财产。

c．抵押人依法有权处分的国有的土地使用权、房屋和其他地上定着物。

d．抵押人依法有权处分的国有的机器、交通运输工具和其他财产。

e．抵押人依法承包并经发包同意抵押的荒山、荒沟、荒丘、荒滩等荒地的土地使用权。

f．依法可以抵押的其他财产。

3）不得抵押的财产。根据《担保法》第三十七条的规定，下列财产不得抵押：

a．土地所有权。

b．耕地、宅基地、自留地、自留山等集体所有的土地使用权。

c．学校、幼儿园、医院等以公益为目的的事业单位、社会团体的教育设施、医疗卫生设施和其他社会公益设施。

d．所有权、使用权不明或者有争议的财产。

e．依法被查封、扣押、监管的财产。

f．依法不得抵押的其他财产。

另外，《解释》第四十八条规定："以法定程序确认为违法、违章的建筑物抵押的，抵押无效。"《解释》第五十二条规定："当事人以农作物和与其尚未分离的土地使用权同时抵押的，土地使用权部分的抵押无效。"

4）最高额抵押，是指抵押人与抵押权人协议，在最高债权额限度内，以抵押物对一定期间内连续发生的债权作担保的抵押方式。需要注意的是，最高额抵押的主合同债权不得转让。

（2）抵押合同的内容：

1）被担保的主债权的种类和数额。根据《解释》第五十六条的规定，抵押合同对被担保的主债权种类没有约定或约定不明，且根据主合同和抵押合同不能补正或无法推定的，抵押不成立。

2）债务人履行债务的期限。

3）抵押物的名称、数量、质量、状况、所在地、所有权权属或使用权权属。根据《解释》第五十六条的规定，抵押合同对抵押财产没有约定或约定不明，又根据主合同和抵押合同不能补正或无法推定的，抵押不成立。所以，在抵押合同中，应就此条款做出明确具体的约定。

4）抵押担保的范围。抵押权所担保的范围包括原债权及利息、抵押权实现费用、违约金、损害赔偿金。对于抵押担保的范围，合同中可以有特别约定。

5）当事人认为需要约定的其他事项。抵押合同不完全具备上述内容时，当事人可以补正。

（3）抵押合同的订立及生效：

1）抵押人和抵押权人应当以书面形式订立抵押合同。

2）一般情况下，抵押合同自双方当事人签订之日起生效。

3）法律规定需要办理抵押物登记的抵押合同，应当办理登记。抵押合同自登记之日起生效。

根据《担保法》第四十二条的规定，办理抵押物登记的部门如下：

a．以无地上定着物的土地使用权抵押的，为核发土地使用权证书的土地管理部门。

b．以城市房地产或者乡（镇）、村企业的厂房等建筑物抵押的，为县级以上地方人民政府规定的部门。

c．以林木抵押的，为县级以上林木主管部门。

d．以航空器、船舶、车辆抵押的，为运输工具的登记部门。

e．以企业的设备和其他动产抵押的，为财产所在地的工商行政管理部门。

4）当事人以其他财产抵押的，可以自愿办理抵押物登记，抵押合同自签订之日起生效。当事人未办理抵押物登记的，不得对抗第三人。当事人办理抵押物登记的，登记部门为抵押人所在地的公证部门。

（4）电费担保合同中适用抵押担保的内容及注意事项：

1）要合理选择抵押物。

a．只有规定允许抵押的财产或财产权利方可作为抵押物，要防止因抵押物选择不当而导致抵押合同无效的情况发生。

b．抵押物的价值应经过科学评估，其价值应大于抵押担保期间所可能发生的最大电费额。

c．抵押物应具有便于受偿性，当发生欠费时，易于拍卖或变卖。

d．调查了解抵押物是否有重复抵押的情况，确保抵押权能够实现。

2）恰当选择具体抵押方式。结合供用电合同的特点，最好采用最高额抵押。最高额抵押所担保的债权额度，宜确定为略高于客户一年期间内可能发生的电费数额。

3）严格依法订立完善的书面抵押合同。

4）及时办理抵押物登记手续。

a．对于法律规定必须办理抵押物登记手续的，应及时到有关部门办理抵押物登记。不同抵押物的登记办法应依照《担保法》及其《解释》、国家工商行政管理局发布的《企业动产抵押物登记管理办法》、公安部发布的《中华人民共和国机动车登记办法》等有关法律、法规和规章办理。

b．对于法律不要求必须办理抵押物登记的，最好也要办理登记，以取得对抗第三人的效力。

5）要注意经常检查抵押物的状况。

a．若抵押物有可能价值减少或灭失，应及时要求客户对抵押物投保并承担保险费用；

b．因抵押人的行为足以使抵押物价值减少的，供电企业应及时要求其停止该种行为、恢复抵押物的价值或提供与减少的价值相当的担保。根据《解释》第七十条的规定，在这些要求遭到拒绝时，供电企业可请求客户履行债务，也可以请求提前行使抵押权。

6）要注意避免流押，即在抵押合同中不得约定在供电企业电费债权未受清偿时，抵押物的所有权就转归供电企业；否则，该约定本身无效。

3．质押

（1）概述：

1）质押的概念：质押是指债务人或者第三人将其动产或权利移交债权人占有，用以担保债权履行的担保。质押后，当债务人不能履行债务时，债权人依法有权就该动产或权利优先得到清偿。其中，将其动产或权利移交债权人占有的债务人或第三人叫做出质人，该动产或权利叫做质物，占有质物并享有优先受偿权的债权人叫做质权人。质押包括动产质押与权利质押。

2）质押合同的内容。根据《担保法》第六十五条规定，质押合同应当包括以下内容：

a．被担保的主债权种类、数额。

b．债务人履行债务的期限。

c．质物的名称、数量、质量、状况。

d．质权的担保范围。质权的担保范围包括主债权及利息、违约金、损害赔偿金、质物保管费用和实现质权的费用。质押合同另有约定的，按照约定。

e．质物移交的时间。

f．当事人认为需要约定的其他事项。

质押合同不完全具备上述内容的，可以补正。

（2）动产质押：

1）动产质押合同是要物合同，自质物移交质权人占有时质押合同生效。根据《解释》第八十七条的规定，出质人代质权人占有质物的，质押合同不生效。

2）出质人以间接占有的财产出质的，质押合同自书面通知送达占有人时视为移交，此时，质押合同生效。

（3）权利质押。主要介绍权利质押的质物及其生效。

1）以汇票、支票、本票、债券、存款单、仓单、提单出质的，应当在合同约定的期限内将权利凭证交付质权人。质押合同自权利凭证交付之日起生效。

根据《解释》的有关规定，一是以票据及公司债券出质的，如果出质人与质权人没有背书记载"质押"字样，则质权人不得以其质权对抗公司和善意第三人。二是以上述七种权利出质的，质权人再转让或质押的无效。三是以载明兑现或提货日期的汇票、本票、支票、债券、存款单、仓单、提单出质的，其兑现或提货日期先于债务履行期的，质权人可以在债务履行期届满前兑现或者提货，并与出质人将兑现的价款或提取的货物用于提前清偿所担保的债权或向与出质人约定的第三人提存。

2）以依法可以转让的股票出质的，出质人与质权人应当订立书面合同，并向证券登记机构办理出质登记。质押合同自登记之日起生效。股票出质后，不得转让，但经出质人与质权人协商同意的可以转让。出质人转让股票所得的价款应当向质权人提前清偿所担保的债权或者向与质权人约定的第三人提存。以有限责任公司的股份出质的，适用公司法股份转让的有关规定。质押合同自股份出质记载于股东名册之日起生效。

3）以依法可以转让的商标专用权，专利权、著作权中的财产权出质的，出质人与质权人应当订立书面合同，并向其管理部门办理出质登记。质押合同自登记之日起生效。

上述规定的权利出质后，出质人不得转让或者许可他人使用，但经出质人与质权人协商同意的可以转让或者许可他人使用。出质人所得的转让费、许可费应当向质权人提前清偿所担保的债权或者向与质权人约定的第三人提存。

4）依法可以出质的其他权利，如债权。

（4）电费担保合同中适用质押担保的内容及注意事项：

1）要合理选择质物：一是在动产质押场合，应选择那些没有瑕疵、价值较稳定、不易损坏的质物。根据《解释》第九十条之规定，质权人在质物移交时明知质物有瑕疵而予以接受造成质权人其他财产损害的，由质权人自己承担责任。二是质物有损坏或价值明显减少的，可能足以危害质权人权利的，应要求出质人提供相应担保。

2）质物应按约定时间交付供电企业占有，否则，质押合同不能按约定时间生效。

3）供电企业应履行对质物的妥善保管义务。否则，因此给出质人造成损失的，应承担民事责任。

4）避免流质的约定，即不能在质押合同中约定，当客户未按时交纳电费时，质物所有权即转归供电企业。否则，该约定本身无效。

5）应依法签订完善的书面质押合同。

6）质押担保的电费债权额度宜确定为客户在二或三个月期间内所可能发生的电费额。

7）实行质押担保的对象应选择欠费风险较大、信用度较差、经济效益较差的客户。

8）供电企业应与实行权利质押担保的客户、银行签订三方协议，就权利凭证的保管、挂失、兑现达成一致意见。

四、案例

例 1 ××制酸厂是某市的用电大户，2007 年下半年市供电局在了解到该厂因受市场影响，经营状况严重恶化的信息后，快速反应，在电费支付尚未到期时及时与该厂的控股主管部门味精有限公司协商签订保证合同，采取"连带责任保证"且为"最高额保证"方式。保证人按期支付了电费，从而有效规避了欠费风险。

例 2 某食品厂由于受市场影响，产品严重滞销，经营严重恶化，导致欠供电公司电费达 100 余万元（含违约金），若不及时采取措施，如该厂破产倒闭，供电企业将造成巨额损失。某供电公司依据《合同法》、《担保法》规定，及时要求食品厂提供担保，经与该厂协商，该厂自愿将其厂区内一块面积达 $1900m^2$ 的无地上定着物的土地使用权对所欠电费及将要发生的电费进行抵押担保，双方签订了《电费缴纳合同》及《抵押合同》，并在市土地行政管理部门办理了抵押物登记手续，使《抵押合同》合法生效。

例 3 某市供电局与欠费大户——×××铝业集团有限责任公司订立了债券、股权转让的质押担保合同 2780 余万元，经股东大会确认，直接抵交电费。

三种担保方式案例分析：

在保证、抵押、质押三种担保方式中，合理选择担保方式对欠费及时回收影响非常大，如例 1，选用保证担保方式，供电企业要严格考察保证人资格，保证人资格不合法就会导致保证合同无效。在例 2 中，选用抵押担保方式，供电企业既要合理选择抵押物，又要及时办理抵押物登记手续，还要经常检查抵押物的状况。这两种担保方式在实践中，既不方便实行，在客户发生欠费后，又不能迅速抵偿欠费。在例 3 中，选用债券、股权转让的权利质押方式，从而杜绝了动产质押担保方式存在的操作复杂，客户欠费后不能迅速补偿欠费的缺点。权利质押手续操作简便，客户欠费后可立即兑现存款单或汇票抵偿欠费，因此选用权利质押方式是一种比较理想的选择。

对客户实行担保应优先选用权利质押方式，对不能采用权利质押方式的用户再考虑采取其他担保方式。在权利质押方式的选择上，应优先选择存款单或汇票作为质物，以利于客户欠费后能够立即兑现抵偿欠费。

【思考与练习】

1. 开展电费风险调查应遵循什么原则？

2. 调查项目有几部分组成？具体内容有哪些？

3．如何对客户群进行划分？

4．风险类别划分包括几部分？

5．开展电费风险调查的工作内容及要求？

6．风险因素分析有几部分组成？具体内容有哪些？

模块 4　破产客户的电费追讨（ZY2300302004）

【模块描述】本模块包含破产客户电费追讨的适用法律和参与方式、参与处理破产欠费案件需注意的事项，假破产真逃债的防范对策及被注销客户的欠费追讨等内容。通过概念描述、术语说明、条文解释、要点归纳、案例分析，掌握对破产客户的电费追讨方法和破产欠费案件的处理程序。

【正文】

一、破产客户电费追讨的适用法律

1．用电客户破产案件的适用法律

由于破产案件的法律规定与适用尚未统一，国家对不同类型和不同地区的企业破产还债采取不同的法律规定和政策措施。《中华人民共和国企业破产法》（简称《破产法》）第一百三十三条规定："在本法施行前国务院规定的期限和范围内的国有企业实施破产的特殊事宜，按照国务院有关规定办理"。对列入国家优化资本结构试点城市的国有企业破产，适用国务院《关于在若干城市试行国有企业破产有关问题的通知》（简称《通知》）；其他所有的具有法人资格的企业破产适用《破产法》；非法人企业破产与个体工商户、个人合伙等类型的市场主体，则适用《民事诉讼法》的一般规定。

2．两种适用法律后果分析

企业破产适用不同的法律和政策规定，势必对供电企业的电费利益产生直接影响。国务院确定的"优化资本结构"试点城市适用《通知》规定，有利的是享受核销呆账、坏账政策，为破产企业偿还电费债务创造了条件，不利的是破产财产处理政策要首先保证职工安置的需要。其他企业适用的《破产法》规定，破产财产首先用于破产人所欠职工的工资和医疗、伤残补助、抚恤费用等；其次是社会保险费用和破产人所欠税款；最后才是普通破产债权。两种法律适用后果是作为普通债务的电费，清偿很难实现，或者清偿份额很少，要高度关注破产财产顺序清偿的状况。

3．利用重整制度挽救濒临破产客户

对濒临破产的企业，要利用《破产法》重整制度，它是对可能或已经发生破产原因但又确有再建希望的企业，在法院主持下，由各方利害关系人协商通过重整计划或由法院依法强制通过重整计划，进行企业的经营重组、债务清理等活动，以挽救企业、避免破产、获得更生的法律制度。这是预防企业破产最为积极、有效的法律制度。重整制度突出的作用是避免企业破产，尤其是对社会经济、人民生活有重大影响的大型企业的破产。供电企业是主要债权人，应支持濒临破产企业通过资产重组、债务托管等方式，寻求转机，促进发展。

4．破产清算的两种方法

（1）供电企业申请清算。对资不抵债、无力清偿到期债务的企业，如其要无限期拖延债务，迟迟不向法院申请宣告破产，则作为债权人的供电企业应主动向法院申请宣告债务人破产清算债务，并提供供用电合同、电费欠账清单、担保与抵押的证据等材料。

（2）破产企业申请清算。企业主动申请破产清算债务，供电企业要关注法院受理案件的公告、立案时间，破产案件的债务人、债务数额，申报电费债权的期限、地点，第一次债权人会议召开的日期、地点，以便做好准备，充分行使法律赋予债权人的各种权利。

二、参与处理破产欠费案件需注意的事项

1．如何掌握申报债权时机

法院受理破产案件后，在收到债务人提交的债务清册后 10 日内，应当通知已知的债权人，对于未知的债权人则公告通知。实践中常常出现因债务人提交的债务清册中没有列明电费债权，导致法院不通知供电企业。有的未看到法院在媒体上的公告，导致债权未能申报，丧失了受偿的最后机会。这就

要特别关注媒体刊登公告的有关欠费客户的破产、重组等信息；供电企业应在收到申报债权的通知后1个月内，未收到通知的应在公告之日起3个月内，向该法院申报债权；申报债权时，应列明债权性质、数额及有无财产担保，并附详细的证据材料。

2. 对破产客户的调查

详细调查、审查有关破产申请材料，分析债务人是否真正达到了破产界限，是否可利用重整制度挽救，是否为逃债制造的假破产，及时向法院提出申诉。

3. 债权人权利的行使

积极参加债权人会议，并依法积极行使权利。所有债权人均为债权人会议成员。债权人会议成员享有表决权，但有财产担保的债权人未放弃优先受偿权利的除外。在供电企业申请客户破产还债的情况下，如其上级主管部门申请整顿，并提出方案，供电企业认为可行，可通过债权人会议与企业达成和解协议。否则，则应申请法院裁定终结，宣告破产。

4. 破产案件与相关纠纷案件合并审理应注意的问题

法院受理破产案件后，以破产企业为债务人的其他经济纠纷已经审结但没有执行的，或者尚未审结的，应当中止执行，由债权人凭生效的法律文书向受理破产案件的法院申报债权；如发现破产企业作为债权人的案件在3个月内难以审结的，应移送受理破产案件的法院一并审理；破产企业应自收到法院立案通知之日起清偿债务。正常生产经营必须偿付的，应经法院审查批准。如破产企业仍然对部分债权人清偿债务，法院将裁定无效，追回该项财产。

5. 破产客户损害财产行为的防范

（1）人民法院受理破产申请前1年内，涉及债务人财产的下列行为，管理人有权请求人民法院予以撤销：

1）无偿转让财产的；

2）以明显不合理的价格进行交易的；

3）对没有财产担保的债务提供财产担保的；

4）对未到期的债务提前清偿的；

5）放弃债权的。

（2）人民法院受理破产申请前6个月内，仍对个别债权人进行清偿的，管理人有权请求人民法院予以撤销。但是，个别清偿使债务人财产受益的除外。涉及债务人财产的下列行为无效：

1）为逃避债务而隐匿、转移财产的；

2）虚构债务或者承认不真实的债务的。

供电企业发现破产企业有上述行为的，应及时请求清算组向法院申请追回财产。

6. 电费债权人优先权的行使

有财产担保的电费债权人应及时向法院请求行使优先权。

7. 破产客户相关财产及债权的处理

（1）法院宣告企业破产后，通知破产企业的债权人或财产持有人向清算组清偿债务或交付财产，债权人对通知的债务数额或财产的品种、数量等有异议的，可以在7日内请求法院予以裁定。如破产企业的债务人未清偿债务或财产持有人未如实交付的，债权人可以要求清算组申请法院裁定后强制执行。

（2）清算组分配破产企业的财产，应以可以用于清偿的全部财产为限，破产企业的债权在分配时仍未得到清偿的，清算组应将该债权按比例分配给破产企业的债权人。

（3）破产企业与他人组成法人型或合伙型联营体的，破产企业作为出资投入的财产和应得收益应当收回，不能收回的可以依法转让。

8. 清算结果和财产分配方案的审查分析

在破产清算阶段，供电企业对清算结果和财产分配方案应认真审查分析，以便在债权人会议通过时，充分发表意见。清算组对破产企业的财产清算分配之后，供电企业接到领取财产通知时应如期办理，以免法院作提存处理。要按前面所讲到的，关注破产财产顺序清偿的状况。

9. 破产程序终结后应注意的问题

破产程序终结后发生的破产企业请求权，由破产企业的上级主管部门行使。追回的财产，其债权人可以依法得到清偿。

三、为逃债而假破产的防范

（1）在证据确凿情况下，积极向法院反映实际情况，争取使法院不受理逃债企业的破产申请，使其逃债计划流产。

（2）对破产企业的隐匿、私分财产等逃债行为，根据《民法通则》、《破产法》，向法院提起确认之诉，请求法院确认其行为无效并追回财产；或根据《合同法》提起撤销权之诉，以实现此目的。

（3）对已破产又在其基础上组建新企业，但实际仍受原企业控制的，应根据民法诉其欺诈，请求法院宣告其破产无效，由新企业对原有债务承担连带责任。

四、已注销客户的欠费追讨

被注销企业（因破产而被注销的除外）的欠费回收问题：欠费用户因违法或不参加年检等原因被注销的，本应进行清算偿债程序而未进行，却又在被注销企业基础上通过合并、分立等方式成立新企业的，可请求法院宣告其合并、分立无效，并由新企业负责偿还欠费。

五、案例

例1 某化肥厂拖欠电费600多万元，濒临破产，供电部门积极支持当地政府，让化肥厂与效益较好的化工厂实现资产重组，并与化工厂签订了化肥厂电费债务托管协议，使化肥厂陈欠多年的电费得到有计划地偿还。

例2 某供电部门收到区人民法院发来参加某水泥厂债权人清算庭审会的通知。接到通知后除了办理正常参会的手续外，针对该户拖欠254万元电费，对申请破产进行了分析，发现该户不是真破产而是破债。经与决策层接触了解到不是该单位申请破产，而是由其他债权人向区人民法院申请宣告债务人破产还债。根据实际情况向其决策层宣传了有关破产企业未能偿还电费的政策，如若供电部门予以销户，终止供电，将给该单位带来极大的损失。通过双方沟通后，阐明了观点，希望破产后不要破电费，否则会投入更多的人力、物力和财力。由于该客户情况特殊，停一分钟电都不可能，最后双方达成一项协议，今后发生的电费按月交清，拖欠的254万元电费，先期支付100万元，其余欠费写了书面还款计划。企业法人与债权人达成和解协议，经人民法院认可后中止破产还债程序，和解协议具有法律效力。

例3 某丝绸厂由于受市场经济疲软和企业内部管理等众多不利因素的影响，于2008年7月上旬申请破产，截止破产时，累计拖欠供电公司2008年6～7月电费合计18.5万元，供电公司营销人员上门催收电费时，企业负责人认为该企业已申请破产，不再承担任何债务。对此，供电公司一方面要求相关部门负责人主动上门向企业负责人问询，在企业破产过程中，有何工作需要供电部门协助解决和提供服务的，同时积极思考采取何种方法有利于追讨电费，在得知该企业已成立破产领导小组的情况下，供电公司积极寻求企业破产领导小组的支持，同时密切关注该企业在破产过程中的每一个法定程序，在得知该企业将于11月份开始进行固定资产拍卖时，供电公司立即安排相关人员上门与企业破产领导小组进行商谈，最终得到了破产企业的同意，并许诺拍卖款一到账就偿还供电公司的电费，至此一笔本已流失的电费，在坚持不懈的努力下全部追回。

案例分析：上述案例说明，虽然破产企业有《破产法》的保护，但作为供电部门债权人应维护自身的权益和利益。宣布破产后拖欠的电费可以做坏呆账处理，但终归供电部门经济受到损失，力争通过各种渠道采取各种方式，不要使拖欠的电费破掉，这样有利于保护双方的利益。

【思考与练习】

1. 对濒临破产的客户应如何对待？
2. 破产清算的两种方法是什么？
3. 参与处理破产欠费案件应注意哪些事项？
4. 如何防范为逃债而假破产客户欠费？
5. 如何对已注销客户的欠费进行追讨？

模块 5　代位权、抵销权、支付令、公证送达、依法起诉及申请仲裁的应用（ZY2300302005）

【模块描述】本模块包含代位权、抵销权、支付令、公证送达、依法起诉及申请仲裁的含义，代位权发生条件，抵销权、公证送达的应用，申请支付令条件，起诉及仲裁注意的问题等内容。通过概念描述、术语说明、条文解释、要点归纳、案例分析，能利用法律权利对债务人进行清欠。

【正文】

一、代位权

1. 含义

因债务人怠于行使其到期债权，对债权人造成损害的，债权人可以向人民法院请求以自己的名义代位行使债务人的债权，但该债权专属于债务人自身的除外。

2. 代位权在电费债权中发生的条件

（1）根据供用电合同的约定，用电人已迟延给付电费。

（2）用电人对第三人享有债权，倘若用电人没有对外债权，也就无所谓用电人的代位权。需注意用电人对第三人享有的债权，不得专属于债务人自身，例如财产继承权、抚养费请求权、离婚时的财产请求权、人身伤害的损害赔偿请求权等。

（3）用电人有怠于行使其债权的行为，包括作为和不作为。例如债务人应当收取第三人对其的债务，且能够收取，而不去收取。如果用电人行使了其权利，即使不尽如意，供电人也不能行使代位权，但这种情况下有行使撤销权的可能。

（4）用电人怠于行使自己债权的行为，已经对电费的给付造成损害。损害指用电人因怠于行使自己对第三人的权利，致使无力清偿电费，因而使电费的给付有不能实现的危险。

代位权是一种法定权能，无论供电人和用电人是否有约定，只要构成以上四个要件，供电人均可行使该权利。

3. 行使代位权应注意的问题

供电人行使代位权，应以自己的名义行使，并不须征得用电人的同意。代位权的行使，也可以使供电人的债权得到一定程度的保护。需注意的是供电人在行使代位权时，必须向人民法院作出请求，而不能直接向第三人行使。代位权的行使范围以用电人所欠电费为限。

例　某玻璃厂欠某市供电公司电费 150 万元，属陈欠电费；某玻璃经销公司拖欠该玻璃厂货款 300 万元，已逾期达 1 年半，玻璃厂多次催讨未果。现供电公司得知玻璃经销公司刚刚收回一笔 200 万元的货款，而玻璃厂催讨仍旧没有结果，就打算转而向玻璃经销公司讨债。是否可行？供电公司应该如何具体操作？

案例分析：这就是《合同法》规定的代位权制度。根据有关司法解释，只要债务人不以诉讼方式或仲裁方式向次债务人主张其债权而影响其偿还债权人的债权，都视为"怠于行使其债权"。供电公司可以根据代位权的规定，以自己的名义起诉玻璃经销公司行使玻璃厂货款债权，取得债权后再向玻璃厂行使电费债权。

二、抵销权

1. 含义

抵销权包括法定抵销权和约定抵销权。所谓法定抵销权，根据《合同法》第 99 条规定："当事人互负到期债务，该债务的标的物种类、品质相同的，任何一方可以将自己的债务与对方的债务抵销，但依照法律规定或者合同性质不得抵销的除外"。所谓约定抵销权，根据《合同法》第 100 条规定："当事人互负债务，标的物的种类、性质不同，经双方协商一致，也可以抵销"。

两种抵销权的区别：

（1）当事人互负债务是否到期。法定抵销权要求债务均已到期，而约定抵销权则不加限制。

（2）债的标的物的种类、性质是否相同。法定抵销权要求相同，而约定抵销权则不要求。

（3）是基于法律规定而享有，还是基于双方协商一致而享有。法定抵销权基于法律规定而享有，无须经过双方协商；而约定抵销权是基于双方的协商一致而享有。

2．抵销权在电费清欠中的应用

（1）法定抵销权的应用。当供电企业对客户负有到期债务的，如果客户不按时交付电费，两种债的标的物种类、品质相同的，供电企业可以不与客户协商，而直接通知客户抵销相当的债务。

（2）约定抵销权的应用。当供电企业对客户所负债务的标的物的种类、品质与电费欠债不同时，经双方协商一致，也可抵销。实践中常常采取的"煤电互抵"、"物电互抵"等，就是约定抵销权的运用。

在通常情况下，供电人不仅只从事一种营业活动，同时还可能通过其他经济活动，与用电人发生往来，这就为抵销提供了前提条件。另一方面，作为供电人，也应积极地创造抵销条件。

3．运用抵销权应注意的问题

供电企业在清欠难度较大时，要多渠道、全方位创造条件，适用法定抵销权或约定抵销权。对于法定抵销权，供电企业只须通知欠费客户即可；自通知到达该客户时，双方债务即告抵销；法定抵销不得附条件或附期限。否则，不产生抵销债务的效力。对于约定抵销，应注意科学地选择标的物，尽量选择那些价值较稳定、易于变现、不易毁损或可为我所用的标的物，并科学地评估其价值。

还应注意，依照法律规定或按照合同性质不得抵销的，不得运用法定抵销权。

例1　某电缆厂拖欠电费一年共230万元，因其亏损严重，催讨困难；而供电公司物资经销公司拖欠该电缆厂电缆款300万元，且到期未支付。供电公司将这230万元电费债权以225.4万元的现金价值转让给物资经销公司，并通知了该电缆厂。物资经销公司随后便通知电缆厂抵销双方各自债务230万元。这样，供电公司的电费债权基本上得到了实现。

案例分析：这就是《合同法》规定的抵销权制度的应用，案例说明不仅债务的标的物种类、品质相同的可以抵销，而且客户所负债务的标的物的种类、品质与电费欠债不同，也可抵销。使难度较大的电费债权通过抵销方式实现。

三、支付令

1．含义

支付令是根据《民事诉讼法》第189条规定的民事诉讼中的督促程序。所谓督促程序，是指法院根据债权人的给付金钱和有价证券的申请，以支付令的形式催促债务人限期履行义务的程序。督促程序依债权人申请支付令的提出而开始。

2．在电费债权中申请支付令的条件

债权人向法院申请支付令，必须符合下列条件：

（1）必须是请求给付金钱或汇票、支票以及股票、债券、可转让的存单等有价证券的。

（2）请求给付的金钱或有价证券已到期且数额确定，并写明了请求所根据的事实、证据的。

（3）债权人与债务人没有其他债务纠纷的，即债权人没有对待给付的义务。

（4）支付令能够送达债务人的。

由此可见，如果用电人对欠费的事实无异议，并且有固定住所，可以送达支付令的，供电人可以采取这种措施保护自己的债权。支付令是一种诉前程序，简便易行，在时间上、费用上具有很大的优越性。目前，在电费清欠中，已为供电企业大量采用，欠费客户在收到支付令后，基本上主动偿还欠费。

3．申请支付令应注意的问题

供电企业清偿电费支付令的申请，应向欠费客户住所地基层法院提出。法院在受理供电企业的申请后，15日内向欠费客户发出支付令；欠费客户应在收到支付令后15日内清偿债务或向法院提出书面异议。如果其对债权债务关系没有异议，但对清偿能力、清偿期限、清偿方式等提出不同意见的或未在法定期间提出书面异议，而向其他法院起诉的，不影响支付令的效力。

欠费客户在法定期间内既不提出书面异议，又不清偿债务的，供电企业应及时向法院申请强制执行。其中，欠费客户是法人或其他组织的，申请执行的期限为6个月；除此以外，申请执行的期限为一年。

对于数额较大的欠费，法院可能会出于经济原因而不愿发出支付令，需要供电人与法院进行充分的沟通和协商。

例2　某制糖厂，2007年3～5月共拖欠市供电公司电费130万元；经多次催交，反复做工作，收效甚微。由于双方没有其他债务纠纷，市供电公司于2007年6月向有管辖权的人民法院申请支付令，支付令下达后，制糖厂先交了50万元，尚欠80万元，对剩余部分制定了还款协议，计划到2007年8月底交清。到期后，该厂还清了全部所欠电费。

案例分析：本案如果走普通的诉讼程序不仅时间长而且诉讼费按争议的价额或金额的比例交纳，而采取支付令的形式只交纳100元，二者的区别是显而易见的。由此可见，通过督促程序催收客户陈欠电费是一个简便易行的办法。

四、公证送达

1. 含义

所谓公证送达，即行政相对人拒收行政执法文书时，现场由公证机构的公证人员记录有关情况，证明行政执法机关送达行政执法文书时行政相对人拒收的事实，从而最终达到行政机关执法文书送达的效果。

2. 公证送达的文书种类

公证文书是对公证人依法行使公证权所出具的各类法律文书以及公证活动中形成的其他有法律意义的文件的总称。各类法律文书如公证书、现场公证词等，其他有法律意义的文件如公证人制作的谈话笔录、核查笔录等。

3. 公证送达应注意的问题

有关文书必须依法制作，内容要完备，形式要规范。送达的各环节，从文书制作、送达过程到送达完毕，均应有公证人员参与，体现在公证书上应形成严密的证据链条，不可脱节。

例3　2005年某工贸公司拖欠该市供电公司电费及违约金25万元，经多次催缴，以种种理由拖延缴纳，而且拒不在《停（限）电通知书》上签字接收，致使无法按法定程序实施欠费停电。供电公司采取了公证送达方式，对《停（限）电通知书》送达的全过程作了现场公证。面对严格按照法律程序办事的该局工作人员，工贸公司负责人不得不在《停（限）电通知书》送达回执上签了字，并在《停（限）电通知书》规定的最后期限内，交清了所欠电费及违约金。

案例分析：在电费清欠工作中，经常会遇到一些欠费客户拒收《催缴电费通知书》、《停（限）电通知书》，而电力法律、法规中无留置送达的规定，影响清欠工作的顺利进行。在这种情况下，供电企业可以采取公证送达的方式。公证送达可以有效地保全送达行为，更好地保全所要送达文件的内容和过程，是最直接、最有效的证据，将对供电企业维权起到积极的作用。

五、依法起诉及申请仲裁

1. 含义

起诉是指公民、法人或者其他组织因自己的民事权益受到分割或者发生争议，而向人民法院提出诉讼请求，要求人民法院行使国家审判权予以保护的诉讼行为。

仲裁指争议双方在争议发生前或争议发生后达成协议，自愿将争议交给第三者作出裁决，双方有义务执行的一种解决争议的方法。

2. 起诉欠费客户应注意的问题

（1）证据收集。

起诉之前，供电企业应首先收集好证据：

1）供用电合同文本及有关附件；

2）签约过程中履行提请注意和答复说明义务的证据；

3）电能计量、抄表资料和欠费凭据及情况说明；

4）催交欠费通知书；

5）停（限）电通知书及执行停电措施记录；

6）其他有关证据。

上述证据，均应收集原件，并妥善保管。

（2）法院的选择。双方事先在合同中约定了管辖法院的，应到该法院起诉；若无事先约定，应由欠费客户住所地或供用电合同履行地法院管辖。

（3）申请财产保全措施，申请诉前财产保全和诉讼财产保全。

（4）在程序上要保证所提请求没有超过诉讼时效。

（5）把握法院调解的时机。根据具体情况可以做出适当让步，与欠费客户达成和解协议，以便欠费问题在合作的基础上能较为顺利地解决。

（6）欠费客户拒不履行生效判决的，应及时向有管辖权的法院申请强制执行。

3. 申请仲裁应注意的问题

（1）签订仲裁协议。必须由双方协商一致，签订仲裁协议，在仲裁协议中要选定仲裁委员会、约定仲裁事项、请求仲裁的意思表示。对仲裁事项或仲裁委员会没有约定或约定不明确的，可以协议补充；达不成补充协议的，仲裁协议无效。

（2）证据的收集。要熟悉该仲裁委员会的仲裁规则，与对方约定仲裁庭的组成方式，恰当选择应由自己选定的仲裁员，并与对方确定好首席仲裁员。

（3）在程序上要保证所提请求没有超过仲裁时效。

例 4 某市轧钢厂 2007 年由于经营不善，造成倒闭，所欠电费无力支付。市供电公司为防止欠费资金进一步扩大，设立专门催收小组对其多次上门催缴，该厂一直以种种理由一拖再拖，催收小组为了保障了该笔欠费的诉讼实效性，每次催收的同时都留有"痕迹"，为后面成功依法维权提供了宝贵的法律依据。2008 年初，市供电公司依法对该厂予以起诉，并采取财产保全措施（查封了该厂 3 台变压器）。市人民法院受理此案，于 2008 年 3 月 10 日判决市供电公司胜诉。人民法院依法将轧钢厂 2007 年所欠电费 205649.52 元（含违约金），成功打入市供电公司电费账户。

案例分析：本案利用法律手段成功回收陈欠电费，不仅避免了电费资金的流失，还在很大程度上给恶意欠费户形成了威慑。对一些欠费时间较长，诉讼时效期限将满，或态度消极的欠费客户，要求欠费者在通知书的回执上签收，以此作为将来主张诉讼时效中断的有力证据。如对方不愿签字确定，也可采用无利害关系的第三人在场的方式给予证明。对恶意或长期拖欠户要在第一时间予以起诉，保障电费回收工作良性发展。

【思考与练习】

1. 代位权、抵销权、支付令、公证送达、依法起诉及申请仲裁的含义各是什么？
2. 代位权在电费债权中发生的条件是什么？
3. 供电企业行使代位权应注意哪些问题？
4. 抵销权在电费清欠中是如何应用的？
5. 运用抵销权应注意哪些问题？
6. 在电费债权中申请支付令的条件是什么？
7. 供电企业申请支付令应注意哪些问题？
8. 公证送达应注意哪些问题？
9. 起诉欠费客户应注意哪些问题？
10. 申请仲裁应注意哪些问题？

模块 6 客户电费信用风险预警管理（ZY2300302006）

【模块描述】 本模块包含开展客户电费信用风险预警管理的作用、风险预警管理的整个过程等内容。通过概念描述、术语说明、流程图解示意、要点归纳、案例分析，掌握减少和化解电费风险，充分预期电费回收目标。

【正文】

一、客户电费信用风险预警管理的作用

当前，电费拖欠已成为困扰电网企业经营和发展的重要问题之一，如何及时有效地回收当期和陈欠电费，降低不良债权，有效防范和化解电费回收风险，是电网企业亟待解决的重要课题。为进一步

176

开始

风险因素管理

风险预案管理

风险预警

风险评估

应对措施

效果评价

预警解除

结束

措施执行情况
和执行效果

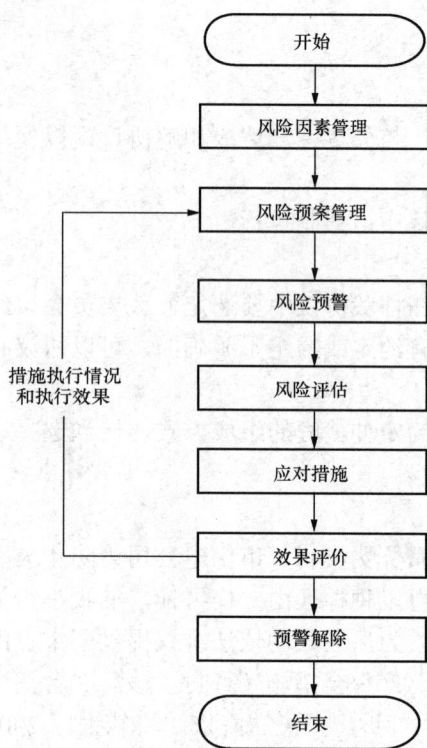

图 ZY2300302006-1　客户电费信用风
险预警总体流程图

加强电费回收管理，防止新欠电费的发生和电费呆、坏账的发生，降低和化解电费回收风险，有效途径是将电费回收预警处理纳入日常电费管理工作，建立客户信用等级评价制度、电费回收预警分析报告制度、电费回收动态跟踪及快速反应制度、电费风险分析研究制度，以及制定预警预案及规范的处理流程，并根据客户属性和行为特征对电费回收风险进行甄别、量化和应对。通过建立并有效执行全过程风险管理制度，降低和化解电费回收风险，达到有效控制欠费和电费坏账的目的。

客户电费信用风险预警总体流程图如图 ZY2300302006-1 所示。

流程中"风险因素管理"在电费风险因素的调查与分析模块（编号 ZY2300302001）中已详细介绍，这里不再赘述。

二、电费风险预案管理

1. 业务描述

通过对风险因素的分析，建立和不断完善风险应对预案。制定风险预警等级和客户风险等级的分类标准，制定客户风险的应对措施，确定预警的方式和界限。

2. 设立组织机构，规定部门相关责任

（1）建立电费回收三级预警预案机制：

1）可设立各区域电网公司、省（自治区、直辖市）公司为第一级，负责电费回收预警方案的制定、修改、解释说明、方案实施监督等指导工作，负责宏观政策、信息收集和分析、重大典型案例的发布以及对二级电费回收风险预警组织的监督管理工作，负责对各地市供电公司电费回收发布预警。

2）以各地市供电公司为第二级，负责电费回收风险预警方案的组织、相关信息的收集及上报，同时负责对下级电费回收风险预警组织绩效的督导和考核工作。

3）各级营销部门为第三级，负责电费回收风险预警方案的实施，摸清供电区内客户欠费情况以及相关政策对本地企业的影响等相关信息的收集、整理和上报，并积极采取有效措施化解风险。

4）各级电费回收预警组织应由主管领导、财务、营销等部门组成。

（2）规定各相关部门责任：

1）区域电网公司、省（自治区、直辖市）公司：

a. 电费回收预警办公室：指导各地市供电公司建立电费回收预警处理办法、客户信用等级评价制度、电费回收动态跟踪及快速反应制度、制定预警预案及规范的处理流程；开展电费风险分析研究；动态跟踪各地市供电公司电费回收及预警制度的实施情况；负责例会的召集，与政府、企业之间的信息通报和联系。

b. 营销部门：动态跟踪各地市供电公司电费回收及预警制度的实施情况。针对因政策性、经营性、管理性等原因产生的预警及变化情况，动态修正应对预案。对列入预警内容中的电费风险对象，制定相应的应对控制和跟踪分析措施，防止风险扩大和蔓延。发生预警情况后，及时通报各职能部门，并将预警处理及防范改进措施向上级主管部门报告。负责与政府、企业之间的信息通报和联系。

c. 财务部门：提供国家电网公司下达的应收电费余额指标及各基层单位年度压降的额度，及时提供各单位电费上缴、应收电费余额、呆坏账变化情况。随时解决电费回收工作中因价格、抹账、上缴等原因而产生的问题。

2）各地市供电公司。地市供电公司的营销管理部门负责对全公司开展此项工作检查与考核，对重点大工业客户、高危企业、趸售客户开展电费预警分析及信用等级评定，负责对其他各类客户电费缴纳信用评定等级结果的审定。

3）各供电分公司。各分公司设立电费预警小组，负责提出本单位各类客户电费预警机制的实施方案，组织各基层营业班（所）对有关客户开展缴费信用等级评定工作；各营业班（所）承担电费收缴任务，在分公司统一组织下开展各类客户缴费信用等级评定工作，建立各类客户电费预警档案，及时掌握客户的有关经营信息，确保电费的及时回收。

3．业务流程

电费风险预案流程图如图 ZY2300302006-2 所示。

4．管理内容及对应措施

（1）制定风险预警及应急处理预案，明确预警等级的划分和界限。

1）预警等级可以根据各地区的实际情况确定，一般分为：A 类、B 类、C 类。

2）预警界限根据风险关键因素对风险的影响程度制定，可以参照以下内容制定：

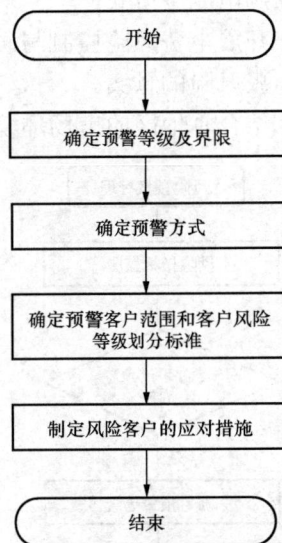

图 ZY2300302006-2　电费风险预案流程图

a．当年电费回收率低于本公司平均电费回收率；

b．当年电费连续 3 个月不能结清；

c．签订的还款计划连续 3 个月不能兑现；

d．在途电费超过月末抄见电量电费 40% 以上；

e．账龄超过 1 年的欠费比重占应收电费余额的 10% 及以上；

f．连续 3 个月电费呆账、坏账的增长率超过 10%；

g．应收电费余额超过预算控制水平。

（2）确定预警方式。预警的主要方式有：

1）上级公司对下级公司预警；

2）公司内向各职能部门预警；

3）向上级主管部门报告，向当地政府有关部门报告。

（3）确定预案针对的客户范围和客户风险等级的划分标准。客户风险等级可以根据各地区的实际情况制定，一般分为：极高风险、高风险、普通风险、低风险、极低风险、无风险。

选定影响电费回收风险的信息作为评分指标，确定各指标的分值和权重 [客户风险分值 = ∑（各指标权重 × 各评分指标分值）]。评分指标主要有：

1）缴费风险：信用等级，缴费方式，欠费额度等。

2）电量风险：大电量，电量无法抄见（连续门闭）等。

3）经营风险：是否列入政策性限制行业，是否列入政府部门关停范围，企业经营状况（破产边缘、困难、不佳、一般、很好），承包、租赁即将到期且有逃费迹象等。

4）社会信用风险：银行信用等级，工商资信等级、曝光揭露信息等。

（4）制定各风险等级的应对措施。应对措施一般有：

1）加强对供用电合同的管理。

2）签订有关电费收缴专项协议或专项合同。

3）签订电费担保合同。

4）签订分次划拨协议。

5）签订分次结算协议（多次抄表）。

6）实行卡表、终端预购电。

7）预缴电费。

8）跟踪调查。

178

5. 注意事项及危险点控制

（1）对月用电量较大的电力客户实行每月分次划拨电费（一般每月不少于 3 次），月末抄表后结清当月电费制度，逐步实现按抄表数据自动采集系统抄录的电量进行电费划拨。

（2）对交纳电费信誉等级较低、经营形式较差等电费风险较大的电力客户，可采取以合同方式约定实行预购电制度方式。

（3）开展电费风险控制与研究工作，建立电费回收预警机制。根据电费风险类别和等级，制定防范电费坏账风险的预案。

（4）结合本地区的市场环境和经济特点以及电费回收情况，制定电费回收预警预案。

（5）建立电费回收预警分析报告制度、电费回收动态跟踪及快速反应制度、电费风险分析研究制度以及客户信用等级评价制度，制定预警预案及规范的处理流程。

（6）实际操作中应根据实际情况制定相应制度和评价指标。

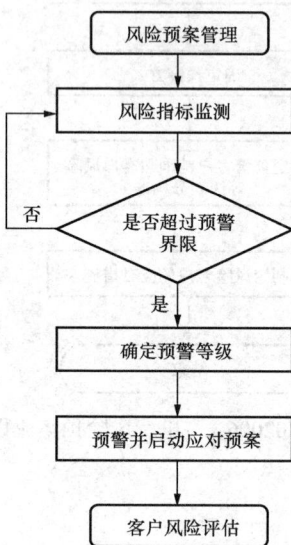

图 ZY2300302006-3 电费风险
预警流程图

三、电费风险预警管理

1. 业务描述

对影响电费回收风险的主要指标进行监测，当主要指标超过预警界限时，预先发出警告并启动应对预案。

2. 业务流程

电费风险预警流程如图 ZY2300302006-3 所示。

3. 管理内容及对应措施

（1）对影响电费回收风险的主要指标变化进行监测。

（2）当影响电费回收风险的主要指标超过预案规定的界限时，根据预案的划分标准确定预警的等级。

（3）按照预案规定的方式对相关管理单位进行告警，并启动应对预案。

4. 注意事项及危险点控制

（1）对电费回收预警制度的实施情况进行动态跟踪、检查落实。针对因政策性、经营性、管理性原因产生的预警及变化情况，动态修正应对预案。对列入预警内容中的风险对象，制定相应的应对控制和跟踪分析措施，防止风险扩大和蔓延。

（2）发生预警情况后，要及时将预警处理及防范改进措施向上级主管部门报告。

四、客户风险评估

1. 业务描述

收集客户风险相关信息，量化风险发生的可能性及风险发生后产生的影响，产生客户风险等级。

2. 业务流程

客户风险评估流程如图 ZY2300302006-4 所示。

3. 管理内容及对应措施

（1）根据启动的预案，收集和分析客户风险相关数据，包括客户的属性、用电情况、国家宏观调控政策、客户生产经营情况。对于国家宏观调控政策和客户生产经营情况，应及时进行收集整理。

（2）根据风险评估规则的评分标准，量化风险发生的可能性及风险发生后产生的影响，计算客户的风险得分。

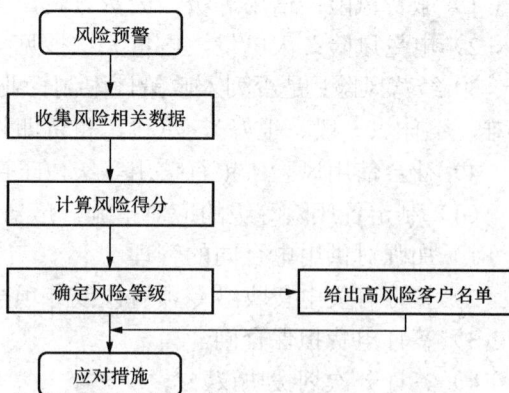

图 ZY2300302006-4 客户风险评估流程图

（3）根据风险评估规则的等级划分标准，产生客户的风险等级和评估报告。

（4）给出高风险客户名单，对高风险客户进行重点跟踪管理。

4. 注意事项及危险点控制

应及时准确收集客户相关数据，确保风险评估的准确性。要防范客户关停、破产、重组、拆迁等发生欠缴电费或恶意拖欠电费，重点落实事前预防、事后处理的各项措施，及时列入高风险客户。

五、应对措施

1. 业务描述

根据启动的风险预案，对风险客户按照风险等级执行应对措施，并对措施执行的情况进行跟踪。

2. 业务流程

执行应对措施流程如图 ZY2300302006-5 所示。

3. 管理内容及对应措施

（1）根据启动的风险应对预案，制定需要对客户采取的风险应对措施。

（2）对应对措施进行审核确认，记录审核意见、审核人、审核时间。审核不通过，重新调整应对措施。

（3）将审核通过的应对措施传递给相关部门执行，并对执行的过程和情况进行跟踪：

1）应对措施为履行供用电合同签订时约定的高风险客户措施要求，签订有关电费收缴专项协议或专项合同、签订电费担保合同、签订分次划拨协议、签订分次结算协议的，触发合同管理业务，执行应对措施；

2）应对措施为预缴电费的，对客户收取预收款；

3）应对措施为实行卡表、终端预购电的，将措施信息发送给新装增容及变更用电的申请确认，执行预购电终端或卡表的安装，并执行合同管理业务，进行预购电合同签订。

4. 注意事项及危险点控制

（1）要对月用电量较大的电力客户实行每月分次划拨电费（一般每月不少于 3 次），月末抄表后结清当月电费制度，并逐步实现按抄表数据自动采集系统抄录的电量进行电费划拨。

（2）要高度关注交纳电费信誉等级较差等电费风险较大的电力客户，采取以合同方式约定实行预购电制度方式。

（3）对电费回收预警制度的实施情况进行动态跟踪、检查落实。针对因政策性、经营性、管理性原因产生的预警及变化情况，动态修正应对预案。对列入预警内容中的风险对象，制定相应的应对控制和跟踪分析措施，控制风险扩大和蔓延。

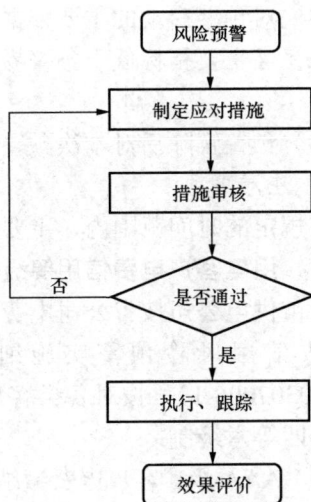

图 ZY2300302006-5　执行应对措施流程图

六、效果评价

1. 业务描述

对预警管理过程进行总结，评价风险预警的效果，找出存在的问题，提出改进的措施，为风险因素的识别和预案的管理提供依据。

2. 管理内容及对应措施

（1）从供用电合同管理获取合同签订信息，从客户电费缴费管理获取客户预缴电费信息，从新装增容及变更用电获取卡表或预购电终端安装信息，对风险管理效果进行科学的评价。

（2）评价的主要依据：

1）应对措施执行率，即已执行数占应执行数的百分比。

2）措施所产生的有效性，可以通过措施执行前后风险指标的变化情况来反映。

（3）对风险防范和预警管理过程进行分析与总结，提出改进的措施。

3. 注意事项及危险点控制

应及时收集应对措施的执行数据以及措施执行前后风险指标的变化，分析评价的效果和准确性程度。对有效性较低的措施，应及时改进。

七、电费风险预警解除

1. 业务描述

对预警启动的主要依据进行监测，当预警界限制定的主要指标稳定下降时，可以对启动的预警进行解除。

2. 管理内容及对应措施

（1）对预警启动的主要依据进行监测，比较当前主要指标与预警界限的差异。

（2）当主要指标低于预警界限，并在规定的一段时间内相对稳定的情况下，可以对预警进行人工解除。

（3）预警解除后对本次预警的全过程进行归档。

3. 注意事项

在规定的时间范围内，主要指标低于预警界限且相对稳定时，应及时对预警进行人工解除。

八、用电客户电费信用等级指标测评案例

某市供电公司按省公司电费信用风险预警管理办法，结合本地区用电客户的实际情况，制定了电费回收信用风险预警实施细则。根据细则中用电客户电费信用等级指标测评表（见表 ZY2300302006-1），按对各类客户电费风险因素调查与分析的资料，进行综合评定，按评定结果将客户划分四等六级制：

（1）AAA 级：客户电费缴纳信用度高，缴费及时、月清月结。在用电过程中没有违窃用电行为的记录。属国家鼓励类产业，经营、财务状况良好，市场潜力大，用电人对电费缴纳认识程度较高，电费信用等级评定得分在 90 分及以上。

（2）AA 级：客户电费缴纳信用度较高，缴费比较及时、基本做到月清月结，无电费拖欠现象。在用电过程中没有违窃用电行为的记录。客户经营、财务状况良好，市场潜力较大，用电人对电费缴纳认识程度较高，电费信用评定得分在 80 分及以上。

（3）A 级：客户信用度良好，电费基本不拖欠或年出现一次欠费并及时还款，在用电过程中没有窃电行为的记录。用电人对电费缴纳认识程度较高。经营基本处于良性循环状态，目前有偿还债务的能力，但其经营状况存在一些影响其未来经营与发展的不确定因素，可能会削弱其赢利和偿债的能力，银行存款额度不大，电费信用评定得分在 70 分及以上。

（4）B 级：客户电费缴纳信用程度一般，年度电费能够缴清，个别月份有缴费不及时现象，在用电过程中没有窃电行为的记录。用电人对电费缴纳认识程度一般，偿债能力、经营状况和财务状况一般，银行存款额度较少或基本无存款，有一定的缴费风险，其经营状况、赢利水平及未来发展易受不确定因素的影响，电费信用评定得分在 60 分及以上。

（5）C 级：客户电费缴纳信用程度较差，时有拖欠电费现象发生，经常需要不断催缴才能缴费，经营状况和财务状况不佳，在用电过程中存在、窃电行为的记录。用电人对电费缴纳认识程度较差，偿债能力、经营状况和财务状况不佳，银行无存款且有外欠款，电费存在较大风险，电费信用评定得分在 50 分及以上。

（6）D 级：客户电费缴纳信用极差，经营状况和财务状况非常困难，濒临破产或已破产，严重拖欠电费，甚至恶意拖欠电费，基本上无力缴纳电费，没有偿债能力，经常有违约用电现象发生。用电人对电费缴纳认识程度较差，电费信用评定得分在 50 分以下。

表 ZY2300302006-1　　　　　　　用电客户电费信用等级指标测评表

序号	评定指标	计算公式	标准分	评价值	计分标准
1	当年及上年各月无欠费	当年及上年无欠费月数÷考核月数	40分	=100%	得分＝（实际值÷评价值）×标准分
2	年度欠费偿还率	年度电费偿还额度÷年度欠费总额	10分	=100%	
3	当年及上年电费回收率	当年实收电费÷当年应收电费	10分	≥100%	

续表

序号	评定指标	计算公式	标准分	评价值	计 分 标 准
4	银行信用等级	按银行颁发的有效信用等级证明为准，未评级客户可由供电部门酌情评价	5分		有AAA级证明5分、有AA级证明4分、有A级证明3分、有一般信用证明2分、信用较差不得分
5	经营状况	调查客户的经营效益、资产负债率、资金周转等情况	5分		资金周转灵活盈利且资产负债率≤50%，5分；资产负债率≤80%，3分；资金周转不灵活亏损0分
6	缴费能力	按等级划分	5分		很强5分、较强4分、一般3分、较弱2分、很弱1分、无能力0分
7	缴费意识	按客户对电费重视程度划分	5分		非常高5分、较高4分、一般3分、差0分
8	客户经营性质评价及缴费风险判断	根据客户经营性质判断现有和今后一段时间的经营风险及不确定因素对电费的影响	5分		国家鼓励类且无经营风险5分，国家鼓励类但经营成效一般4分，国家限制类但经营水平较好的3分，国家限制类暂无经营风险2分，有一定经营风险1分，国家淘汰类或有较大经营风险0分
9	安全用电、合法用电及合同签订、履约	对客户安全用电、合法用电进行评估	5分		安全守法、合同按期签订，认真履约5分，安全但发生过违窃3分，合同未按期签订或未履约2分，存在安全隐患0分
10	电费收取方式	对各类客户电费收取方式进行评价	5分		购电制或按时银行划拨客户5分，预收并可按期收回4分，预付不及时须催要3分，不主动交费、走收2分，出现欠费0分
11	客户综合情况分析	企业产品结构、市场占有率、市场发展前景、企业领导人信誉观念，企业文化等情况综合评价	5分		好　　5分 较好　3分 一般　1分 差　　0分

评定后产生用电客户电费信用等级指标测评档案（见表 ZY2300302006-2）。从而确定极高风险、高风险、普通风险、低风险、极低风险、无风险各类客户。

表 ZY2300302006-2　　　　　　用电客户电费信用等级指标测评档案

抄表册	户　号	户　名	合同容量(kVA)	当年及上年各月无欠费	年度欠费偿还率	当年及上年电费回收率	银行信用等级	经营状况	缴费能力	缴费意识	经营性质评价及缴费风险判断	安全用电合法用电合同签订履约	电费收取方式	客户综合情况分析	总分	评定结论
047003	0220002153	市宾馆	374.8	40	10	10	3	3	2	3	1	5	4	1	82	AA
047003	0220002153	市制药厂	315	40	10	10	4	3	3	4	3	5	5	3	90	AAA
047003	0220002153	市电缆厂	4000	40	10	10	4	3	4	3	3	5	4	3	88	AA
047006	0220002182	线路板厂	315.0	40	10	10	5	5	5	5	5	5	5	5	100	AAA
047006	0220002184	玻璃厂	15 200	30	5	5	1	0	3	3	1	3	3	1	55	C
047006	0220002184	科技局	75	40	10	10	5	5	5	5	5	5	5	5	100	AAA
047006	0220070836	电解铝有限公司	320 000	40	10	10	5	5	5	5	5	5	3	5	95	AAA
047006	0220079625	农行营业部泵房	315	40	10	10	5	5	5	5	5	5	5	5	100	AAA
047007	0220002163	炼钢厂	630	15	5	6	0	0	3	0	0	3	0	0	32	D
047007	0220067968	市政路灯	72	40	10	10	5	5	5	5	5	5	5	5	100	AAA
047008	0220070094	商贸城	60	35	10	7	2	3	3	4	3	5	4	3	72	A
047009	0220078548	质量技术监督局	50	40	10	10	5	3	3	4	3	5	4	3	89	AA
047012	0220002646	供热锅炉	810	31	10	7	2	3	3	1	0	3	3	1	64	B
047012	0220002648	制酒厂	630	40	10	10	5	5	5	5	5	5	5	5	98	AAA
047013	0220002222	保险公司	200	40	10	10	5	5	5	5	5	5	5	5	100	AAA
047013	0220002498	节能设备公司	100	40	10	10	4	3	5	5	5	5	5	3	95	AAA

根据客户电费信用等级指标测评结果，对 B 级及以下客户及时启动对应措施。

【思考与练习】

1．简述客户电费信用风险预警管理的作用。

2．电费风险预案、预警工作要求有哪些？

3．绘出客户风险评估的业务流程图。

4．什么情况下执行应对措施？

5．效果评价的作用是什么？评价的主要依据是什么？

6．什么情况下可解除电费风险预警？

第八章 营销账务处理

模块 1 营销会计常识（ZY2300303001）

【模块描述】 本模块包含电费账务相关的基本概念、一般工作程序、管理要求等内容。通过概念描述、业务流程图解示例、管理要求归纳小结，了解营销会计事务全过程概况。

【正文】

一、基本概念

1. 会计期间

又称为会计分期，指将企业经营活动划分为若干个区间，分期进行会计核算和编制会计报表，以反映企业某一期间的经营活动成果的一种考核周期定义。供电企业通常以自然月为单位定义会计期间。

2. 关账

确认一个会计期间结束，完成对该会计期间的会计核算工作的会计行为称为关账。

3. 关账模式

企业的经营行为是连续不间断的，而关账一般要求终止指定会计期间的所有经营行为，在保障指定会计期间无数据变更的情况下，关账通常有两种模式：期末关账和业务模式更改关账。

采用期末关账模式时，确认关账后的新经营活动自动计入下一会计期间，不影响当期数据，本会计期间的数据不能更改，以防止数据检查过程中，新产生的业务数据避开检查，或未统计到正确的会计期间。

采用业务模式更改关账时，确认关账后，经营活动终止，待本会计期间的会计事务全部处理完毕后，才能重新开启业务。

为提高客户服务质量，一般情况下供电企业关账不中断业务进行，采取期末关账模式。采取业务模式更改关账时，应事先通知相关部门、人员，必要时需向社会公告，解释服务中断原因。同时，业务模式更改关账还应避开敏感时间点，尽量减少对客户服务、业务的影响。

二、营销会计事务的一般程序

1. 确定会计期间

根据财务及营销口径的考核要求，确定本单位的营销会计事务的会计期间。

2. 设置会计科目

根据财务要求，确定营销内部的电费相关会计科目，并在营销业务应用系统内进行设置。

3. 日常业务记录

在本会计期间内，对应、实收及预收电费流水在营销业务应用系统做好记录，及时查收实收到账资金，开展业务、资金的明细账及汇总账的核对工作，对不平账项及时处理正确，使系统能正确形成会计分录。

4. 关账准备

在本会计期间结束时，检查是否可关账，若不能关账的，中止关账操作；确认可以关账的，执行关账准备操作，系统依据确定的关账模式完成相应参数配置，自动关闭当期业务，采用期末关账模式的，新业务记入下一个会计期间；采用业务模式更改关账的，关闭所有新业务。

5. 关账

开展会计期末的账目统计工作，形成应收、实收、预收电费的各类业务报表及会计报表，审核报表的平稳关系，报表不平衡时，查明原因，纠正错误。确认无误后，根据需要将账龄分析等数据转存，对损益类科目结转。

6. 财务上报

依据关账最终确认的会计分录，制作会计凭证，打印科目流水账本，生成本会计期间的汇总报表，报送财务部门。

7. 结束关账

采用业务模式更改关账的，执行关账结束操作，允许开始新一会计期间的业务操作。

8. 流程示例

图 ZY2300303001-1 为期末关账流程图。

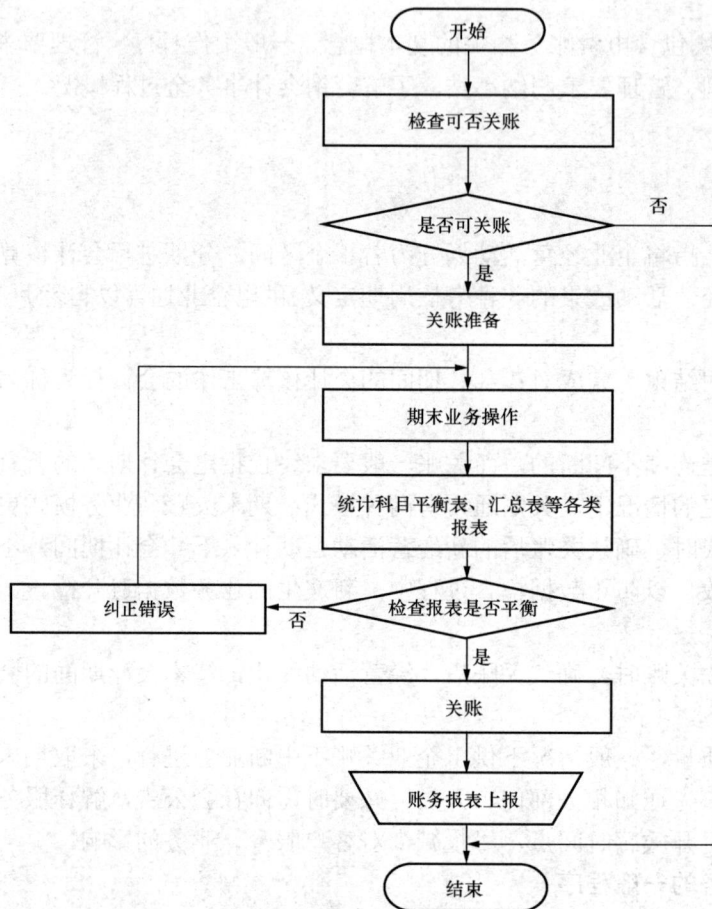

图 ZY2300303001-1　期末关账流程图

三、营销账务工作管理要求

对营销账务工作管理的要求：严格执行电费账务管理制度。按照财务制度规定设置电费科目，建立客户电费明细账，做到电费应收、实收、预收、未收电费台账及银行电费对账台账（辅助账）等电费账目完整清晰、准确无误，确保电费明细账及总账与财务账目一致。

【思考与练习】

1. 试述期末关账与业务模式更改关账有何不同，采用这两种方式关账应分别注意做好哪些业务配合工作。

2. 请简述营销会计事务主要包括哪些工作程序。

模块 2　日常营销账务处理（ZY2300303002）

【模块描述】本模块包含日常营销账务处理的业务简述、作业规范及应实收管理等具体业务处理内容。通过对规范介绍、业务描述、要点归纳、图片示例，掌握日常电费账务处理工作程序和工作方法。

【正文】

一、业务简述及作业规范

日常营销账务处理指营销会计事务中的日常业务记录工作，主要涉及应收管理、实收管理、预收管理及对账管理工作，一般由电费管理中心的业务人员处理。

日常业务的会计分录均可在营销业务应用系统应、实收电费产生时自动生成，也可在某时间段内按照会计事务分类，以电费汇总报表为依据手工填制。一个会计期间内凭证可选择在期间内按业务量多少分多次制作，也可选择在会计期末统一生成。

电费账务应准确清晰。按财务制度建立电费明细账，编制实收电费日报表、日累计报表、月报表，严格审核，稽查到位。

每日应审查各类日报表，确保实收电费明细与银行进账单数据一致、实收电费与进账金额一致、实收电费与财务账目一致、各类发票及凭证与报表数据一致。不得将未收到或预计收到的电费计入电费实收。

客户同时采用现金、支票与汇票支付一笔应收电费的，应分别进行账务处理。

二、应收管理

与电费核算人员交接并审核应收日报。检查每天电费发行情况，如发现未按期发行电费的，反馈给所属的电费核算人员及时处理；检查报表是否平衡，并根据营销业务应用系统的提示错误，查明原因，通知相关人员纠正错误。

需要在会计期间内分次制作应收电费的记账凭证的，依据系统内相应数据自动生成或手工编制会计分录，形成记账凭证。

例1　某供电公司 2009 年 12 月制作的应收电费记账凭证，凭证类型为转账凭证，该凭证共分九页，图 ZY2300303002-1 所示截图为其中的第二页。

电费转凭证

账套:××供电公司2008　　　　　2009年12月29日　　　　　编号：电费转3-2/9

凭证摘要	科目代码	科目名称	借方金额	贷方金额
列转本月电费收入	11220101	应收账款\应收售电收入\电费	99,040,018.99	
	(专)0106	往来单位核算\A供电公司		
	11220101	应收账款\应收售电收入\电费	84,442,316.52	
	(专)0107	往来单位核算\B供电公司		
	11220101	应收账款\应收售电收入\电费	148,823,886.90	
	(专)0108	往来单位核算\C供电公司		
	11220101	应收账款\应收售电收入\电费	90,115,862.96	
	(专)0109	往来单位核算\D供电公司		
	11220101	应收账款\应收售电收入\电费	140,305,386.82	
	(专)0110	往来单位核算\E供电公司		

附单张数 1

财务主管：　　　出纳：　　　审核：□　　　制证：　　　经办人：

图 ZY2300303002-1　应收电费记账凭证示例

三、实收管理

1. 收费交接

接收并核对各种收费方式的实收日报单、银行进账单、现金解款单、发票收据存根联、作废发票收据、未用发票收据、支票、本票、汇票等。对发现不平衡的，查明原因，通知相关人员，纠正错误。

2. 代收实收统计

开展银行或其他代收机构代收对账、代扣入账，依据代收机构提供的对账文件处理代收单边账。

对账完成后，按代收机构统计代收、代扣实收日报单。

3. 制作实收电费的记账凭证

根据实收日报及相关附件制作审核各类实收凭证。凭证可选择每日或一个时间段内查收资金后合并制作或月末一次性汇总制作等多种方式。

例2 某供电公司电费管理中心为 A 分公司（县级供电单位）2010 年 3 月制作的实收电费记账凭证，凭证类型为收款凭证，制作方式是在月末汇总制作该单位某科目的凭证，该凭证共分 130 页，图 ZY2300303002-2、图 ZY2300303002-3 分别截选了其中的首页和末页。

电 费 收 凭 证

公司名称：××省电力公司　　　　　　　　　　　　　　　　　SAP系统编号：8100002498
利润中心：××省电力公司××供电公司本部　　　　2010年03月31日　　　凭 证 编 号：电费收0025 1 /130

凭证摘要	科目代码	科目名称	借方金额	贷方金额
A公司2010-03-24~31代B收电费	1122010100	应收账款-应收售电收入-电费		92.49
A公司2010-03-24~31代C收电费	1122010100	应收账款-应收售电收入-电费		442.00
A公司2010-03-24~31代D收电费	1122010100	应收账款-应收售电收入-电费		669.57
A公司2010-03-24~31代E收电费	1122010100	应收账款-应收售电收入-电费		1,113.00
A公司2010-03-24~31代F收电费	1122010100	应收账款-应收售电收入-电费		1,770.00
A公司2010-03-24~31代G收电费	1122010100	应收账款-应收售电收入-电费		3,194.99
A公司2010-03-24~31代H收电费	1122010100	应收账款-应收售电收入-电费		16,310.82
A公司2010-03-24~31代I收电费	1122010100	应收账款-应收售电收入-电费		1,362,195.69

财务主管：　　　　出纳：　　　　审核：　　　　制证：×××　　　　经办人：

图 ZY2300303002-2　实收电费记账凭证示例（首页）

电 费 收 凭 证

公司名称：××省电力公司　　　　　　　　　　　　　　　　　SAP系统编号：8100002498
利润中心：××省电力公司××供电公司本部　　　　2010年03月31日　　　凭 证 编 号：电费收0025 130 /130

凭证摘要	科目代码	科目名称	借方金额	贷方金额
		A01 销售电力产品、劳务收到的现金		
20100329 A 供电公司收电费	1002041600	银行存款-××本部-Y银行2868 2868	5,307,808.99	
		A01 销售电力产品、劳务收到的现金		
合计大写：肆仟肆佰贰拾捌万壹仟玖佰肆拾玖圆陆角整			44,281,949.60	44,281,949.60

附件 511 张

财务主管：　　　　出纳：　　　　审核：　　　　制证：×××　　　　经办人：

图 ZY2300303002-3　实收电费记账凭证示例（末页）

例3 某供电公司电费管理中心为 B 分公司（县级供电单位）2010 年 3 月 31 日制作的退费记账凭证，凭证类型为付款凭证，制作方式是按当日退费资金及营销系统内的会计分录，生成该单位某科目的凭证，该凭证共一页，如图 ZY2300303002-4 所示。

4. 凭证传递

根据实际业务需要，将核对后的电费实收资金分类汇总报表传递至财务部门进行会计核算。

电费付凭证

公司名称:××省电力公司
利润中心:××省电力公司××供电公司本部

SAP系统编号: 8200000204
2010年03月31日
凭证编号: 电费付01611/1

凭证摘要	科目代码	科目名称	借方金额	贷方金额
B用户电费收重，退款	1122010100	应收账款-应收售电收入-电费	5,641.76	
B用户电费收重，退款	1002040510	银行存款-××本部-建行1470 1470		5,641.76
		A01 销售电力产品、劳务收到的现金		
合计大写：伍仟陆佰肆拾壹圆柒角陆分			5,641.76	5,641.76

附件4张

财务主管:　　出纳:　　审核:　　制证:×××　　经办人:

图 ZY2300303002-4 退费记账凭证示例

四、预收管理

监控预收款的收取及冲抵。按日统计并审核预收款冲抵报表。

如果有预收款，应增加相应的预收会计分录，并应定期按单位制作预收款冲抵报表，制作预收款冲抵的转账凭证。

五、账目核对

1. 接收到账资金

获得银行提供的纸质文档或电子文档格式的对账单，录入或导入对账单。或者根据双方约定的规则，直接通过银行系统获得对账单。

2. 账目核对

根据单号、金额、借贷、结算方式等核对银行日记账与银行提供的对账单的关联关系，对不符账项与银行核实后人工调整一致。

核对到账资金与营销业务应用系统销账及实收日报单是否一致，对于已到账未在营销业务应用系统销账的，及时登记销账，记录到账金额和到账时间，重新统计审核实收日报单；对于营销业务应用系统已销账而资金未到账的，按未达账进行跟踪处理；对于营销业务应用系统销账与银行到账资金不符的，查明原因，通知相关人员纠正错误。

账目核对一致的，在营销业务应用系统内确认平账；对于系统未确定关联关系的部分，由人工进行处理。同时，清理相关原始凭证，提供给营销会计制作记账凭证。

3. 未达账处理

出现未按期到账的银行存款即未达账时，协调催费人员、客户付款银行、供电公司收方银行共同查明原因，及时追回当笔电费资金。对于确实无法到账的，可采用换票和退票两种方式进行处理。退票处理，将锁定的电费解锁，同时通知客户重新缴费；换票处理，通知客户按上次缴费金额重新缴费，重缴时不需退回发票和重开发票，只需记录换票原因、换票时间等。

六、注意事项

1. 尽量减少电费银行账户，建议各供电公司在每家银行仅开设一个电费结算账户。每个会计期间，对于每个银行账户至少需要对账一次。

2. 客户账户的预收余额，在电费发行时应自动冲抵。

【思考与练习】

1. 请简述电费账务管理作业规范。

2. 请叙述日常账目核对工作有哪些，如何处理？

模块 3   期末账务处理（ZY2300303003）

【模块描述】本模块包含应实收汇总审核、确认关账、对账管理、报送财务、凭证报表管理及其他事项等内容，通过对工作程序描述、公式示意、要点归纳及图表示例，掌握期末电费账务处理工作内容及工作方法。

一、应收汇总及审核

按月（会计期间）汇总应收日报，形成并审核应收月报。审核内容如下：

（1）应收月报确认前，检查是否存在未按期结束当月电费发行的本期电费流程，若存在，及时反馈给电费流程产生部门处理并及时结束流程，待所有电量电费计算流程结束后进行应收关账处理。

（2）审核应收日报汇总与应收月报平衡关系，发现应收日报汇总与应收月报不平的，分析原因，并通知相关部门，采取必要措施纠正错误。

（3）检查应收月报报表是否平衡，如明细与汇总栏是否相符、明细栏电费及代征款结构是否与执行的电价相符等。该检查可通过营销业务应用系统提示操作，若系统提示发现错误，查明原因，通知相关人员纠正错误，直至报表完全平衡。

（4）应收月报确认后，应收报表及相关数据不能再作修改。再产生的应收电费直接计入下一会计期间。

二、实收汇总及审核

（1）按月（会计期间）汇总实收日报，形成实收月报。

（2）统计生成电费回收情况汇总表及电费回收情况明细表。

（3）统计生成欠费汇总表、月末应收账款余额表。

（4）审核相关报表的平衡关系：

1）审核实收日报汇总是否与实收月报平衡；

2）实收月报反映的实收电费资金是否与电费回收情况汇总表及电费回收情况明细表中的实收资金相符；

3）审核应、实、未收的平衡关系，即：上期结转欠费 + 本期应收发生额 + 本期预收增减 - 本期实收发生额 = 月末（期末）应收账款余额。

例1   表 ZY2300303003-1～表 ZY2300303003-3 为依据××地市供电公司 2010 年 6 月的应收月报、电费回收情况表、实收月报、月末应收账款余额表数据编制的应、实、未收报表，为方便阅读，对原表格格式进行了删减、拼接，只获取了其中的关键数据部分。其中，加粗数字部分为需要重点核对平衡关系的数据。

表 ZY2300303003-1   应收月报（节选）

填报单位：××供电公司   2010 年 6 月   单位：元

单位名称	期初欠费	期初预收	本期应收资金				
			电 费	违约金	违约使用电费	其 他	应收合计
A区供电公司	1 108 466.93	16 312 417.30	59 344 042.63	9264.19	1349.43	168 980.00	59 523 636.25
B区供电公司	894 629.85	13 011 705.47	27 585 839.45	2820.19	0.00	76 840.00	27 665 499.64
C区供电公司	2 445 096.06	3 157 624.31	49 335 408.11	2720.55	5000.00	84 980.00	49 428 108.66
D区供电公司	174 004.40	8 684 495.08	94 721 654.40	959.23	49 485.28	399 320.00	95 171 418.91
E供电公司	2 638 120.61	6 417 005.91	62 908 057.80	25 294.64	0.00	188 180.00	63 121 532.44
F供电公司	2 902 760.15	4 696 822.09	117 752 945.35	31 395.84	21 795.61	164 440.00	117 970 576.80
G供电公司	2 005 634.65	2 556 527.90	157 093 780.89	24 719.61	33 121.76	196 180.00	157 347 802.26

续表

单位名称	期初欠费	期初预收	本期应收资金				
			电 费	违约金	违约使用电费	其 他	应收合计
H 供电公司	2 336 900.73	11 186 504.71	101 972 012.36	11 733.73	59 806.36	102 740.00	102 146 292.45
I 供电公司	4 834 528.71	15 253 049.93	128 012 254.76	31 959.72	82 227.33	694 860.00	128 821 301.81
J 供电公司	3 073 763.36	5 097 869.02	77 490 978.97	30 102.54	5257.22	235 660.00	77 761 998.73
K 供电公司	4 233 421.34	4 919 389.09	88 932 005.64	20 328.59	29 393.22	110 080.00	89 091 807.45
L 供电公司	2 989 541.09	1 698 046.34	375 094 391.78	8164.88	6249.74	106 360.00	375 215 166.40
M 供电公司	440 856.51	9 156 777.39	108 661 916.36	5786.48	7374.55	6660.00	108 681 737.39
N 供电公司	450 406.93	5 713 867.90	13 164 988.21	2869.57	0.00	5100.00	13 172 957.78
××供电公司	30 528 131.32	107 862 102.44	1 462 070 276.71	208 119.76	301 060.50	2 540 380.00	1 465 119 836.97

表 ZY2300303003-2 　　　　　　实收电费月报（节选）

填报单位：××供电公司　　　　　　2010 年 6 月　　　　　　单位：元

单位名称	电 费	预收电费	违约金	违约使用费	其他业务费	总合计
E 供电公司	62 936 385.18	340 258.47	25 294.64	0.00	188 180.00	63 490 118.29
F 供电公司	118 413 793.56	7 084 342.98	31 395.84	21 795.61	164 440.00	125 715 767.99
L 供电公司	375 476 940.93	− 49 155.28	8164.88	6249.74	106 360.00	375 548 560.27
M 供电公司	108 181 839.42	190 1261.27	5786.48	7374.55	6660.00	110 102 921.72
C 区供电公司	49 346 400.93	− 186 518.88	2720.55	5000.00	84 980.00	49 252 582.60
D 区供电公司	94 715 885.76	357 420.58	959.23	49 485.28	399 320.00	95 523 070.85
H 供电公司	102 859 269.59	1 403 595.94	11 733.73	59 806.36	102 740.00	104 437 145.62
K 供电公司	91 416 763.10	211 236.33	20 328.59	29 393.22	110 080.00	91 787 801.24
B 区供电公司	27 645 850.52	2 603 129.76	2820.19	0.00	76 840.00	30 328 640.47
I 供电公司	128 633 202.86	1 689 509.59	31 959.72	82 227.33	694 860.00	131 131 759.50
J 供电公司	78 185 361.01	604 133.67	30 102.54	5257.22	235 660.00	79 060 514.44
N 区供电公司	13 130 218.65	− 1 202 117.28	2869.57	0.00	5100.00	11 936 070.94
A 区供电公司	58 342 448.33	716 265.78	9264.19	1349.43	168 980.00	59 238 307.73
G 供电公司	157 252 269.05	− 108 863.24	24 719.61	33 121.76	196 180.00	157 397 427.18
××供电公司	1 466 536 628.89	15 364 499.69	208 119.76	301 060.50	2 540 380.00	1 484 950 688.84

表 ZY2300303003-3 　　　　　　月末应收账款余额（节选）

填报单位：××供电公司　　　　　　2010 年 6 月　　　　　　单位：元

单 位	累计应收电费余额			合 计
	本月新增	本年累计	本年以前	
	1	2	3	4 = 2 + 3
××供电公司	1 9116 069.41	25 222 505.29	839 273.85	26 061 779.14
A 区供电公司	1 977 321.01	2 110 061.23	0.00	2 110 061.23
B 区供电公司	790 456.66	834 618.78	0.00	834 618.78
C 区供电公司	623 587.02	2 434 103.24	0.00	2 434 103.24
D 区供电公司	168 524.56	179 773.04	0.00	179 773.04

续表

单　　　位	累计应收电费余额			合　　　计
	本月新增	本年累计	本年以前	
	1	2	3	4＝2＋3
E 供电公司	2 226 589.08	2 609 793.23	0.00	2 609 793.23
F 供电公司	1 707 942.74	2 241 911.94	0.00	2 241 911.94
G 供电公司	1 296 932.94	1 847 146.49	0.00	1 847 146.49
H 供电公司	1 066 814.07	1 449 643.50	0.00	1 449 643.50
I 供电公司	3 156 207.06	3 981 574.60	232 006.01	4 213 580.61
J 供电公司	1 811 779.26	2 379 181.38	199.94	2 379 381.32
K 供电公司	1 243 985.20	1 748 663.88	0.00	1 748 663.88
L 供电公司	1 835 275.66	1 999 924.04	607 067.90	2 606 991.94
M 供电公司	834 402.10	920 933.45	0.00	920 933.45
N 区供电公司	376 252.05	485 176.49	0.00	485 176.49

从以上报表可以看出关键数据如下：

上期结转欠费：30 528 131.32。

本期应收发生额：1 465 119 836.97。

本期预收增减：15 364 499.69。

本期实收发生额：1 484 950 688.84。

月末应收账款余额：26 061 779.14。

上期结转欠费＋本期应收发生额＋本期预收增减－本期实收发生额＝月末（期末）应收账款余额。结论：报表平衡正确。

在实际工作中，如果核对出来的报表关系不平衡，可从每个县市公司的明细数据中去审核，发现不平衡的下级单位，再对其应、实、未收作进一步审核，直至找出不平账款。

三、确认关账

在会计期末日（考核日），会计关账前再次检查应收是否已关账，如果未关账，通知抄表核算关账，抄表核算不能关账的，中止关账操作。检查有当期应结束而未结束的记账凭证、未记账的业务、未生成凭证的交接单、未入账的应收数据等，结束业务处理。不能结束的，中止关账操作。

待各事项处理完毕后，确认关账。确认后当期应、实收数据均不允许再发生变化，在该时间点后新产生的应、实收数据计入下一会计期间。当期凭证装订、报表打印等手工会计事务处理工作可继续进行，直至全面处理完毕。

四、对账管理

（1）在会计期末，电费业务数据、报表不但需要相互稽核，还应与财务核对应收、实收、预收、未收数据，确保数据一致，如有差异应查明原因及时处理，并记录对账信息及财务反馈信息。

（2）及时通过营销业务应用系统对未按期到账的银行存款查明原因。对于发生退票的票据，可采用换票和退票两种方式进行处理；未退未回，继续跟踪督办。

（3）获得银行提供的对账单，根据营销业务应用系统提供的对账结果形成《银行存款余额调节表》。《银行存款余额调节表》的平衡关系：银行存款日记账余额＋银行已达账单位未达账的凭证的借方－银行已达账单位未达账的凭证的贷方＝银行对账单余额＋企业已达账银行未达账的借方－企业已达账银行未达账的贷方。

例2　某供电公司2010年6月24日统计的民生银行的《银行存款余额调节表》如图ZY2300303003-1～图ZY2300303003-2所示。

四月银行存款余额调节表

银行名称：民生银行××支行

银行账号：0512014140000281

编制单位：××省电力公司××供电公司

编制日期：2010年　　月　　日

对账人：　　　　　电费管理中心审核人：　　　　　账务部审核人：

图 ZY2300303003-1　银行存款余额调节表封面

银行存款余额调节表

编制单位：××省电力公司××供电公司本部　　制单日期：　　2010年6月24日　　　　　　　账户：

银行对账单月末余额	0.00				企业银行账月末余额：		3,330,568.09		
日期	凭证号	摘要	企业收行未收	企业支行未支	日期	结算类别或支…	摘要	行收企业未收	行支企业未支
2010-1-31	记账凭证2809	补记预收电费	-588.00		2010-4-7		现金	60,000.04	
2010-1-31	记账凭证2809	补记预收电费	-103,976.88		2010-4-23		现金	40,242.46	
2010-3-31	记账凭证3795	民生银行实时代收电费	9,175.21		2010-4-28		现金	30,913.67	
2010-4-8	记账凭证4501	民生银行电费上划		113,120.05	2010-4-28		现金		2,198,056.38
2010-4-13	记账凭证3966	民生银行电费上划（××公司）		97,046.01	2010-4-29		现金	100,000.00	
2010-4-26	记账凭证4517	调整收51#与105#重复金额113120.05	113,120.05		2010-4-29		现金		1,443,059.81
2010-4-30	记账凭证2640	20100430C区供电公司收电费	117,156.62		2010-4-30		现金	13,487.10	
2010-4-30	记账凭证4924	民生银行实时代收电费	5,253.00		2010-4-30		现金		3,470.13
2010-4-30	记账凭证4924	民生银行实时代收电费	651.10						
合　　计			140,791.10	210,166.06	合　　计			244,643.27	3,644,586.32
银行对账单调整后余额：银行对账单月末余额+企业收行未收-企业支行未支=								-69,374.96	
企业银行账调整后余额：企业银行账月末余额+行收企业未收-行支企业未支=								-69,374.96	

制表人签字：　　　　　　　　　　　　　　　　　　　　　审核人签字：

图 ZY2300303003-2　银行存款余额调节表明细页

（4）对账后，需要检查平衡关系。

五、报送财务

（1）根据营销业务应用系统形成的会计分录，制作最终的分类汇总凭证。

（2）根据电费应、实收明细账，形成科目余额表，提供财务对账。

（3）在每个会计期末，对账务结束时间点进行账龄统计，一般按部门、欠费额的正负、欠费时间等进行分类对客户欠费进行统计，其时间间隔分为1个月、半年、1年、2年、3年、4年、5年及以上。账龄统计结果和账龄明细，需要保存以备查询和分析。账龄分析结果报送财务作为计提坏账准备的主要依据。

六、凭证、报表管理

（1）将制作好的记账凭证（包括付款凭证、转账凭证、收款凭证）与原始凭证及其他相关附件一并审核、装订、妥善保存、定期存档。

（2）应收日报、应收月报、实收日报、实收月报等相关资料进行妥善保存，定期装订、归档。

（3）根据业务需要，将相关凭证、报表交接给财务等相关部门使用。

七、其他事项

（1）关账时必须对账龄数据转存。

（2）关账后，数据不能修改，确需修改的，需重新统计相关报表。

（3）供电企业可依据自身财务管理要求确认是否编制科目平衡表，如需编制的，还应在应、实收审核工作中核对相应科目平衡表与报表之间的平衡关系，如发现不平，找出原因及时处理。

（4）原则上分类汇总凭证和科目余额表应每日生成并审核无误，确实有困难的，应在一个会计期间内根据业务量划分为若干小区间合并处理。

【思考与练习】

1．简述会计期末电费账务处理需要开展的工作有哪些。

2．应、实、未收平衡关系如何审核？

3．试述期末对账管理的主要工作内容。

模块 4　票据管理（ZY2300303004）

【模块描述】 本模块包含电费票据管理的意义及要求、票据使用等内容。通过政策剖析、要点归纳、核心工作内容讲解，了解开展电费票据管理工作的重要性及相关制度要求，熟练掌握开展发票等票据管理的工作程序及工作方法。

【正文】

一、电费票据管理的意义

1．电费票据的作用

（1）记录经营活动的证明。电费发票、预缴电费收据等票据完整载明了电能销售经济行为，盖有供电企业印章，载有经办人信息，还具有监制机关、字轨号码、发票代码等，具有法律证明效力，是确认电能销售或预售真实性及有效性的重要依据。

（2）税务稽查依据。发票一经开具，票面载明的征税对象名称、数量、金额为计税提供了原始可靠依据；也为计算应税所得额、应税财产提供必备资料，是税务稽查入口和重心。

（3）加强财务会计管理的手段。发票是会计核算的原始凭证，正确地填制发票是正确地进行会计核算的基础。供电企业正确填开的电费发票，是电力客户支付电费后进行会计核算的必要凭证。

发票在一定条件下有合同的法律性质，供电企业应管理好电费发票等票据，防止票据丢失。

2．电费票据管理的意义

开展电费票据管理的意义在于真实、准确记录电费票据使用情况，确保供电企业的电费票据开具过程的正确、严谨且符合税法政策，防止重复出票产生的经济纠纷；确保电费票据能被无遗漏地管理监控，防范票据流失，杜绝因电费票据遗失造成供电企业的经济风险；合理规划电费票据的用量及印制计划，降低废票比例，避免过量印制、使用及存储造成的不必要的浪费。

二、要求

（1）设置专人负责电费票据的申印、申领及库管工作。

（2）未经税务机关批准，电费发票不得超越范围使用。严禁转借、转让、代开或重复出具电费票据。

（3）增值税电费发票开具须专人负责，并按财务制度规定做好申领、缴销等工作。

（4）票据管理和使用人员变更时，应办理票据交接登记手续。

（5）严格电费印章管理。

三、票据的使用

1．电费发票印制

（1）电费发票使用当地税务部门监制的专用发票。供电企业需印制电费发票时，由财务部门向当地税务部门提出申请，经批准后方可印制，并应加印监制章和专用章。

（2）电费票据制作完成后，对印刷厂交货的新票据，认真查验入库。凡遇多印、少印、质量差劣等问题，应及时交涉更正。

（3）对于确认无误的入库票据按票据类别、票据号码范围整批在营销业务应用系统内登记入库，记录入库结果（包括入库人员、入库时间、入库机构、张数、票据类别、票据号码等）。

2. 电费发票交接

（1）建立电费发票交接登记制度，形成发票交接台账，对电费发票的领取、核对、使用、作废、返还及保管进行完备的登记并办理签收手续。

（2）电费发票的交接手续分票据使用部门、票据使用人二级办理。票据使用部门应指定专人按需向财务部门申请印制并领用票据，对份数、发票号码当场验证清楚后办理签收手续，发现有误立即提出并清点无误后签收。票据使用部门再将领用发票分配交接到本部门具体的票据使用人开展日常票据打印业务。二级票据交接工作均需在营销业务应用系统内登记，对领用的电费票据应妥善保管。

（3）票据委托银行、超市等第三方开具的，应执行与票据使用部门同样的领用、开具、核销的管理程序。

（4）票据使用部门或票据使用人可根据需要定期或不定期返还未用票据到上一级票据管理人员，申请返还未用票据应在营销业务应用系统进行登记，记录返还结果（包括返还人员、入库人员、返还时间、入库机构、票据使用部门、张数、票据类别、票据号码等）。返还的未用票据可供其他开票人领用并使用。

3. 电费发票的开具

（1）在收取电费或已缴费客户到柜面索取电费发票时，业务人员应为客户开具电费发票。发票应通过营销信息系统计算机打印，并在系统中如实登记开票时间、开票人、票据类型和票据编号等信息。严禁手工填开电费发票。不得使用白条、收据或其他替代发票向客户开具电费发票。

（2）计算机打印的电费普通发票均应加盖"财务专用章"或"发票专用章"和填制人签章后有效。

（3）客户申请开具电费增值税发票的，经审核其提供的税务登记证副本及复印件、银行开户名称、开户银行和账号等资料无误后，从申请当月起给予开具电费增值税发票，申请以前月份的电费发票不予调换或补开增值税发票。

（4）销售充值卡与充值卡缴费不能重复开具发票。

（5）已开具的电费发票不允许重复打印。打印当日若出现夹纸等异常情况未正常出票的，查明原因并经专人审批后，可在营销业务应用系统内作废原发票并重新开票。

4. 电费发票的作废

（1）作废发票，须各联齐全，每联均加盖"作废"印章，并与发票存根一起保存完好，不得丢失或私自销毁。

（2）作废发票应在营销业务应用系统内如实登记作废时间、作废人等信息。系统内所登记的作废信息必须与实际作废票据相符。

5. 电费发票的清理检查

（1）票据使用人每日将已用发票、作废发票按发票号码顺序装订成册，整理保管。随时备查。

（2）票据使用人根据票据使用情况按月对票据进行清理，一般以领用批次为单位。清点时，应核对已用发票数量、作废发票数量、未用发票数量是否与当批领用票据数量相符，不相符的检查登记是否正确，追查遗失票据，直至完全相符。

（3）票据管理部门及使用部门应定期编制电费票据使用报表并上报，内容包括电费发票入库数和起讫号码、领取数和起讫号码、已用数和起讫号码、作废数和发票号码、未用数和起讫号码等。

（4）票据管理部门应定期或不定期对票据使用情况进行监督检查，并对票据作废率等关键指标进行考核。票据保管超过规定年限的，按税务部门规定的程序予以核销处理。

四、其他票据管理工作

（1）设置专人负责电费专用印章管理，严格在规定的范围使用印章。印章领用、停用以及管理人员变更时，应办理交接登记手续。

（2）增值税发票统一由税务部门指定的开票机开具，并定期向税务部门报送开票信息。

（3）托收凭证、收款收据等各类其他票据的保管、领用、核销管理也应建立相应管理制度，按需申报计划并印制，票据交接也应办理登记签收手续。

【思考与练习】

1．简述电费票据的作用和开展票据管理的意义。

2．请简述日常普通电费发票的管理工作包括哪些事项。

模块 5 科目及凭证管理（ZY2300303005）

【模块描述】本模块包含会计科目管理及凭证管理等内容。通过对科目及凭证管理的主要概念描述、内容讲解、示例介绍，了解电费财务账目构成、凭证管理常识、会计分录及凭证制作的方法。

一、会计科目管理

会计科目管理的主要工作是按照财务管理的科目设置要求开展营销会计科目的设置和维护。为保障科目记账与实际发生的电费应、实收业务账相符，科目设置必须纳入到营销业务应用系统中管理。

1．营销会计科目设置的基本要求

（1）应收账款、其他业务收入、营业外收入等科目必须与财务管理的科目设置匹配。

（2）当期有发生额时或有期初余额的科目，不能删除。

2．科目设置

（1）按营销会计科目设置的基本要求，结合实际发生的应、实收业务，设置相应的科目。

（2）在电费资金结构发生变化时，新增、变更或删除对应科目。

3．会计科目示例

表 ZY2300303005-1 为会计科目示例。

表 ZY2300303005-1 会 计 科 目 示 例

序　号	名　称	等　级	类　别	序　号	名　称	等　级	类　别
	现金	1	资产		其他代征费一	2	资产
	在途资金	1	资产		其他代征费二	2	资产
	在途资金——在途现金	2	资产		其他代征费三	2	资产
	在途资金——POS	2	资产		其他代征费四	2	资产
	银行存款	1	资产		自备电厂备用费	2	资产
	应收票据	1	资产		尾差调整	2	资产
	支票	2	资产		其他应收款	1	资产
	汇票	2	资产		冲值卡缴费	2	资产
	本票	2	资产		财务费用	1	损益
	应收账款	1	资产		利息收入	2	损益
	电费	2	资产		其他业务收入	1	损益
	三峡基金	2	资产		预收账款	1	负债
	市政附加费	2	资产		预购电	2	负债
	农网还贷	2	资产		预收多收	2	负债
	中央库区移民资金	2	资产		其他应付款	1	负债
	可再生能源附加费	2	资产		内部往来	1	负债

续表

序号	名　称	等　级	类　别	序号	名　称	等　级	类　别
	电费	2	负债		其他代征费一	2	负债
	三峡基金	2	负债		其他代征费二	2	负债
	市政附加费	2	负债		其他代征费三	2	负债
	农网还贷	2	负债		其他代征费四	2	负债
	中央库区移民资金	2	负债		高可靠性供电费	2	负债
	可再生能源附加费	2	负债		坏账费用	2	负债

4. 科目管理的注意事项

科目变化时，应视情况，登记完原有的会计凭证，建立新科目，批量结转营销的科目余额，制定新的记账规则，维护会计分录模板。结束科目变化前，应检查借贷平衡关系，发现错误，查明原因，纠正错误。

二、凭证管理

1. 凭证的分类

按填制程序和用途的不同，凭证分为原始凭证和记账凭证两大类。原始凭证是记录经济业务的发生或完成情况的书面证明，它是会计核算的原始资料和重要依据，是登记会计账簿的原始依据；记账凭证是根据原始凭证或原始凭证汇总表编制，用于记载经济业务的简要内容，确定会计分录，作为记入有关账簿依据的一种会计凭证。记账凭证又可分为收款、付款、转账凭证三类。

2. 凭证的内容

（1）原始凭证的内容包括凭证名称、填制日期和编号、接受单位、经济业务的内容摘要、经济业务的实物数量和金额、填制单位和人员等信息。

（2）记账凭证的内容应包括摘要、科目代码、科目名称、借方金额、贷方金额、合计金额、制证人等信息。

3. 凭证制作

凭证制作过程是对原始凭证整理分类，按照复式记账要求，运用会计科目，确定会计分录，作为登记账簿依据的一种会计账务处理程序。程序如下：

（1）根据原始凭证编制汇总原始凭证；

（2）根据审核无误的原始凭证或汇总原始凭证，按会计事务分类编制记账凭证；

（3）记账凭证审核，核实是否与原始凭证反映的经济业务相符，会计科目是否正确，账户对应关系是否清晰，借贷关系是否平衡；

（4）对作为记账凭证附件的原始凭证进行外形加工处理，以方便装订和保管。

4. 凭证管理

（1）凭证传递：从凭证填制、取得到归档保管过程中，在企业内部有关人员和部门之间传送、交接的过程。凭证传递既要完备严密，又要简便易行，因此应制定交接制度、合理设置环节和约定时限。

（2）凭证装订：包括凭证排序、粘贴、折叠等整理工作和外加封面、封底后装订成册等工作。

（3）凭证保管与销毁：根据账务制度要求，对凭证归档存查，符合销毁条件的，办理相关手续。

5. 电费业务凭证制作的注意事项

（1）营销业务必须记录会计记账的期间，以便账龄分析与财务对账等使用。

（2）应收账款下级科目应按电费结算月份记账。

（3）做电费回收凭证时贷方的应收账款科目应拆分到电费、三峡基金、市政附加费等科目，因此，需制定客户部分缴费时电费、三峡基金、市政附加费等的拆分规则。

6. 会计分录示例

（1）电费发行。电费发行是通过电费结算实现电力商品的销售收入，产生电费应收的过程。会计分录如下：

1）借：应收账款——①电费；②三峡基金；③市政附加费；④农网还贷；⑤中央库区移民资金；⑥可再生能源附加费；⑦其他代征费一；⑧其他代征费二；⑨其他代征费三；⑩其他代征费四；⑪自备电厂备用费。

2）贷：内部往来——①电费；②三峡基金；③市政附加费；④农网还贷；⑤中央库区移民资金；⑥可再生能源附加费；⑦其他代征费一；⑧其他代征费二；⑨其他代征费三；⑩其他代征费四；⑪自备电厂备用费。

（2）柜面现金。供电企业营业窗口柜面收取现金（含 POS 刷卡）时会计分录如下：

1）借：现金；

　　　　在途资金——POS。

2）贷：应收账款——①电费；②三峡基金；③市政附加费；④农网还贷；⑤中央库区移民资金；⑥可再生能源附加费；⑦其他代征费一；⑧其他代征费二；⑨其他代征费三；⑩其他代征费四；⑪自备电厂备用费。

　　　　营业外收入——电费违约金。

　　　　预收账款——多收预收。

（3）代收。指金融机构和非金融机构代为收取电费的一种收费方式。目前，供电企业与代收机构间通常采用联网收费方式，代收信息以交易形式实时向营销业务应用系统申请销账，资金于当日 24 时或次日凌晨自动归集到供电企业的电费账户。其会计分录如下：

1）借：银行存款。

2）贷：应收账款——①电费；②三峡基金；③市政附加费；④农网还贷；⑤中央库区移民资金；⑥可再生能源附加费；⑦其他代征费一；⑧其他代征费二；⑨其他代征费三；⑩其他代征费四；⑪自备电厂备用费。

　　　　营业外收入——电费违约金。

　　　　预收账款——多收预收。

（4）现金退费。坐收网点用现金退电费及违约金的会计分录如下（负数记账）：

1）借：现金。

2）贷：应收账款——①电费；②三峡基金；③市政附加费；④农网还贷；⑤中央库区移民资金；⑥可再生能源附加费；⑦其他代征费一；⑧其他代征费二；⑨其他代征费三；⑩其他代征费四；⑪自备电厂备用费。

　　　　营业外收入——电费违约金。

【思考与练习】

1．请列举十种以上常用电费科目。

2．请简述凭证制作的过程。

3．请按教材中示例，写出代扣电费和支票退费的会计分录。

第四部分

售电统计分析

第九章　量价费统计分析

模块 1　统计报表的种类及内容与要求（ZY2300401001）

【模块描述】本模块包含统计报表的种类及内容与要求介绍等内容。通过概念描述、术语说明、公式示意、要点归纳、示例介绍，掌握统计报表统计填报方法。

【正文】

一、与抄核收有关统计报表的种类

（1）按应用层次分类：网省公司、地市公司、区（县）公司、供电所。

（2）按统计时间分类：按日、月、季、年等统计。

（3）按统计业务分类：销售情况统计、电费回收、欠费统计、违窃用电统计等。

（4）专项统计报表分类：包括快报、各单项收入报表等统计。

二、统计报表的内容与要求

受篇幅所限，下面仅举部分统计报表样例加以说明。

1. 电费回收统计表

（1）编制目的。统计各月发行电费回收及陈欠电费回收情况。

（2）内容简述。按电价构成统计欠费、本年电费回收及陈欠电费回收情况，并统计回收率。

（3）统计说明：

1）应收电费 = 售电收入 + 农网还贷资金 + 三峡基金 + 城市附加 + 水库移民资金

$\quad\quad\quad\quad\quad$ + 可再生能源附加 + 差别电价 + 其他

2）欠费总额 = 本年新欠 + 陈欠

3）本年新欠 = 本年电费应收累计 − 本年电费实收累计

4）欠费总额中的陈欠电费 = 结转陈欠 − 实收陈欠

5）欠费的上年发生 = 结转上年发生陈欠 − 实收上年发生陈欠

6）本月回收率 =（本月实收 ÷ 本月应收）× 100%

7）累计回收率 =（累计实收 ÷ 累计应收）× 100%

8）陈欠回收率 =（实收陈欠 ÷ 结转陈欠）× 100%

9）上年陈欠回收率 =（实收陈欠 ÷ 结转陈欠）× 100%

10）精度保留到小数点两位。

（4）统计期：本年。

（5）统计维度：

电费组成：

1）售电收入。

2）农网还贷资金。

3）三峡基金。

4）城市附加。

5）库区移民资金。

6）可再生能源附加。

7）差别电价。

8）其他。

（6）统计要求：

1）电费分类中，除1～6项收费项目外，其他随电费收取的费用，请填入"八、其他"栏内。

2）电费回收中的重要情况及反映请在备注栏内填写或另附文字说明。

（7）电费回收统计表示例。表ZY2300401001-1为2008年6月份电费回收情况统计表。

表 ZY2300401001-1　　　　　　2008 年 6 月份电费回收情况统计表

填报单位（盖章）：××供电公司　　　　　　　　　　　　　　　　　　　　　单位：万元

项　目	欠电费情况				本年度电费回收情况						陈欠电费回收情况					
	总额	其　中			应　收		实　收		回收率（%）		结　转		实　收		回收率（%）	
		本年新欠	陈欠	其中上年发生	本月	累计	本月	累计	本月	累计	陈欠	其中上年发生	陈欠	其中上年发生	陈欠	其中上年发生
栏　次	1	2	3	4	5	6	7	8	9	10	11	12	13	14	15	16
应收电费	922	557	365	85	6876	85 498	6876	84 941	100	99.35	2735	378	2370	293	86.65	77.51
其中 一、售电收入	375	115	260	55	6428	80 127	6428	80 012	100	99.86	2310	265	2050	210	88.74	79.25
二、农网还贷资金	80	60	20	21	226	2661	226	2601	100	97.75	180	56	160	35	88.89	62.50
三、三峡基金	116	95	21	0	46	590	46	495	100	83.90	56	13	35	13	62.50	100.00
四、城市附加	155	106	49	9	113	1431	113	1325	100	92.59	134	34	85	25	63.43	73.53
五、库区移民资金	144	144	0	0	34	399	34	255	100	63.91	26	10	26	10	100.00	100.00
六、可再生能源附加	8	0	8	0	14	128	14	128	100	100.00	13	0	5	0	38.46	0
七、差别电价	32	25	7	0	10	120	10	95	100	79.17	10	0	3	0	30.00	0
八、其他	12	12	0	0	5	42	5	30	100	71.43	6	0	6	0	100.00	0
备　注																

2．高耗能行业售电量情况统计表

（1）编制目的。通过行业分类统计高耗能企业用电量的现状及发展情况。

（2）内容简述。按行业分类统计高耗能用户本月及本年累计售电量、增长率、比重的情况。

（3）统计说明。公司售电量为售电总量。

大工业用户售电量本月、本年完成情况。

高耗能企业按表中所列行业填写，其他高耗能行业可以根据各公司的情况增加。

$$增长率 = [（本期 - 基期）÷ 基期] × 100\%$$

$$高耗能售电合计 = 钢铁 + 电解铝 + 铁合金 + 水泥 + 电石$$
$$+ 烧碱 + 黄磷 + 锌冶炼 + 其他高耗能行业$$

比重：各高耗能行业售电量占公司售电量的比例。

（4）统计期：本月、本年。

（5）统计维度：①钢铁；②电解铝；③铁合金；④水泥；⑤电石；⑥烧碱；⑦黄磷；⑧锌冶炼；⑨其他高耗能行业。

（6）统计要求：

1）其他高耗能行业可以根据各公司的情况增加，如造纸、铸造等，并在备注栏中说明。

2）列出各高耗能行业售电量占大工业售电量的比例。

（7）高耗能行业售电量情况统计表示例。表ZY2300401001-2为2008年5月止高耗能行业售电量情况统计表。

表 ZY2300401001-2 　　　　　**2008 年 5 月止高耗能行业售电量情况统计表**

填报单位：××供电公司××供电分公司　　　　　　　　　　　　　单位：售电量，万 kWh；比重，%

分　项	本　月			本 年 本 月 止		
	售电量	增长率	比重	售电量	增长率	比重
栏　　次	1	2	3	4	5	6
一、公司售电量	10 056	2.09	100.00	120 672	2.23	100.00
二、大工业售电量	5860	34.71	58.27	70 476	35.42	58.40
三、高能耗行业售电量	3386	36.81	33.67	55 032	34.99	45.60
其中：1. 钢铁	1200	21.83	11.93	14 400	23.46	11.93
2. 电解铝	156	26.83	1.55	1872	19.31	1.55
3. 铁合金	135	13.45	1.34	1620	27.36	1.34
4. 水泥	2689	43.95	26.74	32 268	44.96	26.74
5. 电石	230	24.32	2.29	2760	33.72	2.29
6. 烧碱	0	0	0	0	0	0
7. 黄磷	56	24.44	0.56	672	15.86	0.56
8. 锌冶炼	120	−11.11	1.19	1440	6.04	1.19
9. 其他高耗能行业	0	0	0	0	0	0
⋮						
备　注						

3. 《供用电合同》签订情况统计表

（1）编制目的。通过供用电合同分类统计供用电合同签订情况。

（2）内容简述。按供用电合同分类统计统计期内各分类供用电合同的应签数、实签数及签订率的情况。

（3）统计说明：

1）公司累计签订率为统计日期止供用电合同的签订率。

2）统计期内合同的应签数、实签数和签订率。

3）签订率 ＝（实签数 ÷ 应签数）×100%

4）应签户数合计 ＝ 应新签户数 ＋ 应续签户数

5）实签户数合计 ＝ 实新签户数 ＋ 实续签户数

合计 ＝ 高压供用电合同 ＋ 低压供用电合同 ＋ 临时供用电合同 ＋ 趸售供用电合同 ＋ 委托转供电合同 ＋ 居民供用电合同

（4）统计期：本月、本年。

（5）统计维度。按合同种类：①高压供用电合同；②低压供用电合同；③临时供用电合同；④趸售供用电合同；⑤委托转供电合同；⑥居民供用电合同。

合同签订情况：①应签数；②实签数。

（6）统计要求：

1）文本形式：合同条款格式的外在表现形式。一是标准化文本，即合同的条款格式已经固定化、标准化，即通常的格式合同；二是合同条款格式由合同当事人自由约定。

2）公司累计签订率：是指到统计日止公司已经签订供用电合同户数/应签订合同户数。

（7）《供用电合同》签订情况统计表示例如图 ZY2300401001-3 所示。

表 ZY2300401001-3　　　　　　《供用电合同》签订情况统计表

填报单位：××供电公司××供电分公司　　　　　　　　　　　　　　　　　单位：户

分　类	文本形式	公司累计签订率	其中：本期内合同签订情况								
			本期内应签户数			本期内实签户数			本期内签订率		
			合计	新签	续签	合计	新签	续签	合计	新签	续签
栏　次	1	2	3	4	5	6	7	8	9	10	11
合　计	45 376	99	19 615	7295	12 320	19 542	7295	12 247	99.63	100	99.41
一、高压供用电合同	1890	100	1010	230	780	1010	230	780	100.00	100	100.00
二、低压供用电合同	6895	100	4461	1205	3256	4461	1205	3256	100.00	100	100.00
三、临时供用电合同	123	100	51	15	36	51	15	36	100.00	100	100.00
四、趸售供用电合同	8	100	5	3	2	5	3	2	100.00	100	100.00
五、委托转供电合同	780	100	510	160	350	510	160	350	100.00	100	100.00
六、居民供用电合同	35 680	99	13 578	5682	7896	13 505	5682	7823	99.46	100	99.08

【思考与练习】

1．统计报表共有多少种？

2．如何对各种类统计报表进行统计？

模块 2　销售分析的目的和作用（ZY2300401002）

【模块描述】本模块包含销售分析的定义及分类、目的和作用等内容。通过概念描述、术语说明、要点归纳，了解销售分析的意义。

【正文】

一、销售分析的定义及分类

1．营销销售分析的定义

分析，是指把某种事物、现象划分成若干简单的部分，找出它的本质和特点。营销销售分析就是把营销资料的指标进行分解找出它的本质和特点。

2．各种营销分析的种类

（1）按照分析的对象或层次不同，可分为微观分析和宏观分析。

（2）按照分析的效果不同，可分为监测分析、评价分析和预测分析。

（3）按照分析所涉及问题的广泛程度不同，可分为专题分析和综合分析。

二、销售分析的目的

1．对销售完成情况分类、归纳

销售分析的目的是及时、准确、全面、系统的对各种营业数据进行分类统计并加以分析比较，如按电压等级、电价分类、用电性质和按行业、区域对电力、电量销售的统计数据进行分析，为本企业改善经营管理，提高企业的社会、经济效益服务。

2．找出影响销售的主要因素

对于供电企业来说，影响营销销售的因素有电能质量、供电可靠率和服务质量、停电时间、报装接电速度等，但影响营销销售的主要因素是价格，选定目标市场，运用合理价格，完全可以实现市场促销。

3．提出改进措施

找出影响销售的主要因素后，要重点做好两方面工作：一方面做好电力销售运作的控制；另一方面要不断开拓新的市场空间，加强市场拓展。

（1）电力销售运作控制：

1）电力销售年度计划的控制。

2）电力销售盈利能力的控制。

3）电力销售效率的控制。

4）电力销售战略和策略的控制。

（2）电力销售市场的拓展：

1）转变销售观念，树立以客户为中心、以效益为目标的销售理念。

2）拓展电力销售市场要软、硬件双管齐下。

3）充分利用电价机制和电价政策，引导消费者调整消费结构，合理用电。

4）树立市场意识，不断培育新的电能消费增长点。

三、销售分析的作用

1. 提升管理水平

目前，针对电力市场需求的变化，从客观和主观上进行分析，供电企业管理水平方面体现在以下几个方面：

（1）城乡电网网架结构情况，电压质量、供电可靠性和线损指标等。

（2）电网负荷率，峰谷差值，电网调峰能力。

（3）电力营销管理水平的高低，电价政策的合理性，电费回收情况。

（4）供电企业的领导、干部、职工对开发电力市场的认识，对市场的敏感度和响应能力，对市场研究分析的程度。

通过对管理方面进行分析，正确认识本企业的生产经营实际，推行科学管理，正确发挥决策、计划、组织、控制等管理职能，按照所要达到的管理目的和要求，首先要收集和整理反映客观经济活动的各种资料，掌握实际情况，准确提出存在的问题；其次，通过对各种资料所提供的经济数据进行分析，了解情况，认识问题，找出提高经济效益的潜力；再次，针对存在的问题提出相应的改进措施或管理方案，并对它们进行经济分析，从中选择经济效益大的最优方案或措施，最后作出决策，通过决议把方案或措施付诸实施，并监督检查。在收集资料、制定决策和实施过程中，经济活动分析处于重要地位并发挥着重要作用。经济活动分析作为认识客观实践的重要方法，可以帮助人们正确认识各项经济活动的内在联系，明确影响经济活动的各种原因，找出经济工作中存在的问题，为制定改进措施、作出决策提供依据。因此，开展销售分析，对加强企业科学管理，提高经营水平具有重要作用。

2. 优化和改善指标

电力企业的经营成果是通过营销统计报表中的统计指标直接反映的，通过对售电量、销售收入、平均售电单价、线损率等指标的情况进行统计监督。在对以上指标的分析过程中，在统计口径和统计方法方面可能会随着经营过程的变化而发生变化，通过统计分析对指标的计算口径和计算方法也不断优化和改善。

3. 提高企业效益

提高电力企业的经济效益是电力企业管理的主要目标之一，通过销售分析，提高电力企业的经济效益可以从两个方面考虑，一是增加效益，二是减少损耗。在销售分析过程中，通过对经营成果的总结，找出以上两方面存在的可以改善的内容，从而提高电力企业的效益。

4. 销售潜力的挖掘

供电企业在变化的市场环境中，以满足人们的电力消费需求为目标，通过一系列的活动，提供满足消费需要的电力产品及服务。通过销售分析，发掘市场销售潜力，实现供电企业开拓市场、占领市场的目标。

5. 辅助经营决策

销售活动是一个相当复杂的过程。为了获取最佳的经济效益，企业就一定要从实际出发，针对各个时期经营管理中的问题，采取有效的决策。为了使决策正确合理，措施有效，就必须借助销售分析，提供准确的数据和情况相结合的资料，作为领导进行决策、制定措施时参考。总结经验教训，发挥人们的主观能动作用。通过分析，认识供电企业销售的规律性，使其各项管理工作更加符合实际，减少盲目性，增强主动性，从而促进电力的正常供应，满足人们的电力消费要求。

【思考与练习】

1．销售分析的目的是什么？

2．销售分析的作用有哪几个方面？具体内容是什么？

模块 3　行业分类与代码知识（ZY2300401003）

【模块描述】本模块包含行业用电分类总则、行业用电分类指标解释说明、行业划分的原则和应注意的问题、国民经济行业用电分类与国民经济行业分类代码对照等内容。通过概念描述、术语说明、要点归纳、列表对比、示例介绍，掌握行业用电分类有关知识。

【正文】

一、行业用电分类的总则

1．意义

行业用电分类，用于说明国民经济各行业用电情况和变化规律，以此反映国家电气化程度和发展趋势；分析研究国民经济增长与电力生产增长，社会产品增长与电力消耗量增长的相互关系，是编制国民经济计划和进行电力分配的依据。

2．制定原则

从我国实际情况出发划分各行业的界限，主要按照企业、事业单位、机关团体和个人从业人员所从事的生产或其他社会经济活动的性质的统一性分类。

3．划分的基本单位

企业、事业单位、国家机关和社会团体等各类组织机构，均以产业活动单位作为划分国民经济行业的基本单位。

4．主要指标

国民经济行业用电分类主要指标包括：用电户数、用户用电设备容量、用电量。

用电户数：应以每一客户卡片和一户台账为一户。

用户用电设备容量：指各类客户（包括有自备电厂的各类客户）以装置的用电设备总容量。

用电量：国民经济各行业及城乡居民消费的电量。

二、行业用电分类指标解释说明

1．全社会用电总计

指全社会在报告期内对电力的全部消费总量，它包括国民经济各行业的消费和城乡居民生活消费。

2．全行业用电合计

指国民经济各行业对电力的消费称为行业用电分类，它是对客户用电进行行业划分。

3．城乡居民生活用电合计

指城镇居民和农村居民家庭照明、家用电器等生活用电。

4．示例

2008 年某一地区供电企业年销售电量为 60 亿 kWh，企业自发自用电量为 25 亿 kWh，发电厂直供电大客户用电 13 亿 kWh，则全社会用电总计为 98 亿 kWh。

该地区第一产业用电量为 15 亿 kWh、第二产业用电量为 58 亿 kWh、第三产业用电量为 8 亿 kWh，则全行业用电合计为 81 亿 kWh。

该地区城镇居民生活用电量为 10 亿 kWh、乡村居民生活用电量为 7 亿 kWh，则城乡居民生活用电合计为 17 亿 kWh。

三、行业划分的原则和应注意的问题

1．划分原则

（1）与新的国民经济行业分类（GB/T 4754—2002）相对应。

（2）新、旧用电分类标准间小类可对应，历史数据延续对比使用。

（3）充分考虑行业用电特征，便于行业用电及市场营销分析。

（4）在充分考虑分表计量等可操作性的基础上对用电大项细分。

（5）适度超前。

2. 应注意的问题

"城镇"与"城市"的区别，前者范围较后者范围要大一些，统计的电量也要大，虽然现在实行城乡电网同网同价，但为了反映国家的城市化进程，区分还是很有必要的。

四、国民经济行业用电分类与国民经济行业分类代码对照

表 ZY2300401003-1 为国民经济行业用电分类与国民经济行业分类代码对照。

表 ZY2300401003-1　　国民经济行业用电分类与国民经济行业分类代码对照

行业代码				类别名称
门类	大类	中类	小类	
				全社会用电总计
				A 全行业用电合计
				第一产业
				第二产业
				第三产业
				B 城乡居民生活用电合计
				城镇居民
				乡村居民
A				一、农、林、牧、渔业
	01	010	0100	1. 农业
	02	020	0200	2. 林业
	03	030	0300	3. 畜牧业
	04	040	0400	4. 渔业
	05	050	0500	5. 农、林、牧、渔服务业
				其中：排灌
				二、工业
				轻工业
				重工业
B				（一）采矿业
	06	060	0600	1. 煤炭开采和洗选业
	07	070	0700	2. 石油和天然气开采业
	08	080	0800	3. 黑色金属矿采选业
	09	090	0900	4. 有色金属矿采选业
	10	100	1000	5. 非金属矿采选业
	11	110	1100	6. 其他采矿业
C				（二）制造业
				1. 食品、饮料和烟草制造业
	13	130	1300	其中：农副食品加工业
	14	140	1400	（1）食品制造业
	15	150	1500	（2）饮料制造业
	16	160	1600	（3）烟草制品业
	17	170	1700	2. 纺织业
				3. 服装鞋帽、皮革羽绒及其制品业
	18	180	1800	（1）服装鞋帽制造业
	19	190	1900	（2）皮革、毛皮、羽绒及其制品业
				4. 木材加工及制品和家具制造业
	20	200	2000	（1）木材加工及木、竹、藤、棕、草制品业
	21	210	2100	（2）家具制造业
	22	220	2200	5. 造纸及纸制品业
		221	2210	（1）纸浆制造
		222	2220	（2）造纸
		223	2230	（3）纸制品制造
	23	230	2300	6. 印刷业和记录媒介的复制
		231		（1）印刷

行业代码				类别名称
门类	大类	中类	小类	
		232	2320	（2）装订及其他印刷服务活动
		233	2330	（3）记录媒介的复制
	24	240	2400	7.文体用品制造业
		241	2410	（1）文化用品制造
		242	2420	（2）体育用品制造
		243	2430	（3）乐器制造
		244	2440	（4）玩具制造
		245	2450	（5）游艺器材及娱乐用品制造
	25	250	2500	8.石油加工、炼焦及核燃料加工业
		251	2510	（1）精炼石油产品的制造
		252	2520	（2）炼焦
		253	2530	（3）核燃料加工
	26	260	2600	9.化学原料及化学制品制造业
		261	2610	（1）基础化学原料制造
		262	2620	（2）肥料制造
		263	2630	（3）农药制造
		264	2640	（4）涂料、油墨、颜料及类似产品制造
		265	2650	（5）合成材料制造
		266	2660	（6）专用化学产品制造
		267	2670	（7）日用化学产品制造
				其中：轻工业
				其中：氯碱
				电石
				黄磷
				其中：肥料制造
	27	270	2700	10.医药制造业
		271	2710	（1）化学药品原药制造
		272	2720	（2）化学药品制剂制造
		273	2730	（3）中药饮片加工
		274	2740	（4）中成药制造
		275	2750	（5）兽用药品制造
		276	2760	（6）生物、生化制品的制造
		277	2770	（7）卫生材料及医药用品制造
	28	280	2800	11.化学纤维制造业
		281	2810	（1）纤维素纤维原料及纤维制造
		282	2820	（2）合成纤维制造
				12.橡胶和塑料制品业
				其中：轻工业
	29	290	2900	（1）橡胶制品业
	30	300	3000	（2）塑料制品业
	31	310	3100	13.非金属矿物制品业
		311	3110	（1）水泥、石灰和石膏的制造
		312	3120	（2）水泥及石膏制品制造
		313	3130	（3）砖瓦、石材及其他建筑材料制造
		314	3140	（4）玻璃及玻璃制品制造
		315	3150	（5）陶瓷制品制造
		316	3160	（6）耐火材料制品制造
		319	3190	（7）石墨及其他非金属矿物制品制造
	32	320	3200	14.黑色金属冶炼及压延加工业
		332	3210	（1）炼铁
		322	3220	（2）炼钢
		323	3230	（3）钢压延加工
		324	3240	（4）铁合金冶炼
	33	330	3300	15.有色金属冶炼及压延加工业
		331	3310	（1）常用有色金属冶炼

续表

行业代码				类别名称
门类	大类	中类	小类	
		332	3320	（2）贵金属冶炼
		333	3330	（3）稀有稀土金属冶炼
		334	3340	（4）有色金属合金制造
		335	3350	（5）有色金属压延加工
	34	340	3400	16．金属制品业
				17．通用及专用设备制造业
	35	350	3500	（1）通用设备制造业
	36	360	3600	（2）专用设备制造业
				18．交通运输、电气、电子设备制造业
	37	370	3700	（1）交通运输设备制造业
	39	390	3900	（2）电气机械及器材制造业
	40	400	4000	（3）通信设备、计算机及其他电子设备制造业
	41	410	4100	（4）仪器仪表及文化、办公用机械制造业
				其中：轻工业
				其中：交通运输设备制造业
	42	420	4200	19．工艺品及其他制造业
		421	4210	（1）工艺美术品制造
		422	4220	（2）日用杂品制造
		423	4230	（3）煤制品制造
		424	4240	（4）核辐射加工
		429	4290	（5）其他未列明的制造业
	43	430	4300	20．废弃资源和废旧材料回收加工业
		431	4310	（1）金属废料和碎屑的加工处理
		432	4320	（2）非金属废料和碎屑的加工处理
				（三）电力、燃气及水的生产和供应业
D	44	440	4400	1．电力、热力的生产和供应业
				其中：电厂生产全部耗用电量
				线路损失电量
				抽水蓄能抽水耗用电量
	45	450	4500	2．燃气生产和供应业
	46	460	4600	3．水的生产和供应业
		461	4610	（1）自来水的生产和供应
		462	4620	（2）污水处理及其再生利用
		469	4690	（3）其他水的处理、利用与分配
E				三、建筑业
	47	470	4700	（1）房屋和土木工程建筑业
	48	480	4800	（2）建筑安装业
	49	490	4900	（3）建筑装饰业
	50	500	5000	（4）其他建筑业
F				四、交通运输、仓储和邮政业
				1．交通运输业
	51	510	5100	（1）铁路运输业
	52	520	5200	（2）道路运输业
	53	530	5300	（3）城市公共交通业
	54	540	5400	（4）水上运输业
	55	550	5500	（5）航空运输业
	56	560	5600	（6）管道运输业
	57	570	5700	（7）装卸搬运和其他运输服务业
	58	580	5800	2．仓储业
	59	590	5900	3．邮政业
G				五、信息传输、计算机服务和软件业
	60	600	6000	1．电信和其他信息传输服务业
	61	610	6100	2．计算机服务和软件业
H				六、商业、住宿和餐饮业
				1．批发和零售业

续表

行业代码				类别名称
门类	大类	中类	小类	
	65			(1) 批发业
	65			(2) 零售业
I				2. 住宿和餐饮业
	66	660	6600	(1) 住宿业
	67	670	6700	(2) 餐饮业
				七、金融、房地产、商务及居民服务业
J				1. 金融业
	68	680	6800	(1) 银行业
	69	690	6900	(2) 证券业
	70	700	7000	(3) 保险业
	71	710	7100	(4) 其他金融活动
K	72	720	7200	2. 房地产业
		721	7210	(1) 房地产开发经营
		722	7220	(2) 物业管理
		723	7230	(3) 房地产中介服务
		729	7290	(4) 其他房地产活动
L、O				3. 租赁和商务服务业、居民服务和其他服务业
	73	730	7300	(1) 租赁业
	74	740	7400	(2) 商务服务业
	82	820	8200	(3) 居民服务业
	83	830	8300	(4) 其他服务业
M				八、公共事业及管理组织
				1. 科学研究、技术服务和地质勘察业
	75	750	7500	(1) 研究与试验发展
	76	760	7600	(2) 专业技术服务业
	77	770	7700	(3) 科技交流和推广服务业
	78	780	7800	(4) 地质勘察业
				其中：地质勘察业
N				2. 水利、环境和公共设施管理业
	79	790	7900	(1) 水利管理业
	80	800	8000	(2) 环境管理业
	81	810	8100	(3) 公共设施管理业
				其中：水利管理业
				其中：公共照明
P、R				3. 教育、文化、体育和娱乐业
	84	840	8400	(1) 教育
	88	880	8800	(2) 新闻出版业
	89	890	8900	(3) 广播、电视、电影和音像业
	90	900	9000	(4) 文化艺术业
	91	910	9100	(5) 体育
	92	920	9200	(6) 娱乐业
Q				4. 卫生、社会保障和社会福利业
	85	850	8500	(1) 卫生
	86	860	8600	(2) 社会保障业
	87	870	8700	(3) 社会福利业
S				5. 公共管理和社会组织、国际组织
	93	930	9300	(1) 中国共产党机关
	94	940	9400	(2) 国家机构
	95	950	9500	(3) 人民政协和民主党派
	96	960	9600	(4) 群众团体、社会团体和宗教组织
	97	970	9700	(5) 基层群众自治组织
	98	980	9800	(6) 国际组织

【思考与练习】

1．什么是划分行业用电分类的基本单位？

2．行业用电分类的主要指标包括哪些？

3．行业用电分类划分的原则有几条？应注意哪些问题？

模块 4　峰谷分时客户电量、电价、电费统计
（ZY2300401004）

【模块描述】 本模块包含峰谷分时客户电量、电价、电费统计的目的及作用、内容及要求、平衡关系和应注意的问题等内容。通过概念描述、术语说明、要点归纳、示例介绍，掌握统计峰谷分时客户电量、电价、电费。

【正文】

一、峰谷分时客户电量、电价、电费统计的目的及作用

通过对峰谷分时客户电量、电价、电费进行统计，掌握峰谷分时电价的发展水平、发展速度、构成和比例关系，从而发挥电价的经济杠杆作用，促进客户削峰填谷，合理配置使用资源，达到改善电网用电负荷率，提高电力资源利用率和企业效益的目的。

二、峰谷分时客户电量、电价、电费统计内容及要求

户数：按营业户数口径统计，为执行分时电价的户数。

峰段电量：尖峰、峰段售电量之和。

平段电量：平时段的售电量。

低谷段电量：低谷时段的售电量。

售电量：峰段电量＋平段电量＋低谷段电量。

电价：峰谷电价的确定是以目录电价为基准，作为非峰谷段电价，峰电价是目录电价上浮，谷电价是目录电价下浮，由于各地区峰谷时差不同，故上浮和下浮的幅度是不相同的。

峰段电费：尖峰、峰段售电收入之和。

平段电费：平时段的售电收入之和。

低谷段电费：低谷时段的售电收入之和。

售电收入：峰段电费＋平段电费＋低谷段电费。

电费损益：指执行分时电价后电网售电收入增（减）收金额。

三、峰谷分时客户电量、电价、电费统计的平衡关系

1. 自身的平衡关系

除各统计分类比重和同比关系外，有

$$合计 = 大工业 + 非普工业 + 非居民生活用电 + 居民 + 商业用电 + 其他$$
$$应收电费 = 售电量 \times 平段电价 + 损益$$
$$售电收入 = 峰段电量 \times 峰段电价 + 谷段电量 \times 谷段电价 + 平段电量 \times 平段电价$$

2. 与售电分类统计表的平衡关系

$$峰谷分时电价执行情况表的损益值 = 售电分类统计表中电度电费$$
$$- （相应分类的售电量 \times 目录电度电价）$$

四、应注意的问题

（1）各用电分类户数占同类户数比重不能大于 100%；

（2）如遇到电价政策调整，则

$$累计售电收入 \neq 累计售电量 \times 平段电价 + 累计损益$$
$$累计售电收入 = 上月累计售电量 \times 调价前平段电价 + 上月累计损益$$
$$+ （本月售电量 \times 调价后平段电价 + 本月损益）$$

（3）某些网省公司尖峰与峰段电量、电价、电费是分别统计的，应在表中增加相应项目。

五、峰谷分时电价执行情况统计表示例

表 ZY2300401004-1 为××供电分公司 2008 年 1 季止峰谷分时电价执行情况统计表。

表 ZY2300401004-1　　　　　**2008 年 1 季止峰谷分时电价执行情况统计表**

填报单位：×供电公司××供电分公司　　　　　　　　　　单位：电量，万 kWh；金额，万元

项　　目	执行户数			应收电费及损益			售电量		其　　中					
									峰段售电量		平段售电量		低谷段售电量	
	户数	占同类户数比重	比上年同期(+，-)	累计售电收入	累计电费损益	损益同比(+，-)	本年累计	同比(+，-)	本年累计	同比(+，-)	本年累计	同比(+，-)	本年累计	同比(+，-)
栏　　次	1	2	3	4	5	6	7	8	9	10	11	12	13	14
合　　计	200	0.26	46	15 173	125	29	34 874	7807	10 952	2003	13 652	2723	10 270	3081
一、大工业	74	28.46	16	13 816	53	12	33 063	7361	10 305	1850	12 925	2530	9833	2981
二、非普工业	84	1.17	22	908	54	13	1261	306	457	120	508	128	296	58
三、非居民生活用电	34	0.47	6	208	6	2	283	81	94	21	113	36	76	24
四、居民	0	0	0	0	0	0	0	0	0	0	0	0	0	0
五、商业用电	8	0.03	2	241	12	3	267	59	96	12	106	29	65	18
六、其他	0	0.00	0	0	0	0	0	0	0	0	0	0	0	0

【思考与练习】

1．峰谷分时客户电量、电价、电费统计的目的是什么？

2．统计峰谷分时电价执行情况统计表应注意哪些问题？

3．峰谷分时电价执行情况统计表的平衡关系有哪些？

模块 5　行业分类用电统计报表（ZY2300401005）

【模块描述】本模块包含行业分类用电统计报表的格式及结构等内容。通过概念描述、术语说明、要点归纳、示例介绍，掌握填报行业分类用电统计报表方法。

【正文】

一、行业分类用电统计报表的统计方法、结构及要素

1．编制目的

统计各行业分类的用电户数、用电容量、用电量的构成情况，为分析和预测提供数据。

2．应用层次

网省公司、地市公司、区县公司、供电所。

3．生成周期

月。

4．内容简述

按行业分类统计本月增加户数、容量，本年累计增加户数、容量，实有户数、容量。

5．统计说明

（1）结合行业分类代码进行统计。

（2）用户个数：统计期（本月）末的供电总户数。

（3）用户用电装接容量：统计期（本月）末的供电总容量。

（4）用电量本月（累计）：统计期（本年）内，用户用电量。

（5）用电量上年同月（上年累计）：去年同期内，用户用电量。

6．统计期

本月、本年。

7. 统计维度

（1）供电单位、统计年份、统计月份。

（2）行业类别：

A、全行业用电总计

第一产业

第二产业

第三产业

B、城乡居民生活用电合计

一、农、林、牧、渔业

二、工业

三、建筑业

四、交通运输、仓储、邮政业

五、信息传输、计算机服务和软件业

六、商业、住宿和餐饮业

七、金融、房地产、商务及居民服务业

八、公共事业及管理组织

8. 统计要素描述

（1）用户个数：统计期（本月）末的供电总户数。

（2）用户用电装接容量：统计期（本月）末的供电总容量。

（3）用电量本月（累计）：统计期（本年）内，用户用电量。

（4）用电量上年同月（上年累计）：去年同期内，用户用电量。

9. 统计要素算法

$$全行业合计 1 = 第一产业 + 第二产业 + 第三产业$$

$$全行业合计 2 = 农林牧渔业 + 工业 + 建筑业 + 交通运输仓储和邮政业$$

$$+ 信息传输、计算机服务和软件业 + 商业、住宿和餐饮业$$

$$+ 金融、房地产、商务及居民服务业 + 公共事业及管理组织$$

二、行业分类用电统计报表示例

表 ZY2300401005-1 为××供电分公司行业分类用电统计报表。

表 ZY2300401005-1　　　　　　　**行业分类用电统计报表**

填报单位（盖章）：××供电公司××供电分公司　　　　　　　　报表年月：2008 年 12 月

项　目	指标代码	用户个数（个）	用户用电装接容量（kW）	用电量（kWh）			
				本月	上年同期	本年累计	上年累计
全社会用电总计	AAAA	726 237	1 356 262	39 468 219	33 547 986	590 512 465	501 935 595
A 全行业用电总计	99AA	36 532	478 898	3 515 299	2 988 004	184 241 565	156 605 330
第一产业	99A0	20 825	422 047	2 785 919	2 368 031	175 489 005	149 165 654
第二产业	99B0	2959	28 848	540 329	459 280	6 483 948	5 511 356
第三产业	99C0	12 748	28 003	189 051	160 693	2 268 612	1 928 320
B 城乡居民生活用电合计	9900	689 705	877 364	35 952 920	30 559 982	406 270 900	345 330 265
城镇居民	9910	100 595	237 803	12 214 850	10 382 623	131 571 400	111 835 690
乡村居民	9920	589 110	639 561	23 738 070	20 177 360	274 699 500	233 494 575
全行业用电分类		36 532	478 898	3 515 299	2 988 004	184 241 565	156 605 330
一、农、林、牧、渔业合计	A000	20 825	422 047	2 785 919	2 368 031	175 489 005	149 165 654
1. 农业	0100	300	3910	538 268	4 57 527	2 782 620	2 365 227
2. 林业	0200	167	1759	242 220	205 887	1 252 179	1 064 352

ZY2300401005

续表

项　目	指标代码	用户个数（个）	用户用电装接容量（kW）	用电量（kWh）			
				本月	上年同期	本年累计	上年累计
3. 畜牧业	0300	133	792	108 999	92 649	563 481	478 958
4. 渔业	0400	67	356	49 050	41 692	253 566	215 531
5. 农、林、牧、渔服务业	0500	20 158	415 230	1 847 382	1 570 275	170 637 159	145 041 585
其中：排灌	05A0	20 114	401 552	1 843 350	1 566 848	170 264 700	144 724 995
二、工业	GG00	2721	25 580	529 476	450 055	63 53 712	5 400 655
1. 轻工业	GG10	128	1238	35 425	30 111	425 100	361 335
2. 重工业	GG20	2593	24342	494　051	419 943	5 928 612	5 039 320
（一）采矿业	B000	434	7281	193 862	164 783	2 326 344	1 977 392
1. 煤炭开采和洗选业	0600	358	5868	56 827	48 303	681 924	579 635
2. 石油和天然气开采业	0700	12	568	23 587	20 049	283 044	240 587
3. 黑色金属矿采选业	0800	0	0	0	0	0	0
4. 有色金属矿采选业	0900	36	498	89 870	76 390	1 078 440	916 674
5. 非金属矿采选业	1000	28	347	23 578	20 041	282 936	240 496
6. 其他采矿业	1100	0	0	0	0	0	0
（二）制造业	C000	1574	14 169	267 204	227 123	3 206 448	2 725 481
1. 食品饮料烟草制造（轻）	13AA	32	568	99 852	84 874	1 198 224	1 018 490
其中：农副食品加工业	16A0	21	395	18 952	16 109	227 424	193 310
2. 纺织业（轻）	1700	10	121	5680	4828	68 160	57 936
3. 服装鞋帽、皮革羽绒及其制品业（轻）	1A00	13	253	8960	7616	107 520	91 392
4. 木材加工及制品和家具制造业	2A00	35	435	6852	5824	82 224	69 890
其中：轻工业	21A0	15	120	3520	2992	42 240	35 904
5. 造纸及纸制品业（轻）	2200	12	235	4250	3613	51 000	43 350
6. 印刷业和记录媒介复制	2300	69	895	7859	6680	94 308	80 162
7. 文体用品制造业（轻）	2400	48	68	8562	7278	102 744	87 332
8. 石油加工、炼焦及核燃料加工业	2500	5	985	7536	6406	90 432	76 867
9. 化学原料及化学制品制造业	2600	32	875	16 328	13 879	195 936	166 546
其中：轻工业	2680	16	325	6854	5826	82 248	69 911
其中：氯碱	2690	4	125	3582	3045	42 984	36 536
电石	26A0	0	0	0	0	0	0
黄磷	26B0	0	0	0	0	0	0
其中：化学制造	2610	12	425	5892	5008	70 704	60 098
10. 医药制造业（轻）	2700	8	654	8542	7261	102 504	87 128
11. 化学纤维制造业（轻）	2800	14	358	4215	3583	50 580	42 993
12. 橡胶和塑料制品业	3AA0	32	897	7950	6758	95 400	81 090
其中：轻工业	30A0	18	628	4068	3458	48 816	41 494
13. 非金属矿物制品业	3100	127	1043	11 103	9438	133 236	113 251
其中：轻工业	31A0	85	785	6895	5861	82 740	70 329
其中：水泥制造	31B0	42	258	4208	3577	50 496	42 922
14. 黑色金属冶炼及压延加工业	3200	35	856	8750	7438	105 000	89 250
其中：铁合金冶炼	3250	12	425	4859	4130	58 308	49 562
15. 有色金属冶炼及压延加工业	3300	8	2043	20 852	17 724	250 224	212 690
其中：铝冶炼	3360	8	2043	20 852	17 724	250 224	212 690
16. 金属制品业	3400	0	0	0	0	0	0

续表

项　　目	指标代码	用户个数（个）	用户用电装接容量（kW）	用电量（kWh）			
				本月	上年同期	本年累计	上年累计
其中：轻工业	34A0	0	0	0	0	0	0
17. 通用及专用设备制造业	3A00	85	854	9850	8373	118 200	100 470
其中：轻工业	36A0	65	568	7586	6448	91 032	77 377
18. 交通运输、电气、电子设备制造业	4A00	293	1576	14 490	12317	173 880	147 798
其中：轻工业	41A0	158	987	8792	7473	105 504	89 678
其中：交通运输设备制造业	41B0	135	589	5698	4843	68 376	58 120
19. 工艺品及其他制造业（轻）	4200	358	1028	9875	8394	118 500	100 725
其中：轻工业	42A0	298	853	7506	6380	90 072	76 561
20. 废弃资源和废旧材料回收加工业	4300	358	425	5698	4843	68 376	58 120
（三）电力、燃料及水的生产和供应业	D000	585	2892	32 985	28 037	395 820	336 447
1. 电力、热力的生产和供应业	4400	27	1081	15 546	13 214	186 552	158 569
其中：电厂生产全部耗用电量	4410	8	358	5358	4554	64 296	54 652
线路损失电量	4420	6	238	3208	2727	38 496	32 722
抽水蓄能抽水耗用电量	4430	13	485	6980	5933	83 760	71 196
2. 燃气生产和供应业	4500	128	853	7589	6451	91 068	77 408
3. 水的生产和供应业	4600	430	958	9850	8373	118 200	100 470
其中：轻工业	46A0	328	689	6842	5816	82 104	69 788
三、建筑业	E000	238	3268	10 853	9225	130 236	110 701
四、交通运输、仓储、邮政业	F000	375	3226	37 314	31 717	447 768	380 603
1. 交通运输业	5A00	62	1614	16 156	13 733	193 872	164 791
其中：城市公共交通业	5750	36	856	8567	7282	102 804	87 383
管道运输业	5730	26	758	7589	6451	91 068	77 408
电气化铁路	5740	0	0	0	0	0	0
2. 仓储业	5800	78	1026	13 569	11534	162 828	138 404
3. 邮政业	5900	235	586	7589	6451	91 068	77 408
五、信息传输、计算机服务和软件业	G000	366	1405	17 358	14 754	208 296	177 052
1. 电信和其他信息传输服务业	6000	238	867	9850	8373	118 200	100 470
2. 计算机服务和软件业	6A00	128	538	7508	6382	90 096	76 582
六、商业、住宿和餐饮业	H000	8038	15 141	84 260	71 621	1 011 120	859 452
1. 批发和零售业	H010	5680	9858	30 580	259 93	366 960	311 916
2. 住宿和餐饮业	I000	2358	5283	53 680	45 628	644 160	547 536
七、金融、房地产、商务及居民服务业	J000	1410	2446	11 154	9481	133 848	113 771
1. 金融业	J010	128	562	2489	2116	29 868	25 388
2. 房地产业	7200	426	856	3285	2792	39 420	33 507
3. 租赁和商务服务、居民服务和其他服务业	L000	856	1028	5380	4573	64 560	54 876
八、公共事业及管理组织	M000	2559	5785	38 965	33 120	467 580	397 443
1. 科学研究、技术服务和地质勘察业	75A0	59	752	6328	5379	75 936	64 546
其中：地质勘察业	7840	42	495	4286	3643	51 432	43 717
2. 水利、环境和公共设施管理业	N000	368	1285	6985	5937	83 820	71 247
其中：水利管理业	8140	235	687	2684	2281	32 208	27 377

续表

项　目	指标代码	用户个数（个）	用户用电装接容量（kW）	用电量（kWh）			
				本月	上年同期	本年累计	上年累计
其中：公共照明	8150	125	486	3285	2792	39 420	33 507
3. 教育、文化、体育和娱乐业	P000	689	958	10 850	9223	130 200	110 670
其中：教育	8400	528	798	7586	6448	91 032	77 377
4. 卫生、社会保障和社会福利业	Q000	685	1385	6852	5824	82 224	69 890
5. 公共管理和社会组织、国际组织	S000	758	1405	7950	6758	95 400	81 090

【思考与练习】

1. 行业分类用电统计报表统计内容包括哪些？

2. 行业分类用电统计报表有哪些统计要素算法？

模块 6　销售电量、电费汇总报表（ZY2300401006）

【模块描述】本模块包含销售电量、电费汇总报表的格式及结构等内容。通过概念描述、术语说明、要点归纳、示例介绍，掌握填报销售电量、电费汇总报表方法。

【正文】

一、销售电量、电费汇总报表的统计方法、结构及要素

1. 编制目的

按单价分类统计用电户数、售电量、售电到户均价、应收电费的构成情况，为分析和预测提供数据。

2. 应用层次

网省公司、地市公司、区县公司、供电所。

3. 生成周期

月。

4. 内容简述

按单价分类统计营业户数、售电量、售电到户均价等本年完成情况及本期应收电费构成的情况。

5. 统计说明

（1）营业户数：按电价分类统计的户数；售电量：是指销售给终端用户的电量，包括销售给本省用户（含趸售用户）和不经过邻省电网而直接销售给邻省终端用户的电量；用户个数：统计期（本月）末的供电总户数。

（2）应收电费：按国家规定的电价向用户收取的全口径电费（含代征费）；代征费：随售电量征收的所有基金，包括国家征收基金和各省（市、区）政府征收的基金；用电量本月（累计）：统计期（本年）内，用户用电量。

（3）售电到户均价：应收电费÷售电量。

（4）其他优待：除中小化肥外，执行经国家批准的低于大工业目录电价的电量。

6. 统计期

本月、本年。

7. 统计维度

（1）供电单位、统计年份、统计月份。

（2）用电类别：按用户用电性质进行的统计，分别为：大工业、非、普工业用电、农业生产用电、非居民照明用电、居民生活用电、商业、趸售、其他。

8. 统计要素算法

合计 = 大工业 + 非、普工业 + 农业生产 + 非居民照明 + 居民生活 + 商业 + 趸售 + 其他

售电到户均价 = 应收电费 ÷ 售电量

$$应收电费 = 电度电费 + 基本电费 + 功率因数调整电费 + 代征费$$

二、销售电量、电费汇总报表示例

表 ZY2300401006-1 为××供电公司 2008 年 12 月止售电分类情况统计表。

表 ZY2300401006-1　　　　　　　2008 年 12 月止售电分类情况统计表

填报单位：××供电公司　　　　　　　　　　单位：万 kWh；万元；元/MWh；万 kVA；万 kW

项 目	营业户数		售电量		售电到户均价		应收电费	其　　中								
	户数	比上年末增加或减少	本年累计	同比增加或减少（%）	本年累计	同比增加或减少	本年累计	电度电费		功率因数调整电费		基本电费				代征费
								单价	金额	增加额	减少额	变压器容量	金额	最大需量	金额	金额
栏　次	1	2	3	4	5	6	7	8	9	10	11	12	13	14	15	16
合　计	768 159	22 012	152 518	11.58	553.65	8.12	84 442	493.19	75 220	734	−67	237	4214	0	0	4341
一、大工业	260	59	62 041	28.03	504.68	14.23	31 311	405.14	25 135	287	−58	37	4214	0	0	1733
1. 中小化肥	260	59	62 041	28.03	504.68	14.23	31 311	405.14	25 135	287	−58	37	4214	0	0	1733
2. 其他优待	0	0	0	0.00	0.00	0	0	0.00	0	0	0	0	0	0	0	0
二、非、普工业用电	19 483	915	20 766	15.79	721.28	34.27	14 978	674.23	14 001	427	−8	52	0	0	0	558
1. 中小化肥	19 483	915	20 766	15.79	721.28	34.27	14 978	674.23	14 001	427	−8	52	0	0	0	558
三、农业生产用电	20 780	2250	17 644	−25.68	481.75	−1.98	8500	449.05	7923	1	0	41	0	0	0	576
1. 农业排灌	20 114	2104	17 026	−27.43	482.26	−0.87	8211	448.49	7636	0	0	40	0	0	0	574
2. 贫困县农业排灌	666	146	618	121.51	467.64	−1.11	289	464.40	287	0	0	1	0	0	0	2
四、非居民照明用电	7182	332	5065	18.09	760.32	13.43	3851	720.83	3651	0	0	6	0	0	0	200
五、居民生活用电	689 705	13 308	40 627	10.15	496.12	1.79	20 156	469.22	19 063	0	0	87	0	0	0	1093
1. 城乡居民生活用电	689 217	13 259	40 105	10.12	496.95	1.1	19 930	470.04	18 851	0	0	85	0	0	0	1079
2. 中小学教学用电	488	49	522	12.99	432.95	0.69	226	406.13	212	0	0	2	0	0	0	14
六、商业	30 749	5148	6375	18.41	885.65	−1.03	5646	854.43	5447	19	−1	14	0	0	0	181
七、趸售	0	0	0	0	0	0	0	0	0	0	0	0	0	0	0	0
1. 大工业	0	0	0	0	0	0	0	0	0	0	0	0	0	0	0	0
2. 普工、非普工业	0	0	0	0	0	0	0	0	0	0	0	0	0	0	0	0
3. 非居民、商业用电	0	0	0	0	0	0	0	0	0	0	0	0	0	0	0	0
4. 居民生活用电	0	0	0	0	0	0	0	0	0	0	0	0	0	0	0	0
5. 农业生产用电	0	0	0	0	0	0	0	0	0	0	0	0	0	0	0	0
八、其他	0	0	0	0	0	0	0	0	0	0	0	0	0	0	0	0
1. 大用户直购电	0	0	0	0	0	0	0	0	0	0	0	0	0	0	0	0
2. 抽水蓄能	0	0	0	0	0	0	0	0	0	0	0	0	0	0	0	0
3. 售邻省	0	0	0	0	0	0	0	0	0	0	0	0	0	0	0	0
4. 其他	0	0	0	0	0	0	0	0	0	0	0	0	0	0	0	0

【思考与练习】

1．销售电量、电费汇总报表统计内容包括哪些？
2．销售电量、电费汇总报表有哪些统计要素算法？

模块7　各收费员收费情况统计分析（ZY2300401007）

【模块描述】本模块包含收费员收费情况统计分析的作用，各种收费方式收费员收费情况统计分析等内容。通过概念描述、术语说明、流程图解示意、要点归纳、示例介绍，掌握收费员收费情况统计分析方法。

【正文】

一、收费员收费情况统计分析的作用

通过采用坐收、走收、代收、代扣、特约委托、充值卡缴费、卡表购电、负控购电等多种收费方式，及时高效地回收用电客户电费。收费员收费情况统计分析能够对收费员的收费完成情况及收费员日常工作管理等提供依据。

二、收费员收费情况统计分析

1．业务描述

通过对收费员应收、实收、欠费和预收情况的统计，分析收费员的电费回收情况。

2．业务流程

收费员收费情况统计及分析流程如图 ZY2300401007-1 所示。

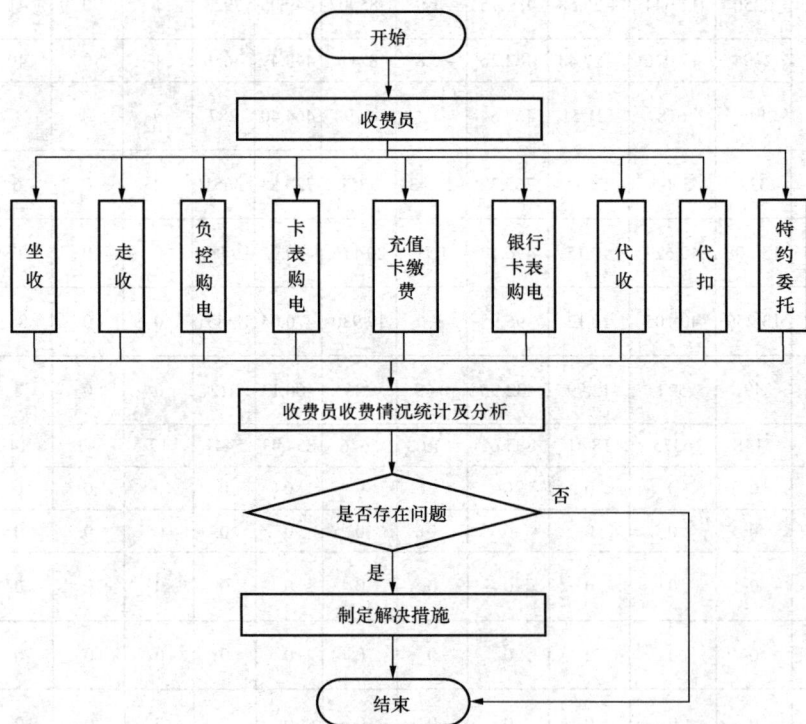

图 ZY2300401007-1　收费员收费情况统计及分析流程图

3．统计内容及对应措施

（1）各种收费方式统计内容：

$$收费员 = 收取电费的人员$$

收费方式为坐收、走收、代收、代扣、特约委托、充值卡缴费、卡表购电、负控购电、分次划拨管理。

$$应收总额 = 当月电费应收 + 当年往月电费应收 + 往年电费应收$$

$$实收总额 = 实收当月电费 + 实收当年往月欠费 + 实收往年欠费 + 实收往年已核销的$$
$$+ 尾差调整 + 违约金 + 预付电费 + 冲抵电费$$
$$欠费总额 = 当月电费欠费 + 当年往月电费欠费 + 往年电费欠费$$
$$冲抵电费 = 预付电费 - 应收电费$$
$$当月电费欠费 = 当月电费应收 - 当月电费实收$$
$$当年往月电费欠费 = 当年往月电费应收 - 当年往月电费实收$$
$$往年电费欠费 = 往年电费应收 - 往年电费实收 - 往年电费核销$$
$$违约金 = 用户在供电企业规定的期限内未交清电费时，应承担电费滞纳的违约责任费用$$
$$预付电费 = 尚未发行前客户预先交付的电费$$
$$尾差调整 = 调尾前电费 - 调尾后电费$$

（2）对应措施：

1）收费员收费情况分析。要按月对各收费员收费情况进行分析，分析每个收费员的电费回收指标完成情况，收费效果，欠费情况，提出存在的问题，制定改进措施。

2）各种收费方式的对比分析。针对各种收费方式电费回收情况进行分析，找出各种收费方式的优劣，对回收率低的收费方式要提出改进措施。

4. 注意事项

（1）要根据收费期按时对每个收费员各种收费方式的电费回收情况进行统计。

（2）应收和实收统计内容应区分本期、陈欠（本年、往年），并应对应收费用的组成如电费、违约金、预付费分别进行统计。

（3）对收费员的收费进度及欠费情况进行分析，分析出收费员收费工作的完成效率。

（4）要防范收费员欠费风险：因用电企业关停、破产、重组、转制，客户经营状况不良，客户流动资金紧缺，社会稳定等原因，引起的电费不能及时回收；因走收安全防范措施不到位、欠费催缴不力、收费管理不规范等原因，引起的电费不能及时足额回收，形成呆坏账或呆坏账非法核销、电费损失、人身安全等风险。

5. 示例

表 ZY2300401007-1 为收费员收费情况统计表。

表 ZY2300401007-1　　　　　　　收费员收费情况统计表

统计时段：2008 年 12 月　　　　　　　　　　　　　　　　　　　　　　　　　打印时间：2009 年 1 月

序号	收费员	收费方式	应收总额	当月电费	当年往月电费	往年电费	实收总额	当月电费	当年往月欠费	往年欠费	往年已核销	尾差调整	违约金	预付电费	欠费总额	当月电费	当年往月欠费	往年欠费	备注冲抵电费
		（1）坐收	58 285	35 862	9865	12 558	125 007	35 862	2358	3584	2356	1260	1142	68 365	14 125	0	7507	6618	10 080
		（2）走收	0	0	0	0	0	0	0	0	0	0	0	0	0	0	0	0	0
		（3）代收	1250	1250	0	0	4702	1250	0	0	0	0	0	2351	0	0	0	0	1101
		（4）代扣	0	0	0	0	0	0	0	0	0	0	0	0	0	0	0	0	0
		（5）特约委托	0	0	0	0	0	0	0	0	0	0	0	0	0	0	0	0	0
××	××××	（6）充值卡缴费	2568	2568	0	0	5136	2568	0	0	0	0	0	2568	0	0	0	0	0
		（7）卡表购电	3698	3698	0	0	7396	3698	0	0	0	0	0	3698	0	0	0	0	0
		（8）负控购电	1258	1258	0	0	2516	1258	0	0	0	0	0	1258	0	0	0	0	0
		（9）银行卡表购电	14 660	6980	0	7680	33 425	6980	0	2485	2568	3650	356	16 023	2627	0	0	2627	1363
		小　计	81 719	51 616	9865	20 238	178 182	51 616	2358	6069	4924	4910	1498	94 263	16 752	0	7507	9245	12 544
		合　计	81 719	51 616	9865	20 238	178 182	51 616	2358	6069	4924	4910	1498	94 263	16 752	0	7507	9245	12 544

【思考与练习】

1．开展收费员收费情况统计分析的作用是什么？

2．如何开展收费员收费情况统计？

3．收费员收费情况分析分几个方面？

模块 8　客户欠费记录台账及原因分析（ZY2300401008）

【模块描述】本模块包含客户欠费记录台账的格式和内容、客户欠费的原因分析等内容。通过概念描述、术语说明、要点归纳、示例介绍，掌握制定、填写客户欠费记录台账方法，以及对客户欠费的分析方法。

【正文】

以下内容着重介绍单一客户欠费台账的记录，随着营销业务系统深入应用，客户欠费台账可根据统计需要选取条件制定。

一、客户欠费记录台账的内容与要求

1．台账的内容

客户欠费记录台账包含收费方式、欠费情况、回收情况等内容，记录每次欠费金额和回收金额变化情况。

2．记账要求

（1）每个欠费客户单独记录一份台账。

（2）台账要求按每次欠费和回收金额发生变化时及时记录，记录时间精确到日。

（3）回收欠费要记录收费方式。

（4）欠费情况应包括总额、本年新欠和陈欠明细。

（5）回收情况也应对应欠费情况明确记录回收电费为本年新欠和陈欠明细。

（6）欠费台账按月小计。

（7）欠费台账应有收费员签字。

二、客户欠费的原因分析

（1）深入客户把握实情，认真分析拖欠电费的原因，主要有下列因素：

1）国家产业政策调整被列为限制、淘汰类企业，导致企业限产、停产。

2）由于经营不善、产品滞销，导致企业流动资金困难。

3）企业三角债严重，不能维持正常生产。

4）企业重组或改制相关政策的变化而导致债权债务关系的变化。

5）面临破产或已破产的生产企业。

6）走死逃亡的自然人或法人等。

（2）对于上述欠费的因素还要区分是属于一般欠费，还是恶意欠费。并从以下几个方面进行分析：

1）按欠费时间。根据电费拖欠时间分为本年当月、本年往月、往年陈欠等，分析客户欠费的原因，划分难易程度。

2）按用电类别。供电企业可根据用电类别、用电容量、电压等级的不同，分析客户欠费原因，哪个行业客户欠费比较集中，并有针对性的制定电费回收措施。

3）按用电区域。可按照用电区域如城镇、城边、郊区、农村等对客户欠费情况进行分析，按欠费频率、欠费额度等区分用电区域欠费情况。

4）按收费员。根据收费员收费统计情况，区分每个收费员负责客户的欠费情况，分析是否收费不及时等原因造成欠费，便于对收费人员的管理。

5）按收费方式。按收费方式区分哪些客户群容易发生欠费，判断该收费方式的流程是否存在弊端或改进的方案，提高收费效率。

6）按催费方式。按不同催费方式分析客户欠费，归纳出每种催费方式所占比重，确定不同催费方式的效率，更有利于减少欠费发生。

三、对欠费客户应采取的措施

采取上述各种方式对客户欠费的原因进行分析后，要根据实际情况有针对性地采取不同的对策，催收过程中不要流于形式，要重视效果。对于老大难欠费户，要直接与决策层对话，沟通情况，宣传有关政策，解决实质问题；对于重点欠费户，针对其拖欠电费的原因，制定出可行的催收方案，采取灵活多样的方式重点解决；对于恶意欠费户，要坚决按电力法规办事，采取封停限措施，必要时引入司法程序。同时要建立催收档案，为今后纳入法律解决提供充分依据。分析欠费原因是解决欠费问题的必经之路，只有找出欠费问题的症结所在，供电企业才能有的放矢，采取有效的手段，追回所欠电费，并预防、杜绝新欠费发生，使电费回收工作顺利开展。

四、客户欠费记录台账样例

表 ZY2300401008-1 为××供热公司客户欠费记录台账。

表 ZY2300401008-1　　　　　　　　　　客户欠费记录台账

单位名称：××供热公司　　　　　　　　　　　　　　　　　　　　　　　　单位：元

日 期		收费方式	欠费情况			回收情况			备注
月	日		欠电费总额	其中		回收总额	其中		
				本年新欠	陈欠电费		本年新欠	陈欠电费	
5	1		3278.90	2145.68	1133.22				
5	15	现金	1578.90	1245.68	333.22	1700.00	900.00	800.00	
5	25	现金	545.68	545.68		1033.22	700.00	333.22	
小　计			545.68	545.68	0	2733.22	1600.00	1133.22	

收费员：×××

【思考与练习】

1. 客户欠费记录台账包括哪些内容？
2. 填写客户欠费记录台账的具体要求有哪些？
3. 客户欠费原因分析包括哪些方面？
4. 对欠费客户采取的措施有哪些？

模块 9　电费发行表、抄表日志、收费日志的核对关系与统计（ZY2300401009）

【模块描述】本模块包含电费发行表、抄表日志、收费日志的核对与统计的目的、内容与方法及应注意的问题等内容。通过概念描述、术语说明、要点归纳、示例介绍，掌握电费发行表、抄表日志、收费日志的平衡关系和统计方法。

【正文】

一、电费发行表、抄表日志、收费日志核对与统计的目的

1. 电费发行表、抄表日志、收费日志的概念

电费发行表是核算员每日工作的记录，可总结每人每月工作的总户数和发行的电费总额。

抄表日志为抄表员每天工作的日记账，记录每天抄录电度表的户数，发行（应收）电量数和个人实抄率。每月汇总可以考核个人当月抄表的总户数和应收的总电量。

收费日志是收费员个人每天工作的收费记录，记录每天收取电费额度与笔数。与抄表日志和电费发行表构成营业工作中的"三大表"。

随着营销业务应用系统深入应用，"三大表"已通过营销系统进行整合，营销数据在营销系统中具有唯一性，可根据统计需要制定，这里只作为介绍和了解。

2. 核对与统计的要求

三大表每天根据需要分别统计，每月汇总，定期进行核对。各单位应指定负责抄表、发行核算和收费员互相核对有关数字，核对后应加盖名章互相承认，即抄表日志的总户数和总电量，应由发行核算员盖章，而核算汇总的应收电费发行表的总户数和总应收电费额，应由营业会计盖章，而收费日志汇总的户数和应收电费总额与实收电费额，应由营销出纳盖章，单位负责人应同时在三张表盖章，每月核实，就避免了平常无人管、用时数不符的现象，三大表是营业统计的基础资料，因此必须建立健全，逐月核对，并保证数字的准确。

3. 核对与统计的目的

确保"三大表"关联数据正确性，抄表数据与发行数据一致性。

二、应注意的问题

（1）三大表应做到两两相符，即抄表日志与电费发行表电量、户数相符；电费发行汇总表与收费日志电费总额相符。

（2）应收电费发行表应逐日与抄表日志核对电量，如逐日核对有困难时，应分时段进行核对，它可以比较核算发行的进度，电量是否相符，可以防止漏发和错发。

三、电费发行表、抄表日志、收费日志的统计方法、结构及要素

1. 电费发行表

（1）统计说明：

1）户数：按电价分类统计的户数；

2）电量是指销售给终端用户的电量，包括销售给本省用户（含趸售用户）和不经过邻省电网而直接销售给邻省终端用户的电量。

3）电费：按国家规定的电价向用户收取的全口径电费（含代征费）；代征费：随售电量征收的所有基金，包括国家征收基金和各省（市、区）政府征收的基金；用电量本月（累计）：统计期（本年）内，用户用电量。

（2）统计期：日、月。

（3）统计维度：电度电费，基本电费，力率电费，三峡基金，农网改造基金，可再生能源附加，水库移民附加，差别电价电费，系统备用费。

（4）统计要素算法：

1）电费合计 = 电度电费 + 基本电费 + 功率因数调整电费 + 三峡基金 + 农网改造基金 + 可再生能源附加 + 水库移民附加 + 差别电价电费 + 系统备用费。

2）基本电费小计 = 容量电费 + 需量电费。

3）功率因数调整电费小计 = 功率因数调整电费（+）+ 功率因数调整电费（-）。

2. 抄表日志

（1）统计说明：

1）抄表段：抄表册区段。

2）应抄数：为应抄表户数。

3）实抄数：为实际抄表户数。

4）划零户：为抄表期间抄见电量为零户数。

5）估抄户：为未能实际抄见表计，依据例月用电量估计抄见电量户数。

6）实抄率 = 实抄数 ÷ 应抄数 × 100%。

7）抄见电量：表计抄见电量合计值。

（2）统计期：日、月。

（3）统计维度：抄表段，应抄数，实抄数，划零户，估抄户。

（4）统计要素算法：实抄率 = （实抄数 ÷ 应抄数）× 100%。

3. 收费日志

（1）统计说明：

1）张数：应收或实收电费票据张数。

2）款额：应收或实收电费金额。

3）本日（月）应收：为统计期内应收电费情况，包括上期结余应收和本期应收。

本日（月）实收：为统计期内实收电费情况，包括上期结余实收和本期实收，合计＝上期结余实收＋本期实收。

4）上期结余应收：为上一统计期未能实收电费情况。

5）上期结余实收：为统计期内实际收取上期结余应收电费情况。

6）本日（月）结存＝本日（月）应收－本日（月）实收。

（2）统计期：日、月。

（3）统计维度：应收，实收，结存。

（4）统计要素算法：

1）本日（月）实收合计＝上期结余实收＋本期实收。

2）本日（月）结存＝本日（月）应收－本日（月）实收。

四、示例

表 ZY2300401009-1 为抄表日志。

表 ZY2300401009-2 为应收电费发行表（2008 年 6 月）。

表 ZY2300401009-3 为收费日志（2008 年 6 月 30 日）。

表 ZY2300401009-1　　　　　抄　表　日　志

单位：户、%、kWh

序号	日期 月	日	抄表段	户数 应抄户数	实抄户数	其中 划零户	估抄户	实抄率	抄见电量	备注
1	6	5	01100～01170	1245	1221	20	4	98.07	1 568 796	
2	6	6	01171～01240	1254	1249	2	3	99.60	1 589 646	
3	6	12	01241～01300	1578	1565	8	5	99.18	1 689 543	
4	6	13	01301～01400	1684	1678	2	4	99.64	1 895 444	
5	6	15	01401～01450	985	985	0	0	100	698 215	
6	6	16	01451～01540	1965	1956	9	0	99.54	1 568 745	
7	6	27	01541～01670	2468	2367	78	23	95.91	1 105 684	
8	6	28	01671～01700	66	66	0	0	100	2 434 296	
合　计				11 245	11 087	119	39	98.59	12 550 369	

单位负责人：×××　　　　　　　　　　　　　　　　　　电费发行人员：×××

表 ZY2300401009-2　　　　　应收电费发行表（2008 年 6 月）

单位：户、元、kWh

日期 月	日	户数	电量	电费 合计	电度电费	基本电费 小计	需量电费	容量电费	功率因数调整电费 小计	功率因数调整电费（＋）	功率因数调整电费（－）	三峡基金	农网改造基金	可再生能源附加	水库移民	差别电价电费	系统备用费
6	10	2499	1 704 963	1 195 263.54	1 100 467.56	0	0	0	24 504.67	24 504.67	0	6819.85	32 783.84	1639.65	5081.56	5117.70	18848.71
6	20	6212	1 527 375	733 211.32	656 101.04	0	0	0	0	0	0	6109.75	30 547.50	1057.52	4736.18	9457.52	25 201.81
6	30	2534	9 318 031	4 989 981.16	3 823 817.21	887 133.4	0	887 133.4	17 193.84	17 193.84	0	37 272.14	186 360.62	9318.07	28 885.90	0	0
合计		11 245	12 550 369	6 918 456.02	5 580 385.81	887 133.4	0	887 133.4	41 698.51	41 698.51	0	50 201.74	24 9691.96	12 015.24	38 703.64	0	14 575.22

单位负责人：×××　　　　　　　　　　　　　　　　　　营销会计：×××

表 ZY2300401009-3　　　　　　收费日志（2008 年 6 月 30 日）

单位：元

序号	月	日	本日（月）应收				本日（月）实收						本日（月）结存	
			上期结余应收		本期应收		上期结余实收		本期实收		合计		张数	款额
			张数	款额	张数	款额	张数	款额	张数	款额	张数	款额		
1	6	1	256	5689.56	0	0	0	0	0	0	0	0	256	5689.56
2	6	2	256	5689.56	0	0	56	456.89	0	0	56	456.89	200	5232.67
3	6	3	200	5232.67	0	0	23	567.21	0	0	23	567.21	177	4665.46
4	6	4	177	4665.46	0	0	57	586.20	0	0	57	586.20	120	4079.26
5	6	5	120	4079.26	0	0	53	895.68	0	0	53	895.68	67	3183.58
6	6	6	67	3183.58	0	0	67	3183.58	0	0	67	3183.58	0	0
7	6	7	0	0	0	0	0	0	0	0	0	0	0	0
8	6	8	0	0	0	0	0	0	0	0	0	0	0	0
9	6	9	0	0	0	0	0	0	0	0	0	0	0	0
10	6	10	0	0	2499	1 195 263.54	0	0	0	0	0	0	2499	1 195 263.54
11	6	11	0	0	2499	1 195 263.54	0	0	101	5754.55	101	5754.55	2398	1 189 508.99
12	6	12	0	0	2398	1 189 508.99	0	0	568	45 865.22	568	45 865.22	1830	1 143 643.77
13	6	13	0	0	1830	1 143 643.77	0	0	533	58 964.82	533	58 964.82	1297	1 084 678.95
14	6	14	0	0	1297	1 084 678.95	0	0	55	896 583.54	55	896 583.54	1242	188 095.41
15	6	15	0	0	1242	188 095.41	0	0	895	96 483.36	895	96 483.36	347	91 612.05
16	6	16	0	0	347	91 612.05	0	0	347	91 612.05	347	91 612.05	0	0
17	6	17	0	0	0	0	0	0	0	0	0	0	0	0
18	6	18	0	0	0	0	0	0	0	0	0	0	0	0
19	6	19	0	0	0	0	0	0	0	0	0	0	0	0
20	6	20	6212	733 211.32	0	0	0	0	0	0	0	0	6212	733 211.32
21	6	21	6212	733 211.32	0	0	0	0	564	55 542.45	564	55 542.45	5648	677 668.87
22	6	22	5648	677 668.87	0	0	0	0	876	475 475.40	876	475 475.40	4772	202 193.47
23	6	23	4772	202 193.47	0	0	0	0	1524	5478.19	1524	5478.19	3248	196 715.28
24	6	24	0	0	3248	196 715.28	0	0	1111	98 547.12	1111	98 547.12	2137	98 168.16
25	6	25	0	0	2137	98 168.16	0	0	1058	85 765.87	1058	85 765.87	1079	12 402.29
26	6	26	0	0	1079	12 402.29	0	0	1079	12 402.29	1079	12 403.29	0	0
27	6	27	0	0	0	0	0	0	0	0	0	0	0	0
28	6	28	0	0	0	0	0	0	0	0	0	0	0	0
29	6	29	0	0	0	0	0	0	0	0	0	0	0	0
30	6	30	0	0	2534	4 989 981.16	0	0	0	0	0	0	2534	4 989 981.16
31														
32	合 计		256	5689.56	11 245	6 918 456.02	256	5689.56	8711	1 928 474.86	8967	1 934 164.42	2534	4 989 981.16

单位负责人：×××　　　　　　　　　　　　　　　　营销出纳：×××

【思考与练习】

1. 简述电费发行表、抄表日志、收费日志的核对与统计的目的。

2. 电费发行表、抄表日志、收费日志的概念是什么？

3. 阐述电费发行表、抄表日志、收费日志的核对关系。

模块 10 电能销售的量、价、费分析与分析报告
（ZY2300401010）

【模块描述】本模块包含开展量、价、费分析的意义、常用的分析方法、分析报告的内容及应注意的事项等内容。通过概念描述、术语说明、流程图解示意、要点归纳、示例介绍，掌握常用的分析方法和量、价、费分析报告的编制。

【正文】

一、量、价、费分析的意义

营销量、价、费分析是指对电力营销中的各项数据和情况及其相关动态进行科学分类、统计、调查、分析所形成的报告。通过各类用电数据与其相应的国民经济各行各业用电状况，以及城乡居民生活用电状况进行纵向、横向、相连、相关的定量、定性分析，摸清带规律性的社会发展动态，用电量需求动态及发展趋势，找出存在的问题，从而为制定电力计划，分析电力成本，制订（修订）电价和相关的政策法规，以及进行电力预测等提供决策的参考资料，也为国家、地区制订国民经济中、长期计划，进行宏观调控服务，也可促进安全、合理、节约用电，提高电能利用率，具有很重要的实际意义。

二、量、价、费分析与报告

1. 业务描述

电能销售的量、价、费分析就是以科学管理理论为指导，以经济信息等为依据，对企业经济活动过程和经营成果进行科学地分析，以便正确认识企业经济活动，加强经济管理、提高经济效益的一种重要的管理方法。

2. 业务流程

电能销售量价费分析流程图如图 ZY2300401010-1 所示。

3. 分析方法、内容及预测原则

（1）常用分析方法：

1）对比分析法。是营销分析中最常用的方法，对比法就是通过生产活动和用电依存关系进行对比。常用的实际水平与计划对比、指标的动态对比、企业内部对比等。

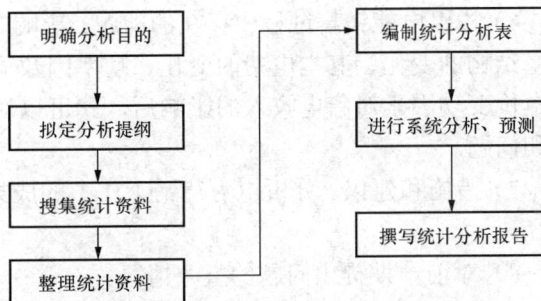

图 ZY2300401010-1 电能销售量价费分析流程图

2）分类分析法。是将用电量进行按行业分类、用电分类等进行分类，了解用电的比例关系和自然增长规律。

3）图形分析法。比如用曲线、直方矩形图等方法绘出各项指标，直观形象的描绘指标变化趋势等。

4）数学模型在分析中的应用。

通过使用数学模型，经济指标的影响因素被统一列入一个公式，各有关因素之间的内在联系也在这个公式中集中体现。

（2）预测原则。所谓预测，就是根据过去和现在的已知信息及现象之间的相互关系，对所研究事物的未来状态做出科学的预计和推测。预测是根据有关的统计理论，利用统计方法，对尚未发生或已经发生而不为人们所知的社会经济现象的特征和表现做出判断和预见。在具体进行预测时还要遵循如下三个原则：

1）连续性原则。任何事物的发展都存在一种惯性，这种惯性在经济领域被称为经济惯性。如物价的上升、经济的兴衰，一旦出现，短期之内便无法遏制。这就是说，现象的发展有一定的连贯性。过去和现在的状况，或多或少地会影响到未来。因此，进行预测时，就要求按照事物发展的惯性规律，从已知的过去、现在推测未来。

2）类比性原则。事物的产生、发展都有一定的规律性，同时，由于现象间的联系，事物的变化模

式也表现出相似性。如区域经济的发展、季节不同各行业用电规律等，都或多或少地表现出共性模式。因此，进行预测时，要注意到相间的联系，通过类比来预测事物的发展规律。

3）概率性原则。任何事物的产生和发展都有一定的必然性和偶然性，必然性寓于偶然性当中，现象未来的变化结果也是如此。因此，进行统计预测时，在注意事物变化规律的同时，还有注意偶然性因素对事物变化的影响，注意从偶然性中发现必然性，要通过对大量偶然事物的反复研究和观察，判断事物的发展变化趋势，揭示事物内部隐藏的规律性。

（3）分析报告的内容：

1）指标完成情况。电力营销主要指标如售电量、售电平均单价、售电收入的完成情况，即本期、累计完成值及占目标计划的百分数，计算出同比增长值。

2）售电量分析。按不同资源售电、不同行业用电分类售电、目录电价口径售电、重点客户售电分别分析其本期值、累计值、同期比（±%）、比重。分析出售电量增长、降低的因素和新的增长点，从而研究增长售电量的措施。

3）售电价分析。按目录电价口径从不同用电类别进行统计分析、对比，并分析电价影响因素（调价因素及增收措施因素等）。

4）售电收入分析。按目录电价口径售电收入、不同资源售电收入、不同行业售电收入及功率因数奖惩电费；执行峰谷电价的盈亏情况，分别计算出本期及累计值、本期及同期比（±%）、各类收入在本期及同期中所占的比重。

5）售电情况预测。预测售电量要在充分进行用电市场调查的基础上，至少要综合考虑前三年售电量发展变化的规律，结合预测年售电量发展趋势，各行业、主要客户的负荷增减情况，确定售电量比上年增长的比例。然后按电价分类划分各电压等级的售电量，采用营销业务应用系统可筛选出许多数学模型，采取多种预测方法。若尚不能利用计算机预测，可利用人工推导出。

6）找出电能销售过程中存在的问题。影响电力销售收入的主要因素有各类售电价的变化、各类售电量结构的变化、基本电费的变化、功率因数调整电费的变化、峰谷电价的变化等，经过计算分析各类电价变动因素对售电收入的影响后，就可以对营销成果进行评价，透过数字变化看出营销工作的成果和问题。

7）措施和建议。分析电力营销工作中的成果和问题，分析原因，从中找出进一步增加销售收入的途径。

8）对前一期提出问题的整改情况。

4．注意事项

（1）首先必须明确应当解决哪些问题。

（2）认证拟定分析提纲，确定从何着手分析，以及分析的范围。

（3）搜集资料要有明确的目的性，要发现规律，必须进行大量观察。

（4）对材料要进行整理，要取与分析问题相匹配的资料，使之更加系统化、条理化，确保分析资料完整、准确。

（5）对加工整理后的数据，要根据分析研究目的，运用分析方法，编制成分析表。

（6）充分利用统计分析表的数据，结合具体情况，把经营过程中各个部分、各个方面有秩序地加以研究，分析关系，分析发展变化，分析依存和因果关系。

（7）分析报告要紧扣主题，从分析数据入手，进行科学地归纳、综合、推断和论证，做到有材料、有事例、有观点、有建议，对异常的指标要有相应的控制措施。

（8）要防范营销基础数据的安全风险，对分析报告按机密资料进行管理。

三、电力营销综合分析示例

封面：

二〇××年电力营销综合分析

××供电公司

二〇××年××月××日

目 录

一、概况

1．指标完成情况

售电量：

××年××月售电量完成××万kWh，同比增加（减少）××万kWh，增长××%。累计售电量完成××万kWh，同比增加（减少）××万kWh，增长率××%。

售电收入：

××年××月售电收入完成××万元，同比增长（减少）××万元，增长率为××%；累计售电收入完成××万元，同比增长（减少）××万元，增长率为××%（含电建、三峡、市政附加、移民资金、可再生能源附加费）。

售电单价：

××年××月平均售电单价完成××元/MWh，同比增长××元/MWh；累计售电平均电价完成××元/MWh，同比增长××元/MWh（扣除电建、三峡、市政附加、移民资金、可再生能源附加费）。

2．市场开发情况

用电分类	新增户数（户）	新增容量（kW）	所占比重（%）
居民	××	××	××
非居民	××	××	××
商业	××	××	××
大工业	××	××	××
非、普通工业	××	××	××
趸售	××	××	××
农业	××	××	××
合　计	××	××	××

累计情况：累计营业户数达××万户，累计业扩申请容量××万kVA。

二、全社会及各产业用电状况

三、电力销售分析

1．分类售电情况及其分析

××年1～××月份，××公司售电量完成××万kWh，同比增加（减少）××万kWh，增长率××%。其中：

（1）大工业用电。大工业用电量完成××万kWh，同比增加（减少）××万kWh，增长率××%，占全部增长电量的××%。

增加（减少）的主要原因是：

（此处描述具体售电量变化原因）

（2）趸售用电。趸售电量完成××万kWh，同比增加（减少）××万kWh，增长率××%，占全部增长电量的××%。

增长（减少）的主要原因：

（此处描述具体售电量变化原因）

（3）非居民照明。非居民照明售电量完成××万kWh，同比增加（减少）××万kWh，增长率××%。

（4）商业用电。商业售电量完成××万kWh，同比增加（减少）××万kWh，增长率××%。

（5）居民生活用电。居民生活售电量完成××万kWh，同比增加（减少）××万kWh，增长率××%。

（6）非、普工业用电。非、普工业售电量完成××万kWh，增加（减少）××万kWh，同比增长率××%。

（7）农业生产。售电量完成××万kWh，增加（减少）××万kWh，同比增长率××%。

重点客户用电情况明细表

客户名称	本期（万 kWh）	基期（万 kWh）	增加量	增比（%）
××××公司	××××	××××	××	××
××××厂	××××	××××	××	××
××××政府	××××	××××	××	××
××××医院	××××	××××	××	××
××××矿	××××	××××	××	××

2．售电收入及售电单价分析

（1）售电收入分析。1～××月售电收入完成××万元，同比增长（减少）××万元，增长率为××%（含电建、三峡、市政附加、移民资金、可再生能源附加费）。

影响售电收入变化的因素如下：1～××月售电量同比增加（减少）××万 kWh，增加（减少）售电收入××万元。其他原因影响。

其中：

1）电度电费完成××万元，同比增加（减少）××万元，增长率为××%。

峰谷分时电费效益完成××万元，同比增加（减少）××万元。主要是由于大工业峰谷效益同比增加（减少）××万元。

2）基本电费完成××万元，同比增加（减少）××万元，增长率为××%，主要原因为：……。

3）力率电费完成××万元，同比增加（减少）××万元，增长率为××%，主要原因为：……。

4）农网还贷基金完成××万元，同比增加（减少）了××万元，增长率为××%。

5）三峡基金完成××万元，同比增加（减少）了××万元，增长率为××%。

6）城市附加完成××万元，同比增加（减少）××万元，降低××%。

7）移民资金完成××万元。

8）可再生能源完成××万元。

（2）电费回收情况分析。1～××月应收电费××万元，实收电费××万元，回收率××%。

写明电费回收工作在 1～××月是否实现月清月结，应收电费余额是否控制在预定指标内，电费回收率，新欠电费情况，电费回收任务完成情况及面临的问题：（具体工作中遇到的问题）。

（3）售电单价分析如下。

用电类别	售电单价（元/MWh）				影响全局电价
	本期	基期	增量	增比%	
居民生活	××	××	××	××	××
非居民照明	××	××	××	××	××
商业	××	××	××	××	××
大工业	××	××	××	××	××
非、普工业	××	××	××	××	××
农业生产	××	××	××	××	××
趸售	××	××	××	××	××
合　计	××	××	××	××	××

完成平均单价××元/MWh，同比提高（下降）××元/MWh。

详细分析内容如下：

1）大工业。大工业平均售电电价完成××元/MWh，同比提高（下降）××元/MWh，影响全局平均电价提高（下降）××元/MWh。

大工业电价提高（下降）的主要原因：……。

2）趸售。趸售平均售电电价完成××元/MWh，同比提高（下降）××元/MWh，影响全局平均电价提高（下降）××元/MWh。

趸售电价下降的主要原因：……。

3）非居民照明平均电价完成××元/MWh，同比提高（下降）××元/MWh，影响全局平均电价提高（下降）××元/MWh。

非居民照明电价提高（下降）的主要原因：……。

4）非工业平均电价完成××元/MWh，同比提高（下降）××元/MWh，影响全局平均电价提高（下降）××元/MWh。

非工业电价提高（下降）的主要原因：……。

5）商业平均电价完成××元/MWh，同比提高（下降）××元/MWh，影响全局平均电价提高（下降）××元/MWh。

商业电价提高（下降）的主要原因：……。

6）普通工业平均电价完成××元/MWh，同比提高（下降）××元/MWh，影响全局平均电价提高（下降）××元/MWh。

7）居民生活平均电价完成××元/MWh，同比提高（下降）××元/MWh，影响全局平均电价提高（下降）××元/MWh。

四、电力市场分析及预测

要对××年全年售电情况进行预测，要将××年前××个月售电量、售电单价实际完成作为基数，结合前三年对应月份售电量、售电单价发展变化的规律，考虑今年剩余月份月售电量、售电单价发展趋势，预测出××全年售电量，按售电结构和现执行电价预测售电单价。其中，电度电费按电价分类和各电压等级电价直接算出；峰谷差值要利用执行峰谷电价客户峰谷差值变化情况和峰谷售电结构进行预测；基本电费中分为最大需量和变压器容量，预测时要分开，首先要确定基本电费基数，也就是最大需量和变压器容量分别在各自基数电量范围内所占的电价比重，按电价比重算出全年各自电量范围内基本电费，加上预测期由于容量增减变化的基本电费；力率电费的预测要以执行功率因数调整电费客户为基数，筛选出客户的力率电费所占的电价比重，按电价比重算出全年力率电费。各项电费之和/各项电量之和即为预测出的分类电价和总平均电价。

对下一年度售电量、售电单价预测方法相同，只是取的基数不同。

五、对上年工作开展情况进行简要说明

六、提出存在的问题及拟采取的措施

七、阐明下一步重点工作安排

以上为量、价、费分析的一个示例，撰写分析材料时要结合本地区电力市场营销的实际情况，进行具体分析后，有针对性地提出。

【思考与练习】

1．开展量、价、费分析的意义是什么？

2．常用的分析方法有哪些？

3．简述电能销售的量、价、费分析报告的内容。

模块 11　制定电费回收措施（ZY2300401011）

【模块描述】本模块包含制定电费回收措施的作用，保证电费回收的几种措施等内容。通过概念描述、术语说明、流程图解示意、要点归纳，掌握制定电费回收措施的方法。

【正文】

一、制定电费回收措施的作用

按期回收电费，是电力企业完成经济技术指标的基础，也是为电力企业扩大再生产，维持正常经营提供资金的渠道。供电企业在对欠费企业进行认真、细致分析的基础上，结合实际，有针对性地制

定有效可行的措施，根据市场情况及时调整营销策略，采取行政、经济、技术管理、法律等手段，在确保当期电费结零的前提下，千方百计追回陈欠电费，使供电企业减轻沉重的包袱，生产经营活动得以正常运行。

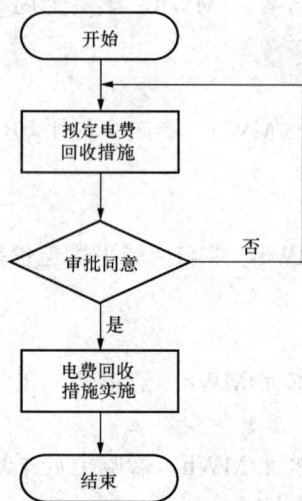

图 ZY2300401011-1　制定电费回收措施流程图

二、电费回收措施

1. 业务描述

为确保电费的足额、按时回收，强化客户按时交费意识所采取的举措。

2. 业务流程

制定电费回收措施流程如图 ZY2300401011-1 所示。

3. 保证电费回收措施

（1）应采取的措施：

1）确定企业负责人为电费回收的第一责任人。对欠费大户实行承包责任制，将电费回收任务层层分解落实到领导、基层和具体人员，做到目标明确，任务清楚，责任分明，便于考核。

2）建立约束、激励机制，加大考核奖惩力度。电费回收工作的优劣，不仅同直接工作人员的利益挂钩，而且还同领导者的工作业绩、单位的利益和荣誉等挂钩。

3）开展舆论宣传，坚持依法收费。供电企业不仅重视依靠地方政府，主动向地方政府请示汇报，以取得政府对收费的理解与支持，而且应充分利用各种宣传媒体，广泛、深入地宣传电价政策和电力法规对缴纳电费的规定和要求，为电费回收工作创造一个良好的社会氛围。

4）催收电费应综合运用法律、行政、技术、经济等手段。坚决贯彻《电力法》和电力行政法规中有关电费缴纳责任条款及拖欠电费将依法承担法律责任等规定，依法供电，依法管电。对于必须采取停电、限电手段催收电费的，应依法按规定程序办理，做到程序合法，手续完备。

5）充分发挥业扩报装、用电检查、负荷管理等部门的作用，采取联动措施，协同作战，保证电费按期结零，配合不力的要追究责任。

6）认真执行电费违约金制度，对拖欠电费的客户，在清理电费时应先扣交违约金。未经国家授权部门的许可，任何地区、部门或个人不得擅自决定采取电费欠账或豁免电费。有意未按规定收取或私自应允减免违约金者，应对当事人进行经济或行政处罚，直至追究法律责任。

7）对少数亏损企业欠交的电费，在财政部门所拨付的弥补亏损款中，按规定的支付顺序付电费；集体单位也可申请贷款交清电费。国家增加企业流动资金贷款后，企业要将部分资金优先用于归还电费。

电费的顺利回收事关供电企业的生存和发展，因此供电企业必须从多方面采取行之有效的措施，以防止拖欠电费的形成，使企业自身的效益得到进一步的提高。

（2）多种收费方式：

1）多银行实时缴费系统是通过与多家银行实时联网，实现客户自主选择储蓄网点交纳电费，并保证电费资金安全和促进实施与银行计算机联网，实现电费回收现代化管理。

2）电费充值卡是对交费不便、银行网点少、走收电费风险大以及方便偏远农村客户交纳电费的一种有效方式。

3）客户自助交费。由于银行卡电子支付或网上支付的不断发展，顾客持卡消费或网上消费的比例越来越大，供电企业也积极为顾客持卡消费创造便利环境。

4）抹账方式。通过煤电抹账、电材抹账、三方互抹账等方式回收电费是一种有效途径。但要注意抹账物的价值和抹账方式。

（3）催收方式。实践中，供电企业对拖欠电费的催收大多采取发"催缴电费通知书"，限期缴纳电费，或者直接上门做催收工作，对在法定的时间内仍不能缴纳电费的，供电企业可以依法予以停电。

供电企业可以研究运用多种方式来催收电费，以确保电力企业债权的实现。

1）短信催费：对于计划短信催费，通过 95598 系统平台实现短信催费并记录催费结果。

2）电话催费：对于计划电话催费，通过 95598 系统平台实现电话催费并记录催费结果。

3）人工催费：催费人员到客户处进行催费。

4）运用法律程序催收电费。

（4）缴费期限控制。根据《供电营业规则》第八十二条之规定：客户应按供电企业规定的期限和交费方式交清电费，不得拖延或拒交电费。供电企业可根据客户情况，制定缴费期限。

（5）电费违约金的收取。规定期限内未交清电费的，将按有关电力法规承担违约责任，并支付电费违约金。

电费违约金收取原则按《供电营业规则》第九十八条规定执行。电费违约金按欠费时间由营销信息系统自动生成，并根据先扣违约金，后扣电费本金的原则进行计算。委托代扣客户应及时查看扣费账户上的资金情况，并保证扣费账户上有足够的余额以备扣缴电费，避免因资金不足造成欠费，产生违约金。

（6）欠费的停复电措施。要根据不同的欠费客户，严格按规定的程序采取措施。

4．注意事项

（1）熟悉客户缴费方式与缴费期限，熟悉财经制度和有关财务知识，了解客户生产经营状况，掌握资金信息。

（2）要健全电费管理制度和科学的考核制度，严格执行抄核收工作标准和管理规定，抓基础，重质量，从源头上控制电费工作差错。注重加强抄核收人员职业道德教育和业务技能培训，不断提高职业素质和工作质量，坚决杜绝职务犯罪。

（3）及时开展电费风险预警，加强对客户生产经营状况及电费缴纳信誉的分析，建立合同履约担保制度，推广预购电措施，防止用电企业关停、破产、重组、拆迁等发生欠缴电费或恶意拖欠电费，重点落实事前预防、事后处理的各项措施。

（4）坚持依法催收电费，在供用电合同中要注意约定的电费结算方式、电费缴纳方式的严谨性。制定针对性的电费催收措施，严格执行国家规定的程序实施停电催收电费，做到合理、合法。

【思考与练习】

1．制定电费回收措施的作用是什么？

2．应注意的事项有哪些？

3．简述电费回收措施的内容。

4．收费方式有哪几种？

第十章 线损率分析

模块 1 线损汇总报表（ZY2300402001）

【**模块描述**】本模块包含综合线损、全网分压线损、10kV 有损线损、低压台区线损等各类线损汇总报表的统计方法、结构及要素、编制方法等内容。通过概念描述、术语说明、要点归纳、示例介绍，熟悉线损汇总报表的组成及编制，了解其他有关报表。

【**正文**】

线损汇总报表的编制与填报是线损率统计、分析的基础，汇总报表编制的愈细致，在线损分析过程中愈能准确的找到损失点和损失原因，为下一步降损工作提供数据基础。

以下为四种最常用的线损统计报表介绍。

一、综合线损报表的统计方法、结构及要素

1. 编制目的

线损汇总报表的编制与填报是线损率统计、分析的基础，汇总报表编制的愈细致，在线损分析过程中愈能准确的找到损失点和损失原因，为下一步降损工作提供数据基础。

2. 应用层次

网省公司、地市公司、区县公司、供电所。

3. 生成周期

月。

4. 内容简述

按照当月供电量、有损售电量、无损售电量以及累计完成情况进行统计。

5. 统计说明

（1）公司供电量：年度计划部门所定计量关口电量。

（2）售电量：贸易结算电量。

（3）损失电量：供电量与售电量之差。

（4）线损率：损失电量与供电量的比率。

6. 统计期

本月、截至本月累计。

7. 统计维度

供电单位、统计年份、统计月份。

8. 统计要素描述

（1）公司供电量：年度计划部门所定计量关口电量。

（2）售电量：贸易结算电量。

（3）损失电量：供电量与售电量之差。

（4）线损率：损失电量与供电量的比率。

9. 统计要素算法

（1）公司合计供电量 = 发电厂上网电量 + 外购电量 + 电网输入电量 − 电网输出电量。

（2）公司合计损失电量 = 一次网损损失电量 + ∑支公司损失电量。

（3）一次网损供电量 = 公司合计供电量、一次网损售电量 = ∑支公司供电量。

（4）有损售电量 = 公用线路所带售电量。

（5）无损售电量 = 专用线路所带售电量。

（6）支公司供电量 = ∑各供电关口电量。

（7）损失电量 = 供电量 − 售电量。

（8）线损率 = 损失电量/供电量。

10. 综合报表示例

表 ZY2300402001-1 为综合报表示例。

表 ZY2300402001-1　　　　　　　　**综 合 报 表 示 例**

单位名称	本　　月						累　　计					
	供电量（kWh）	售电量（kWh）			损失电量（kWh）	线损率（%）	供电量（kWh）	售电量（kWh）			损失电量（kWh）	线损率（%）
		有损电量	无损电量	合计				有损电量	无损电量	合计		
一次网损	41 475.4	—	—	40 882.3	593.1	1.43	579 320.3	—	—	573 005.7	6314.6	1.09
支公司1	24 033.1	1333.1	22 623.1	23 956.2	76.9	0.32	379 005.9	67 217.9	308 301.1	375 519.0	3486.9	0.92
支公司2	13 693.9	6504.3	6369.3	12 873.6	820.3	5.99	148 794.2	90 884.2	49 369.2	140 253.4	8540.8	5.74
支公司3	3155.3	1753.7	1190.1	2943.9	211.4	6.7	45 205.6	26216.6	16 136.5	42 353.1	2852.5	6.31
公司合计	41475.4	9591.1	30 182.6	39 773.7	1701.7	4.10	579 320.3	184 318.7	373 806.9	558 125.6	21 194.7	3.66

二、全网分压线损报表的统计方法、结构及要素

1. 编制目的

分压线损报表顾名思义是以电压等级为考核单元统计线损的一种形式。从该报表中可以找到各电压等级的损失量对综合线损率的影响，找到异常点，及时提出降损措施。

2. 应用层次

网省公司、地市公司、区县公司。

3. 生成周期

月。

4. 内容简述

按不同电压等级分类统计当月输入电量、输出电量、销售电量构成及累计构成情况。

5. 统计说明

输入电量：本电压等级计量关口输入电量。

输出电量：以变电站为单位，中低压计量关口电量。

断路器名称：各变电站关口点断路器编号、名称。

6. 统计期

本月、截至本月累计。

7. 统计维度

（1）供电单位、统计年份、统计月份。

（2）电压等级：220、110、35、10kV。

8. 统计要素描述

（1）输入电量：本电压等级计量关口输入电量。

（2）输出电量：以变电站为单位，中低压计量关口电量。

（3）断路器名称：各变电站关口点断路器编号、名称。

9. 统计要素算法

（1）220kV 输入电量 = ∑220kV 变电站主变压器高压侧电量 + ∑220kV 用户供电量。

（2）220kV 输出电量 = ∑220kV 变电站主变压器中、低压侧电量 + ∑220kV 用户售电量。

（3）110kV 输入电量 = ∑220kV 变电站主变压器 110kV 侧电量 + ∑110kV 电厂上网电量。

（4）110kV 输出电量 = ∑110kV 变电站主变压器中、低压侧电量 + ∑110kV 变电站 110kV 用户售

电量。

（5）35kV 输入电量 =∑220kV 变电站主变压器 35kV 侧电量 +∑110kV 变电站主变压器 35kV 侧电量+∑35kV 电厂上网电量。

（6）35kV 输出电量 =∑35kV 变电站主变压器低压侧电量 +∑35kV 变电站 35kV 用户售电量。

（7）10kV 输入电量 =∑220kV 变电站主变压器 10kV 侧电量 +∑110kV 变电站主变压器 10kV 侧电量 +∑35kV 变电站主变压器 10kV 侧电量 +∑10kV 电厂上网电量。

（8）10kV 输出电量 =∑10kV 及以下售电量。

10. 分压线损报表示例

表 ZY2300402001-2 为分压线损报表示例。

表 ZY2300402001-2　　　　　　分 压 线 损 报 表 示 例

编号	220kV				110kV				35kV				10kV 及以下			
	断路器名称	输入电量	输出电量	无损电量	断路器名称	输入电量	输出电量	无损电量	断路器名称	输入电量	输出电量	无损电量	断路器名称	输入电量	输出电量	无损电量
	220kV××站201	21 136			220kV××站101	17 777			220kV××站301	3230.3			110kV××站501	5536.9		
	220kV××站202	20 339			220kV××站102	17 130			220kV××站302	3093.67			110kV××站502	5525.17		
	220kV××站101		17 776.9		110kV××站301		8698.5		110kV××站301	8698.5			35kV××站501	6021.6		
	220kV××站102		17 129.8		110kV××站302		8996.4		110kV××站302	8996.4			35kV××站502	6018.4		
	220kV××站301		3230.3		110kV××站501		5536.9		35kV××站501		6021.6		10kV 及以下售电量		12 366	
	220kV××站302		3093.67		110kV××站502		5525.17		35kV××站502		6018.4		10kV 及以下售电量			9727.58
					110kV××站103			5637	35kV××站303		11503.29					
本月合计	输入电量	41475.37			输入电量	34 906.7			输入电量	24 018.87			输入电量	23 102.07		
	输出电量	41230.67			输出电量	34 393.57			输出电量	23 543.29			输出电量	22 093.48		
	损失电量	244.70			损失电量	513.13			损失电量	475.57			损失电量	1008.59		
	综合网损率	0.59			综合网损率	1.47			综合网损率	1.98			综合网损率	4.37		
	有损网损率	0.59			有损网损率	1.75			有损网损率	3.80			有损网损率	7.54		
累计合计	输入电量	579 320.3			输入电量	336 590.2			输入电量	208 640.9			输入电量	198 440.5		
	输出电量	576 365.77			输出电量	331 608.67			输出电量	205 482.88			输出电量	188 339.88		
	损失电量	2954.53			损失电量	4981.53			损失电量	3158.02			损失电量	10 100.62		
	综合网损率	0.51			综合网损率	1.48			综合网损率	1.51			综合网损率	5.09		
	有损网损率	0.51			有损网损率	1.76			有损网损率	2.01			有损网损率	7.94		

三、10kV 有损线损报表的统计方法、结构及要素

1. 编制目的

10kV 损失量通常占全网损失量的比重最大，从一个侧面能够反映一个供电区域线损管理工作的好坏程度，是线损管理精细化水平的集中体现，是降损工作的难点和重点，所以将该电压等级线损情况单独列出来，更有利于线损分析的细化和问题的查找。

2．应用层次

网省公司、地市公司、区县公司。

3．生成周期

月。

4．内容简述

按 10kV 及以下专用变压器、公用变压器售电量统计公用线路线损完成情况。

5．统计说明

供电量：线路关口总表电量。

专变电量：公用线路所带专变用户用电量。

公变电量：公用线路所带公用台区低压用户售电量。

6．统计期

本月、截至本月累计。

7．统计维度

（1）供电单位、统计年份、统计月份。

（2）变电站名称。

（3）断路器编号。

8．统计要素描述

供电量：线路关口总表电量。

专用变压器电量：公用线路所带专用变压器用户用电量。

公用变压器电量：公用线路所带公用台区低压用户售电量。

9．统计要素算法

（1）供电量 =∑各电压等级变电站主变压器 10kV 侧电量 −∑10kV 无损售电量。

（2）专用变压器电量 =∑自备变压器用户售电量。

（3）公用变压器电量 =∑供电企业所属变压器所带低压用户售电量。

（4）损失电量 = 供电量 − 专用变压器电量 − 公用变压器电量。

10．10kV 有损线损报表示例

表 ZY2300402001-3 为 10kV 有损线损报表示例。

表 ZY2300402001-3　　　　10kV 有损线损报表示例

线路编号	本 月						累 计							
	供电量	专用变压器电量	公用变压器电量	损失电量	线损率	比同期值	供电量	专用变压器电量	公用变压器电量	损失电量	线损率	比同期值	比计划值	比理论值
××	2194	1400.2	648.9	144.8	6.6	−0.21	26 426.80	16802.40	7786.83	1837.57	6.95	−0.33	−0.05	1.5
××	2096	1001.3	928.7	165.6	7.9	−0.05	25 047.20	12 015.60	11 144.97	1886.63	7.53	−0.14	0.03	2.34
××站小计	4290	2401.5	1577.7	310.3	7.24	−0.16	51 474.00	28 818.00	18 931.80	3724.20	7.24	−0.18		
××	1768	996.3	646.5	125.6	7.1	0.36	20 980.80	11 955.60	7758.52	1266.68	6.04	−0.04	−0.96	0.99
××	1866	1405.9	305.5	154.9	8.3	−0.46	21 995.60	16 870.80	3665.97	1458.83	6.63	−0.09	−0.37	0.89
××站小计	3635	2402.2	952.0	280.5	7.72	−0.12	42 976.40	28 826.40	11 424.49	2725.51	6.34	−0.05		
××	2626	1890.2	557.3	178.6	6.8	−0.66	32 013.20	22 682.40	6687.90	2642.90	8.26	0.36	0.26	2.36
××	2770	2020.9	535.3	213.3	7.7	−0.13	33 234.00	24 250.80	6424.18	2559.02	7.70	0.03	0.20	2.4
××站小计	5396	3911.1	1092.7	391.8	7.26	−0.69	65 247.20	46 933.20	13 112.08	5201.92	7.97	0.14		
合计	13 320	8714.8	3622.4	982.6	7.38	−0.94	159 697.60	104 577.60	43 468.38	11 651.62	7.30	−0.66	−0.7	1.2

四、低压台区线损报表的统计方法、结构及要素

1. 编制目的

公用台区低压线损作为 10kV 有损线损中的一部分，由于其结构复杂、穿插供电等原因，给低压线损统计和管理造成很大难度。该报表是结合线损管理分线、分台区考核，用来给低压线损管理提供最直观的数据信息。

2. 应用层次

地市公司、区县公司。

3. 生成周期

月。

4. 内容简述

按台区供、售电量统计低压线损完成率。

5. 统计说明

供电量：台区考核总表电量。

售电量：台区所带低压用户用电量。

6. 统计期

本月、截至本月累计。

7. 统计维度

（1）台区名称、统计年份、统计月份。

（2）供电量、售电量。

8. 统计要素描述

供电量：台区考核总表电量。

售电量：台区所带低压用户用电量。

9. 统计要素算法

（1）供电量=公用台区考核总表抄见电量。

（2）售电量=∑台区所带低压用户贸易结算电量。

10. 10kV 有损线损报表示例

表 ZY2300402001-4 为 10kV 有损线损报表示例。

表 ZY2300402001-4　　　　　　　10kV 有损线损报表示例

台区名称	所在线路	供电量	售电量	损失电量	线损率
1 号	×××	0.96	0.87	0.09	8.88
2 号	×××	1.33	1.17	0.16	11.69
3 号	×××	2.66	2.41	0.25	9.54
4 号	×××	0.78	0.70	0.08	10.36
5 号	×××	2.99	2.74	0.25	8.46
6 号	×××	3.97	3.52	0.45	11.33
合计		12.69	11.41	1.28	10.07

【思考与练习】

1. 请列出至少 2 种主要的线损分析报表名称。

2. 请列出本地区分压线损报表。

模块 2　线损率分析与分析报告（ZY2300402002）

【模块描述】本模块包含线损率分析、降损措施等内容。通过概念描述、术语说明、要点归纳、示

例介绍，掌握各层次线损率的分析方法、降损措施和线损分析报告编制。

【正文】

线损分析是指在线损管理中，将线损完成情况与线损指标、理论线损、上月实际完成值、去年同期值、国家一流标准进行比较，查找线损升降的具体原因，根据存在的问题制定降低线损的技术以及管理措施等工作。

一、线损率分析

线损分析前先要进行准确的线损统计工作，线损统计越细致，线损分析的结果越能在实际工作中收到成效。

（一）线损总体完成情况

本段落主要阐述统计线损统计范围内综合线损的整体情况，主要对本月实际完成值和累计完成值进行分析。要求与计划值、同期值、理论值进行比较分析。

（二）线损电量构成

本段落主要说明线损电量的构成情况，包括一次网损电量、各级电压等级损耗电量、公用台区低压损耗电量、无损电量以及由于供售电量抄表不同期电量对综合线损产生的影响等。

（三）网损分析

本段落主要对一次网损进行细致分析，通过全月全网负荷的变化，以及由于负荷变化对各一次供电系统设备损耗产生的影响进行分析，分片、分设备找到损耗点。

对一次网损率分析应分别按输、变电设备进行分压、分线、分主变压器进行分析，将实际线损值与理论值和去年同期值进行比较，找出线损升高或降低的原因，明确主攻方向。

（四）分压线损分析

本段落主要以电压等级为统计单元，对每个电压等级损耗情况进行阐述。要求统计本月和累计各电压等级损耗完成情况，与计划值和去年同期值相比变化情况，计算与计划值和去年同期值相比多损或少损电量，具体分析本月、累计分压网损率升高或降低的原因，要求各单位按输电线路或变电站进行分析，查找线损率变化的原因。

（五）10kV及以下有损线损分析

10kV及以下有损损耗是全网损耗量最大的部分，也是降损潜力最大的电压层次，所以本段落线损分析要更加细致。分析方法具体如下：

（1）统计本月和累计10kV有损线损率完成情况，本月和累计线损率与计划值和同期值相比变化情况，计算与计划值、同期值相比多损或少损电量，具体分析本月和累计10kV有损线损率升高或降低的原因。

（2）对超指标线路进行分析，分析每条线路线损率超标原因，制定重点考核线路，每月分析，并结合高损原因制定相应的降损措施。

（3）由于低压台区的供、售电量抄表时间基本一致，不存在电量不对应因素，因此，在进行低压台区线损率分析时，应重点对本月低压线损率的完成情况进行分析。要求将本月低压线损率与计划、同期以及理论计算相比并分析线损率升高或降低的原因。

二、降损措施

（一）组织措施

（1）建立线损管理体系，制定线损管理制度。由于线损管理工作是一项较大的系统工程，它涉及面广，牵涉的部门较多。因此，必须建立全局管理体系，制定线损管理制度，明确各部门的分工和职责，制定工作标准，共同搞好线损管理工作。

（2）加强基础管理，建立健全各项基础资料。通过经常性的开展线损调查工作，可进一步掌握和了解线损管理中存在的具体问题，从而制定切实可行的降损措施。

（3）开展线损理论计算工作，通过开展线损理论计算，全面掌握各供电环节的线损状况及存在的问题，为进一步加强线损管理提供准确可靠的理论依据。

（4）制定线损计划，严格线损考核。各单位应建立线损管理与考核体系，定期编制并下达线损、网损、各条输配电线路、低压台区的线损率计划，并认真考核兑现，努力提高线损管理人员的工作积极性。

（5）开展线损下指标活动。根据《国家电力公司网电能损耗管理规定》中规定的线损小指标内容，分解落实到有关部门，并认真考核，做到"人人关注线损，人人参与降损"。

（6）建立各级电网的负荷测录制度。测录的负荷资料可用于理论计算，计量表计的异常处理和电网分析，确保电网安全经济运行。

（7）加强计量管理，提高计量的准确性，降低线损。要求各级计量装置配置齐全，定期进行轮换和校验，减少计量差错，防止由于计量装置不准引起的线损波动。

（8）定期开展变电站母线电量平衡工作，各单位应确定专人定期开展母线电量平衡工作，统计中发现母线电量不平衡率超过规定值时，应认真分析，查找原因，及时通知有关部门进行处理，特别是关口点所在母线和10kV母线，其合格率应达到100%。

（9）合理计量和改进抄表工作，线损率正确计算与合理计量和改进抄表方法有密切关系，因此应做好以下几方面的工作：

1）固定抄表日期。因为抄表日期的提前和推后会严重影响当月售电量的减少或增加，使线损率发生异常波动，不能真实反映线损率的实际水平。因此，对抄表日期应予固定，不得随意变动，在条件允许时，尽量扩大月末抄表的范围。

2）提高电表实抄率和正确率。做好到位正确抄表，预防错抄、漏抄、倍率错误现象发生。

3）合理计量。对高压供电低压计量的客户，应逐月加收客户专变的铜损和铁损，做到计量合理。

4）建立专责与审核制度。坚持每月的用电分析工作，对客户电量变化较大的，特别是大电力客户，要分析原因，防止表计异常或客户窃电现象发生。

（10）组织用电普查，堵塞营业漏洞。进行用电普查，以营业普查为重点，对"量、价、费、损"以及电能计量装置进行全面检查。

（11）开展电网经济运行工作。根据电网的潮流分布情况，合理调度，及时停用轻载或空载变压器，利用自动化管理系统及时投切无功补偿装置，努力提高电网的运行电压，降低网损。

（二）技术措施

技术降损是指对电网的某些环节、元件经过技术改造或技术改进，推广应用节电新技术和新设备，采用技术手段调整电网布局、优化电网结构、改善电网运行方式等来减少电能损耗的方法。

在降低线损的技术措施上主要包括：

（1）减少输配电层次，提高输电电压等级和输配电设备的健康水平。

（2）合理调整输配电变压器台数、容量，达到经济运行。

（3）准确确定负荷中心，调整线路布局，减少或避免超供电半径的供电现象。

（4）按经济电流密度选择供电线路线径。

（5）提高负荷的功率因数，尽量实现无功就地平衡。

（6）推广选用低损耗的新设备、新材料。

（7）合理调度，及时掌握有功和无功负荷潮流，做到经济运行。

（8）为减少三相负荷不平引起的附加损耗，建议对客户的高供高计计量装置采用三相四线计量方式。

例　提供线损分析报告的模板示例，仅作参考。

××供电公司线损率分析报告模板

一、线损率指标完成情况概述

___月份综合线损率完成值____%，较上月份降低（升高）____百分点，同比降低（升高）____百分点；____至____月累计综合线损率完成值___%，同比降低（升高）____百分点，较年计划低（高）___百分点。

二、综合线损率完成情况分析

1．当月完成情况

地、市公司当月供电量完成＿＿万kWh，同比增加（减少）＿＿，售电量完成＿＿万kWh，同比增加（减少）＿＿，其中无损电量完成＿＿，无损电量占比同比增加（减少）＿＿，主要无损电量增长（减少）点为：（户名、同比增量）；当月供售不同期电量＿＿万kWh，同比增加＿＿，主要不同期电量性质为：＿＿。当月综合线损率完成＿＿，比同期＿＿。

当月综合线损率比同期上升（下降）的主要原因是：＿＿。

2．累计完成情况

地、市公司累计供电量完成＿＿万kWh，同比增加（减少）＿＿，累计售电量完成＿＿万kWh，同比增加（减少）＿＿，其中无损电量累计完成＿＿，无损电量占比同比增加（减少）＿＿，主要无损电量增长（减少）点为：（户名、同比增量）；累计供售不同期电量＿＿万kWh，同比增加（减少）＿＿，主要不同期电量性质为＿＿造成不同期电量原因为：＿＿。累计综合线损率完成＿＿，比同期＿＿，比计划＿＿。

累计综合线损率比同期上升（降低）的主要原因是：（重点分析）

累计综合线损率比计划上升（降低）的主要原因是：（重点分析）

3．区、县公司综合线损率完成情况分析：

影响地、市公司综合线损率当月同比升高（降低）较大的区、县公司有：（区、县公司、当月综损完成值），高损原因是：＿＿。

影响地、市公司综合线损率累计同比升高（降低）较大的区、县公司有：（区、县公司、当月综损完成值），高损原因是：＿＿。

三、分压线损率分析

1．220kV网络

分当月和累计对网损率变化比同期分析，对波动电量值、影响220kV网络线损率百分比及原因进行异常分析。

2．110kV网络

分当月和累计对网损率变化比同期波动分析，对波动电量值、影响110kV网络线损率百分比及原因进行异常分析。

3．35kV网络

分当月和累计对网损率变化比同期波动分析，对波动电量值、影响35kV网络线损率百分比及原因进行异常分析。

4．10kV及以下网络

地、市公司10kV及以下电压等级当月线损率同比升高（降低）的主要原因是：＿＿。

地、市公司10kV及以下电压等级累计线损率同比升高（降低）的主要原因是：＿＿。

四、母线电量平衡情况分析

分电压等级对母线电量不平衡率进行分析。分析应包括母线电量不平衡率量值、占比、最差情况分析，对220kV不平衡超标的母线及省地关口所在母线电量平衡超标的应逐条分析，其余电压等级的对平衡率最差的母线进行分析说明。涉及上月母线电量平衡遗留问题的应补充说明。

五、10kV线路分析

1．线路线损率构成分析（列表统计）

2．高损线路分析

截止到×月份，地、市公司线损率大于20%高损线路共计＿＿条，累计损失电量＿＿万kWh（列表统计或附表）。

其中农网线路高损原因分类（附表统计），城网线路高损原因分类分析（列表统计）。

六、380V台区线损率分析

1．台区综合情况（列表统计）。

2．高损台区分析。

截止到×月份，地、市公司线损率大于20%高损台区共计＿＿个，累计损失电量＿＿万kWh（高损台区附表统计）。高损台区原因分析（列表统计分析）。

七、其他

八、下月重点工作及主要降损措施

【思考与练习】

1．请写出线损电量构成。

2．请简要列举降低线损的管理措施。

第十一章 工作质量的统计与分析

模块 1 抄核收工作"三率"的统计与分析
（ZY2300403001）

【模块描述】本模块包含抄核收工作实抄率、电费差错率、电费回收率的统计与影响"三率"的原因分析等内容。通过概念描述、术语说明、流程图解示意、要点归纳、示例介绍，掌握"三率"的统计方法及原因分析。

【正文】

一、抄核收工作"三率"统计分析的作用

抄表核算收费工作是供电企业营业电费管理的中心环节，是电力企业经营成果的最终体现，抄表核算收费工作质量的好坏，直接影响到企业的经营效益和社会效益，做好抄表核算收费工作"三率"（实抄率、电费差错率、电费回收率）的统计分析，可以提高电费管理质量水平，为企业分析决策提供依据。

二、抄核收工作"三率"的统计和分析

（一）业务说明

通过对抄核收工作中实抄率、电费差错率、电费回收率的统计，分析出影响"三率"的原因，为制定"三率"的改进措施，提供统计分析数据。

（二）业务流程

表 ZY2300403001-1 为"三率"统计分析流程图。

（三）工作要求

（1）熟悉掌握统计分析基础管理知识。

（2）每月对抄表、核算、收费环节中的"三率"进行统计。

（3）依据统计结果，分析出影响"三率"的原因。

（四）工作内容

1. "三率"的统计

（1）实抄率的统计。计算公式：实抄率＝（当期实抄户数÷当期应抄户数）×100%。

统计要素描述：按月统计时，当期数据取的是每月的数据，此时称为月实抄率；按季、年进行统计时，当期数据取的是对应时间段内的累计数据，称为累计实抄率。

（2）电费差错率的统计。计算公式：电费差错率＝（当期差错笔数÷当期核算笔数）×100%。

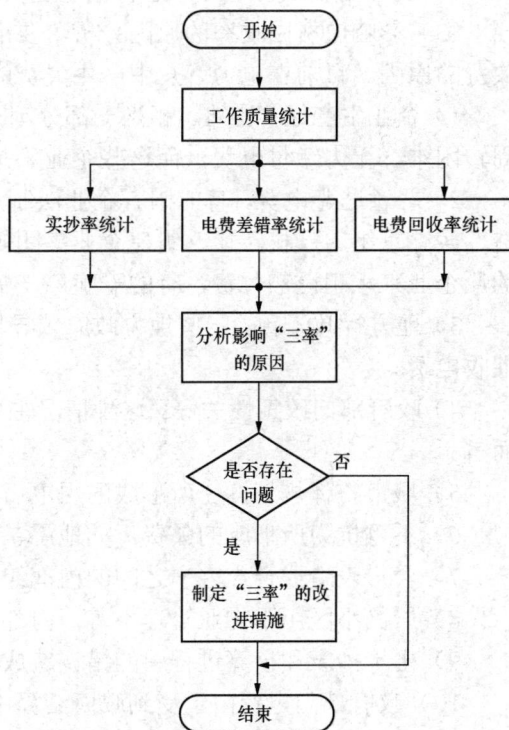

图 ZY2300403001-1 "三率"统计分析流程图

统计要素描述：按月统计时，当期数据取的是每月的数据，此时称为月电费差错率；按季、年进行统计时，当期数据取的是对应时间段内的累计数据，称为累计电费差错率。

在实际工作中，也有采用差错电费进行差错率计算的。

（3）电费回收率的统计：

计算公式：电费回收率＝（当期实收电费金额÷当期应收电费金额）×100%。

统计要素描述：按月统计时，当期数据取的是每月的数据，称为月电费回收率；按季、年进行统计时，当期数据取的是对应时间段内的累计数据，称为累计电费回收率。

2. 影响"三率"的原因分析

（1）影响实抄率的原因分析：

1）客户锁门是影响实抄率的主要原因。这种情况一般出现在计费表计安装在客户家中，抄表期内到客户处抄表时，客户锁门或不在家时，抄表员将无法正常抄表，只能与客户联系择日上门抄表或暂按上月电量估抄。

2）抄表员抄表不到位也是影响实抄率的原因。在手工抄表方式下，抄表不到位是指抄表人员在抄表周期内未按要求到客户现场抄表。如对于长期不用电的客户，容易被抄表员忽视，认为客户长期不用电就未按要求在每个抄表周期到位抄表。

3）在自动抄表方式下，由于网络通信等原因，造成系统未将抄表数据传送回数据处理中心也是造成实抄率下降的原因。

（2）影响电费差错率的原因分析。影响电费差错率的因素较多，但归纳起来，有以下几种：

1）抄表员错抄和估抄、核算员输错指示数等；

2）核算员线损或变损电量的计算差错、追补电量电费的计算差错、对异常电量审核把关不严等；

3）定量定比类别不核实或与现场实际用电负荷不相符；

4）业扩资料审核不严，造成漏记类别、力调执行标准和计费方式错误等；

5）政策性调整电价和追补电价差价；

6）当发生变更用电业务时，暂停时间的维护和基本电费的计算；

7）分时电表分时段电价和分时电量的扣减；

8）违约用电或窃电时，追补电量电费和违约用电电费的计算。

（3）影响电费回收率的原因分析。要准确地分析出影响电费回收率的因素，必须要了解形成电费欠费的原因。目前在电力客户中产生欠费的主要原因如下：

1）企业生产经营困难。相当一部分国有企业由于自身经营不善，负债过多或严重亏损，企业资金周转困难，无力缴付电费，而这些企业又是用电大户。有些企业靠拖欠电费的手段来维持生产。

2）恶意逃避电费。有的国有企业法制意识和信用观念薄弱，以各种手法逃避电费。如借公司制改造、兼并重组、产权转让、组建企业集团等名义，将资金资产转移到新的经济实体，由已经成为空壳的原企业来承担巨额欠费，有的干脆停产关闭、申请破产，企图不了了之。

3）地方行政干预。一些地方政府领导以缓解就业压力，维护社会稳定为由，阻止或限制供电企业催收电费。

4）政府部门政策性关停。这种情况主要针对环保不达标企业、煤矿、化工等能源开采和生产企业而言。

5）城市整体规划拆迁所形成的用电后无人交费，找不到户主的欠费。

6）不可抗力所形成的欠费，如地震、海啸、泥石流、台风等一些自然灾害。

7）合户表造成合户客户之间的内部纠纷。

8）居民小区由于物业管理不善，内部亏损，形成欠费。

9）由于抄表和核算过程中的错误造成客户拒付电费，形成欠费。

10）政府部门电费由于受到政府结算中心资金划拨和银行间支票交换等中间流通环节的延期，制约电费资金的及时准确到账，这也是影响电费回收率的一个原因。

11）催费乏力，供电企业营销队伍素质较差，岗位设置不合理，制度考核不严；主观上对电力法律法规宣传不足，依据电力法律法规催收电费的力度不够，办法不多。

例1　某供电营业所，抄表总户数为 10 000 户，其中单月抄表居民客户 1300 户，双月抄表居民客户 1250 户，6 月份抄表员现场抄表 8650 户，问 6 月份该供电所的实抄率为多少？分析原因并提出整改措施。

解：已知：实抄率 ＝（当期实抄户数 ÷ 当期应抄户数）×100%

6月份为双月，故6月份应抄户数为10 000－1300＝8700（户），6月份实抄率 ＝8650÷8700＝99.43%。

答：6月份该供电营业所的实抄率为99.43%。

分析：

（1）针对实抄率下降的数据进行分析，找出影响抄表率的主要原因是50户未到位抄表。

（2）全面分析未抄表的50户的具体原因：经过深入调查研究发现，10户未抄表的主要原因是由于政府拆迁，户已经拆除，但未走销户流程；40户由于更换抄表员，不熟悉客户抄表位置所致。

（3）通过分析影响实抄率的原因，制定整改措施。

通过上述分析，不难看出，影响实抄率降低的主要原因是抄表不到位和政府拆迁导致找不到客户所致，因此对应制定整改措施如下：

（1）现场核实客户拆迁去向，积极与客户沟通办理销户手续。

（2）对抄表员进行抄表工作内容培训，并要求抄表员按照抄表路径熟悉自己所辖客户的具体位置。

例2　某供电营业站，当月应抄户数56 000户，实抄表户数50 000户，电费核算发行电费总额为16 500 000.00元，在核算检查中发现10户少抄电量50 000kWh，10户多抄电量20 000kWh，另有10户电价执行错误，追补差价电费52 360.25元，不考虑其他代征费，已知电价为0.45元/kWh，试问，该供电营业所当月的电费差错率为多少？分析原因并提出整改措施。

解： 电费差错率 ＝（当期差错笔数 ÷ 当期核算笔数）×100%

$$30 \div 50\ 000 \times 100\% = 0.06\%$$

答：该供电营业所当月的电费差错率为0.06%。

分析：

（1）分析产生差错的户数，当月差错户数为30户。

（2）分析造成差错户差错的原因如下：

1）由于抄表员错抄表原因造成核算差错20户；

2）电价执行差错10户。

（3）通过分析影响电费差错率的原因，制定整改措施。

通过上述分析，可以发现造成该营业所核算差错的主要原因是抄表员抄错表、电价执行错误造成的，为此，制定以下整改措施：

（1）加强抄表质量考核，提高抄表数据准确率。

（2）严格核算异常审核流程管理，降低电费差错率。

（3）加强对员工的业务知识的培训，提高电价执行的正确率。

例3　某供电公司，5月份电费发行30 000 000.00元，截至6月底，实际收回电费29 500 000.00元，预付电费5 000 000.00元，问，该供电公司5月份的电费回收率是多少？分析原因并提出整改措施。

解： 电费回收率 ＝（当期实收电费金额 ÷ 当期应收电费金额）×100%

$$29\ 500\ 000 \div 30\ 000\ 000 \times 100\% = 98.33\%$$

答：该供电公司5月份的电费回收率是98.33%。

分析：

（1）分析该公司影响电费回收率的欠费客户，通过查询电力客户分户明细账，发现欠费客户主要有10户，3户是煤矿客户、2户是事业单位客户、2户是商业客户、3户为居民客户。

（2）根据找出的欠费客户，分析欠费客户形成欠费的原因：

1）煤矿客户欠费主要原因是受到政府政策性关停影响，不能正常生产，资金链出现问题，无法按时缴纳电费。

2）事业单位欠费主要原因是事业单位的办公费用支出由政府财政结算中心统一支付，审批环节和手续比较繁杂，资金流转时间较长，一般在规定的收费期内很难确保电费资金及时足额到账，由此产生欠费。

3）商业客户欠费主要是因为政府拆迁，个别营业站所面临拆迁情况，客户在规定的收费期限内找不到交费网点，造成延误电费回收。

4）居民户欠费的主要原因是：居民长期不在家，抄表人员未到位抄表，估抄了电量，实际客户不用电，客户拒交。

（3）通过分析影响电费回收率的原因，制定整改措施。

通过对欠费客户形成原因的分析，我们不难看到，影响该供电分公司当月电费回收率的主要原因是政府部门财务报销制度和政策性关停政策，以及抄表差错等。为此，特制定以下整改措施：

（1）加强与政府部门的沟通，在无法改变现有财务报销制度的前提下，积极与客户协商，按规定时间交纳电费。

（2）对于企业资金确实有困难的客户，应主动与客户沟通，努力争取客户的支持与理解，想方设法解决电费问题。

（3）强化抄表员的责任意识和抄表质量，规范电费回收考核工作管理，杜绝因内部差错形成的客户拒付电费情况的出现。

（4）做好购电方式的宣传工作，积极推广应用新的购电模式。

（5）拓展多种收费方式，满足不同客户的交费需求，避免出现客户无法交费情况的出现。

【思考与练习】

1．统计抄核收工作"三率"的作用是什么？

2．电费回收率如何计算？

3．影响电费差错率的原因有哪些？

模块 2　抄核收工作"三率"的改进措施（ZY2300403002）

【模块描述】本模块包含抄核收工作实抄率、电费差错率、电费回收率改进的作用与措施等内容。通过概念描述、术语说明、要点归纳、示例介绍，掌握"三率"的改进措施。

【正文】

一、改进"三率"的作用

1．改进实抄率的作用

改进实抄率可以真实地反映供电企业的销售状况，确保售电量数据的准确性，有利于电费回收和供电企业经济效益分析，有效避免与客户产生纠纷，提高优质服务水平。

2．改进差错率的作用

降低差错率，可以有效确保电费销售收入数据的准确性，提高电费核算数据准确率，有利于电费回收，避免与客户发生电费纠纷，提高供电优质服务形象。

3．改进电费回收率的作用

提高电费回收率可以有效减少电力企业所垫付流动资金贷款利息，提高电力企业经营成果；为电力企业扩大再生产提供投资资金，确保企业发、供电正产生产秩序；有效确保电力企业足额、按时上交国家税金和利润，以保证国家利益和供用电双方利益不受侵害。

二、"三率"的改进措施

1．改进实抄率的措施

（1）加强对抄表员责任心和职业道德的教育，坚决杜绝抄表不到位情况的发生。

（2）加强对抄表到位率的考核，建立行之有效的监督考核机制。

（3）加快自动化抄表方式的推广应用，采用集抄数据，缩短抄表时限，提高抄表数据的准确率。

（4）对居民集中的区域，采用将计费表计集中安装在集装箱内，逐步取消计费表计安装在客户室内的情况。

（5）加强抄表与核算岗位之间的相互监督制约机制。

2．改进差错率的措施

（1）加强对核算员的职业道德培训，倡导严谨务实、一丝不苟的工作作风，减少电费差错的出现。

（2）定期对核算员开展业务知识培训，重点掌握发生各类变更业务时正确的电量和电费的计算方法。

（3）加强退补电量电费管理，退补电量电费时要求有依据和具体的计算过程。

（4）加强电费审核管理，对出现的异常电量、电费情况，核算员要认真进行复核，并与抄表员和用电检查员核实具体情况，防止电费差错的产生。

（5）规范工作流程，明确各岗位工作职责，建立有效的联系和相互监督考核机制。

3．改进电费回收率的措施

（1）严格规范供电企业内部的电费管理工作。加强收费员业务培训教育，提升业务工作水平；合理优化配置营销岗位，制定行之有效的考核制度，增强人员的敬业精神；制定催收电费管理办法和措施。固定抄表日期，严格执行违约金制度，大力推广付费售电，增加付费电费计量装置的比例。推广使用新的缴费方式，如自助缴费、网银缴费、缴费卡缴费等。

（2）加大优质服务宣传力度，营造良好电费回收氛围。以客户为中心，树立"客户至上、以客为尊"的观念，与客户建立良好的合作关系，争取客户对电费回收工作的理解和支持；同时加强电力法律、法规的宣传力度，大力倡导"电是商品"、"你交费我纳税"的理念，在全社会中树立"电是商品，用电交费"的责任意识，不断营造良好的电费回收氛围。

（3）增强法律意识，运用法律手段化解电费风险。逐步完善《供用电合同》，以法律的形式规范客户缴纳电费的时间、付款方式等；同时与客户签订电费协议，以书面形式明确客户缴纳电费的违约责任。

供电企业作为债权人，可以依法向所有债务人追收欠缴的电费。供电企业对不按时交纳电费的企业应及时掌握第一手材料；对有支付能力而不主动缴纳的，应进行说服，晓以利害，促使其自觉缴纳电费；对确属一时资金周转困难但资产质量较好的，可以给予一定的宽限期，与之签订交纳电费协议，或要求提供担保；对欠费时间长、诉讼时效期限将满或态度消极的欠费客户，应及时采取催款通知或停电催费等法律手段。

（4）加强与政府部门沟通，创建良好的电费回收环境。供电企业在支持地方经济发展、招商引资、改善人民生活方面做出突出的贡献，要积极与政府部门沟通，取得地方政府和主管部门的支持，为供电企业的发展和电费回收创建良好的外部环境。

（5）建立信用管理机制，强化电费风险防范预警机制。建立信用管理机制，可以对客户进行信用评估，根据评估结果对不同的客户采取不同的用电政策，有效消除供电企业电费回收事后控制的弊端，强化电费风险防范预警机制，有效防止拖欠电费现象的发生。

例1　提高抄表实抄率的案例分析。某供电公司所辖某供电所，共有供电线路5条，综合台区25个，在对该供电所进行抄表质量监控过程中，发现该供电所一回线实抄率为98%，其他线路和台区的实抄率均为100%。为此抄表质量监控人员针对此条线路进行了专题分析，制定出整改措施，经过一个月的整改，该线路实抄率提高到100%。

分析过程：

（1）分析造成实抄率低的原因。通过采用内部营业资料与现场客户信息比对的方法，发现造成实抄率低的主要原因是由于抄表任务重，该抄表员一时疏忽漏抄一回线的20户居民户的电量，同时因客户不在家未抄3户。

（2）制定整改措施。找出实抄率不达标的问题症结后，抄表质量监控人员针对性地制定了一下措施：

1）对该抄表员工作态度和职业道德方面进行了深入教育，使抄表员树立认真负责的工作态度；

2）组织抄表人员学习了《供电营业规则》中关于因客户原因造成不能正常抄表的相关内容；

3）完善了对抄表不到位的考核机制，极大调动了抄表员的主观能动性。

（3）整改实施及效果。通过整改，使抄表员意识到自己工作的重要性，同时也提高了自身工作态度，次月在抄表过程中，没有遗漏一户，同时针对遇到客户不在家的情况，主动与客户沟通，坚决杜绝了未抄表问题的出现，从而使实抄率由98%提高到100%。

例2　降低核算差错率的案例分析。2008年11月，某供电支公司营业厅来了一位怒气冲冲的老人，手拿着一张电费发票，营业厅接待人员经过详细询问，得知老人平时每月的电费也就40多元，11月一下出了160多元，经核实，发现是由于核算错误造成客户当月电费异常增加，引发电力客户的不满，为此该营业所核算质量监督员针对这一问题组织核算人员进行了专题分析，制定了整改措施，有效避免了电费差错率的再次出现，更好地服务与电力客户。

（1）分析核算差错产生的原因。经过对该户当月用电情况的分析，发现该户2008年10月份进行过一次电能表轮换业务，而在流程的记录中发现该户有动态电量近300kWh。由此分析得出造成电费核算错误的主要原因是客户在换表时计量人员错误结字，使客户产生动态电量，而核算员在进行当月电费核算时未认真审核，对于出现的异常数据，没按规定核实清楚异常原因就发行，于是形成了电力客户电费异常突变。

（2）制定整改措施：

1）做好计量人员和核算人员认真工作态度方面的教育。

2）加强核算人员业务知识的培训，特别是规范异常电量的审核工作流程，做到业务明晰，职责明确。

3）重新计算客户的当月电费，向客户做好解释工作，争取客户理解。

4）严格电费审核质量考核机制，对相关责任人进行绩效考核。

（3）整改实施及效果。通过对计量人员和核算人员的教育与考核，使他们意识到自己工作的重要性，也认识到自己疏忽大意带给电力客户的经济损失，影响到供电企业的优质服务水平的后果，同时定期对责任人员专门进行了业务知识的培训，使其端正工作态度，严格在电费核算中依据规范的异常审核流程，对出现的异常电量和异常电费进行核对，坚决杜绝了类似问题的再次发生，使营业所差错率降低为零。

例3 提高电费回收率的案例分析。某供电公司2008年9月当月电费回收率完成99.95%，当月欠费额为5.68万元，未完成计划下达的电费回收率指标，为此该公司领导高度重视，组织专人召开了电费回收分析会，查找电费回收率不达标的原因，以期通过一系列整改措施提高电费回收率。经过一段时间的分析整改，到2008年11月，该供电公司电费回收率取得了可喜的成绩，当月和累计电费回收率均达到100%。

（1）分析电费回收率低的原因。分析未收回电费的构成，通过分析发现，该公司每月的电费有65%集中在大中型工业企业，居民用电占到15%左右，市政及其他用电占到20%，而当月未收回电费部分主要是集中在居民和市政用电部分。

分析出电费构成后，就可以重点分析是什么原因造成居民及市政用电的欠费产生，通过大量的走访客户和深入调查客户用电状况，可以发现，对居民户而言，主要是因为城市改造，大量的拆迁，使客户产生一种可以侥幸不交电费的心理；对市政客户来说，主要是由于电费是由财政部门每月统一划拨，经过的审批手续又比较繁杂，等真正电费资金到位就有可能超出了供电部门的缴费期限，产生违约金不列入政府支付范畴，由此拖延电费缴费，产生了欠费。

（2）制定整改措施：

1）加强对电力客户电力相关法律知识的宣贯活动，使电力客户树立"电是商品，用电交费"的责任意识。

2）对居民客户做好付费售电的宣传工作，并积极推行预付费卡表。

3）积极拓展缴费渠道，推广多种收费方式，使电力客户方便通过多种收费方式在最短的时限内缴纳电费，避免电费违约金的产生。

4）协调政府部门，做好电费回收的沟通与协调工作，争取电力客户的理解与支持，有效促进电费回收工作。

5）强化电费风险预警机制，完善信用登记评价体系建设。

（3）整改实施及效果。通过上述大量工作的开展，使各种类别客户对供电企业电费回收工作有了更深层次的认识，积极主动配合我们的电费回收工作，重新签订了《供用电合同》，主动预付电费，大大降低了电费回收风险。从整改以来，该公司电费回收率逐月上升，到11月已达到了100%。

【思考与练习】

1. 改进电费回收率的作用是什么？

2．实抄率的改进措施是什么？

3．差错率的改进措施是什么？

4．电费回收率的改进措施是什么？

模块 3　经济事故的调查（ZY2300403003）

【模块描述】本模块包含了在抄核收工作中发生的经济事故调查程序、取证方法、编写调查报告等内容。通过概念描述、术语说明、要点归纳、示例介绍，熟悉经济事故调查过程。

【正文】

营业经济事故泛指在用电营销工作中，由于主观故意或其他客观原因，导致供电企业或客户利益受到侵害或经济上遭受损失的事件。本模块中营业经济事故主要指营销人员在抄表、核算、收费的过程中出现的差错现象。

一、经济事故的调查

（一）调查程序

1．了解事故状况

通过询问当事人和相关人员及查阅相关资料的方式，掌握该经济事故的成因和经过发展情况，了解发生经济事故的类型，初步评估该事故可能造成的损失和由此引带来的影响、后果。

2．调查

调查即在掌握事故发生之前原始状况的基础上，了解事故发生的时间和具体经过。事故发生之前的原始状况是一个重要的关键点，是判别事故从何时发生、持续的时间和相关量费损失的基准点。事故发生前原始资料的提取应根据经济事故类型确定，如现场表计示数、断相仪记录、互感器变比参数、抄表示数、核算日期及计算方法、电量电费退补记录、收费存根单据等信息资料。详细了解事故具体经过是分析事故成因和完善管理制度的前提。了解事故具体经过应坚持客观公正、实事求是的原则，在熟悉相关工作管理制度、办法的基础上，主要通过查阅相关资料（包括户务档案、电费单据、营业报表）和询问、走访的方式进行具体了解。

3．取证

调查人员应全面收集发生事故的多种类型证据。对相关书面纸质资料（如抄表卡、收费单据）需取证的，可采取对相关资料复制件取证的方式；对询问当事人或走访相关人员需取证的，可采取询问笔录方式取证，询问笔录应由被询问人签字确认；对了解客户现场用电情况（包括表计运行）需取证的，可采取拍照、录音、录像等影像视听方式保存证据。

4．分析原因责任

调查完毕后，调查人员分析本次经济事故发生的原因（包括直接原因和间接原因），是否存在人为违规操作或工作失职、渎职问题，是否存在管理制度不健全问题。按照相关规定，计算本次事故造成的经济损失，评估本次事故给公司带来的工作影响和社会影响，确定事故发生的主要责任人员和其他责任人员。

5．撰写调查报告

现场具体调查后，调查人员应整理相关调查资料，撰写调查报告提交领导审阅，本次调查结束。书面调查报告应包括调查人员、调查时间、查证资料、询问走访人员、问题成因、主要责任、经济损失、事故影响、管理建议。

（二）取证方法

1．原始资料复制件取证

对可作为相关证据的原始资料，如抄表卡、核算卡、营业报表、供用电合同、付费售电协议、收费单据等，可采取对原始资料复制件（复印件加盖责任单位公章）的形式取证。

2．询问笔录方式取证

调查时需询问当事人或走访相关人员的，可采取询问笔录的方式取证，询问笔录应由被询问人签字确认。如询问记录有差错或有遗漏，应当允许被询问人更正或者补充，但更改之处应由被询问人压手印以示确认。被询问人拒绝在询问笔录上签字确认的，调查人员应在询问笔录上予以注明，并以录像的方式将现场影像活动进行记录。

3. 影像视听方式取证

调查时需了解客户现场用电情况（包括表计运行）和需了解客户是否规范用电的，可采取拍照、录音、录像等影像视听方式保存证据。影像视听方式也适用于询问、走访了解和相关书面资料的取证。

（三）编写调查报告

经济事故调查完毕后，调查人员应整理相关调查资料，撰写调查报告。《经济事故调查报告》应当包括下列内容：

（1）事故调查人员和调查时间。

（2）事故发生的时间和地点。

（3）事故具体经过。

（4）事故原因分析。

（5）事故损失情况和影响。

（6）事故责任人认定。

（7）管理建议。

（8）相关取证资料。

例　某供电公司抄表经济事故案例。2007 年 10 月 25 日，某供电公司抄表员王××在抄录该营业区内一化工厂电能表时，在未核对抄表卡示数与现场电能表示数是否一致的情况下，误将现场示数 000700 抄录为 000100（该厂为高供低计方式，互感器变比为 250/5），致使该公司对该户当月少计电量 3 万 kWh。11 月初，经营销稽查人员内部稽查，发现王××未能正确抄录该化工厂电量，在其抄表过程中出现了营业经济事故，遂对其展开调查。调查报告如下：

（1）事故调查人员：张××、刘××。

调查时间：2007 年 10 月 28 日。

（2）事故发生的时间：2007 年 10 月 25 日。

地点：某供电支公司客户×××化工厂。

（3）事故具体经过。2007 年 10 月 25 日，抄表员王××在抄录该营业区内一化工厂电能表时，在未核对抄表卡示数与现场电能表示数是否一致的情况下，误将现场示数 000700 抄录为 000100（该厂为高供低计方式，互感器变比为 250/5），致使该支公司对该户当月少计电量 3 万 kWh。

（4）事故原因分析：

1）王某平日对自身工作要求不严，思想存在懈怠；

2）支公司内部约束考核力度不够，造成个别人员对工作不认真、不负责，工作时将就应付习以为常；

3）电费审核把关不严，在本月电量与以往对比明显减少的情况下通过审核，导致事故出现。

（5）事故损失情况和影响：

1）损失情况：①致使该支公司当月损失 3 万 kWh 电量电费；②由于少计售电量致使该线路线损率升高，被公司绩效考核扣分 1 分，公司整体绩效工资减少 2500 元。

2）影响：公司营销稽查部门在全公司范围内对王某差错行为进行了事故通报，导致该公司本月经营管理名次排名下降，整体管理水平及人员业务素质受到质疑，企业形象受到一定程度影响。

（6）事故责任人认定。本次事故主要由于抄表员王某工作不认真、不负责，导致经济事故发生，同时约束考核不力、电费审核把关不严也存在一定责任。

主要责任人：王××。

相关管理责任人：抄表班长，刘××。

相关电费审核责任人：谢××。

（7）管理建议：

　　1）管理上，应严格实施考核，有效增强员工工作责任感、危机感，促使其尽职尽责，做好本职岗位工作。

　　2）技术上，应有效利用现有科技手段，如利用电能量采集系统进行集抄，之后进行示数核对，或采用其他人工核对的方式，在事故事实未形成之前及时予以消除。

　　（8）相关取证资料：

　　1）抄表卡。

　　2）核算卡。

　　3）电能量采集系统监控电能表指示数。

　　4）客户现场询问影像资料。

【思考与练习】

　　1．简述经济事故的调查步骤。

　　2．经济事故的取证方法有哪几种？

　　3．以询问笔录方式取证时，应注意哪些事项？

　　4．撰写经济事故调查报告时应包括哪些说明项目？

第五部分

计量检查

第十二章　计量装置检查与分析

模块1　电能计量装置构成与相关要求（ZY2300501001）

【模块描述】本模块包含各种电能计量方式下计量装置的构成以及电能计量装置安装及导线连接规范等内容。通过概念描述、图解示意、要点归纳，熟悉电能计量装置的构成，了解安装及导线连接要求。

【正文】

一、计量装置构成

1. 电能计量装置概念

一般我们把电能表与其配合使用的互感器、二次回路所组成的整体称为电能计量装置。其构成如图 ZY2300501001-1 所示。图中电能表是核心不可缺少，其他部分则根据计量方式或有或无。

2. 单相电能计量装置构成

（1）单相电能表直接接入式计量装置构成。直接接入式接线，就是将电能表端子盒内的接线端子直接接入被测电路。根据单相电能表端子盒内电压、电流接线端子排列方式不同，又可将直接接入式接线分为一进一出（单进单出）和二进二出（双进双出）两种接线排列方式。单相电能表接线如图 ZY2300501001-2 所示。实际工作中具体采用哪种接线方式，可查看电能表接线端子盒盖反面接线图，或查看生产厂家的安装说明书，切不可随意接线，否则将烧毁电能表。

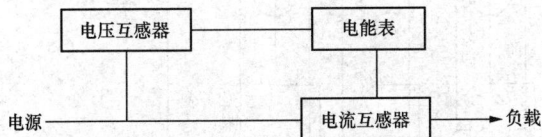

图 ZY2300501001-1　电能计量装置示意图

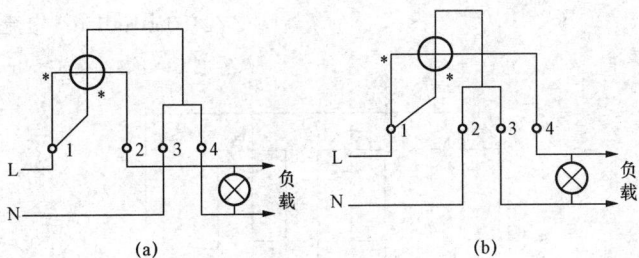

图 ZY2300501001-2　单相电能表接线

(a) 一进一出；(b) 二进二出

（2）单相电能表经互感器接入式计量装置构成。当电能表电流或电压量限不能满足被测电路电流或电压的要求时，便需经互感器接入，DL/T 448—2000《电能计量装置技术管理规程》要求，电流超过 50A 宜采用经电流互感器接入。图 ZY2300501001-3 为经电流互感器接入式电流电压线分开方式单相电能表的接线。其中图（a）为经电流互感器的电流、电压共接方式，图（b）所示为经电流互感器的电流、电压分开接线方式。目前有些地区采用高压单相供电，高供高计，则需同时经电流互感器和电压互感器接入，图 ZY 2300501001-4 为经电压、电流互感器接入式单相电能表的接线。

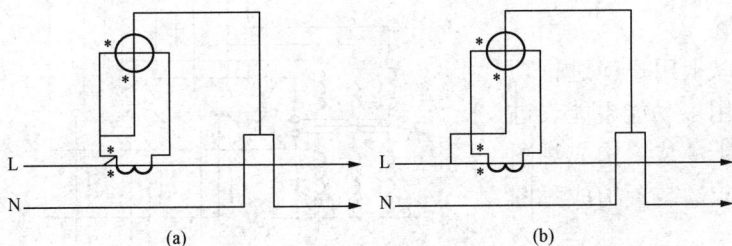

图 ZY2300501001-3　经电流互感器接入式电流电压线分开方式单相电能表的接线

(a) 电压、电流共接式；(b) 电压、电流分开式

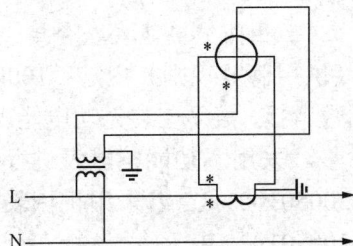

图 ZY2300501001-4　经电压、电流互感器接入式单相电能表的接线

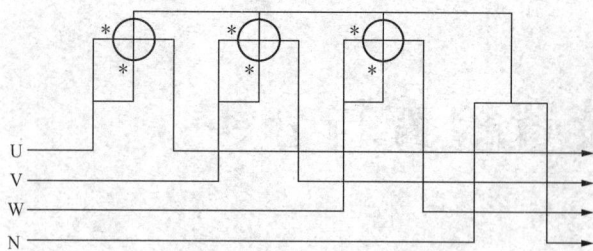

图 ZY2300501001-5　三相四线电能表直接接入式接线

3. 三相四线有功电能计量装置构成

1）三相四线电能表直接式计量装置构成。三相四线电能表直接接入式接线，就是将电能表端子盒内的接线端子直接接入被测电路。它的接线原则是：将电能表的三个电流回路按正相序分别串入三相电路，电压回路分别接入相应的电压，且其电流与电压回路的同名端一起接在电源侧。三相四线电能表直接接入式接线如图 ZY2300501001-5 所示。

（2）三相四线电能表经电流互感器接入式。三相四线电能表经电流互感器接线可分为电流互感器四线制接法电压、电流共接式与分开式接线，电流互感器六线制接法电压、电流共接式与分开式接线，分别如图 ZY2300501001-6、图 ZY2300501001-7 所示。DL/T 448—2000《电能计量装置技术管理规程》推荐采用如图 ZY2300501001-7 所示接线。

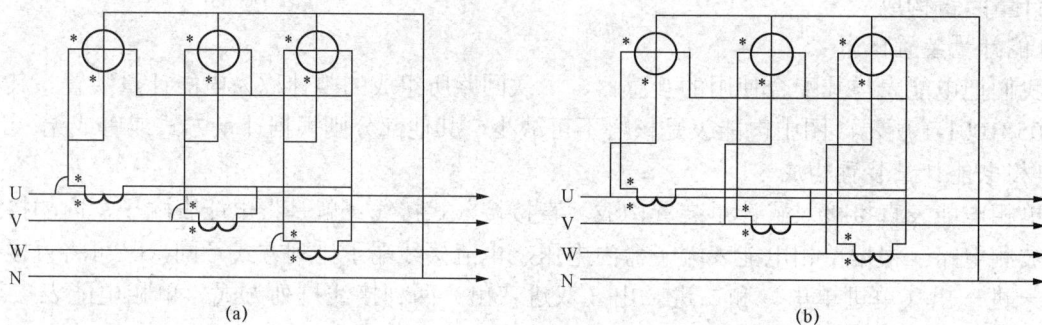

图 ZY2300501001-6　电流互感器四线制接法
（a）电压、电流共接式；（b）电压、电流分开式

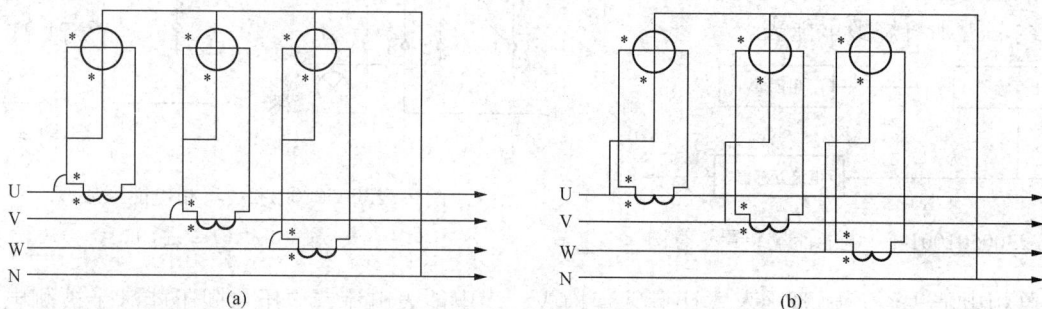

图 ZY2300501001-7　电流互感器六线制接法
（a）电压、电流共接式；（b）电压、电流分开式

（3）三相四线电能表经电压、电流互感器计量装置。三相四线电能表经电压、电流互感器计量装置构成如图 ZY2300501001-8 所示。

4. 三相四线电能表联合接线计量装置

《供用营业规则》规定：100kVA 及以上用户应进行功率因数考核，故须安装无功电能表，或采用多功能电能表进行计量。采用多功能电能表进行计量，计量装置构成见图 ZY2300501001-8；若采用机械表，则其计量装置构成见图 ZY2300501001-9。

5. 三相三线电能计量装置构成

三相三线电能表直接式与仅经电流互感器的计量装置均用低压只有动力负荷的电能计量，这两种计量方式目前已

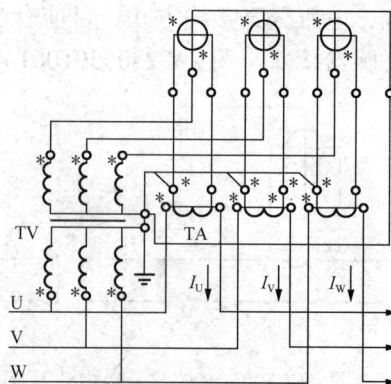

图 ZY2300501001-8　三相四线电能表经电压、电流互感器计量装置

不使用。常用的是 10kV 高供高计的电力负荷计量，其计量装置构成根据电流互感器的接线方式分为电流互感器三线制连接高供高计电能计量装置和电流互感器四线制连接高供高计电能计量装置，DL/T 448—2000《电能计量装置技术管理规程》推荐采用后者。图 ZY2300501001-10 是 10kV 电流互感器三线制连接高供高计电能计量装置接线，图 ZY2300501001-11 是电流互感器四线制连接高供高计电能计量装置接线。

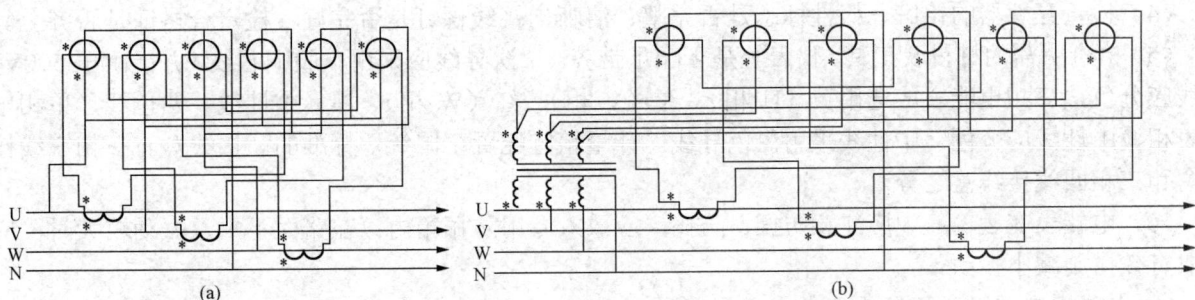

图 ZY2300501001-9　三相四线电能表联合接线计量装置
（a）高供低计三相四线电能表联合接线；（b）高供高计三相四线电能表联合接线

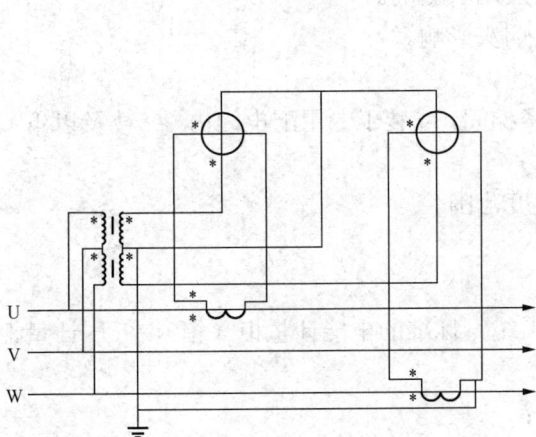

图 ZY2300501001-10　10kV 电流互感器三线制
连接高供高计电能计量装置接线

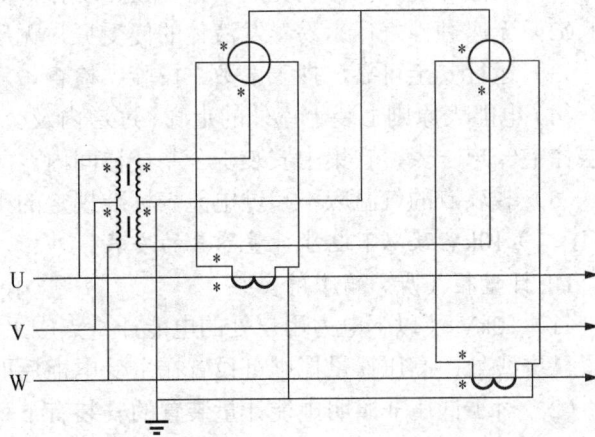

图 ZY2300501001-11　电流互感器四线制连接
高供高计电能计量装置接线

值得注意的是电压按正相序接线，否则将会产生计量附加误差。

6. 三相三线电能表联合接线计量装置构成

三相三线高压计量用户，其容量超过 100kVA 及以上也应进行功率因数考核。若采用三相三线多功能电能表，其计量装置构成参见图 ZY2300501001-11；若采用机械表，则其计量装置构成如图 ZY2300501001-12 所示。

二、计量装置安装及导线连接

电能计量装置的安装应严格按通过审查的施工设计或用户业扩工程确定的供电方案进行，电能计量器具必须经计量检定机构检定合格，电能计量装置安装应按《电能计量装置技术培训规程》、《电能计量装置安装接线规则》的有关规定和其他相关规定执行。

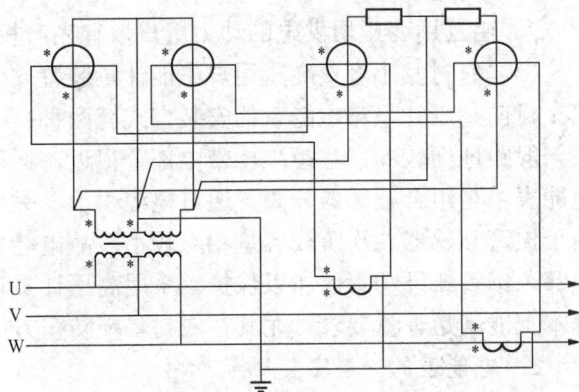

图 ZY2300501001-12　三相三线电路中高供高计
电能计量装置的接线

（一）电能计量装置安装前的准备工作及环境检查

1. 装表接电人员接到装接工作单后应做好的准备工作

（1）核对工单所列的计量装置是否与用户的供电方式和申请容量相适应，如有疑问，应及时向有关部门提出。

（2）凭工单到表库领用电能表、互感器、接线盒、二次导线、计量箱、熔断器、开关等，并核对所领用的电能表、互感器是否与工单一致。

（3）检查电能表的校验封印、接线图、检定合格证、资产标记是否齐全，校验日期是否在6个月以内，外壳是否完好。

（4）检查互感器的铭牌、极性标志是否完整、清晰，接线螺钉是否完好，检定合格证是否齐全。

（5）检查所需的材料及工具、仪表等是否配足带齐。二次导线应采用单股铜芯线，并能耐压500V，导线应分色，三相电能表应选用黄（U相）、绿（V相）、红（W相）、黑（中性线）四色线，单相电能表相、中性线应分色，中性线采用黑色导线。计量箱宜配置全国统一标准的。接线盒有三相三线接线盒和三相四线接线盒之分。

（6）电能表在运输途中应注意防振、防摔，应放入专用防振箱内；在路面不平、振动较大时，应采取有效措施减小振动。

2．电能表安装场所环境的检查

电能计量装置安装点的环境应符合下列要求：

（1）周围环境应干净明亮，不易受损、受振，无磁场及烟灰影响。

（2）无腐蚀性气体、易蒸发液体的侵受振，无磁场及烟灰影响。

（3）运行安全可靠，抄表读数、校验、检查、轮换方便。

（4）电能表原则上装于室外的走廊、过道内及公共的楼梯间，或装于专用配电间内（二楼及以下）。高层住宅一户一表，宜集中安装于公共楼梯间内。

（5）装表点的气温应不超过电能表标准规定的工作温度范围。

（二）10kV及以下电能计量器具的安装

1．计量柜（屏、箱）的安装

（1）10kV及以下电力用户处的电能计量点应采用全国统一标准的电能计量柜（箱），低压计量柜应紧靠进线处，高压计量柜则可设置在主受电柜后面。

（2）对于低压非照明电能计量装置的安装有下列要求：

1）由专用变压器供电的低压计费用户，可将变压器低压侧套管封闭，在低压配电间内装设低压计量屏的计量方式。低压计量屏应为变压器后的第一块屏；变压器至计量屏之间的电气距离不得超过20m，应采用电力电缆或绝缘导线连接，中间不允许装设隔离开关等开断设备，电力电缆或绝缘导线不允许采用地埋方式。

2）由公用变压器供电的动力用户，宜在产权分界处装设低压计量箱计量。

（3）农村及小容量高压用户电能计量装置安装的要求。农村及小容量高压用户，宜采用高压计量箱。目前高压计量箱电能表的安装方式有两种：一种是电能表箱附在组合互感器箱的侧面，这样电能表一般距地面较高，且距高压带电部分很近，运行维护及抄表问题可采用遥控、遥测方式。另一种是电能表箱与组合互感器分离，通过电缆引下，另外安装，这种方式便于抄表与监视，但需要注意的是由于电流互感器二次负载容量相对较小，故电能表与组合互感器之间的电缆不宜过长，另外，电缆必须穿入钢管或硬塑管内加以保护。采用高压计量箱，结构简单，体积不大，安装方便，价格低廉，且基本上能满足计量要求，尤其在农村降损防窃方面，效果明显。

2．电能表的一般安装规范

（1）高供低计的用户，计量点到变压器低压侧的电气距离不宜超过20m。

（2）电能表的安装高度，对计量屏，应使电能表水平中心线距地面在0.8～1.8m的范围内；对安装于墙壁的计量箱宜为1.6～2.0m。

（3）装在计量屏（箱）内及电能表板上的开关、熔断器等设备应垂直安装，上端接电源，下端接负荷。相序应一致，从左侧起排列相序为U、V、W或U（V、W）、N。

（4）安装在电能计量柜（屏）上的电能表，每一回路的有功和无功电能表应垂直排列或水平排列，无功电能表应在有功电能表下方或右方，电能表下端应加有回路名称的标签，两只三相电能表相距的最小距离应大于 80mm，单相电能表相距的最小距离为 30mm，电能表与屏边的最小距离应大于 40mm。

电能表安装必须牢固垂直，每只表除挂表螺钉外至少还有一只定位螺钉，应使表中心线向各方向的倾斜度不大于 1°。电子式电能表安装的倾斜度要求可适当放宽。

（5）安装在绝缘板上的三相电能表，若有接地端钮，应将其可靠接地或接零。JB/T 5467—1991《交流有功和无功电能表》规定：对在正常条件下连接到对地电压超过 250V 的供电线路上，外壳是全部或部分用金属制成的电能表，应该提供一个保护端。因此，单相 220V 电能表一般不设接地端；三相电能表有的也未设接地端。但对设有接地端钮的三相电能表，应可靠接地或接零。

（6）在多雷地区，计量装置应装设防雷保护，如采用低压阀型避雷器。当低压配电线路受到雷击时，雷电波将由接户线引入屋内，危害极大。最简单的防雷方法是将接户线入户前的电杆绝缘瓷绝缘子铁脚接地，这样当线路受到雷击时，就能对绝缘的瓷绝缘子铁脚放电，把雷电流泄漏掉，从而使设备和人员不受高电压的危害。在多雷地区，安装阀型避雷器或压敏电阻，较为适宜。

（7）在装表接电时，必须严格按照接线盒内的图纸施工。对无图纸的电能表，应先查明内部接线。现场检查的方法可使用万用表测量各端钮之间的电阻值，一般电压线圈阻值在千欧级，而电流线圈的阻值近似为零。若在现场难以查明电能表的内部接线，应将表退回。

（8）在装表接线时，必须遵守以下接线原则：

1）单相电能表必须将相线接入电流线圈；

2）三相电能表必须按正相序接线；

3）三相四线电能表必须接中性线；

4）电能表的中性线必须与电源中性线直接连通，进出有序，不允许相互串联，不允许采用接地、接金属外壳等方式代替；

5）进表导线与电能表接线端钮应为同种金属导体；

6）直接接入式电能表的导线截面，应根据额定的正常负荷电流按表 ZY2300501001-1 选择。

表 ZY2300501001-1　　　　　直接接入式电能表的导线截面选择表

负荷电流（A）	铜芯绝缘导线截面（mm²）	负荷电流（A）	铜芯绝缘导线截面（mm²）
$I < 20$	4.0	$60 \leqslant I < 80$	7×2.5
$20 \leqslant I < 40$	6.0	$80 \leqslant I < 100$	7×4.0
$40 \leqslant I < 60$	7×1.5		

注　按 DL/T 448—2000 规定，负荷电流为 50A 以上时，宜采用经电流互感器接入式的接线方式。

（9）进表线导体裸露部分必须全部插入接线盒内，并将端钮螺钉逐个拧紧。线小孔大时，应采取有效的补救措施，如进行并线。带电压连接片的电能表，安装时应检查其接触是否良好。

（10）电能计量装置下列部位应加封。

1）电能表两侧表耳；

2）电能表尾盖板；

3）试验接线盒防误操作盖板；

4）电能表箱（柜）门锁；

5）互感器二次接线端子及快速开关；

6）互感器柜门锁；

7）电压互感器一次隔离开关操作把手、熔管室及手车摇柄。

3. 零散居民户和单相供电的经营性照明用户电能表的安装要求

（1）电能表一般安装在户外临街的墙上。装表点应尽量靠近沿墙敷设的接户线并便于抄表和巡视的地方，电能表的安装高度，应使电能表的水平中心线距地面 1.8～2.0m。

（2）电能表的安装，采用表板加专用电能表箱的方式。每一用户在表板上安装单相电能表一块，封闭电能表的专用表箱一个，瓷插式熔断器两个，单相闸刀开关一只。

（3）专用电能表箱应采用统一的标准表箱。

（4）电能表的电源侧应采用电缆（或护套线）从接户线的支持点直接引入表箱，电源侧不装设熔断器，也不应有破口、接头的地方。

（5）电能表的负荷侧，应在表箱外的表板上安装瓷插式熔断器和总开关，熔体的熔断电流宜为电能表额定最大电流的 1.5 倍左右。

（6）电能表及电能表箱均应分别加封，用户不得自行启封。

4. 互感器的安装

（1）为了减少三相三线电能计量装置的合成误差，安装互感器时，宜考虑互感器合理匹配问题，即尽量使接到电能表同一元件的电流互感器、电压互感器比差符号相反，数值相近；角差符号相同，数值相近。当计量感性负荷时，宜把误差小的电流、电压互感器接到电能表的 W 相元件。

（2）同一组的电流（电压）互感器应采用制造厂、型号、额定电流（电压）变比、准确度等级、二次容量均相同的互感器。

（3）两只或三只电流（电压）互感器进线端极性符号应一致，以便确认该组电流（电压）互感器一次及二次回路电流（电压）的正方向。

（4）互感器二次回路应安装试验接线盒，便于实负荷校表和带电换表，试验接线盒要符合技术要求。

（5）互感器安装必须牢固。互感器外壳的金属外露部分必须可靠接地。

（6）同一组电流互感器应按同一方向安装，以保证该组电流互感器一次和二次回路电流的正方向均为一致，并尽可能易于观察铭牌。

对于低压电流互感器的安装，还应遵循以下安装规范：

1）电流互感器二次侧不允许开路，对双次级互感器只用一个二次回路时，另一个次级应可靠短接。

2）低压电流互感器的二次侧应不接地。这是因为低压计量装置使用的导线、电能表及互感器的绝缘等级相同，可能承受的最高电压也基本一样；另外，二次绕组接地后，整套装置一次回路对地的绝缘水平将要下降，易使有绝缘弱点的电能表或互感器在高电压作用时（如受感应雷击）损坏。

5. 二次回路的安装

（1）电能计量装置的一次与二次接线，必须根据批准的图纸施工。二次回路应有明显的标志，最好采用不同颜色的导线。

二次回路走线要合理、整齐、美观、清楚。对于成套计量装置，导线与端钮连接处应有字迹清楚、与图纸相符的端子编号排。

（2）二次回路的导线绝缘不得有损伤，不得有接头，导线与端钮的连接必须拧紧，接触良好。

（3）低压计量装置的二次回路连接方式：

1）每组电流互感器二次回路接线宜采用分相接法。

2）电压线宜单独接入，不与电流线公用，取电压处和电流互感器一次间不得有任何断口，且应在母线上另行打孔连接，禁止在两段母线连接螺钉上引出。

（4）当需要在一组互感器的二次回路中安装多块电能表（包括有功电能表、无功电能表、最大需量表、多费率电能表等）时，必须遵循以下接线原则：

1）每块电能表仍按本身的接线方式连接。

2）各电能表所有的同相电压线圈并联，所有的电流线圈串联，接入相应的电压、电流回路。

3）保证二次电流回路的总阻抗不超过电流互感器的二次额定阻抗值。

4）电压回路从母线到每个电能表端钮盒之间的电压降，应符合的要求。

（三）电能计量装置基本施工工艺

基本要求是：按图施工、接线正确；电气连接可靠、触良好；配线整齐美观；导线无损伤、绝缘良好。

（1）二次回路接线应注意电压、电流互感器的极性端符号。接线时可先接电流回路，分相接线的电流互感器二次回路宜按相色逐相接入，并核对无误后，再连接各相的接地线。简化接线方式的电流互感器二次回路，可利用公共线，分相接入时公共线只与该相另一端连接，其余步骤同上。电流回路接好后再按相接入电压回路。

（2）二次回路接好后，应进行接线正确性检查。

（3）电流互感器二次回路每只接线螺钉只允许接入两根导线。

（4）当导线接入的端子是接触螺钉，应根据螺钉的直径将导线的末端弯成一个环，其弯曲方向应与螺钉旋入方向相同，螺钉（或螺帽）与导线间、导线与导线间应加垫圈。

（5）直接接入式电能表采用多股绝缘导线，应按表计容量选择。当选择的导线过粗时，应采用断股后再接入电能表端钮盒的方式。

（6）当导线小于端子孔径较多时，应在接入导线上加扎线后再接入。

（四）三相四线电能表接线时应注意的问题

（1）因为三相电能表都是按正相序校验的，所以应按正相序接线，否则便会产生计量附加误差。

（2）中性线不能与相线颠倒，否则可能烧坏电能表。

（3）与中性线对应的端钮一定要接牢，否则可能因接触不良或断线产生的电压差引起较大的计量误差。

（4）若三相四线电能表是总表，则进表的中线不能剪断接入表内，否则一旦发生接头松动，将会出现低压线路断中线的现象。此时如果负载严重不对称，负载中性点会产生位移，使负载上承受的相电压不对称，与额定值相比或过压或欠压。轻者影响设备正常使用，重者将造成大面积设备烧毁。为此，中线与三相四线电能表之间可采用单芯铜导线分支连接方式接线，如图ZY2300501001-13 所示。接线一定要接牢，否则因接触不良或断线会产生较大的计量误差。

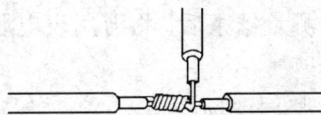

图 ZY2300501001-13　单芯铜导线分支连接

【思考与练习】

1．何种情况下电能计量装置应采用互感器？

2．电能计量装置对环境有何要求？

3．电能计量装置哪些部位应加封？

4．三相四线电能表接线时应注意哪些事项？

模块 2　单相电能表的接线检查（ZY2300501002）

【模块描述】本模块包含万用表、钳型电流表的使用及注意事项，单相电能表接线检查的内容及检查方法和注意事项等内容。通过名词解释、图文结合、操作过程详细介绍、操作技能训练，掌握单相电能表接线检查方法。

【正文】

由于同一用途的测量表计型号较多，但相同用途的测量仪表其使用方法与注意事项大致相同，所以本书对于万用表、钳型电流表仅介绍指针式和数字式仪表各一种。

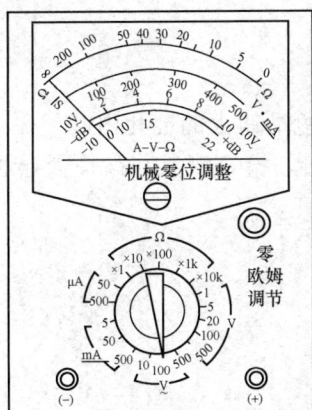

一、万用表

万用表是一种具有多种用途和多种量程仪表，一般的万用表可用来测量直流电流、直流电压、交流电流、交流电压和电阻等，较高级的万用表还可以测量电感、电容、功率及晶体管的直流放大系数 β 值等。因为它能测量多种多样的电工量，所以称为万用表。

1．万用表使用

指针式万用表外形结构示意图如图 ZY2300501002-1所示。

（1）交流电压的测量：

1）红色测试棒的连接线插入（+）插孔内，黑色测试棒的连接线插入（－）插孔内。

图 ZY2300501002-1　指针式万用表外形结构示意图

2）将转换开关转换到欧姆挡后，对于有电源开关的万用表打开其开关，红、黑测试棒短接，检查测量回路是否导通。

3）估计所测电压的大小，将转换开关旋转到交流电压挡大于所测电压的电压量限位置上。若无法估计其电压大小，则将转换开关旋转到交流电压挡最大量限，再根据读数调整量限。

4）将红、黑测试棒分别接到需测量电压的接线端钮上。

5）指针稳定后读数，并进行记录。

6）测量结束后，将万用表电源开关断开，若万用表没有电源开关则将转换开关旋至交流电压最大量限。

7）整理现场。

（2）直流电阻的测量：

1）红色测试棒的连接线插入（+）插孔内，黑色测试棒的连接线插入（−）插孔内。

2）估计所测回路电阻大小，将转换开关转换到欧姆挡合适的倍率位置，对于有电源开关的万用表打开其开关，红、黑测试棒短接，旋转调零旋钮调零。

3）将红、黑测试棒分别接到需测量回路两端。

4）指针稳定后读数，并进行记录。

5）测量结束后，将万用表电源开关断开，若万用表没有电源开关则将转换开关旋至交流电压最大量限。

6）整理现场。

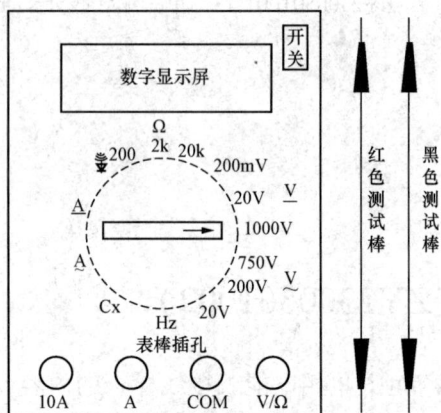

图 ZY2300501002-2　数字式万用表外形结构示意图

2.　数字式万用表使用

数字式万用表外形结构示意图如图 ZY2300501002-2 所示。

（1）交流电压的测量：

1）红色表棒的连接线插入 V/Ω 插孔内，黑色表棒的连接线插入黑色端钮上的插孔内。

2）将转换开关转换到蜂鸣器挡，打开电源开关，检查表内电池电量是否充足后，将红、黑表棒短接，检查测量回路是否导通，若导通蜂鸣器发出响声。

3）估计所测电压的大小，将转换开关旋转到交流电压挡大于所测电压的电压量限位置上。若无法估计其电压大小，则将转换开关旋转到交流电压挡最大量限，再根据读数调整量限。

4）将红、黑测试棒分别接到需测量电压的接线端钮上。

5）指示值稳定后读数，并进行记录。

6）测量结束后，将万用表电源开关断开。

7）整理现场。

（2）直流电阻的测量：

1）红色表棒的连接线插入 V/Ω 插孔内，黑色表棒的连接线插入黑色端钮上的插孔内。

2）将转换开关转换到蜂鸣器挡，打开电源开关，红、黑测试棒短接，检查测量回路是否导通。

3）将转换开关转换到欧姆挡合适的倍率位置，打开电源开关。

4）将红、黑测试棒分别接到需测量回路两端。

5）指针稳定后读数，并进行记录。

6）测量结束后，将万用表电源开关断开。

7）整理现场。

3.　万用表测量过程中危险点控制

（1）万用表使用前应检查万用表和连接线绝缘是否完好，以防由于绝缘破损引起触电。同时还应检查万用表的检定合格证日期是否在试验周期内。

（2）对电能表测量前对计量柜柜体外壳进行验电，以防柜体外壳带电。

（3）带电测量应戴棉纱手套，穿绝缘鞋，工作服袖口纽扣系好。测量过程中防止误碰带电部位造成触电。

（4）转换开关位置选择后，应检查位置选择是否正确。如果选择错误，则可能造成烧表、短路事故。

（5）带电测量过程中，不允许调整量限，若需调整量限则必须将红、黑测试棒从测量电路中退出。

（6）测量直流电阻时，必须将被测回路停电，否则会造成烧表、短路事故。

4. 万用表测量注意事项

（1）数字式万用表显示屏上，若出现电池图形，说明电池电量不足，应更换电池。

（2）测量时，量程选择应合适，读数值若与量限相差较大，调整量限。指针式万用表，测量电压时最好使指针在量程的 1/2～2/3 的范围内，测量电阻时最好使指针接近标度尺的中间，读数较为准确。

（3）测量过程中，红、黑测试棒与接线端钮接触要保持良好。

（4）指针式万用表应在指针摆动稳定后读数，同时注意标度尺读数和量程档的配合关系。数字式万用表在显示数据稳定后读数。

（5）测量回路电阻时，须断开支路，防止非测量支路电阻并联在测量回路中。

二、钳型电流表

通常在测量电流时，需将被测电路断开，才能将电流表或电流互感器的一次侧串接到电路中去。为了在不断开电路的情况下测量电流，可使用钳型电流表。

用来测量交流电流的钳型表是由电流互感器和电流表组成的。由于目前指针式钳型电流表已很少见，故本书仅介绍数字式钳型电流表。钳型电流表外形结构示意图如图 ZY2300501002-3 所示。

1. 交流电流的测量

（1）打开电源开关，检查电池电量是否充足。

（2）估计所测电流的大小，将转换开关旋转到交流电流档大于所测电流的电流量限位置上。若无法估计其电流大小，则将转换开关旋转到交流电流挡最大量限，再根据读数调整量限。

（3）握紧钳柄，使钳口张开，然后将被测电流的导线卡入钳口，松开钳柄，钳口闭合。

（4）指示值稳定后读数，并进行记录。

（5）测量结束后，断开电源开关。并把转换开关旋至最大电流量限的位置上，以免下次使用时，由于未经选择量程而造成仪表损坏。

（6）整理现场。

图 ZY2300501002-3　钳型电流表外形结构示意图

2. 钳型电流表测量过程中危险点控制

（1）钳型电流表绝缘是否完好，检查检定合格证日期是否在试验周期内。

（2）测量大电流时，应首先用钳型电流表测量一下已明确的小电流，观察是否有示数显示，以防二次侧开路。

（3）在电能表测量前对计量柜柜体外壳进行验电，以防柜体外壳带电。

（4）测量过程中应戴棉纱手套，穿绝缘鞋，工作服袖口纽扣系好。测量过程中防止误碰带电部位造成触电。

（5）转换开关位置选择后，应检查位置选择是否正确。如果选择错误，则可能造成烧表事故。

（6）测量过程中，不允许调整量限，若需调整量限则必须将钳口从被测电路中退出。

3. 钳型电流表测量注意事项

（1）钳型电流表显示屏上，若出现电池图形，说明电池缺电，应更换电池。

（2）测量时，量程选择应合适，读数值若与量限相差较大，应调整量限。

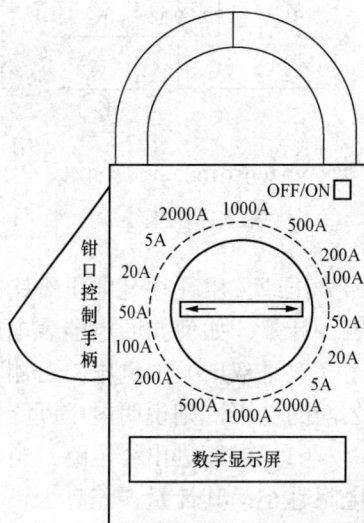

（3）被测导线应尽量置于钳口中央，减少误差。

（4）钳口两个面很好结合。如有杂声，可将钳口重新开合一次。如果声音依然存在，可检查合面上有无污垢存在。如有污垢，可用汽油擦拭干净。

（5）显示数据稳定后读数。

（6）测量小电流时，为了得到较准确的读数，若条件允许，可将导线多绕几圈放进钳口进行测量，但实际电流值应为读数除以放进钳口内的导线圈数。

三、单相电能表的接线检查

单相电能表的接线检查首先应目测电能表的表盖钳封是否正常；进出线是否固定良好；布线是否整齐统一；进出线是否预留过长；表盖打开后接线盒内螺钉是否松紧高低基本一致，否则应注意检查电能表的接线。

单相电能表的接线比较简单，直接接入式的单进单出或双进双出，经互感器接入式的电压电流共接式或分开式。错误接线的形式有中性线、相线颠倒，电压回路失压或欠压，电流进出线短路，电流接反或电流互感器二次侧极性接反。

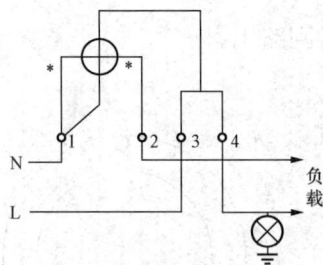

图 ZY2300501002-4 中性线、相线颠倒接线

（1）中性线、相线颠倒：中性线、相线颠倒对用电设备用电没有影响，但若用电设备在相线、接地线之间就会引起电能表的漏计量，如图 ZY2300501002-4 所示，如何判断中性线、相线颠倒。可以用万用表的交流电压档，测量电能表 1 端子与大地之间的电压，若有 220V 左右的电压，则说明中性线、相线没有颠倒。若所测电压较低或为零，则说明中性线、相线颠倒。若为防止判断失误，可测量 3 端子（单进单出）对地电压，其现象应与上述相反。

判断中性线、相线是否颠倒，还可以采用测电笔进行测量判断，验电时氖光灯泡发亮的是相线，不亮的则是中性线。

（2）电压回路失压或欠压：对于有电压小钩的单相电能表，电压回路失压或欠压往往是电压小钩脱钩或接触不良。电压回路失压则电能表不计量，电压回路欠压则电能表少计量。如何判断电能表电压回路失压或欠压，用万用表的交流电压档测量电压小钩固定端与 2 端子（双进双出）的电压，若测量电压为零则电压回路失压，若有一定的电压，但又低于相线、中性线之间的电压，则说明电压回路欠压，一般说明电压小钩松动。

（3）电流进出线短路：电流进出线短路视短接线的电阻大小，而会引起电能表计量变少，短接线电阻越小，其计量误差越大，甚至不计量，接线形式如图 ZY2300501002-5 所示。如何判断电能表的电流进出线短路，用钳型电流表测量电能计量装置的进出线电流和电能表电流端子上的进线电流，若电能表电流端子上的电流值明显偏小，则说明电流进出线短路。若电能计量装置带有电流互感器，则可以采用测量一次侧电流测量值除以电流互感器的变比后与电能表电流端子上的进（出）线电流比较，电能表电流端子上的进（出）线电流值明显小于一次电流的折算值（考虑误差因数后），则说明电流互感器的二次侧电流有短接现象。其电流互感器二次侧短接接线示意图如图 ZY2300501002-6 所示。

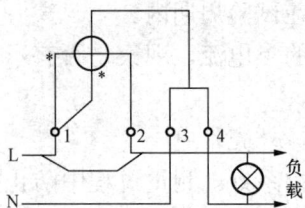

图 ZY2300501002-5 电流短接

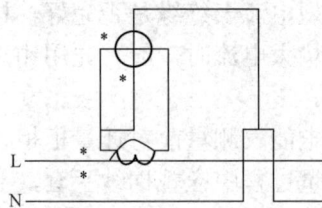

图 ZY2300501002-6 电流互感器二次侧短接接线示意图

（4）电流接反或电流互感器二次侧极性接反：电流进出线反接是常见的错误接线之一，如图 ZY2300501002-7 所示。若电能表通过电流互感器接入，则电流互感器二次侧有可能出现极性接反或电流反接错误，如图 ZY2300501002-8、图 ZY2300501002-9 所示。如何判断电流接反或电流互感器二次侧极性接反，则是通过测量证明电压相线、中性线接线正确，若电能表反向计量，说明电流接反或电

流互感器二次侧极性接反。

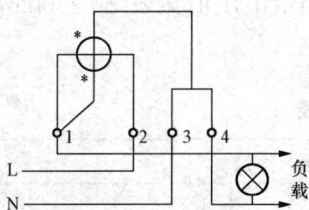

图 ZY2300501002-7　电流接反

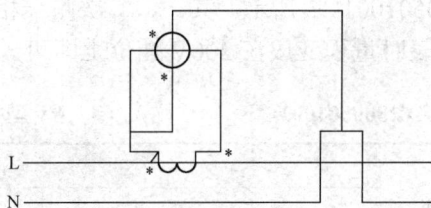

图 ZY2300501002-8　电流互感器二次侧极性接反

（5）接线检查时危险点控制。由于单相电能计量装置接线简单，容易发现计量接线错误。但正是由于简单，检查过程中容易出现麻痹思想。接线检查时应注意：

1）计量装置外壳对地要验电，以确保电能计量装置绝缘完好。

2）测量前应检查万用表或钳型电流表表棒绝缘完好，测量过程中应始终站在绝缘垫上，并戴好手套。

3）测量前应分清电能计量装置是双进双出还是单进单出，否则可能会由于万用表档位选择错误造成短路。

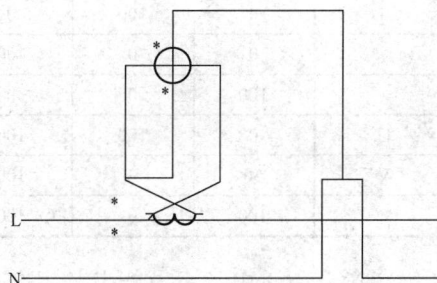

图 ZY2300501002-9　电流互感器二次侧反接

【思考与练习】

1．使用数字式万用表测量电能表电压回路电压时应注意哪些事项？

2．使用数字式钳型电流表测量电能表电流回路中电流时应注意哪些事项？

3．如何带电判断单相电能表接线中性线、相线颠倒？

模块 3　三相电能表电压、电流、相序测量（ZY2300501003）

【模块描述】本模块包含使用万用表、钳型电流表、相序表测量三相电能表电压、电流、相序并判断电能表接线等内容。通过原理分析、列表对比、图解示意、操作技能训练，掌握电能表电压、电流、相序测量和判断电能表接线的方法。

【正文】

一、电压接线检查

1．断线测量检查

电能表有直接接入式和经互感器接入式。直接接入式电能表电压断线可以从电能表端钮上用万用表进行测量。电压互感器断线分为一次侧断线和二次侧断线，但三相电压数值的测量必须在电压互感器二次侧进行。

（1）直接式三相四线电能表一相断线。直接式三相四线电能表一相断线，我们在电能表端钮上用万用表或电压表进行测量，其线电压与相电压测量值见表 ZY2300501003-1，在使用万用表时应注意量程应放在 500V 档位上。

表 ZY2300501003-1　　直接式三相四线电能表一相断线时线电压与相电压测量值　　　　单位：V

断压相	线电压、相电压					
	U_{UV}	U_{UN}	U_{VW}	U_{VN}	U_{WU}	U_{WN}
正常	380	220	380	220	380	220
U	220	0	380	220	220	220
V	220	220	220	0	380	220
W	380	220	220	220	220	0

（2）Vv 型接线的电压互感器断线。电压互感器采用 Vv 型接线的电能计量装置常用接线，如图 ZY2300501001-12 所示。其一、二次侧一相断线后，在二次侧测量电压值见表 ZY2300501003-2，在使用万用表时量程应放在 200V 挡位上即可。

表 ZY2300501003-2　　　　　　　　Vv 型接线电压互感器一相断线　　　　　　　　单位：V

断压相	线 电 压								
	二 次 空 载			二次接一只有功表			二次接一只有功表，一只无功表		
	U_{uv}	U_{vw}	U_{wu}	U_{uv}	U_{vw}	U_{wu}	U_{uv}	U_{vw}	U_{wu}
正常	100	100	100	100	100	100	100	100	100
u	0	100	0	0	100	100	50	100	50
v	0	0	100	50	50	100	66.7	33.3	100
w	100	0	0	100	0	100	100	33.3	66.7
U	0	100	0	0	100	100	50	100	50
V	50	50	100	50	50	100	50	50	100
W	100	0	100	100	0	100	100	33.3	66.7

注意：由于电子式电能表各生产厂家在电路结构上有所不同，所以在对某种电子式电能表断线检查时，应首先针对该种电子表在正确接线时故意设置电压断线异常，进行测量绘制出相应断线电压测量表格。

2．V 形接线的电压互感器极性接反测量检查

V 形接线的电压互感器无论是 U 相还是 W 相二次极性接反时，其二次电压测量值 $U_{uv}=100V$，$U_{vw}=100V$，$U_{uw}=173V$。若有此测量结果，即可判断有一相电压互感器极性接反。当三相三线电能表采用的是感应式电能表时，负荷若为感性，电能表又正转，则可以判断是 U 相二次极性接反，若电能表反转则可判断是 W 相二次极性接反。

3．电压互感器接地线断线测量检查

检查电压互感器接地线是否断线，可将电压表（或万用表电压挡）的一端接地，另一端分别接向电能表的三个电压端子。

V 形接线的电压互感器若 v 相接地，则电压表三次测量中两次指示 100V，一次指示零，指示为零相接地。若无接地，则电压表三次均指示零。

二、电流接线检查

1．短接（断线）测量检查

DL/T448—2000《电能计量装置技术管理规程》规定：对三相三线制接线的电能计量装置，其 2 台电流互感器二次绕组与电能表之间宜采用四线连接。对三相四线制接线的电能计量装置，其 3 台电流互感器二次绕组与电能表之间宜采用六线连接。所以电能计量装置中电流接线被短接或断线的检查和分析就比较简单化了。

电能计量装置中电流接线被短接或断线的检查均采用钳型电流表进行测量，其方法是：将钳型电流表调至合适档位，逐一钳住每相电流的导线进行测量。若三相基本平衡，则每次所测电流值应基本相同。若其中一次测量值与其他测量值相比小很多，此时应考虑可能有短接现象。若其中一次测量值为零，则应考虑有断线现象，不过要说明的是，若采用的钳型电流表准确度较低时，电流线被短接也可能使测量值为零。

2．低压电流互感器变比检查

运行中低压电流互感器变比检查，常采用钳型电流表测量一、二次电流值，计算变比后与电流互感器铭牌上标注的变比值进行比较。

3．电流（电流互感器极性）接反测量检查

电流接反的测量检查，一般是采用钳型电流表同时钳住两相电流的进线导线或出线导线。三相负荷基本平衡的情况下两相电流的相量和值与单相电流值应基本相等，若两相电流的相量和值是单相电

流值的 $\sqrt{3}$ 倍，则说明有电流（电流互感器极性）接反。感应式电能表经电流互感器三相四线、三相三线电能计量装置，电流接反时的分析可分别见表 ZY2300501003-3、表 ZY2300501003-4。

表 ZY2300501003-3　　　　经电流互感器三相四线电能计量装置电流接反分析表

$\lvert \dot{i}_u + \dot{i}_v \rvert$	$\lvert \dot{i}_v + \dot{i}_w \rvert$	$\lvert \dot{i}_u + \dot{i}_w \rvert$	电能表正转（感性负载）	电能表反转（感性负载）
I	I	I	接线正确	三相均接反
$\sqrt{3}\,I$	$\sqrt{3}\,I$	I	I_v 接反	I_u, I_w 接反
I	$\sqrt{3}\,I$	$\sqrt{3}\,I$	I_w 接反	I_u, I_v 接反
$\sqrt{3}\,I$	$\sqrt{3}\,I$	I	I_u 接反	I_v, I_w 接反

表 ZY2300501003-4　　　　经电流互感器三相三线电能计量装置电流接反分析表

$\lvert \dot{i}_u + \dot{i}_w \rvert$	电能表正转（感性负载）	电能表反转（感性负载）
I	接线正确	二相均接反
$\sqrt{3}\,I$	I_u 接反	I_w 接反

对于多功能电子式电能表，由于有有功功率方向指示，故同样能判断出电流接反相。若电子式电能表无功率方向指示，三相四线电能表则改变与其中两次测量均增加 $\sqrt{3}$ 倍有关的电流相接线，即可正确计量；三相三线电能表则任意改变一相即可正确计量，因为电子式电能表具有逆止功能。

三、相序测量检查

相序的测量检查方法有：电感灯泡法、电容灯泡法、相序表法、相位角法等几种。电感灯泡法、电容灯泡法目前已基本不再使用，所以本书只介绍相序表法、相位角法。

1. 相序表法

相序表外形形状很多，但其工作原理和电动机工作原理基本相同，图 ZY2300501003-1 为相序表外观示意图。当将相序表的黄、绿、红三支表棒按顺序分别接到电能表的电压端子上，若相序表旋转方向与指示方向一致，则说明是正相序，反之，则逆相序。

2. 相位角法

相位角法就是利用三相电压之间的固定相位关系，通过测量电压之间的相位角来判断电压的相序。其外形结构图如图 ZY2300501003-2 所示，其中 U 电压表棒为共接棒。相序测量原理如下。

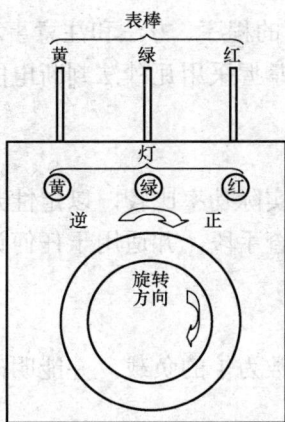

图 ZY2300501003-1　相序表外观示意图　　　　图 ZY2300501003-2　相位表外形结构图

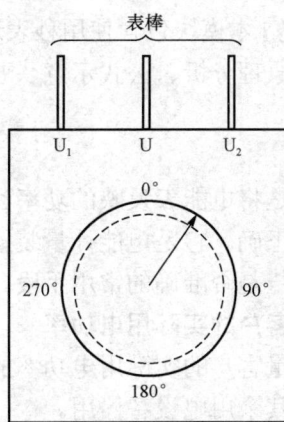

正相序、逆相序时各线电压及各相电压之间的相位关系如图 ZY2300501003-3 所示。

从图 ZY2300501003-3（a）中可以看出：$\dot{U}_{un}$ 超前 $\dot{U}_{vn}$ 120°，$\dot{U}_{vn}$ 超前 $\dot{U}_{wn}$ 120°，$\dot{U}_{wn}$ 超前 $\dot{U}_{un}$ 120°，$\dot{U}_{uv}$ 超前 $\dot{U}_{vw}$ 120°，$\dot{U}_{vw}$ 超前 $\dot{U}_{wu}$ 120°，$\dot{U}_{wu}$ 超前 $\dot{U}_{uv}$ 120°，$\dot{U}_{uv}$ 超前 $\dot{U}_{wv}$ 300°。

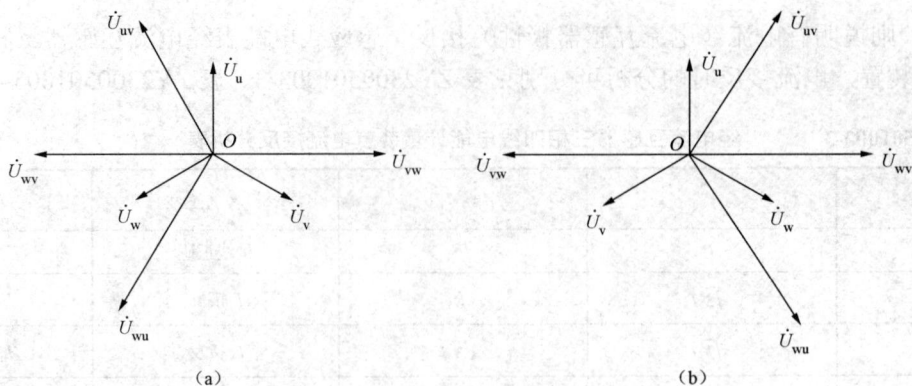

图 ZY2300501003-3　正相序、逆相序时各线电压及各相电压关系图

（a）正相序；（b）逆相序

从图 ZY2300501003-3（b）中可以看出：$\dot{U}_{un}$ 超前 $\dot{U}_{vn}$ 240°，$\dot{U}_{vn}$ 超前 $\dot{U}_{wn}$ 240°，$\dot{U}_{wn}$ 超前 $\dot{U}_{un}$ 240°，$\dot{U}_{uv}$ 超前 $\dot{U}_{vw}$ 240°，$\dot{U}_{vw}$ 超前 $\dot{U}_{wu}$ 240°，$\dot{U}_{wu}$ 超前 $\dot{U}_{uv}$ 240°，$\dot{U}_{uv}$ 超前 $\dot{U}_{wv}$ 60°。

从上述分析可知：只要用相位表按上述电压顺序在电能表电压接线端钮上测得两线电压之间或两相电压之间的相位角，就可得出三相电压的相序。

四、测量过程中危险点控制

（1）对电能表测量前对计量柜柜体外壳进行验电，以防柜体外壳带电。

（2）测量过程中应戴棉纱手套，穿绝缘鞋，垫好绝缘垫，工作服袖口纽扣系好。测量过程中防止误碰带电部位造成触电。

（3）操作过程中，应防止电压回路短路、电流回路开路，防止皮肤和袖口触及带电部位引起触电。

【思考与练习】

1．如何判断三相四线电能表接线有断线现象？

2．如何判断三相四线电能表接线电流有反接线现象？

3．如何判断三相三线电能表接线有断线现象？

4．如何判断三相三线电能表接线电流有反接线现象？

5．如何判断三相三线电能计量装置中电压互感器极性反接现象？

模块 4　瓦秒法判断电能计量装置误差（ZY2300501004）

【模块描述】本模块包含使用秒表进行电能计量装置误差判断的程序、方法和注意事项等内容。通过概念描述、原理分析、公式示意、要点归纳、操作技能训练，掌握采用瓦秒法判断电能计量装置误差的方法。

【正文】

瓦秒法，是将电能表反映的功率（有功或无功）与线路中的实际功率比较，以定性判断电能计量装置接线是否正确。它是电能计量装置接线检查中常用的一种检查手段，并适用于任何计量方式，也是初步判断计量是否准确的常用手段。

一、确定客户的实际用电功率

（1）小容量客户的实际用电功率的确定。请客户保留功率因数为 1 的负载，并能明确知其功率的用电设备，而其余用电设备停用。

（2）大容量客户的实际用电功率的确定。由于大容量客户具有配电盘，所以可以通过功率表读数或电压表、电流表、功率因数表的读数之积确定。

二、使用秒表测量转速或脉冲数

测量感应式电能表转速。当电能表转盘上的标志转到电能表铭牌转盘窗口的中心线时开始计时，当第 N 圈电能表转盘上的标志再次转到电能表铭牌转盘窗口的中心线时停表，记录耗时时间 t。

测量电子表脉冲速度。脉冲发出后开始计时，当发出第 N 个脉冲后停表，记录耗时时间 t。

三、功率、转数、时间计算

（1）计量功率计算。根据测量的转数和消耗的时间，采用式（ZY2300501004-1）可以计算出计量功率。

$$P = \frac{3600 \times 1000 N}{Ct} (W) \tag{ZY2300501004-1}$$

式中　C——有功电能表常数，r/kWh；

　　　N——转数，r；

　　　t——N 圈所消耗的时间，s。

（2）根据实际用电功率计算 t_0 时间内电能表的转数或脉冲数计算 N_0

$$N_0 = \frac{P_0 C t_0}{3600 \times 1000} (r) \tag{ZY2300501004-2}$$

式中　P_0——实际用电功率；

　　　N_0——t_0（s）时间内电能表的转数或脉冲数计算 N_0，r。

（3）根据实际用电功率计算电能表转或脉冲 N_0 数时，应耗时时间 t_0 计算

$$t_0 = \frac{3600 \times 1000 N_0}{C P_0} (s) \tag{ZY2300501004-3}$$

四、电能计量装置相对误差的计算

（1）通过功率计算相对误差

$$\gamma = \frac{P - P_0}{P_0} \times 100\% \tag{ZY2300501004-4}$$

（2）通过转数计算相对误差

$$\gamma = \frac{N - N_0}{N_0} \times 100\% \tag{ZY2300501004-5}$$

（3）通过时间计算相对误差

$$\gamma = \frac{t_0 - t}{t} \times 100\% \tag{ZY2300501004-6}$$

相对误差若超过了电能表的准确度等级允许的范围，则说明该套计量装置失准。此时应考虑校表或进行计量装置接线检查。

五、瓦秒法判断电能计量装置误差注意事项

（1）相对误差的概念是测量值减去真值后与真值的百分比，若通过时间来计算电能计量装置的相对误差时，根据公式推导则是真值减去测量值后与测量值的百分比，见式（ZY2300501004-6），否则误差将会计算错误。

（2）从式（ZY2300501004-3）中可以看出，也可以通过计算转数（脉冲数）的方法计算相对误差，但考虑到测量 t（s）内的转数（脉冲数）误差较大，故不推荐使用。

（3）对于有互感器接入的电能计量装置应将功率折算到一次侧或二次侧，否则误差将会计算错误。

（4）测量转速时，测量的圈数或脉冲数越多，计量装置的误差判断误差就越小。测量的次数越多，取其平均值的误差就越小。

（5）注意时间、功率的单位应保持一致。

【思考与练习】

1. 如何确定客户的实际用电功率？

2. 瓦秒法判断电能计量装置误差时应注意哪些事项？

模块5　力矩法判断电能计量装置接线（ZY2300501005）

【模块描述】本模块包含采用力矩法检查与分析三相三线、三相四线电能计量装置接线及相关注意事项等内容。通过概念描述、原理分析、公式示意、要点归纳、操作技能训练，掌握采用力矩法检查电能计量装置接线正确性的方法。

【正文】

力矩法就是将电能表原有接线故意改动后，观察圆盘转速（脉冲速度）变化（即力矩的变化），以判断接线是否正确，这是常用的一种检查方法。

一、三相三线电能表接线检查方法

1. 断开 V 相电压

用螺钉旋具松开联合接线盒 V 相压接螺钉，并用螺钉旋具挑开电压连片，使 V 相电压断开。

图 ZY2300501005-1 所示为三相三线有功电能表断 V 相电压进线的接线图和相量图。

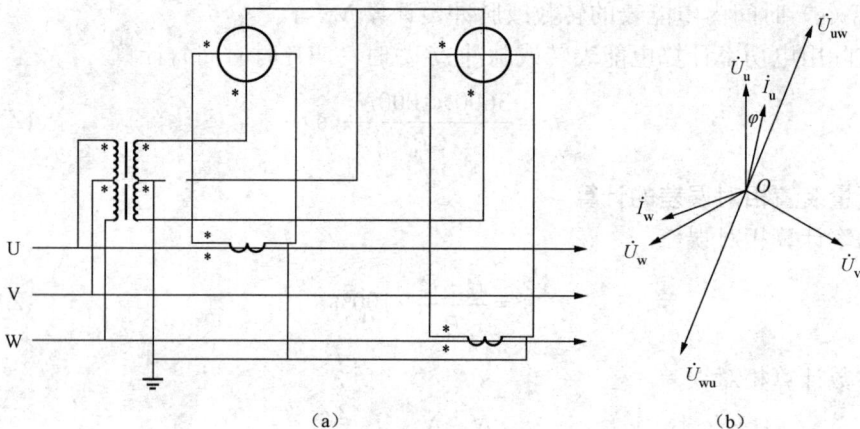

图 ZY2300501005-1　断开 V 相电压时的接线图和相量图
（a）接线图；（b）相量图

元件 1 由 $\dot{U}_{uv}$、$\dot{I}_u$ 变为 $\frac{1}{2}\dot{U}_{uw}$、$\dot{I}_u$。元件 2 由 $\dot{U}_{wv}$、$\dot{I}_w$ 变为 $\frac{1}{2}\dot{U}_{wu}$、$\dot{I}_w$。

由图 ZY2300501005-1（b）可写出三相电压、电流对称时，三相电能表反映的功率为

$$P' = P'_1 + P'_2 = \frac{1}{2}[\dot{U}_{uw}\dot{I}_u \cos(30° - \varphi) + \dot{U}_{wu}\dot{I}_w \cos(30° + \varphi)] = \frac{1}{2}\sqrt{3}U_1 I_1 \cos\varphi \qquad \text{（ZY2300501005-1）}$$

式（ZY2300501005-1）中 U_1、I_1 为线电压和线电流，可以看出此时三相三线有功电能表断 V 相电压后，电能表反映的功率变为正确接线时的 $\frac{1}{2}$，即转速（脉冲速度）为正确接线时的 $\frac{1}{2}$。

注意上述分析只是理论推导，实际工作中由于负荷的变动，两次测量的转速比例可能出现偏差。

2. U、W 电压（或电流）交叉

用螺钉旋具恢复 V 相电压，再将接入电能表的电压 U、W 位置交换，图 ZY2300501005-2 为三相三线有功电能表 U、W 交叉后接线图及相量图。

元件 1 由 $\dot{U}_{uv}$、$\dot{I}_u$ 变成 $\dot{U}_{wv}$、$\dot{I}_u$。

元件 2 由 $\dot{U}_{wv}$、$\dot{I}_w$ 变成 $\dot{U}_{uv}$、$\dot{I}_u$。

若三相电路对称，得此时电能表反映的功率为

$$P' = U_{wv}I_u \cos(90° + \varphi) + U_{uv}I_w \cos(90° - \varphi)$$

$$= -U_1 I_1 \sin\varphi + U_1 I_1 \sin\varphi = 0 \qquad \text{（ZY2300501005-2）}$$

故若交叉 U、W 电压线后，表不转（电子表停止计数），则说明原来的接线正确。

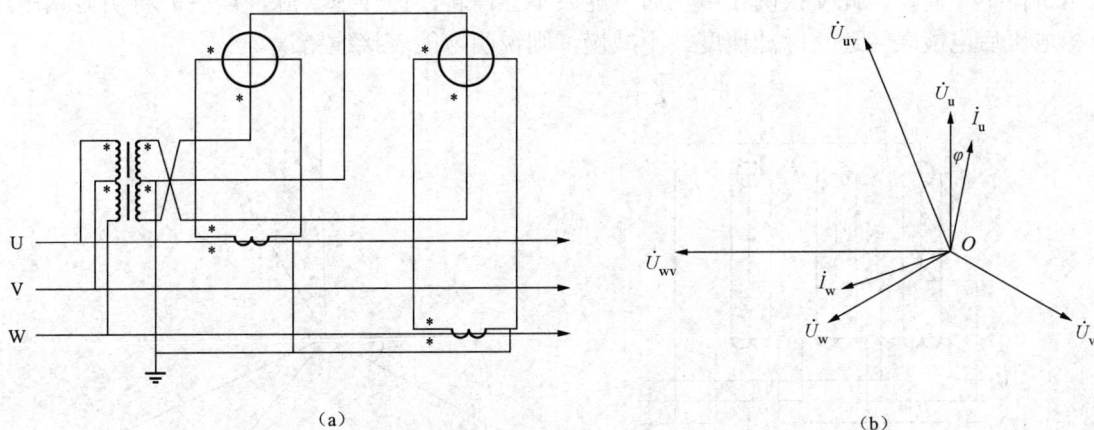

图 ZY2300501005-2　U、W 交叉后接线图及相量图

（a）电压交叉接线图；（b）相量图

3. U、W 电压交叉后断开 V 相电压

U、W 电压交叉后，用螺钉旋具断开 V 相电压其接线图及相量图，如图 ZY2300501005-3 所示。

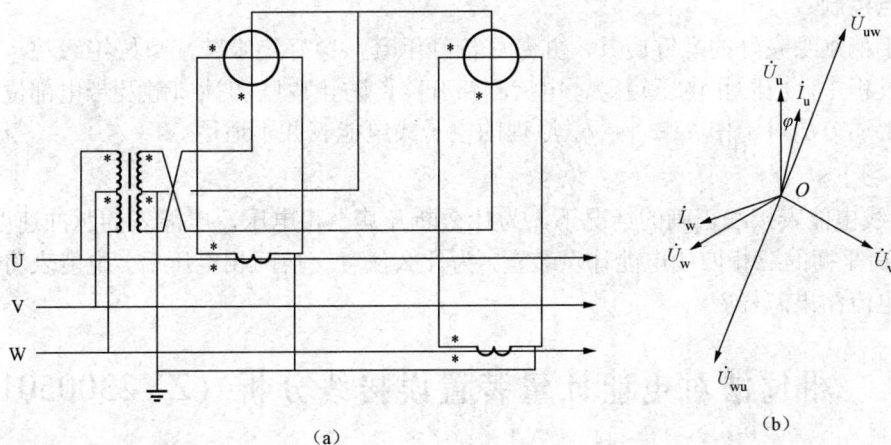

图 ZY2300501005-3　U、W 交叉后 V 相断线接线图及相量图

（a）接线图；（b）相量图

从图 ZY2300501005-3 中看出，三相三线电能表 U、W 电压位置交叉后，再断开 V 相后，元件 1 接线变成 $\dot{U}_{wu}$、$\dot{I}_u$，元件 2 接线变成 $\dot{U}_{uw}$、$\dot{I}_w$。

若三相电路对称，得此时电能表反映的功率为

$$P' = U_{wu}I_u\cos(150°+\varphi) + U_{uw}I_w\cos(150°-\varphi) = -\frac{1}{2}\sqrt{3}U_1I_1\cos\varphi \qquad (ZY2300501005\text{-}3)$$

故若交叉 U、W 电压线后再断开 V 相电压，此时机械式电能表将反转，并且反转转速是正确接线时转速的 1/2，但电子式电能表仅是脉冲速度降低 1/2。

二、三相四线电能表接线检查方法

力矩法检查三相四线电能表接线，即将三相电压任意交换两相。其交换后的接线图和相量图如图 ZY2300501005-4 所示。

交换 U、V 两相电压后，元件 1 由 $\dot{U}_{un}$、$\dot{I}_u$ 变成 $\dot{U}_{vn}$、$\dot{I}_u$，元件 2 由 $\dot{U}_{vn}$、$\dot{I}_v$ 变成 $\dot{U}_{un}$、$\dot{I}_v$，元件 3 由 $\dot{U}_{wn}$、$\dot{I}_w$ 变成 $\dot{U}_{wn}$、$\dot{I}_w$。

若三相电路对称，得此时电能表反映的功率为

$$P' = U_{vn}I_u\cos(120°-\varphi) + U_{un}I_u\cos(120°+\varphi) + U_{wn}I_w\cos\varphi = 0 \qquad (ZY2300501005\text{-}4)$$

故交换两相电压后电能表停转（电子表停止计数）。同理可推交换电流后同样结论。考虑到实际工

作中三相负荷不平衡，因此交换两相电压后电能表不会停转，但转速（脉冲速度）将明显减慢。如果交换两相电压后电能表转速（脉冲速度）不减慢，则说明电能表接线错误。

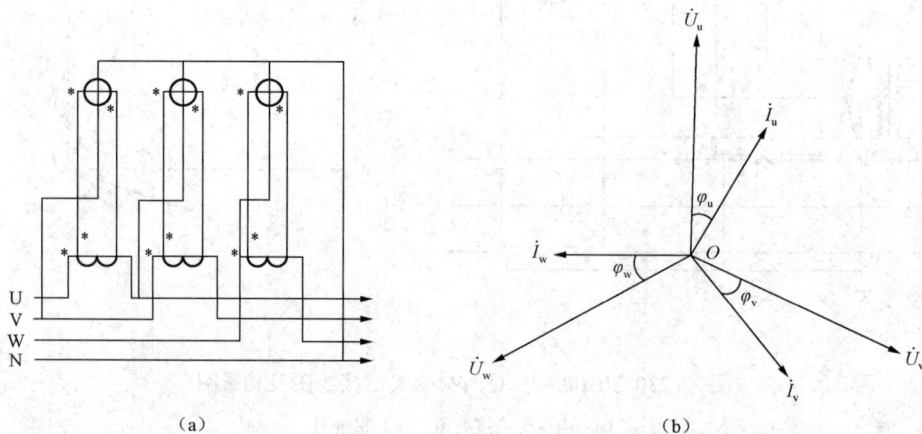

图 ZY2300501005-4　三相四线电能表交换 U、V 电压后接线图及相量图

（a）接线图；（b）相量图

三、危险点控制

（1）使用手柄绝缘完好的螺钉旋具，并戴好棉纱手套，穿好绝缘鞋，垫好绝缘垫。

（2）操作过程中，应防止电压短路、电流回路开路，防止皮肤和袖口触及带电部位引起触电。应当指出上述方法对于 $|p_1|+|p_2|+|p_3|$ 原理的电子式电能表并不适用。

【思考与练习】

1．三相三线电能表接线正确的情况下，为什么断开其中相电压，电能表的脉冲速度会减半？

2．三相负荷平衡的三相四线电能计量装置，为什么任意交换两相电压后，电能表将会没有脉冲？任意交换两相电流结果怎样？

模块 6　相位法对电能计量装置误接线分析（ZY2300501006）

【模块描述】本模块包含手持式钳型相位数字万用表的功能和使用、采用相位法检查与分析三相三线、三相四线电能计量装置接线、错误接线处理等内容。通过原理分析、图解示意、案例分析、操作技能训练，掌握采用相位法检查与分析电能计量装置接线正确性的方法。

【正文】

一、手持式钳型相位数字万用表

万用表、钳型电流表的使用在前面模块已经介绍过，但这两种表均不具有测量相位的功能。下面介绍手持式钳型相位数字万用表的使用。

1．手持式钳型相位数字万用表的功能

手持式钳型相位数字万用表具有测量交流电压、交流电流、电压量间相位、电压量与电流量间相位、电流量间相位及线路通断测量的功能。手持式钳型相位数字万用表面板结构如图 ZY230050100-1 所示，电压表棒如图 ZY2300501006-2 所示，电流测量表钳如图 ZY2300501006-3 所示。

2．手持式钳型相位数字万用表使用

（1）电压测量。钳型相位表档位旋至 U1 时，必须选用电压插孔 U1；钳型相位表档位旋至 U2 时，必须选用电压插孔 U2。电压表棒接至电能表接线端子上的电压端子（U12，U23，U13，U1n，

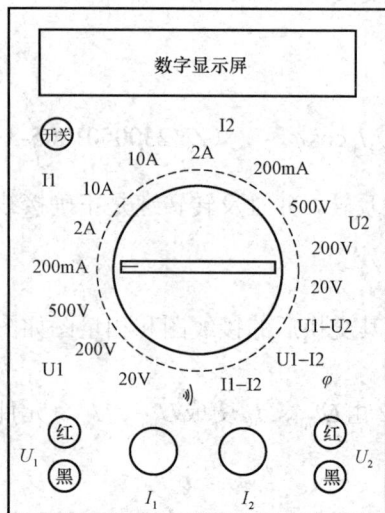

图 ZY2300501006-1　手持式钳型相位数字万用表面板结构

U2n，U3n）。

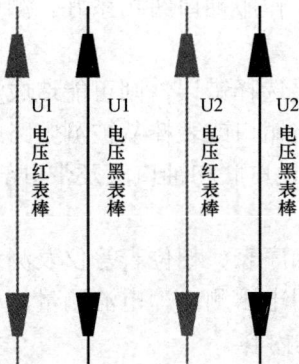

图 ZY2300501006-2　电压表棒

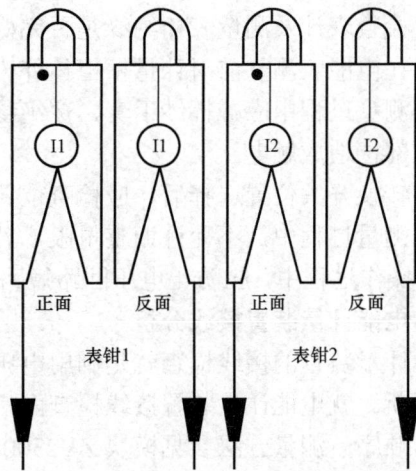

图 ZY2300501006-3　电流测量表钳

如：测量 U_{23} 时，电压红表棒接在电能表 U2 接线端子，电压黑表棒接在电能表 U3 接线端子。测量 U_{3n} 时，电压红表棒接在电能表 U3 接线端子，电压黑表棒接在电能表 Un 接线端子。

（2）电流测量。钳型相位表档位旋至 I1 时，必须选用电流插孔 I1；钳型相位表档位旋至 I2 时，必须选用电流插孔 I2。电流钳子钳住电能表接线端子上的电流线（I1，I2，I3）。

如：测量 I_3 时，用电流钳子钳住电流端子 I3 导线。

（3）两相电流之和值的测量：用电流钳子同时钳住两相电流导线，为便于分析最好同时钳住进线电流导线或出线电流导线。

如：测量 $|\dot{I}_1 + \dot{I}_2|$ 时，用电流钳子同时钳住电流端子 I1 和 I2 进线导线。

（4）三相电流之和值的测量：用电流钳子同时钳住三相电流导线，为便于分析最好同时钳住进线电流导线或出线电流导线。

如：测量 $|\dot{I}_1 + \dot{I}_2 + \dot{I}_3|$ 时，用电流钳子同时钳住电流端子 I1、I2、I3 进线导线。

（5）电压与电压间相位测量：钳型相位表档位旋至 U1、U2，选用电压插孔 U1、U2，电压表棒分别接在相应电压端子。

如：测量 U_{1n}、U_{3n} 之间的相位时，电压插孔 U1 中的红表棒接在电能表 U1 接线端子，黑表棒接在电能表 Un 接线端子；电压插孔 U2 中的红表棒接在电能表 U3 接线端子，黑表棒接在电能表 Un 接线端子。

（6）电压与电流间相位测量：钳型相位表档位旋至 U1-I2，选用电压插孔 U1 和电流插孔 I2，电压表棒和电流钳子分别接在相应电压、电流端子。

如：测量 U_{1n}、I_3 之间的相位时，电压插孔 U1 中的红表棒接在电能表 U1 接线端子，黑表棒接在电能表 Un 接线端子；电流钳子 I2 钳住电能表电流端子 I3 进线导线。

（7）电流与电流间相位测量：钳型相位表档位旋至 I1-I2，选用电流插孔 I1 和电流插孔 I2，电流钳子 I1 和电流钳子 I2 分别钳住相应电流端子。

如测量 I_2、I_3 之间的相位时，电流钳子 I1 和电流钳子 I2 分别钳住电能表电流端子 I2、I3 进线导线。

3. 相位测量注意事项

（1）电流测量钳有正反之分，测量相位时正向测量与反向测量会相差 180°。

（2）电流测量时，测量钳钳口必须闭合，否则测量值不准。

（3）电流测量钳未脱离导线时，不得调整档位，以防电流互感器二次侧开路。

（4）测量电压与电流之间的相位时必须使用 U1、I2 测量，不可以使用 U1、I1 测量。

（5）测量电压与电压之间的相位时 U1 插孔中一电位表棒应与 U2 插孔中一电位表棒并接。

4. 测量过程中危险点控制

（1）检查表计及测量表棒绝缘是否完好，检查检定合格证日期是否在试验周期内。

（2）在电能表测量前对计量柜柜体外壳进行验电，以防柜体外壳带电。

（3）测量过程中应戴棉纱手套，穿绝缘鞋，垫好绝缘垫，工作服袖口纽扣系好。测量过程中防止误碰带电部位造成触电。

（4）转换开关位置选择后，应检查位置选择是否正确。如果选择错误，则可能造成烧表事故。

（5）测量过程中，不允许调整量限，若需调整量限则必须将钳口或表棒从被测电路中退出。

（6）操作过程中，应防止电压回路短路、电流回路开路，防止皮肤和袖口触及带电部位引起触电。

二、电能计量装置接线分析

电能计量装置的接线检查就是利用电压表、钳型电流表、相序表、相位表等仪表测量相关数据进行分析判断。就电能计量装置接线检查而言，测量的顺序应采用电压测量、电流测量、相序测量、相位测量的顺序。测量方法参见模块 ZY2300501003 和本模块前述内容。

1. 三相四线电能计量装置混合错误接线分析

某基本对称的三相四线电路，电能表经电流互感器接入，且采用 6 连接，经在电能表接线端钮上测量，相关数据如下：

电压测量：$U_{1n}=220V$，$U_{2n}=220V$，$U_{3n}=0V$；$U_{12}=380V$，$U_{23}=220V$，$U_{13}=220V$。

电流测量：$I_1=4A$，$I_2=4A$，$I_3=4A$；$|\dot{I}_1+\dot{I}_2|=4A$，$|\dot{I}_2+\dot{I}_3|=6.9A$，$|\dot{I}_1+\dot{I}_3|=6.9A$。

电压间相位测量：$\dot{U}_{1n}$ 与 $\dot{U}_{2n}$ 的夹角为 $120°$。

电压与电流间相位测量：$\dot{U}_{1n}$ 与 $\dot{I}_1$ 的夹角为 $200°$，$\dot{U}_{1n}$ 与 $\dot{I}_2$ 的夹角为 $80°$，$\dot{U}_{1n}$ 与 $\dot{I}_3$ 的夹角为 $140°$。

经了解，测量时用户的负荷功率因数感性大于 $\frac{1}{2}$（$0°\leqslant\varphi\leqslant60°$）。

电能计量装置接线情况分析：

电压回路：依据相电压 $U_{1n}=220V$、$U_{2n}=220V$、$U_{3n}=0V$（或线电压）测量值可判断 U_3 断线，$\dot{U}_{1n}$ 与 $\dot{U}_{2n}$ 的夹角为 $120°$，说明电压是正相序接入。

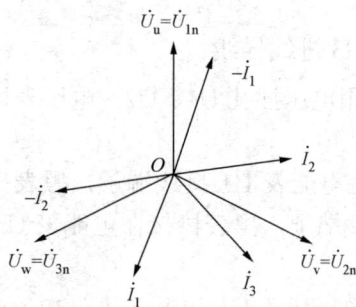

电流回路：由于 $I_1=4A$、$I_2=4A$、$I_3=4A$，则说明电流没有断线或短接。

依据电压和电流的相位关系，则作相量图。图 ZY2300501006-2 为电能表错接线相量图。

从相量图中可以看出：由于负荷功率因数角 $0°\leqslant\varphi\leqslant60°$，所以 $\dot{I}_3$ 由 $\dot{U}_{2n}$ 产生，$-\dot{I}_2$ 由 $\dot{U}_{3n}$ 产生，$-\dot{I}_1$ 由 $\dot{U}_{1n}$ 产生。若假设 $\dot{U}_{1n}=\dot{U}_{un}$，则 $\dot{U}_{2n}=\dot{U}_{vn}$，$\dot{U}_{3n}=\dot{U}_{wn}$，$\dot{I}_1=-\dot{I}_u$，$\dot{I}_2=-\dot{I}_w$，$\dot{I}_3=\dot{I}_v$。

电能表端钮盒接线如下：

图 ZY2300501006-2　电能表错接线相量图

1	2	3	4	5	6	7	8	9	10
$-\dot{I}_u$	$\dot{U}_{un}$	$\dot{I}_u$	$-\dot{I}_w$	$\dot{U}_{vn}$	$\dot{I}_w$	$\dot{I}_v$	$\dot{U}_{wn}$（断线）	$-\dot{I}_v$	U_n

电能表驱动功率计算为

$$P_1=U_{1n}I_1\cos(180°-\varphi)$$

$$P_2=U_{2n}I_2\cos(60°-\varphi)$$

$$P_3=U_{3n}I_3\cos(120°-\varphi)=0$$

$$P'=P_1+P_2+P_3=-U_{1n}I_1\cos\varphi+U_{3n}I_3\cos(120°-\varphi)$$

$$P'=-UI\cos(60°+\varphi)$$

2. 三相三线电能计量装置错误接线分析

某 10kV 高供高计电能计量装置，电能表选用的是三相三线电子式电能表，相关电压、电流、相位测量数据如下：$U_{12}=U_{23}=U_{13}=100V$，$I_1=I_3=4A$，$\dot{U}_{12}$ 与 $\dot{U}_{32}$ 的夹角为 $300°$，$\dot{U}_{12}$ 与 $\dot{I}_1$ 的夹角为 $350°$，

$\dot{U}_{12}$ 与 $\dot{I}_3$ 夹角为 280°，负荷的功率因数大于 $\dfrac{1}{2}$（0° $\leqslant \varphi \leqslant$ 60°），感性。

电能计量装置接线分析：由于 $U_{12}=U_{23}=U_{13}=100\text{V}$，$I_1=I_3=4\text{A}$，说明二次电压和电流没有缺相，并且电压互感器无单一接反（此题分析不考虑电压互感器均接反，若考虑电压互感器均接反，根据电能表的正反转也能判断）。$\dot{U}_{12}$ 与 $\dot{U}_{32}$ 的夹角为 300°，说明电能表所接三相电压接线是正相序。

根据以上判断及 $\dot{U}_{12}$ 与 $\dot{I}_1$、$\dot{U}_{12}$ 与 $\dot{I}_3$ 夹角，可画出如图 ZY2300501006-3 所示相量图。

从图中可以看出因 $\dot{U}_3$ 超前 $\dot{I}_3$，且超前角度符合 0° $\leqslant \varphi \leqslant$ 60°，所以 $\dot{U}_3$ 产生了 $\dot{I}_3$。同理 $\dot{U}_2$ 产生了 $-\dot{I}_1$。根据三相三线电能表接线特点可以得出 $\dot{U}_1$ 三相电路的中相。假设 $\dot{U}_1=\dot{U}_v$，则 $\dot{U}_2=\dot{U}_w$，$\dot{U}_3=\dot{U}_u$，$\dot{I}_1=-\dot{I}_w$，$\dot{I}_3=\dot{I}_u$，$\dot{U}_{12}=\dot{U}_{vw}$，$\dot{U}_{32}=\dot{U}_{uw}$。

电能表端钮盒接线如下：

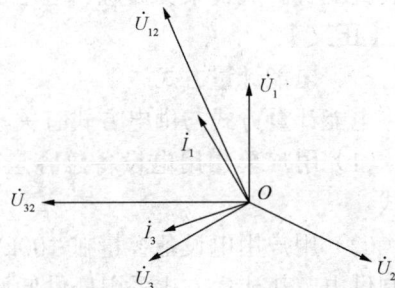

图 ZY2300501006-3　电能表错接线相量图

1	2	3	4	5	6	7
$-\dot{I}_w$	$\dot{U}_v$	$\dot{I}_w$	$\dot{U}_w$	$\dot{I}_u$	$\dot{U}_u$	$-\dot{I}_u$

电能表功率表达式为

$$P_1=U_{12}I_1\cos\dot{U}_{12}{}^{\wedge}\dot{I}_1=U_{vw}\times(-I_w)\times\cos(150°+\varphi)$$
$$P_2=U_{32}I_3\cos\dot{U}_{32}{}^{\wedge}\dot{I}_3=U_{uw}I_u\cos(30°-\varphi)$$
$$P'=P_1+P_2=U_{vw}\times(-I_w)\times\cos(150°+\varphi)+U_{uw}I_u\cos(30°-\varphi)$$
$$P'=-U_1I_1\times\cos(150°+\varphi)+U_1I_1\cos(30°-\varphi)$$
$$=-U_1I_1\times[-2\sin90°\sin(60°+\varphi)]$$
$$=2U_1I_1\times\sin(60°+\varphi)$$

三、错误接线处理

当我们绘出电压、电流的相量图，并经过分析，判明电能计量装置的错误接线方式后，应将电能计量装置接线改为正确的接线方式，以便准确计量电能。但在改正接线时要注意安全，特别要防止电流互感器二次回路开路和电压互感器二次回路短路。在改正接线过程中，要认真做好记录。接线改正后，还应进行一次全面的检查，测定电压值和相序、测量电流相位，绘制相量图再进行分析，直至确认电能表接线正确无误。然后还要测试电能表在实际负荷下的误差。

【思考与练习】

1. 某高供低计电能计量装置，电流互感器变比 300/5，其电压、电流、相位测量数据为：

$U_{1N}=220\text{V}$，$U_{2N}=220\text{V}$，$U_{3N}=220\text{V}$，$U_{12}=380\text{V}$，$U_{23}=380\text{V}$，$U_{13}=380\text{V}$，$I_1=4\text{A}$，$I_2=4\text{A}$，$I_3=4\text{A}$，U_{1N} 与 U_{2N} 之间的夹角 120°，U_{1N} 与 I_1 之间的夹角 200°，U_{1N} 与 I_2 之间的夹角 80°，U_{1N} 与 I_3 之间的夹角 140°，测量期间负荷的功率因数角大约在 0°～60°，月平均功率因数角为容性 30°，错误接线期间抄见示数负 200 个字。试求错误接线期间的退补电量。

2. 三相三线高供高计电能计量装置 8 种情况下接线检查测量数据如表 ZY2300501006-1 所示，请分析各错误接线形式（测量期间功率因数角假设感性 0°～60° 范围）。

表 ZY2300501006-1　　　　思考与练习题 2

序号	相序	电压	电流	相角	电压	电流	相角	序号	相序	电压	电流	相角	电压	电流	相角
1	顺	U_{12}	I_1	100°	U_{12}	I_3	160°	5	逆	U_{12}	I_1	5°	U_{12}	I_3	305°
2	顺	U_{12}	I_1	310°	U_{12}	I_3	190°	6	逆	U_{12}	I_1	230°	U_{12}	I_3	170°
3	顺	U_{12}	I_1	355°	U_{12}	I_3	55°	7	逆	U_{12}	I_1	255°	U_{12}	I_3	135°
4	顺	U_{12}	I_1	75°	U_{12}	I_3	195°	8	逆	U_{12}	I_1	225°	U_{12}	I_3	345°

模块 7　电能计量装置配置（ZY2300501007）

【模块描述】 本模块包含各种计量方式的要求及如何依据电能计量装置技术管理规程等进行电能计量装置配置。通过条文提炼、应用说明、案例分析与练习，掌握电能计量装置配置的方法。

【正文】

一、电能计量方式

电能计量方式与供电方式有关，具体的计量方式可按下面情况实施：

（1）用户单相用电设备总容量不足 10kW 的可采用低压 220V 供电，其计量方式采用单相计量方式。

（2）用户用电设备容量在 100kW 以下或需用变压器容量在 50kVA 及以下者，可采用低压三相四线制供电，其计量方式采用低供低计。若负荷电流为 50A 及以下时，宜采用直接接入式电能表；若负荷电流为 50A 以上时，宜采用经电流互感器接入式的电能计量方式，三台电流互感器二次绕组与电能表之间宜采用六线连接。

（3）当用户用电在负荷密度较高的地区，且用户用电设备容量在 100kW 以上或需用变压器容量在 50kVA 及以上，经过技术经济比较，采用低压供电的技术经济性明显优于高压供电时，可采用低压三相四线制供电，其计量方式同第 2 条要求。

（4）用户用电设备容量在 100kW 以上或需用变压器容量在 50kVA 及以上者，宜采用高压供电。高压供电原则上应在高压侧计量，10～35kV 供电用户应采用三相三线电能计量装置，10kV 电压互感器宜采用 Vv 接线，35kV 电压互感器宜采用 Yy 接线，两台电流互感器二次绕组与电能表之间宜采用四线连接；110kV 及以上供电用户应采用三相四线电能计量装置，电压互感器宜采用 Y_Ny_n 接线，三台电流互感器二次绕组与电能表之间宜采用六线连接。如果在低压侧计量时，则采用三相四线电能计量装置，三台电流互感器二次绕组与电能表之间宜采用六线连接，但其变压器的铁损、铜损应由用户承担。

（5）100kVA 及以上用户因需进行功率因数考核，所以应装设无功电能表或多功能电能表。

（6）按最大需量收取电费的用户还需装设需量表或采用多功能电能表。

（7）当用户有两种及以上用电类别负荷时，应分别计量。若无法分别安装计量装置，则应采取定比或电量方法进行分摊。

二、计量器具的选择

计量器具主要有：电能表、电压互感器、电流互感器、电压、电流二次回路导线。对于不同的计量方式，所需选择的计量器具不同。例如：高供低计电能计量装置所选择的计量器具为电能表、电流互感器、电流二次回路导线。

DL/T 488—2000《电能计量装置技术管理规程》已对相应类别的电能计量装置中的电能表、互感器的准确度等级及二次回路压降作出了规定。

1. 电能计量装置分类

电能计量装置按照计量电能多少和计量对象的重要程度分五类进行管理。

（1）Ⅰ类电能计量装置。月平均电量 500 万 kWh 及以上，或变压器容量为 10 000kVA 及以上的高压计费用户；200MW 及以上发电机；发电企业上网电量；电网经营企业之间的电量交换点；省级电网经营企业与其供电企业的供电关口计量点的计量装置。

（2）Ⅱ类电能计量装置。月平均用电量 100 万 kWh 及以上或变压器容量为 2000kVA 及以上的高压计费用户；100MW 及以上发电机、供电企业之间的电量交换点的计量装置。

（3）Ⅲ类电能计量装置。月平均电量 10 万 kWh 及以上或变压器容量为 315kVA 及以上的高压计费用户、100MW 以下发电机、发电企业厂（站）用电量、供电企业内部用于承包考核的计量点、考核有功电量平衡的 110kV 及以上的送电线路电能计量装置。

（4）Ⅳ类电能计量装置。负荷容量 315kVA 以下低压计费用户、发供电企业内部经济技术指标分析、考核用的电能计量装置。

（5）V类电能计量装置。单相供电的电力用户计费用电能计量装置。

2. 计量器具准确度等级的选择

各类电能计量装置所用的电能表、互感器准确度等级不应低于表 ZY2300501007-1 规定值。

表 ZY2300501007-1　　　　　　　　　准 确 度 等 级

电能计量装置类别	准确度等级			
	有功电能表	无功电能表	电压互感器	电流互感器
I	0.2S 或 0.5S *	2.0	0.2	0.2S 或 0.2 *
II	0.5S 或 0.5	2.0	0.2	0.2S 或 0.2 *
III	1.0	2.0	0.5	0.5S
IV	2.0	3.0	0.5	0.5S
V	2.0			0.5S

* 0.2 级电流互感器仅指发电机出口电能计量装置中配用。

电压互感器二次回路电压降不得大于表 ZY2300501007-2 规定值。

表 ZY2300501007-2　　　　　　　电压互感器二次回路电压降

电能计量装置类别	二次回路压降限值
I、II	0.2%额定二次电压
III、IV、V	0.5%额定二次电压

3. 10kV 及以下电能计量装置配置原则

（1）贸易结算用的电能计量装置，原则上应设置在供电设施产权分界处。

（2）I、II、III类贸易结算用电计量装置应按计量点配置计量专用电压、电流互感器或者专用二次绕组。电能计量专用电压、电流互感器或专用二次绕组及其二次回路不得接入与电能计量无关的设备。

（3）35kV 及以下贸易结算用电能计量装置中电压互感器二次回路，应不装设隔离开关辅助触点和熔断器。

（4）安装在用户处的贸易结算用电能计量装置，10kV 及以下电压供电的用户，应配置全国统一标准的电能计量柜或电能计量箱。

（5）贸易结算用高压电能计量装置应装设电压失压计时仪。未配置计量柜（箱）的，其互感器二次回路的所有接线端子、试验端子应能加封印。

（6）互感器二次回路的连接导线应采用铜质单芯绝缘线。对电流二次回路，连接导线截面积应按电流互感器的额定二次负荷计算确定，至少应不小于 4mm^2。对电压二次回路，连接导线截面积应按允许的电压降计算确定，至少应不小于 2.5mm^2。

（7）互感器实际二次负荷应在 25%～100%额定二次负荷范围内；电流互感器额定二次负荷的功率因数应为 0.8～1.0；电压互感器额定二次功率因数应与实际二次负荷的功率因数接近。

通常一般按下列原则选用互感器额定二次容量：

1）低压 TA 额定二次容量大于或等于 10VA；

2）10kV TA 额定二次容量大于或等于 10VA；

3）10kV TV 额定二次容量大于或等于 30VA。

（8）电流互感器额定一次电流的确定，应保证其在正常运行中的实际负荷电流达到额定值的 60%左右，至少应不小于 30%。否则应选用高动热稳定电流互感器以减少变比。

（9）为提高低负荷计量的准确性，应选用过载 4 倍及以上的电能表。

（10）直接接入式电能表的标定电流应按正常运行负荷电流的 30%左右进行选择。经电流互感器接入的电能表，其标定电流宜不超过电流互感器额定二次电流的 30%，其额定最大电流应为电流互感器额定二次电流的 120%左右。

（11）执行功率因数调整电费的用户，应安装能计量有功电量、感性和容性无功电量的电能计量装置；按最大需量计收基本电费的用户应装设具有最大需量计量功能的电能表。实行分时电价的用户应装设复费率电能表或多功能电能表。

（12）带有数据通信接口的电能表，其通信规约应符合 DL/T 645 的要求。

（13）具有正、反向送电的计量点应装设计量正向和反向有功电量以及四象限无功电量的电能表。

三、计量配置案例

某三班制工业用电客户，属三类负荷，用电设备总容量约为 176kW，设备用电同时系数约 0.9。经用电业务人员现场勘察，并与用户协商确定：采用 10kV 供电，高供低计计量方式，变压器容量采用 200kVA。计量装置配置如下：

考虑到该用户月用电 $W = P \times 0.9 \times 24 \times 30 = 176 \times 0.9 \times 24 \times 30 = 114048(\text{kWh})$，故必须按Ⅲ类及以上电能计量装置要求配置计量器具。

变压器二次侧额定电流 $I_{N2} = \dfrac{S_N}{U} = \dfrac{200}{0.38} \approx 526(\text{A})$

考虑到该用电客户为工业用户，所以应执行 0.9 功率因数调整标准。

变压器二次侧实际电流 $I_2 = \dfrac{P \times 0.9}{U \cos\varphi} = \dfrac{176 \times 0.9}{0.38 \times 0.9} \approx 463(\text{A})$

按 DL/T 488—2000《电能计量装置技术管理规程》要求，电流互感器额定一次电流应按 $I = \dfrac{I_2}{60\%} = 771(\text{A})$ 左右选择。

故电流互感器可选用：变比 800/5A，准确度等级 0.5S 级，3 只。在实际工作中由于目前互感器动热稳定性较好，所以在电流互感器选择时，常选择电流互感器的一次额定电流大于实际电流即可。

电能表选用：3×380/220V，1.5（6）A，准确度等级有功计量 1.0 级，无功计量 2.0 级的多功能电能表。

电流互感器二次回路导线截面选择：单股铜芯绝缘线不小于 4mm²。

备注：在选择导线截面积时应考虑电流互感器二次容量的配合问题，若二次实际负荷容量大于电流互感器二次额定容量，则电流互感器准确度等级将下降，此时应增加二次导线的截面。其计算方法在此不再介绍。

【思考与练习】

1. 电能计量装置如何分类的？各类电能计量装置对电能表、互感器的准确度级又是如何要求的？

2. DL/T 488—2000《电能计量装置技术管理规程》中对计量装置二次导线有何要求？

3. 某工业用电客户，属三类负荷，用电设备总容量约为 100kW，设备用电同时系数约 0.9。经用电业务人员现场勘察，并与用户协商确定，采用低压供电，请进行电能计量器具配置。

第六部分

违约用电与窃电处理

第十三章 违约用电与窃电

模块 1 违约用电与简单窃电的判断（ZY2300601001）

【模块描述】本模块包含违约用电与简单窃电的定义和判断等内容。通过概念描述、术语说明、要点归纳、案例分析，熟悉违约用电与窃电的界限，熟悉违约用电与简单窃电的判断方法。

【正文】

一、违约用电

（一）违约用电的定义

违约用电是指危害供电、用电安全，扰乱正常供电、用电秩序的行为。

违约用电行为包括：

（1）擅自改变用电类别，即在原报装核定电价低的供电线路上，擅自接用电价高的用电设备或私自改变用电类别的；

（2）擅自超过供用电双方合同约定的用电设备容量用电的；

（3）在电力负荷供应能力不足的情况，擅自超过政府下达的用电计划分配指标用电的，或在电网负荷高峰段内拒不执行政府批准的错峰、避峰方案仍继续用电的；

（4）擅自使用已经在供电企业办理暂停或临时减容手续的电力设备，或者擅自启用已经被供电企业封存的电力设备的；

（5）擅自迁移、更动和擅自操作供电企业的用电计量装置、电力负荷控制装置、供电设施以及约定由供电企业调度的客户受电设备的；

（6）未经供电企业许可，擅自引入、供出电源或者将自备电源擅自并网的。

（二）违约用电的判断

1. 擅自改变用电类别

该类型一般是未按照原业扩报装时期确定的电价用电，用电性质已发生了改变，通常是在低电价的线路上从事高电价的生产经营活动，以此来逃避差价电费缴纳。

该类型判别方法：主要是通过营销自动化系统或核算台账筛选执行电价低且用电量大的客户，可列为主要检查对象。

2. 擅自超过合同约定的容量用电

该类型判别有以下三种方式：

（1）通过电能量采集系统来查看其某一阶段最大用电负荷；

（2）根据售电量、生产班次折算其用电负荷；

（3）通过高低压钳型电流表现场测试其用电负荷。

对用电负荷超出设备运行容量 125%的用户，应重点检查、核对相关用电设备。首先，应要求其提供各变压器（高压电动机）的明细，询问清楚有关安装位置；其次，根据提供明细现场复核，检查是否存在设备无铭牌或铭牌更换现象。在上述复核无误后，还应查清负荷出线柜出线电缆条数，按照电缆走径，逐一核对用电设备。

3. 擅自超过计划分配指标用电

该类型主要是通过调度运行监控系统或电能量采集系统监测，对发现用电负荷超过计划分配指标的，应进行现场检查，对检查属实的可要求其承担违约责任。

4. 擅自使用办理暂停或临时减容手续的电力设备，或者擅自启用已经封存的电力设备

该类型有以下两种方法判别：

（1）根据电能量采集系统监测其最大用电负荷；

（2）根据售电量、生产班次折算其用电负荷。

对用电负荷明显超出办理暂停后设备总容量，或超出临时减容手续后设备容量的，可列为重点检查对象。同时，对现场检查发现有私自更动或伪造负荷开关封印的，也可视为存在擅自开启使用的违约嫌疑。

5. 擅自迁移、更动和擅自操作用电计量装置、电力负荷控制装置、供电设施以及约定由供电企业调度的客户受电设备

该类型判别有以下三种方式：

（1）查看用电计量装置封印的完好性。

（2）检查相关负控装置、供电设施的位置是否发生了改变。

（3）检查约定同供电企业调度的受电设备是否存在更动现象。

6. 未经供电企业许可，擅自引入、供出电源或者将自备电源擅自并网

该类型判别有以下三种方式：

（1）检查本区域或客户用电量是否异常减少，此时可能其引入第二电源。

（2）检查本区域或客户用电量是否突然增大，此时可能其存在转供电问题。

（3）在供电设施计划检修或临时检修时，检查客户是否存在自供用电现象。对该类客户重点检查其发电机并网手续及相关安全措施。

二、窃电

（一）窃电的定义

窃电是一种非法侵占使用电能，以不交或者少交电费为目的，采用秘密手段不计量或少计量用电量的行为。

窃电行为包括：

（1）在供电企业的供电设施上，擅自接线用电；

（2）绕越供电企业的用电装置用电；

（3）伪造或开启法定的或者授权的计量检定机构加封的用电计量装置封印用电；

（4）故意损坏供电企业用电计量装置；

（5）故意使供电企业的用电计量装置计量不准或失效；

（6）采用其他方法窃电。

（二）窃电判断

1. 欠压法窃电

窃电者采用各种手法故意改变电能计量电压回路的正常接线，或故意造成计量电压回路故障，致使电能表的电压线圈失压或所受电压减少，从而导致电量少计。通常有以下几种手法：

（1）使电压回路开路。拉开 TV 熔断器或弄断熔断器内熔丝；松开电压回路的接线端子或人为制造接触面的氧化层；高压客户折断电压回路导线的线芯；松开电能表的电压连片或人为制造接触面的氧化层。

（2）串入电阻降压。在 TV 的二次回路串入电阻降压；断开单相表进线侧的中性线而在出线至地（或另一个客户的中性线）之间串入电阻降压。

（3）改变电路接法。将三个单相 TV 组织 Yy 接线的 V 相二次反接；将三相四线三元件电能表或用三只单相表计量三相四线负荷时的中线取消，同时在某相再并入一只单相电能表；将三相四线三元电能表的表尾中性线接到某相的相线上。

2. 欠流法窃电

窃电者采用各种手法故意改变计量电流回路的正常接线或故意造成计量电流回路故障，致使电能表的电流线圈无电流通过或只通过部分电流，从而导致电量少计。通常有以下几种手法：

（1）使电流回路开路。松开 TA 二次出线端子、电能表电流端子或中间端子排的接线端子；断开电流回路导线线芯；人为制造 TA 二次回路中接线端子的接触不良故障，使之形成虚接而近乎开路。

（2）短接电流回路。短接电能表的电流端子；短接 TA 一次或二次侧；短接电流回路中的端子排。

（3）改变 TA 的变比。更换不同变比的 TA；改变抽头式 TA 的二次抽头；改变穿芯式 TA 一次侧匝数；将一次侧有串、并联组合的接线方式改变。

（4）改变电路接法。单相表相线和中性线互换，同时利用地线作中性线或接邻户线；加接旁路线使部分负荷电流绕越电能表；在低压三相三线两元件电表计量的 V 相接入单相用电负荷。

3. 移相法窃电

窃电者采用各种手法故意改变电能表的正常接线，或接入与电能表线圈无电联系的电压、电流，还有的利用电感或电容特定接法，从而改变电能表线圈中电压、电流间的正常相位关系，致使电能表慢转甚至倒转。通常有以下几种手法：

（1）改变电流回路的接线。调换 TA 一次侧的进出线；调换 TA 二次侧的同名端；调换电能表电流端子的进出线；调换 TA 至电能表连线的相别。

（2）改变电压回路的接线。调换单相 TV 一次或二次的极性；调换 TV 至电能表连线的相别。

（3）用变流器或变压器附加电流。用一台一、二次侧没有电联系的变流器或二次侧匝数较少的电焊变压器的二次侧倒接入电能表的电流线圈。

（4）用外部电源使电表倒转。用一台具有电压输出和电流输出的手摇发电机接入电表；用逆变电源接入电表。

（5）用一台一、二次侧没有电联系的升压变压器将某相电压升高后反相加入表尾中性线。

（6）用电感或电容移相。在三相三线两元件电表负荷侧 U 相接入电感或 W 相接入电容。

4. 扩差法窃电

窃电者私拆电能表，采用各种手法改变电能表内部的结构性能，致使电能表本身的误差扩大；或利用机械外力损坏电能表，使电能表少记录电量或不能准确记录电量。通常有以下几种手法：

（1）改变电表内部的结构性能。减少电流线圈匝数或短接电流线圈；增大电压线圈的串联电阻或断开电压线圈；更换传动齿轮或减少齿数；增大机械阻力；调节电气特性；改变表内其他零件的参数、接法或制造其他各种故障。

（2）机械力损坏或用大电流冲击电能表。用过负荷电流烧坏电流线圈；用短路电流的电动力冲击电能表；用机械外力损坏电能表。

（3）改变电能表的安装条件。改变电能表的安装角度；用机械振动干扰电能表；用永久磁铁产生的强磁场干扰电能表。

5. 无表法窃电

未经报装入户就私自在供电企业的线路上接线用电，或有表客户私自甩表用电，叫做无表法窃电。这类窃电手法与前述四类在性质上有所不同，前四类窃电手法基本上属于偷偷摸摸的窃电行为，而无表法窃电则是明目张胆的带抢劫性质的窃电行为，并且其危害性更大，容易造成很坏的社会负面影响，以此现象一经发现，应严惩不贷。

例　某私营饼屋利用失压法窃电案例。6 月 15 日，某供电公司"95598"电力服务热线接到群众举报，称在古楼西街 16 号有一私营饼屋长期窃电。获得该信息后，供电公司营销稽查处开具了《用电检查工作单》，派两名用电检查员组织营业所人员赴该处检查。

到检查现场后，用电检查员首先向该店人员出示了用电检查证件，请其协助检查。

在检查中，检查人员发现该饼屋为低压单相制供电，计量表计安装于屋内墙上，用电负荷为两个电烤箱、一个电吹风、一个电视机、一台冰箱及照明灯，单相电能表尾部铅封已脱落，表尾电压连片被打开，电能表由于失压已处于停止工作状态。查证窃电属实后，检查人员立即对该店窃电行为进行了制止，并对窃电现象及设备进行现场拍照取证，向该店下发了《用电检查结果通知》，要求店主确认窃电事实，到供电企业接受处理，否则，将对其停止供电。在确凿的事实面前，店主最终承认了窃电行为，在《用电检查结果通知》书上签字确认了窃电事实，并同意到供电企业接受处理。

在处理中，根据店主出示的房屋租赁期限、现场用电设备及用电时间，按照《供电营业规则》相关规定，共对其追补电费960元，追补违约使用电费2880元，挽回了企业的经济损失。

分析：一般窃电者通常采用欠压法、断流法和无表法窃电，其中打开电压连片就属欠压法的一种，也是目前单相表窃电的常用手法。上述案例中，窃电者就是利用电能表在其墙体上安装的便利条件，打开电压连片造成表内电压回路断开实施窃电，以达到不交电费的目的。

【思考与练习】

1. 试述违约用电的定义。
2. 试述窃电的定义。
3. 违约用电的种类有哪几种？
4. 欠压法窃电通常有哪几种手法？
5. 欠流法窃电通常有哪几种手法？

模块 2 违约用电与窃电的取证和处理（ZY2300601002）

【模块描述】 本模块包含违约用电与窃电的取证程序、方法、注意事项以及处理违约用电与窃电的有关规定等内容。通过概念描述、术语说明、条文解释、要点归纳、案例分析，熟悉违约用电与窃电的取证和处理。

【正文】

一、违约用电与窃电的取证

（一）违约用电与窃电证据的特点

由于电能的特殊属性，违约用电、窃电证据具有与其他证据不同的特点，即违约用电、窃电证据的不完整性和推定性。违约用电、窃电证据的不完整性，是由电能的特殊属性所决定的，即只能获得行为证据，而无法直接获取财物证据。违约用电、窃电证据的推定性，是指违约用电、窃电的数量可能无法直接记录，只能依赖间接证据进行量的推定。

（二）有效取证部门

供电企业具有违约用电、窃电案件的法定取证职责。供电企业查获违约用电、窃电后，如果案情重大、取证困难时，应请电力管理部门、公安机关、公证人员到现场共同取证。

（三）取证方法和内容

违约用电、窃电取证的方法和内容比较多，主要包括以下方面：

（1）拍照、摄像、录音；

（2）提取损坏的用电计量装置；

（3）收集伪造或者开启加封的计量装置封印；

（4）收缴窃电装置、窃电工具；

（5）在用电计量装置上遗留的窃电痕迹的提取及保全；

（6）制作用电检查的现场勘验笔录；

（7）经当事人签字的询问笔录；

（8）经当事人签字的用电检查结果通知书；

（9）收集客户用电量显著异常变化的电费单据、运行记录；

（10）收集当事人、知情人、举报人的书面陈述材料；

（11）收集专业试验、专项技术鉴定结论材料；

（12）供电部门的线损资料、值班记录；

（13）电能量采集、负荷管理等系统的记录；

（14）客户产品、产量、产值统计表；

（15）产品平均耗电量数据表。

对供电企业因客观原因不能自行收集的证据，由公安部门、人民法院进行取证。

（四）注意事项

1. 收集、提取证据要及时

违约用电、窃电证据是能够证明违约用电、窃电案件真实情况的事实。一般而言，其表现形式为一定的物品、痕迹或语言文字，而这些与时间具有密切的关系，离案发时间越近，发现和提取这些证据的可能性就越大，知情人的记忆越清晰，其真实性就越强，证据就越充分和有价值。

2. 获取违约用电、窃电证据要合法

用电检查人员必须具有用电检查资格，而且不能滥用或超越法律、法规所赋予的权力；执行检查任务时必须履行法定手续；经检查确认，确实有违约用电、窃电的事件发生；违约用电、窃电取证严格依法进行。

3. 违约用电、窃电物证的提取要完整，保存要规范

二、违约用电与窃电的处理规定

（一）处理违约用电与窃电的程序

（1）供电企业用电检查人员开展现场检查时，应向客户出示有效证件，向客户说明检查事项。检查人数不得少于两人。

（2）检查发现客户违反有关规定存在违约用电行为、窃电行为的，首先应保护现场；其次应进行现场拍照、录像、录音等影音信息取证，收集相关违约用电及窃电工具、材料、设备等现场物证。对妨碍、阻碍、抗拒用电检查人员检查取证或威胁用电检查人员人身安全的，应及时报请公安机关现场处理。

（3）对存在窃电行为的，检查人员应现场对其中止供电；对存在违约用电行为的，应要求客户立即停止违约用电行为。

（4）现场向客户下达《用电检查结果通知》，说明本次检查的结果及客户因违反《供用电合同》相关约定而要求其接受处理的期限。《用电检查结果通知》一式两份，待客户签字确认后，一份留给客户，一份存档备查。

（5）对在规定日期内愿接受处理的客户，检查人员应根据《供电营业规则》相关规定，按照违约用电或窃电设备的容量、时间计算追补电费及违约使用电费，开具相关电费发票。

（6）对在规定日期内拒不接受处理的客户，供电企业应及时报请电力管理部门处理；对窃电数额较大或情节严重的，应报请司法机关依法追究刑事责任。

（7）客户发生违约用电行为未在规定期限内交纳违约使用电费的，检查人员应按照《供电营业规则》相关规定对其中止供电。

（8）客户由于违约用电或窃电而引起的中止供电，待中止供电原因消除后，检查人员应在三日内对其恢复供电。

（9）违约用电或窃电处理完毕后，检查人员应将本次《用电检查工作单》、《用电检查结果通知》和客户交纳电费票据复印件等整理保存。

（二）处理违约用电与窃电的法律、条例规定

1. 可引用的相关法律、条例、规则

（1）《中华人民共和国刑法》。

（2）《中华人民共和国电力法》。

（3）《电力供应与使用条例》。

（4）《用电检查管理办法》。

（5）《供电营业规则》。

（6）《供用电监督管理办法》。

2. 较常用的处理违约用电与窃电的规定

供电企业在引用有关处理违约用电、窃电的法律、法规条款时，较为常见且适用的是引用《供电营业规则》相关处理规定。

（1）违约用电处理规定。《供电营业规则》第一百条规定：危害供用电安全，扰乱正常供用电秩序的行为，属于违约用电行为。供电企业对查获的违约用电行为应及时予以制止。有下列违约用电行为者，应承担其相应的违约责任：

1）在电价低的供电线路上，擅自接用电价高的用电设备或私自改变用电类别的，应按实际使用日期补交其差额电费，并承担两倍差额电费的违约使用电费，使用起讫日期难以确定的，实际使用时间按 3 个月计算。

2）私自超过合同约定的容量用电的，除应拆除私增容设备外，属于两部制电价的客户，应补交私增设备容量使用月数的基本电费，并承担 3 倍私增容量基本电费的违约使用电费；其他客户应承担私增容量每千瓦（千伏安）50 元的违约使用电费。如客户要求继续使用者，按新装增容办理手续。

3）擅自超过计划分配的用电指标的，应承担高峰超用电力每次每千瓦 1 元和超用电量与现行电价电费五倍的违约使用电费。

4）擅自使用已在供电企业办理暂停手续的电力设备或启用供电企业封存的电力设备，应停止违约使用的设备。属于两部制电价的客户，应补交擅自使用或启用封存设备容量和使用月数的基本电费，并承担两倍补交基本电费的违约使用电费；其他客户应承担擅自使用或启用封存设备容量每次每千瓦（千伏安）30 元的违约使用电费。启用属于私增容被封存的设备的，违约使用者还应承担本条第 2 项规定的违约责任。

5）私自迁移、更动和擅自操作供电企业的用电计量装置、电力负荷管理装置、供电设施以及约定由供电企业调度的客户受电设备者，属于居民客户的，应承担每次 500 元的违约使用电费；属于其他客户的，应承担每次 5000 元的违约使用电费。

6）未经供电企业同意，擅自引入（供出）电源或将备用电源和其他电源私自并网的，除当即拆除接线外，应承担其引入（供出）或并网电源容量每千瓦（千伏安）500 元的违约使用电费。

（2）窃电处理规定。《供电营业规则》第一百零二条规定：供电企业对查获的窃电者，应予制止，并可当场中止供电。窃电者应按所窃电量补交电费，并承担补交电费 3 倍的违约使用电费。拒绝承担窃电责任的，供电企业应报请电力管理部门依法处理。窃电数额较大或情节严重的，供电企业应提请司法机关依法追究刑事责任。

1）窃电量的确定。根据《供电营业规则》第一百零三条的规定，窃电量按下列方法确定：

在供电企业的供电设施上擅自接线用电的，所窃电量按私接设备额定容量（千伏安视同千瓦）乘以实际使用时间计算确定。

以其他行为窃电的，所窃电量按计费电能表额定电流值（对装有限流器的，按限流器整定电流值）所指的容量（千伏安视同千瓦）乘以实际窃用的时间计算确定。

2）窃电时间的确定。窃电时间无法查明时，窃电日数至少以 180 天计算，每日窃电时间：电力客户按 12h 计算；照明客户按 6h 计算。

例　某市国宾大酒店窃电案。某供电公司根据 10kV 线路泉赵线线损率升高情况，结合电能量采集系统连续抄表分析，发现该线路供电客户国宾大酒店用电异常：10 月 8 日～11 月 3 日的日均用电量为 3512kWh，而 11 月 3～7 日的日均电量仅 171kWh，极有可能存在窃电行为。

经过周密部署，供电公司用电稽查人员于 11 月 11 日下午 5 点出发，进入该酒店对其用电设备、配电室电源进线和电能计量装置进行检查。检查人员对现场电缆沟电源进线侧检查时，发现该客户私自从电源进线侧搭接一高压负荷电缆，未经用电计量装置计量私自接引用电，属窃电行为。检查人员对窃电线路进行了影像取证后，并立即中止供电，下达了《用电检查结果通知》，要求其停止窃电行为，并补交窃电电费和违约使用电费。确凿的证据面前，客户负责人承认了窃电事实，在检查通知上予以了签字确认。

根据《供电营业规则》第 102 条、103 条之规定，该大酒店涉案窃取电费及违约电费达 25 万余元，年底已追缴了全部漏计电费，余下违约使用电费将在下年一季度内分月全额偿还。

分析：窃电现场取证对日后窃电处理至关重要，取证时一是应尽可能反映现场全貌（如摄像、拍照等）；二是收集齐相关窃电设备；三是留存好客户法人代表签字确认书。上述案例中检查人员对现场进行了影像拍摄，并下发了检查结果通知由客户签字确认，为日后纠纷时判定窃电事实成立与否提供了关键、有力的证据。

【思考与练习】

1．窃电证据的特点有哪些？

2．简述窃电取证的方法和内容。

3．窃电取证时注意的事项有哪些？

4．叙述违约用电、窃电的处理程序。

第十四章　防窃电技术

模块 1　窃电疑点的分析（ZY2300602001）

【**模块描述**】本模块包含窃电疑点分析和查证方法等内容。通过概念描述、术语说明、要点归纳、案例分析，熟悉窃电疑点分析方法。

【**正文**】

一、窃电疑点分析

（一）电量异常

用电检查人员应了解客户的生产工艺流程及生产周期，了解其用电设备使用情况、生产班次和生产用电时间，根据了解掌握的情况对客户正常情况下当月用电量作出一个大致的估计判断，然后对比抄录电量，分析该户是否存在可能窃电行为。一般来说，应对于以下几种异常用电客户实施重点监控：

（1）本月用电量为零，即零电量客户。

（2）本月用电量较上月大幅减少，一般减少幅度超过 50% 的客户。

（3）本月用电量较前几个月平均用电量大幅减少的，减少幅度超过 30% 的客户。

（4）连续数月用电量均为零的客户。

（5）从用电量异常减少月开始，对比前 3～4 个月平均用电量，连续数月均异常缩小的客户。

（二）负荷异常

（1）用电检查人员应熟练掌握客户用电负荷变化规律，充分利用电能量采集系统或负荷管理系统对客户用电负荷进行实时监控。特别是对于当前用电负荷违背其实际变化规律，较上月或前几月某段时间（可具体选择对比时间段）运行负荷大幅度减少的，应列为重点监控和检查对象。此时客户即有可能采取欠流或欠电压的方式窃电，从而导致实际监控负荷减小。

（2）了解客户生产班次及每日用电时间，根据抄录月用电量分析客户平均用电负荷

$$客户月平均用电负荷 = \frac{本次抄录用电量}{本月生产时间}$$

本月生产时间一般按照一班制 180h、两班制 360h、三班制 540h 计算。如果某客户用电负荷异常缩小，计算出的月平均用电负荷小于其用电变压器容量的 30%，则应将该户列为重点监控和检查对象。此分析方法特别适用于大工业客户。

（三）计量装置异常

1. 计量装置外观异常

（1）计量装置封印丢失或松动，封印线有被重新穿线或改动的痕迹。

（2）计量装置封印存在被伪造嫌疑。

（3）电能表外壳发生机械性破坏，表壳存在钻孔现象；接线盒遭受外力损坏或固定螺钉松动。

（4）电能表安装处有明显磁场干扰源。

（5）电能表安装角度发生明显变化，倾斜角度已大于 2°。

（6）电能表运转时出现摩擦声和间断性卡阻声响。

（7）互感器外部铭牌与核算账卡登记不一致。

（8）互感器至电能表连线存在断线或折痕，部分连接点似通非通。

（9）失压计时仪被损坏或连接线出现断线、折痕。

（10）检查 TV 二次熔断器和一次熔断器是否开路，特别是二次熔断器是否拧紧，接触面是否氧化。

（11）检查所有接线端子，包括电能表、端子排、TV 和 TA 的接线端子是否松动，有无氧化层或垫压绝缘材料造成的虚接或假接现象。

2. 计量装置检测异常

（1）检测电能表线电压异常。

（2）检测电能表相电压异常。

（3）检测三元件电能表中性线断线。

（4）检测电能表电流异常。

（5）检测电能表电压相序异常。

（6）检测电能表电压、电流各量之间的相位异常。

（四）封印异常

（1）用电计量装置无封印（包括计量箱封印、电能表耳封及尾封、接线盒封印、失压计时仪封印等）。

（2）客户处电能计量表计封印是否与供电企业封印不相符。

（3）计量装置封印松动，封印线存在被重新穿线或改动的痕迹。

（4）封印线被抽出。

（五）接户线异常

（1）接户线上搭接有其他用电线路。

（2）接户线有明显破裂处或金属裸露点。

（3）接户线太长，线路走向不清晰。

（六）计量环境异常

（1）计量装置脱离原安装位置。

（2）计费电能表周围存在较强磁场源。

（3）存在高科技窃电设备（如电磁干扰仪、永久磁铁窃电器等）。

（4）单相电焊机接入两元件电能表 U 相，单相电容接入两元件电能表 W 相。

（5）计量箱（柜）锁失效。

（七）举报窃电

（1）被举报客户连续数月用电量为零或异常减少。

（2）被举报客户本月用电量较上月有大幅度减少。

二、窃电疑点的查证

（一）直观检查法

所谓直观检查法，就是通过人的感官，采用口问、眼看、鼻闻、耳听、手摸等手段，检查电能表，检查计量互感器，检查连接线，从中发现窃电的蛛丝马迹。

1. 检查电能表

（1）检查表壳是否完好。主要查看有无机械性损坏，表盖及接线盒的螺钉是否齐全和紧固。

（2）检查感应式电能表安装是否正确。检查是否倾斜，正常情况下应垂直安装，倾斜度应不大于1°；进出线预留是否太长；安装处是否有机械振动、热源、磁场干扰；是否已加锁锁好。

（3）检查电能表安装是否牢固。检查电能表固定螺钉是否完好牢固，进出线标志是否清晰，接线是否有序固定排列。

（4）电能表选择是否正确。检查电能表型号选择是否正确；电流容量选择是否正确，正常情况下的负荷电流应在电能表额定电流的 10%～100% 额定电流范围内；对于负荷变化较大的是否选用宽负载电能表，经电流互感器接入的还应选用与互感器二次电流相匹配的电能表。

（5）检查电能表运转情况。看转盘，负荷正常连续的情况下转速应平稳且无反转；听声音，不应出现摩擦声和间断性卡阻声响；摸振动，正常情况下用手摸表壳应无振动感，否则说明表内机械传动不平稳。

（6）检查电能表封印。封印检查是电能表检查时最细致、最重要的一步。就目前采用的新型防撬铅封来说，检查铅封主要应注意如下三个步骤：

1）检查铅封是否被启封过。可通过眼睛仔细察看，必要时也可用放大镜进一步细看，正常的铅封表面应光滑平整、完好无损，一旦启封过也就破坏了原貌，要想复原是不可能的。此外，也可采用手指轻摸铅封表面，通过手感加以判断。

2）检查铅封的种类是否正确。即根据本地供电铅封的分类及使用范围的规定，检查铅封的标识字样，若不对应即是窃电行为。

3）判断铅封是否被伪造。可自带各类铅封，与现场铅封进行对照检查。检查字迹、符号是否相同。检查是否有防伪识别，以及识别标记是否相符。通常，铅封字迹要防伪得天衣无缝是相当困难的，仔细辨认都不难区分。如果适当增加某些不易觉察的防伪标记，而且这些标记保密程度较高的话，则防伪效果更好，判断真伪也更容易。

2. 检查接线

主要从直观上检查计量电流回路和电压回路的接线是否正确完好，例如有无开路或短路、有无更改和错接，还应检查有无绕越电表的接线或私拉乱接，检查二次回路导线是否符合要求等。

（1）检查接线有无开路或接触不良。检查二次电压线是否开路，尤其要注意是否拧紧，接触面是否氧化；检查所有接线端子，包括电表、端子排、二次电压电流接线端子等，接头的机械性固定应良好，而且其金属导体应可靠接触，要防止氧化层或绝缘材料造成的虚接或假接现象；检查绝缘导线的线芯，要注意线芯被故意弄断而造成开路或似接非接故障，例如，有些单相客户采用欠压法窃电时故意把中性线的线芯折断而导致电表不能正常计量。

（2）检查接线有无短路。主要看电能表进线孔有无 U 形短路线，接线盒内有无被短接；检查经互感器接入的电能表，除了要检查电能表进线端，还应检查互感器的二次或一次有无被短路，以及二次端子至电能表间二次线有无短路，尤其要注意检查中间端子排接线是否有短接和二次线绝缘层破损造成短接。

（3）检查接线有无改接和错接。改接是指原计量回路接线更改过，而错接是指计量回路的接线不符合正常计量要求。检查时对于没有经过互感器的低压客户，电能表的简单接线可凭经验做出直观判断，而对于经互感器接入的计量回路可对照接线图进行检查。详细检查通常还要利用仪表测量确定。

（4）检查有无越表接线和私拉乱接。对于高供低计客户，注意在配电变压器低压出线端至计量装置前有无旁路接线，另一方面尤其要注意该段导线有无被剥接过的痕迹；对于普通低压客户，要注意检查进入电能表前的导线靠墙、交叉等较隐蔽处有无旁路接线，还要注意检查邻户之间有无非正常接线。检查那些未经报装入户就私自在供电线路上接线用电的私拉乱接现象。

（5）检查接线是否符合要求。检查电压、电流线二次回路的导线截面是否满足 $\geq 2.5\text{mm}^2$ 的要求；计量二次回路是否相对独立，如有其他串联负载是否造成二次总阻抗过大；计量二次线是否太长，如有其他并联负载是否造成二次负载过重。

3. 检查互感器

（1）检查互感器的铭牌参数是否和客户手册相符。高供高计客户应同时检查电压和电流互感器倍率；高供低计客户和普通低压客户应防止其实际更换大容量电流互感器，而表面粘贴原互感器铭牌的现象。

（2）检查互感器的变比选择是否正确。电压互感器变比选择应与电能表的额定电压相符。电流互感器变比选择应满足准确计量的要求，实际负荷电流应在电流互感器额定电流的 30%～100% 范围内，最大不超过 120% 的额定电流，最小不少于 10% 的额定电流；电压连接组应和电流连接组相对应，以保证电流电压间的正常相位关系。

（3）检查互感器的实际接线和变比。检查电压互感器和电流互感器的接线和变比，特别是电流互感器为多变比的，由于可通过改变一次侧匝数而得到不同的变比倍率，因此应着重检查。

（4）检查互感器的运行工作情况。观察外表有无断线或过热、烧焦现象。倾听声音是否正常，电流互感器开路时会有明显的"嗡嗡"声。停电后马上检查电压互感器、电流互感器，电压互感器过载或电流互感器开路时用手触摸有灼热感，电压互感器开路时手感温度会明显低于正常值，电压、电流互感器内部故障引起过热的同时还会有绝缘材料遇热挥发的臭味等。

（二）电量检查法

1. 对照容量查电量

就是根据客户的用电设备容量及其构成，结合考虑实际使用情况对照检查实际计量的电度数。通常客户的用电设备容量与其用电量有一定比例关系，检查时应注意：

（1）客户的用电设备容量是指其实际使用容量，而不是客户的报装容量。

（2）用电设备构成情况主要是指连续性负载和间断性负载各占百分之多少，而不是动力负载和照明负各占多少。例如：①对于家庭用电，照明、风扇、电视、洗衣机等属于间断性负载；而电冰箱就属于长期性负载，空调机在天气炎热时也属于间断性负载；②对于工厂用电，照明和动力往往是同时使用的，如果是三班制生产的则基本是连续性负载，否则就是间断性负载；③对于宾馆、酒店、办公楼一类用电，空调的容量往往占了很大比例，因而其季节性变化很大。

（3）检查实际使用情况应注意现场核实，并考虑如下几个因素：

1）气候的变化；

2）生产、经营形势变化；

3）经济支付能力的变化。

因为这些情况的变化将影响到设备的实际投用率，最终影响用电量的变化。

2. 对照负荷查电量

就是根据实测客户负荷情况，估算出用电量，然后以电能表的计算对照检查。具体做法有：

（1）连续性负荷电量测算法。适用于三班制生产的工厂和天气炎热时的宾馆这一类客户。

1）选择几个代表日，例如选一个白天、一个晚上，或者选两个白天两个晚上，取其平均值为代表负荷；

2）用钳形电流表到现场实测出一次电流，或测出二次电流再换算成一次电流值；

3）根据客户实测电流估算出平均每天用电量，并将电能表的记录电度换算成日平均电量加以对照，正常情况下两者应较接近，否则就有可能是电表少计或者测算有误，应进一步查明原因。

（2）间断性负荷测算法。这类负荷是指一天 24h 出现间断性用电，例如单班制或两班制的工厂，一般居民用电、办公楼用电等。测算这类负荷的用电量除了要遵循连续性负荷电量测算法的基本步骤外，还应把一天 24h 分成若干个代表时段，分别测出代表时段的负荷电流值，并分别计算出各个代表时段的电量值，然后累计一天的用电量。为了简化计算，通常可选两个代表日，每个代表日选 2～3 个代表时段即可。例如测算一般居民（无空调）的用电量，可选晚上 6～10 时高峰用电期为第一时段，测出该时段的代表负荷并估算出该时段的电量；其低谷期间为第二时段，测出该时段的代表负荷并估算出相应电量，峰期电量和谷期电量相加即为代表日的用电量。

3. 前后对照查电量

即把客户当月的用电量与上月电量或前几个月的用电量对照检查。如发现突然增加突然减少都应查明原因。电量突然比上月增加，则重点查上个月；电量突然减少，则重点查本月份。

（1）查用电量增加的原因：

1）抄表日期是否推后了；

2）抄表进程是否有误，如抄错读数、乘错倍率等；

3）季节变化、生产经营形势变化等原因引起实际用电量增加；

4）上月及前几个月窃电较严重而本月窃电较少或无窃电了。

（2）查用电量减少的原因：

1）抄表日期是否提前；

2）抄表过程有误，造成本月少抄；

3）实际用电量减少；

4）本月发生窃电。

（3）电量无明显变化也不能轻易认为无窃电。如有的客户一开始就有窃电；用电量多时窃电而用电量少时不窃电，或多用多窃、少用少窃。

（三）仪表检查法

通过采用普通的电流表、电压表、相位表进行现场检测，从而对计量设备的正常与否做出判断，必要时还可用标准电能表校验客户电表。

1．电流检查

（1）用钳形电流表检查电流。这种方法主要用于检查电能表不经电流互感器接入电路的单相客户和小容量三相客户。检查时将相线、中性线同时穿过钳口，测出相线、中性线电流之和。单相表的相线、中性线电流应相等，和为零；三相的各相电流可能不相等，中性线电流不一定为零，但中性线、相线之各侧应为零，否则必有窃电或漏电。

（2）用钳形电流表或普通电流表检查有关回路的电流。此举目的主要是：

1）检查互感器变比是否正确。对于低压互感器，检测时应分别测量一次和二次电流值，计算电流变比并与互感器铭牌对照。

2）检查互感器有无开路、短路或极性接错。若互感器二次电流为零或明显小于理论值，则通常是互感器断线或短路。

3）通过测量电流值粗略校对电表。测量期间负荷应相对稳定，并根据用电设备的负荷性质估算出电能表的实测功率（也可用盘面有功功率表读数换算），读取某一时段内电能表的转数，再与当时负荷下理论转数对照检查。

2．电压检查

可用普通电压表或万能表的电压档，检测计量电压回路的电压是否正常。

（1）检查有无开路或接触不良造成失压和电压偏低。通常先检测电能表进出线端子，单相客户电表的检测。正常时电压端子的电压应等于外部电压，无压则为电压小钩开路或电表的进出中性线开路，电压偏低则可能是电压小钩接触不良或电表接中性线串的高电阻。

（2）检查有无电压极性接错造成电压异常。

（3）检查电压线端至电能表的回路压降。正常情况下压降不大于 2%。

4．相位检查

用相位表测量电能表的回路的相位关系。并确认电压正常、相序无误，注意负荷潮流方向和电表转向。

5．电能表检查

当互感器及二次接线经检查确认无误而怀疑是电能表不准时，可用准确的电能表现场校对或在校表室校验。

（1）在校表室校表，将被校表装上试验台，测出某一时段内标准表与被校表的转盘转数，然后进行换算比较。

（2）在现场校表。宜选用与被校表同型号的正常电表作为参考表串入被校表电路中，校验表盘转数的方法与试验室常规校表的方法相同。若怀疑表内字车有问题，校验的方法是：

1）抄出被校表与参考表的起始码；

2）装好参考表后宜将电能表封好，然后投入运行；

3）几小时后或 1～2 天后读取被校表与参考表的读数，计算出各自电量；

4）计算被校表误差，判断字车是否正常，若误差较大则说明字车有问题。

用电能表检查时应注意，用电表转盘转数校验认为正常的电表，其实际记录电量都未必正常。这是因为电表计数器是累积式的，在短时区内（例如几分钟内）读数的变化不能代表准确的电量变化，尤其是采用机械计数器的电能表，通常是转盘转动数几十转至几百转才跳字一次，因此，通过校验转盘无误的电能表有时还要校字车。

（四）经济分析法

经济分析法包括两个方面：一方面是对供电部门的电网经济运行状况进行调查分析，从线损率指标入手侦查窃电；另一方面是从客户的单位产品耗电量及功率因数考核入手侦查窃电。

1. 线损率分析法

电网的线损率由理论线损和管理线损构成。其中由电网设备参数和运行工况决定的线损为理论线损，这部分线损电量通常可以采用计算、估算、在线实测得到；由供电部门的管理因素和人为因素造成的线损电量为管理线损，这里面除了供电部门的自身因素，就是窃电造成的电量损失。从线损率指标入手侦查窃电的方法步骤如下：

（1）做好统计线损率的计算和分析。及时掌握线损动态，不但要做好线损的统计分析，是同时应逐条回路、逐台配电变压器及低压客户的统计、分析、比较。

（2）做好理论线损的在线实测工作。

（3）加强管理，减少用电营业人员人为因素造成的电量损失。

（4）从时间上对线损率变化情况进行纵向对比。例如某线路或某台配电变压器的线损率在某个时间段突然增加或突然减少（尤其注意突增情况）。

2. 客户单位产品耗电量分析法

单位产品耗电量分析法通常只适用于工矿企业，而不适用于一般的小客户。由于客户的产品总数难以掌握，要求查电人员必须经常了解客户的生产情况和经营状况。

3. 客户功率因数分析法

一般客户的用电设备吸收有功和无功电能时，其有功和无功功率的比例就反映出了该设备的自然功率因数，而对于某一固定的生产设备其自然功率是比较稳定的。计算功率因数的公式为

$$\cos\varphi = \frac{P}{S} = \frac{P}{\sqrt{P^2 + Q^2}}$$

式中　P——有功功率，kW；

　　　Q——无功功率，kvar；

　　　S——视在功率，kVA。

对于某一种类型的企业或生产厂家，由于其生产设备大同小异，而且客户的生产设备是相对固定的，所以说一个生产稳定的客户从电能计量所反映出来的有功功率和无功功率的比例是相对稳定的。一般的窃电者比较难保持从计量装置反映出来的功率因数不变，因此，对客户功率因数的监视也是一种侦查偷电的方法。

功率因数分析法的具体内容比较简单。首先从客户的历史用电量中掌握客户过去的功率因数变化情况，以及与该客户生产类型和情况相似的厂家的功率因数或参考有关资料记载。然后通过本次抄见电量计算客户的功率因数，再与历史功率因数或相关数据比较。一般客户的功率因数变化都在10%以内，或有接近10%或超过者，需查明原因。在检查客户功率因数出现异常时，除了要检查该客户的电能计量装置之外，鉴于实际操作中经常遇到由于无功补偿装置故障而引起客户功率因数突变的情况，因此还要重点检查客户有没有安装无功补偿装置及其运行状况。

例 铁粉加工厂窃电案例。某供电公司营销稽查处在 5 月 27 日利用电能量采集系统对客户实施异常用电监控时，发现一铁粉加工厂本月用电量（抄表例日为每月 25 日）较前几个月平均用电量大幅减少，减少幅度超过 55%。次日，抄表人员以复核抄表示数为由，对其近期生产状况进行了解，得知其生产一直较为稳定，不存在减产现象。

稽查人员在查询该客户以往正常用电量和用电负荷，经过大量数据分析对比后，初步判定其可能存在窃电行为，决定对其实施重点监控。经过数十天的监控后，发现该户白天用电负荷较为稳定，夜晚则无负荷，与前几个月晚间生产用电明显不相符，认定其极有可能在晚间窃电。

6 月 13 日，分公司营销稽查处开具了《用电检查工作单》，派两名用电检查员组织电能计量中心和城区支公司对其进行夜晚突击检查。检查人员到达现场后，用电检查员首先向该店人员出示了用电检查证件，请其协助检查。在检查中，发现该厂有球磨机运行声响，说明生产加工正在进行，证实该厂确实存在窃电现象。经过细致排查，发现该客户在配电室电缆沟高压进线侧又搭接一负荷电缆，埋地后向一存放杂物的院内供出，院内安装了一台 250kVA 变压器，向球磨机供电。查证窃电属实后，检查人员立即对该厂窃电行为进行了制止，并对窃电现象及设备进行现场拍照取证，向该厂下发了《用

ZY2300602001

电检查结果通知》，要求该厂法人代表确认窃电事实，到供电企业接受处理，否则，将对其停止供电。在确凿的事实面前，该厂法人代表最终承认了窃电行为，在《用电检查结果通知》书上签字确认了窃电事实，并同意到供电企业接受处理。

至此，检查人员利用电能量采集系统对异常用电疑点进行分析、跟踪，成功查处了一起作案手法隐蔽、性质恶劣的窃电案件。

分析：尽管窃电的手法五花八门，种类千差万别，但窃电者都为一个目的，那就是少交电费甚至不交电费。通过用电量情况对异常用电现象进行分析，利用电能量采集系统实时在线监控用电负荷，是确定窃电对象的一种有效手段。

【思考与练习】

1. 窃电的疑点分析有哪几种？
2. 窃电的疑点查证方法有哪几种？
3. 确定反窃电对象时，从电量分析的角度应重点监控哪几类异常用电客户？
4. 客户月平均用电负荷如何计算？
5. 开展窃电检查时，对电能表检查的方法及内容有哪些？
6. 如何运用功率因数分析法对窃电疑点进行查证？

模块2　防治窃电的技术、组织措施（ZY2300602002）

【模块描述】本模块包含防治窃电的技术措施和组织措施等内容。通过概念描述、术语说明、要点归纳、案例分析，熟悉防治窃电的技术、组织措施。

【正文】

一、防治窃电的技术措施

（一）采用实用性防窃电技术措施

1. 充分利用电能量采集与负荷管理系统监控在线负荷

窃电行为具有随机性、间断性的特点，而供电企业的用电检查具有周期性和偶然性，这就使得常规用电检查很难恰好查获窃电。电能量采集与负荷管理系统可以对终端客户实现负荷控制、远程抄表、用电监测和实时用电分析。用电检查人员如果能充分利用该系统，在了解客户用电规律和生产工艺的基础上，分析对比其正常月份用电量，对异常用电情况（如U、W相电流不平衡）实施在线负荷监测，可以有效查获窃电行为。

2. 封闭变压器低压侧出线端至计量装置的导体

该项措施适用于高供低计专变客户。主要用于防止无表窃电，同时对通过二次线采用欠压法、欠流法、移相法窃电也具有一定的防范作用。

（1）对于配电变压器容量较大采用低压计量柜计量的客户，由于计量TV、TA和电能表全部装于柜内，需封闭的导体是配电变压器的低压出线端子和配电变压器至计量柜的一次导体。变压器低压侧出线端子至计量柜的距离应尽量缩短；其连接导体宜用电缆，并用塑料管或金属管套住。当配电变压器容量较大需用铜排或铝排作为连接导体时，可用金属线槽将其密封于槽内；变压器低压出线端子和引出线的接头可用一个特制的铁箱密封，并注意封前仔细检查接头的压接情况，以确保接触良好；另外，铁箱应设置箱门，并在门上留有玻璃窗以便观察箱内情况。

（2）对于配电变压器容量较小采用计量箱的客户，当计量互感器和电能表在同一箱体内，可参照上述采用计量柜时的做法进行；当计量互感器和电能表不同箱者，计量用互感器可与变压器低压侧出线端子合用一个铁箱加封，而互感器至电能表的二次线可采用铠装电缆，或采用普通塑料、橡胶绝缘电缆并穿管加套。

3. 规范电能表安装接线

（1）单相电能表相、中性线应采用不同颜色的导线并对号入座，不得对调。主要目的是防止一线一地制或外借中性线的欠流法窃电，同时还可防止跨相用电时造成电量少计。

（2）单相供电客户的中性线要经电能表接线孔穿越电能表，不得在主线上单独引接中性线。目的主要是防止欠压法窃电。

（3）三相供电客户的三元件电能表或三个单相电能表中性点中性线要在计量箱内引接，绝对不能从计量箱外接入，以防窃电者利用中性线外接相线造成某相欠压或接入反相电压使某相电能表反转。

（4）电能表及接线安装要牢固，进出电能表的导线也要尽量减少预留长度，目的是防止利用改变电能表安装角度的扩差法窃电。

（5）接入电能表的导线截面积太小造成与电能表接线孔不配套的应采用封、堵措施，以防窃电者利用 U 型短接线短接电流进出线端子。

（6）三相供电客户的三元件电能表或三个单相电能表的中性点中性线不得与其他单相客户的电能表中性线共用，以免一旦中性线开路时引起中性点位移，造成单相客户少计。

（7）认真做好电能表铅封、漆封，尤其是表尾接线安装完毕要及时封好接线盒盖，以免给窃电者以可乘之机。电能表的铅封和漆封用于防止窃电者私自拆开电能表，并为侦查窃电提供证据。

（8）三相供电客户电能表要有安装接线图，并严格按图施工和注意核相，以免由于安装接线错误被窃电者利用。

4. 三相三线供电客户改用三元件电能表计量

采用这一措施目的是防止欠流法和移相法窃电，适用于低压三相三线客户。对于低压三相三线客户的电能计量，习惯上通常采用一只三相两元件电能表。从原理上讲，无论三相负荷是否对称，这种计量方式都是无可非议的。但是，这种计量方式却给窃电者提供了可乘之机。

（1）由于三相两元件电能表只有 U 相元件和 W 相元件，V 相负荷电流没有经过电能表，因此，窃电者如果在 V 相与地之间接入单相负荷，电能表对单相负荷的电流就无法计量。

（2）三相两元件电能表 U 相元件的测量功率为 $P_U = U_{uv}I_u\cos(30°+\varphi)$，当 U 相与地之间接入电感负荷，此时 U_{uv} 与 I_u 的相角差就可能大于 90°，电能表出现慢转或倒转导致无法正确计量。

（3）三相两元件电能表 W 元件的测量功率 $P_w = U_{wv}I_w\cos(30°-\varphi)$，当 W 相与地之间接入电容时，$I_w$ 超前 U_{wv} 的角度就可能大于 90°，即电能表也可能慢转、停转、甚至倒转。因此，和 U 相接入电感的原理类似，窃电者也可以用 W 相接入电容的手法进行作案。

5. 计量 TV 回路配置失压计时仪或失压保护

此举目的主要是防止高供高计客户采用欠压法窃电。现今，大多电子技术产品厂家生产的失压计时仪均具有失压及断相时间记录功能，窃电分子在实施欠压法或断相法窃电的过程中，失压计时仪就会自动工作，记录本次累计失压时间及断相时间，工作人员可依此为依据，追补其窃电电量。同时对于多次窃电且主回路开关配置电控操作的客户，可以考虑安装失压保护，当计量回路失压时，时间断电器延时闭合触点接通跳闸线圈电路，断路器动作，一次系统停电，使窃电分子无机可乘。

6. 禁止私接乱接和非法计量

所谓私接乱接，就是未经报装入户就私自在供电部门的线路上随意接线用电，这种行为实质上属于一种无表窃电；所谓非法计量，就是通过非正常渠道采用未经法定计量检定机构检验合格的电能表，这种行为表面上与无表法窃电有所不同，而实质上也是一种变相窃电。因此，对线损较大的供电线路和台区，用电检查要加强对此种窃电现象的力度，坚决制止违法用电行为。

7. 改进电能表外部结构使之利于防窃电

此举目的主要是防止私拆电能表的扩差法窃电，其次是防止在表尾进线处下手的欠流法、移相法窃电。主要做法有如下几点：

（1）取消电能表接线盒的电压连接片，改为在表内连接，使在外面接线盒处无法解开。

（2）电能表盖的螺钉改由底部向盖部上紧，使窃电者难以打开表盖。

（3）加装防窃电能表尾盖将表尾封住，使窃电者无法触及表尾导体。表尾盖的固定螺钉应采用铅封等防止私自开启。

（二）采用防窃电装置

1. 安装专用计量箱或专用电能表箱

此项措施适用于各种供电方式的客户，是首选的最为有效的防窃措施。高供高计专变客户采用高压计量箱；高供低计专变客户采用专用计量柜或计量箱。低压客户采用专用计量箱或专用电能表箱，即容量较大经 TA 接入电路的计量装置采用专用计量箱，普通三相客户采用独立电能表箱，单相居民客户采用集中电能表箱，对于较分散居民客户，可根据实际情况采用适当分区后在客户中心安装电能表箱。为此，不但要求计量箱或电能表箱要足够牢固，而且最关键的还是箱门的防撬问题。较为实用的有以下几种方法：

（1）箱门加封印。把箱门设计成或改造成可加上供电部门的防撬铅封，使窃电者开启箱门时会留下证据。此法的优点是便于实施，缺点是容易破坏。

（2）箱门配置防盗锁。和普通锁相比，其开锁难度较大，若强行开锁则不能复原。此法的优点主要是不影响正常维护，较适用于一般客户。缺点是遇到个别精通者仍然无济于事。

2. 安装用电管理器

用电管理器是一种独立安装在客户处的用电控制器。在 GSM 卡报警装置基础上加装了门电路传感器，通过控制继电器对客户计量箱完成开箱断电、开箱记忆和开箱报警功能。如果计量箱门关闭，继电器动断触点闭合，电路无脉冲发出；一旦打开，继电器动断触点断开，控制线路会接收到门电路发送的异常脉冲，信号经放大后控制开关继电器断电，此时客户无法自行恢复供电。同时将开箱次数及时间存储在 GSM 卡中，并通过 GSM 短信平台发短信给相关人员报警，以便及时发现和处理。

3. 采用防撬铅封

这条措施主要是针对私拆电能表的扩差法窃电，同时对欠压法、欠流法和移相法窃电也有一定的防范作用，适用于各种供电方式的客户。防撬铅封应具有防伪识别功能，同时还应具有高度精密性和灵敏性，一经开启便再无可能恢复原样，使窃电分子在电能表内部做文章无可趁之机。

4. 采用防窃电能表或电能表内加装防窃电器

这一措施主要用于防止欠压法、欠流法和移相法窃电，比较适合于小容量的单相客户。近年来，为了防范形形色色的窃电行为，各种防窃电产品也应运而生。这些产品分为两类：一类是表内配置防窃电器的电能表，一类是可以将防窃电器安装在电能表内部的防窃电器。目前国内生产的各种类型的防窃电器，其工作原理基本相同，即通过采用电子技术，对接入电能表的电压、电流、相位进行取样、检测、比较，然后根据比较结果加以判断和发出指令，由断电器执行操作任务，客户窃电时，当超差至某一动作值时，防窃电器动作，由断电器切断客户电路，防止窃电。防窃电器产品到现在还没有公认的品牌，推广使用的经验也还不足，笔者认为在取得经验并具有推广价值后方可批量应用。

二、防治窃电组织措施

（一）建立健全防窃电组织机构

1. 防窃电组织机构的重要性

建立健全防治窃电领导组织机构是有效开展防治窃电工作的可靠保障。近年来，众多供电企业防治窃电成效不大、效果不明显，有很大一部分原因在于没有建立健全相应的组织机构，或虽建立了组织机构但亦只是临时一时之需，防窃电常态工作机制未建立，工作往往流于形式，窃电势焰日益嚣张。防治窃电组织机构的重要性在于防治窃电工作有了前瞻性的规划和发展思路，有了具体的计划部署和安排，统一指挥、有效协调，有效打击窃电不法行为，保障查处窃电案件的合法、及时、有效处理，使防治窃电工作能够不够深入推进，取得良好的社会效益和经济效益。

2. 防窃电组织机构的具体组成

防窃电组织机构应按照上下联动、主要领导负责的原则构建组成，由省电力公司、地（市）供电公司、区（县）供电公司共同构筑组织机构体系。

省电力公司层面属全面防窃电工作组织领导层，具体负责防窃电工作的前瞻性规划，提出远景发展思路，制定相关防窃电工作管理制度、办法，组织开展防窃电活动。

地（市）供电公司层面属本地防窃电工作组织领导层，具体负责贯彻落实上级文件精神，结合实际工作情况组织开展本地防窃电活动；掌握基层工作动态，收集各基层单位在防窃电工作中存在的有关问题，适时制定或调整政策精神，解决基层单位工作中存在的问题。

区（县）供电公司层属当地防窃电工作实际实施层，具体负责贯彻落实上级文件精神，制定防窃电具体活动方案，组织动员各级用电检查人员积极开展反窃电检查，对各电力客户开展现场用电检查。

（二）开展防窃电经常性检查工作

1. 重点检查

每月抄表例日抄表后，对于用电量异常的客户，列为重点检查对象。重点检查一般由用电稽查专责组织，检查人员由用电稽查班和营业所（供电所）人员构成。

夜查：适用于线损较大、用电量异常减少的客户。此部分客户一般会利用夜晚窃电，白天又恢复正常。夜查一般是攻其不备、出其不意，在其毫无防备的时候一举将其查获。

常规检查：一般在白天进行，逐户对计量装置进行全面检查。

多次抄表法：适用于窃电手法较为隐蔽，日常检查不能奏效的窃电嫌疑客户。实施前可先将计量装置校验，并封印加封，每一定天数（3 天或 5 天）抄录电能表底码，计算出一定天数的用电量。通过多次抄表的方式，窃电势头会有所收敛。

2. 临时检查

对受理群众举报或日常监控怀疑窃电的客户，可采取临时检查的方式。临时检查时期不定，根据工作实际情况进行，一般由用电稽查专责组织稽查人员组织开展。

3. 普查

普查是对所辖客户进行最为全面、细致的用电情况检查，也是对用电计量装置进行摸底、缺陷改造的过程。拉网式普查，是对破坏用电计量装置窃电最直观的检查方法，同时可了解到各电力客户生产工艺流程及生产用电状况，对比计费电量进行窃电与否粗略判断。普查一般组织检查人员较多，耗时较长。

（三）加强防窃电宣传工作

近年来，各地发生窃电案件有逐年上升趋势，窃电现象较为普遍明显，特别是出现了利用高科技手段窃电的势头。在利用隐性手段窃电的背后，甚至出现了一些不法商贩公开沿街叫卖窃电器、磁波干扰器等窃电产品，严重扰乱了正常的供用电秩序，产生了不少社会负面影响，这与供电企业丧失行政监管以及近几年防窃电宣传淡化有着非常重要的关系。

防治窃电工作应坚持"防治结合、预防为主"的方针。供电企业应以平时查获的个别处理案例为典型，大力宣传有关《电力法》、《电力供应与使用条例》反窃电法律、法规，通过电视、网络、报纸、电台等新闻媒体多渠道、多角度进行广泛宣传，要让不法分子认识到窃电对于本人伤害的严重性，认识到处理后果的危害性，认识到法律对于违法窃电制裁的严厉性，使不法分子心有余悸、悬崖勒马，尽量防止、减少窃电现象的发生。

例 一起利用移相法窃电的案例。1 月 4 日上午 10 时 20 分，某供电分公司客户服务中心值班人员接到群众举报，称在本市南郊区古店镇有一电石厂窃电。获得该信息后，值班人员立即向分公司稽查处进行了汇报。稽查人员随后利用电能量采集与负荷管理系统对该户负荷情况进行实时监测，发现电流较大，同比前两月无异常。本着"有报必查"的原则，当日下午，稽查人员开具《用电检查工作单》，会同南郊区支公司用电检查人员赴该处检查。

面对突击性检查，客户负责人神色紧张。检查人员出示了用电检查证件后，首先，现场测试了用电负荷，显示结果与系统监控数据基本一致；随后调取电能表存储的指示数信息，发现该户近 2、3 个月，用电指示数变化不大，用电量非常小。按此用电量推算，其变压器利用率不足 20%，而现场测试负荷较大，显然颇为矛盾。按照刚进厂时客户紧张表情推断，其中定有缘由。经过全面对用电设备排查，发现在极为隐蔽之处有一电容器组，铭牌已撕毁，接于一相负荷线上，旁有刀闸控制。经认真核相，确认其电容器组正接于 W 相，正是由于此，致使负荷电流与电压夹角超过 90°，电能表无法准确计量。

查证窃电属实后，检查人员立即对该厂窃电行为进行了制止，并对窃电现象及设备进行现场拍照取证，下发了《用电检查结果通知》。在确凿的事实面前，该厂负责人最终在通知书上签字，确认了窃电事实，同意到供电企业接受处理。

分析：上述案例中，该客户正是掌握了电能计量的基本原理，在 W 相接入电容器组，造成了 U_{uv} 与 I_u 的相角差大于 90°，导致电能表出现慢转或倒转无法正确计量。检查窃电时，对一般窃电者采用的断流法和无表法窃电，比较容易诊断。但不乏对电能计量知识熟知的客户，采取接入电感、电容以及其他高科技方式进行窃电，手法极为隐蔽。这就需要检查人员仔细分析用电负荷与用电量，熟知其用电设备构成，结合行之有效的科技手段方可一举查获。

【思考与练习】

1．实用性防窃电技术措施有哪几种？

2．电能量采集与负荷管理系统对防治窃电有什么帮助？

3．为什么在计量电压互感器接线回路中要配置失压计时仪或失压保护？

4．简述高供低计时对变压器低压侧出线端至计量装置导体有效封闭方式。

5．叙述防治窃电的几种有效检查方式。

附录A 《抄表核算收费》培训模块教材各等级引用关系表

部分名称	章	模块名称 及模块编码	模块描述	等 级		
				I	II	III
营销信息化系统	抄表核算收费主要功能应用	营销信息化系统概述 （ZY2300101001）	本模块包含营销信息化系统基本概念、发展历程、作用及意义、应用现状等内容。通过概念描述、术语说明、结构讲解、要点归纳、图解示意，掌握营销信息化系统基本概念	√		
		抄表功能应用 （ZY2300101002）	本模块包含日常抄表、抄表异常处理、抄表工作管理的功能应用等内容。通过概念描述、术语说明、要点归纳、图解示意以及抄表工作全过程的功能应用示例，掌握运用系统功能开展抄表工作	√		
		核算功能应用 （ZY2300101003）	本模块包含日常电费核算、应收电费补退、流程管理、应收报表汇总审核的功能应用等内容。通过概念描述、术语说明、要点归纳、图解示意以及核算工作全过程的功能应用示例，掌握运用系统功能开展核算工作	√		
		收费功能应用 （ZY2300101004）	本模块包含日常收费、退费调账、分次划拨、欠费管理、呆坏账登记的功能应用等内容。通过概念描述、术语说明、要点归纳、图解示意以及收费工作全过程的功能应用示例，掌握运用系统功能开展收费工作	√		
		账务处理功能应用 （ZY2300101005）	本模块包含进账管理、资金平账管理、报表管理、发票管理、缴费协议管理的功能应用等内容。通过概念描述、术语说明、要点归纳、图解示意以及电费账务工作全过程的功能应用示例，掌握运用系统功能开展电费账务处理工作	√		
		查询功能应用 （ZY2300101006）	本模块包含客户档案、与客户相关的营销业务流程处理信息、标准参数、报表、日志查询功能等内容。通过概念描述、术语说明、要点归纳、图解示意以及票据信息查询的功能应用示例，掌握运用系统功能开展查询工作	√		
		报表功能应用 （ZY2300101007）	本模块包含报表的系统处理流程、功能、数据交互及常见问题等内容。通过概念描述、术语说明、要点归纳、图解示意以及报表工作全过程的功能应用示例，掌握运用系统功能统计、汇总、上报报表			√
		电力营销信息化系统 日常运行维护 （ZY2300101008）	本模块包含电力营销信息化系统架构、系统安装配置及运行维护管理等内容。通过系统实现原理介绍、运行维护管理示例，掌握抄核收相关信息系统的简单运行维护方法			√
		系统数据、业务监控 与稽查管理 （ZY2300101009）	本模块包含客户档案管理、业务监控查询及工作质量考核等内容。通过概念描述、术语说明、要点归纳，掌握运用系统功能进行日常数据、业务监控管理及工作质量分析考核		√	
	代收电费系统应用	代收电费实现方式 与系统架构 （ZY2300102001）	本模块包含代收电费系统结构、常用功能等内容。通过代收电费系统概念描述、原理讲解，了解代收电费系统的功能、应用现状态及未来发展			√
		代收电费对账处理 （ZY2300102002）	本模块包含代收电费系统对账的原则、工作内容、操作流程、方法及问题处理等内容。通过概念描述、结构分析、要点归纳，掌握系统的代收电费对账业务处理		√	
	相关功能应用	新装、增容与变更用电功能 （ZY2300103001）	本模块包含新装、增容与变更用电功能等内容。通过概念描述、结构分析、要点归纳，了解新装、增容与变更用电的相关功能		√	
		供用电合同管理功能 （ZY2300103002）	本模块包含供用电合同分类、条款及管理功能等内容。通过概念描述、术语说明、要点归纳、图解示意、示例介绍，了解供用电合同管理相关功能		√	
		电能计量装置 运行管理功能 （ZY2300103003）	本模块包含电能计量装置运行管理主要功能、与抄核收工作的关联等内容。通过概念描述、术语说明、要点归纳，了解电能计量装置运行管理相关功能		√	

续表

部分名称	章	模块名称 及模块编码	模块描述	等 级		
				I	II	III
营销信息 化系统	相关功能 应用	用电检查管理功能 （ZY2300103004）	本模块包含用电检查管理主要功能、与抄核收工作的关联等内容。通过概念描述、术语说明、要点归纳、图解示意、示例介绍，了解用电检查管理相关功能		√	
		电能信息实时采集 与监控模块 （ZY2300103005）	本模块包含电能信息实时采集与监控主要功能、与抄核收工作的关联等内容。通过概念描述、术语说明、要点归纳、图解示意、示例介绍，了解电能信息实时采集与监控相关功能		√	
		95598 客户服务模块 （ZY2300103006）	本模块包含 95598 客户服务主要功能、与抄核收工作的关联等内容。通过概念描述、术语说明、要点归纳、图解示意、案例分析，掌握处理 95598 客服系统受理、分转的各类抄核收相关业务申请、咨询、投诉的方法			√
		客户关系管理与辅助 分析决策模块 （ZY2300103007）	本模块包含客户关系管理模块、辅助分析决策模块等内容。通过概念描述、术语说明、要点归纳、图解示意，了解营销信息化管理、决策方法及应用发展			√
电量抄录 与 电费核算	抄表	抄表段管理 （ZY2300201001）	本模块包含抄表段维护、新户分配抄表段、调整抄表段、抄表顺序调整、抄表派工等内容。通过概念描述、术语说明、要点归纳、图解示意，掌握抄表段管理的内容和方法	√		
		抄表机管理 （ZY2300201002）	本模块包含抄表机的发放、返还及故障维护等内容。通过概念描述、术语说明、要点归纳，掌握抄表机管理的内容和方法	√		
		抄表计划管理 （ZY2300201003）	本模块包含抄表计划的制定和调整等内容。通过概念描述、术语说明、要点归纳，掌握抄表计划管理的内容和方法	√		
		抄表数据准备 （ZY2300201004）	本模块包含客户档案数据、客户变更信息以及抄表数据等内容。通过概念描述、术语说明、要点归纳，掌握抄表数据准备的内容及方法	√		
		现场抄表 （ZY2300201005）	本模块包含现场抄表的具体要求、抄表信息核对、计量装置的运行状态检查、抄表机抄表、手工抄表等内容。通过概念描述、术语说明、要点归纳、示例介绍，掌握现场抄表工作内容和方法，同时能在抄表过程中进行电能计量装置的运行状态检查	√		
		自动化抄表 （ZY2300201006）	本模块包含本地自动抄表技术、远程自动抄表技术、电力负荷管理技术等内容。通过概念描述、术语说明、系统结构讲解、要点归纳、示例介绍，了解自动化抄表系统的抄表原理和作用，能使用自动化抄表系统进行数据采集		√	
		抄表数据复核 （ZY2300201007）	本模块包含抄表数据的复核、新装户计量信息的复核以及数据变动日志的记录等内容。通过概念描述、术语说明、要点归纳、示例介绍，掌握人工复核抄表数据的内容和方法，能发现电量异常和抄表差错		√	
		抄表异常处理 （ZY2300201008）	本模块包含抄表异常分类、抄表异常的处理流程等内容。通过概念描述、术语说明、流程介绍、要点归纳，掌握抄表异常信息的分析方法并能按业务流程处理		√	
		抄表工作量管理 （ZY2300201009）	本模块包含抄表系数定义、抄表日志的编制等内容。通过概念描述、术语说明、要点归纳、示例介绍，掌握抄表日志的构成与填写方法，能统计抄表工作量		√	
		抄表工作质量管理 （ZY2300201010）	本模块包含抄表稽查管理、抄表工作统计等内容。通过概念描述、术语说明、要点归纳、示例介绍，掌握抄表工作质量管理的内容和方法，能以系统分析、现场抽查等方式对抄表质量进行监督			√

续表

部分名称	章	模块名称及模块编码	模块描述	等级		
				I	II	III
电量抄录与电费核算	电费核算	执行单一制电价客户电费计算（ZY2300202001）	本模块包含执行单一制电价客户电费的构成及计算方法等内容。通过概念描述、术语说明、电费构成分析、公式解释、要点归纳、计算示例，掌握执行单一制电价客户的电费构成分析及计算过程	√		
		执行单一制电价新增、变更客户电费计算信息复核（ZY2300202002）	本模块包含与电费计算有关的各类信息，执行单一制电价的新增、变更客户电费计算信息的复核等内容。通过要点介绍及归纳、示例介绍，掌握执行单一制电价客户新增、变更时电费相关信息的复核方法	√		
		执行单一制电价客户疑问电费复核（ZY2300202003）	本模块包含执行单一制电价客户电费异常情况的原因分析和复核等内容。通过要点介绍及归纳、示例介绍，掌握执行单一制电价客户疑问电费的产生原因分析和复核方法	√		
		执行两部制电价客户电费计算（ZY2300202004）	本模块包含执行两部制电价客户电费的构成和计算方法等内容。通过术语说明、电费构成分析、公式解释、要点归纳、计算示例，掌握执行两部制电价客户的电费构成分析及计算过程		√	
		分期结算电费计算（ZY2300202005）	本模块包含分期结算电费的概念、分期结算电费的计算与一般电费计算的区别等内容。通过概念描述、要点归纳、计算示例，掌握分期结算电费的计算过程及计算中应注意的问题		√	
		电能损耗的分类及影响因素（ZY2300202006）	本模块包含电能损耗的基本概念、分类及影响因素等内容。通过概念描述、术语说明、要点归纳、示例介绍，熟悉电能损耗的分类和影响电能损耗的因素		√	
		线路电能损耗理论计算（ZY2300202007）	本模块包含线路电能损耗理论计算等内容。通过概念描述、术语说明、公式解释、要点归纳、计算示例，掌握常用的线路电能损耗理论计算方法		√	
		各类错误计算信息修改（ZY2300202008）	本模块包含各类错误计算信息的判断、修改的流程和处理方法等内容。通过概念描述、术语说明、流程讲解、要点归纳、示例介绍，掌握错误计算信息判断及处理方法		√	
		执行两部制电价新增、变更客户电费计算信息复核（ZY2300202009）	本模块包含执行两部制电价新增、变更客户相关信息的复核等内容。通过概念描述、术语说明、要点归纳、示例介绍，掌握执行两部制电价新增、变更客户计算信息复核方法		√	
		执行两部制电价客户疑问电费复核（ZY2300202010）	本模块包含执行两部制电价客户异常情况的原因分析和复核等内容。通过概念描述、术语说明、要点归纳、示例介绍，掌握疑问电费产生原因分析和复核方法		√	
		应收电费的核对与汇总（ZY2300202011）	本模块包含应收电费的汇总项目及各种报表之间的核对等内容。通过概念描述、术语说明、公式示意、要点归纳、示例介绍，掌握应收电费的汇总与核对方法		√	
		变压器电能损耗理论计算（ZY2300202012）	本模块包含变压器电能损耗理论计算等内容。通过概念描述、术语说明、公式解释、要点归纳、计算示例，熟悉变压器有功、无功电能损耗理论计算方法			√
电费回收与风险防范	电费回收	常用电费回收渠道、方法和结算方式（ZY2300301001）	本模块包含常用缴费渠道、方式和资金结算方式的介绍等内容。通过概念描述、术语说明、流程讲解、要点归纳、示例介绍，掌握各类简单电费回收方式的工作内容及处理流程	√		
		收费业务处理（ZY2300301002）	本模块包含电费、业务费收取、退费及调账等内容。通过概念描述、术语说明、流程图解示意、要点归纳、计算示例，掌握收费业务处理	√		

续表

部分名称	章	模块名称及模块编码	模块描述	等级		
				I	II	III
电费回收与风险防范	电费回收	普通客户催缴电费、欠费停限电通知书内容和要求（ZY2300301003）	本模块包含普通客户催缴电费、欠费停限电通知书的内容和要求等内容。通过概念描述、术语说明、流程图解示意、要点归纳、示例介绍，熟悉催缴电费、欠费停限电通知书的内容，掌握填写要求和发送程序	√		
		普通客户停限电操作程序和注意事项（ZY2300301004）	本模块包含普通客户停限电操作程序和注意事项等内容。通过概念描述、术语说明、流程图解示意、要点归纳、示例介绍，掌握停限电操作程序和停限电注意事项	√		
		复杂电费回收的方法和结算方式（ZY2300301005）	本模块包含复杂的缴费方式及资金结算方式等内容。通过概念描述、术语说明、要点归纳，掌握各种特殊方式下电费回收业务流程及工作内容		√	
		重要客户和高危企业催缴电费、欠费停限电通知书内容和要求（ZY2300301006）	本模块包含重要客户催缴电费、欠费停限电通知书的内容和要求等内容。通过概念描述、术语说明、流程图解示意、要点归纳、示例介绍，熟悉催缴电费、欠费停限电通知书的内容，掌握填写要求和发送程序			√
		重要客户和高危企业停限电操作程序和注意事项（ZY2300301007）	本模块包含重要客户和高危企业停限电操作程序和注意事项等内容。通过概念描述、术语说明、条文解释、要点归纳、示例介绍，掌握停限电操作程序和注意事项			√
	电费风险预警及防范	电费风险因素的调查与分析（ZY2300302001）	本模块包含开展电费风险因素调查与分析的意义、电费风险因素调查内容及分析方法等内容。通过概念描述、术语说明、要点归纳、示例介绍，掌握调查分析方法，能对风险因素进行分类管理	√		
		欠费明细表与汇总表编制（ZY2300302002）	本模块包含欠费明细表与汇总表的格式等内容。通过概念描述、术语说明、公式示意、要点归纳、示例介绍，掌握欠费明细表与汇总表的编制、统计方法、内容，以及表的构成和统计要素	√		
		电费担保手段的运用（ZY2300302003）	本模块包含实行电费担保的意义、《担保法》及电费担保合同的内容等内容。通过概念描述、术语说明、条文解释、要点归纳、案例分析，掌握电费担保的几种方式及担保手段在电费回收中的应用			√
		破产客户的电费追讨（ZY2300302004）	本模块包含破产客户电费追讨的适用法律和参与方式、参与处理破产欠费案件需注意的事项，假破产真逃债的防范对策及被注销客户的欠费追讨等内容。通过概念描述、术语说明、条文解释、要点归纳、案例分析，掌握对破产客户的电费追讨方法和破产欠费案件的处理程序			√
		代位权、抵销权、支付令、公证送达、依法起诉及申请仲裁的应用（ZY2300302005）	本模块包含代位权、抵销权、支付令、公证送达、依法起诉及申请仲裁的含义，代位权发生条件，抵销权、公证送达的应用，申请支付令条件，起诉及仲裁注意的问题等内容。通过概念描述、术语说明、条文解释、要点归纳、案例分析，能利用法律权利对债务人进行清欠			√
		客户电费信用风险预警管理（ZY2300302006）	本模块包含开展客户电费信用风险预警管理的作用、风险预警管理的整个过程等内容。通过概念描述、术语说明、流程图解示意、要点归纳、案例分析，掌握减少和化解电费风险，充分预期电费回收目标			√
	营销账务处理	营销会计常识（ZY2300303001）	本模块包含电费账务相关的基本概念、一般工作程序、管理要求等内容。通过概念描述、业务流程图解示例、管理要求归纳小结，了解营销会计事务全过程概况	√		
		日常营销账务处理（ZY2300303002）	本模块包含日常营销账务处理的业务简述、作业规范及应实收管理等具体业务处理内容。通过对规范介绍、业务描述、要点归纳、图片示例，掌握日常电费账务处理工作程序和工作方法	√		

部分名称	章	模块名称 及模块编码	模块描述	等级		
				I	II	III
电费回收 与 风险防范	营销账务 处理	期末账务处理 （ZY2300303003）	本模块包含应实收汇总审核、确认关账、对账管理、报送财务、凭证报表管理及其他事项等内容，通过对工作程序描述、公式示意、要点归纳及图表示例，掌握期末电费账务处理工作内容及工作方法		√	
		票据管理 （ZY2300303004）	本模块包含电费票据管理的意义及要求、票据使用等内容。通过政策剖析、要点归纳、核心工作内容讲解，了解开展电费票据管理工作的重要性及相关制度要求，熟练掌握开展发票等票据管理的工作程序及工作方法		√	
		科目及凭证管理 （ZY2300303005）	本模块包含会计科目管理及凭证管理等内容。通过对科目及凭证管理的主要概念描述、内容讲解、示例介绍，了解电费财务账目构成、凭证管理常识、会计分录及凭证制作的方法		√	
售电统 计分析	量价费 统计分析	统计报表的种类及 内容与要求 （ZY2300401001）	本模块包含统计报表的种类及内容与要求介绍等内容。通过概念描述、术语说明、公式示意、要点归纳、示例介绍，掌握统计报表统计填报方法	√		
		销售分析的目的和作用 （ZY2300401002）	本模块包含销售分析的定义及分类、目的和作用等内容。通过概念描述、术语说明、要点归纳，了解销售分析的意义	√		
		行业分类与代码知识 （ZY2300401003）	本模块包含行业用电分类总则、行业用电分类指标解释说明、行业划分的原则和应注意的问题、国民经济行业用电分类与国民经济行业分类代码对照等内容。通过概念描述、术语说明、要点归纳、列表对比、示例介绍，掌握行业用电分类有关知识	√		
		峰谷分时客户电量、 电价、电费统计 （ZY2300401004）	本模块包含峰谷分时客户电量、电价、电费统计的目的及作用、内容及要求、平衡关系和应注意的问题等内容。通过概念描述、术语说明、要点归纳、示例介绍，掌握统计峰谷分时客户电量、电价、电费	√		
		行业分类用电统计报表 （ZY2300401005）	本模块包含行业分类用电统计报表的格式及结构等内容。通过概念描述、术语说明、要点归纳、示例介绍，掌握填报行业分类用电统计报表方法		√	
		销售电量、电费汇总报表 （ZY2300401006）	本模块包含销售电量、电费汇总报表的格式及结构等内容。通过概念描述、术语说明、要点归纳、示例介绍，掌握填报销售电量、电费汇总报表方法		√	
		各收费员收费情况 统计分析 （ZY2300401007）	本模块包含收费员收费情况统计分析的作用，各种收费方式收费员收费情况统计分析等内容。通过概念描述、术语说明、流程图解示意、要点归纳、示例介绍，掌握收费员收费情况统计分析方法		√	
		客户欠费记录台账 及原因分析 （ZY2300401008）	本模块包含客户欠费记录台账的格式和内容、客户欠费的原因分析等内容。通过概念描述、术语说明、要点归纳、示例介绍，掌握制定、填写客户欠费记录台账方法，以及对客户欠费的分析方法		√	
		电费发行表、抄表日志、 收费日志的核对 关系与统计 （ZY2300401009）	本模块包含电费发行表、抄表日志、收费日志的核对与统计的目的、内容与方法及应注意的问题等内容。通过概念描述、术语说明、要点归纳、示例介绍，掌握电费发行表、抄表日志、收费日志的平衡关系和统计方法		√	
		电能销售的量、价、费 分析与分析报告 （ZY2300401010）	本模块包含开展量、价、费分析的意义、常用的分析方法、分析报告的内容及应注意的事项等内容。通过概念描述、术语说明、流程图解示意、要点归纳、示例介绍，掌握常用的分析方法和量、价、费分析报告的编制			√
		制定电费回收措施 （ZY2300401011）	本模块包含制定电费回收措施的作用，保证电费回收的几种措施等内容。通过概念描述、术语说明、流程图解示意、要点归纳，掌握制定电费回收措施的方法			√

续表

部分名称	章	模块名称及模块编码	模块描述	等级		
				I	II	III
售电统计分析	线损率分析	线损汇总报表（ZY2300402001）	本模块包含综合线损、全网分压线损、10kV有损线损、低压台区线损等各类线损汇总报表的统计方法、结构及要素、编制方法等内容。通过概念描述、术语说明、要点归纳、示例介绍，熟悉线损汇总报表的组成及编制，了解其他有关报表		√	
		线损率分析与分析报告（ZY2300402002）	本模块包含线损率分析、降损措施等内容。通过概念描述、术语说明、要点归纳、示例介绍，掌握各层次线损率的分析方法、降损措施和线损分析报告编制			√
	工作质量的统计与分析	抄核收工作"三率"的统计与分析（ZY2300403001）	本模块包含抄核收工作实抄率、电费差错率、电费回收率的统计与影响"三率"的原因分析等内容。通过概念描述、术语说明、流程图解示意、要点归纳、示例介绍，掌握"三率"的统计方法及原因分析		√	
		抄核收工作"三率"的改进措施（ZY2300403002）	本模块包含抄核收工作实抄率、电费差错率、电费回收率改进的作用与措施等内容。通过概念描述、术语说明、要点归纳、示例介绍，掌握"三率"的改进措施			√
		经济事故的调查（ZY2300403003）	本模块包含了在抄核收工作中发生的经济事故调查程序、取证方法、编写调查报告等内容。通过概念描述、术语说明、要点归纳、示例介绍，熟悉经济事故调查过程			√
计量检查	计量装置检查与分析	电能计量装置构成与相关要求（ZY2300501001）	本模块包含各种电能计量方式下计量装置的构成以及电能计量装置安装及导线连接规范等内容。通过概念描述、图解示意、要点归纳，熟悉电能计量装置的构成，了解安装及导线连接要求	√		
		单相电能表的接线检查（ZY2300501002）	本模块包含万用表、钳型电流表的使用及注意事项，单相电能表接线检查的内容及检查方法和注意事项等内容。通过名词解释、图文结合、操作过程详细介绍、操作技能训练，掌握单相电能表接线检查方法	√		
		三相电能表电压、电流、相序测量（ZY2300501003）	本模块包含使用万用表、钳型电流表、相序表测量三相电能表电压、电流、相序并判断电能表接线等内容。通过原理分析、列表对比、图解示意、操作技能训练，掌握电能表电压、电流、相序测量和判断电能表接线的方法		√	
		瓦秒法判断电能计量装置误差（ZY2300501004）	本模块包含使用秒表进行电能计量装置误差判断的程序、方法和注意事项等内容。通过概念描述、原理分析、公式示意、要点归纳、操作技能训练，掌握采用瓦秒法判断电能计量装置误差的方法		√	
		力矩法判断电能计量装置接线（ZY2300501005）	本模块包含采用力矩法检查与分析三相三线、三相四线电能计量装置接线及相关注意事项等内容。通过概念描述、原理分析、公式示意、要点归纳、操作技能训练，掌握采用力矩法检查电能计量装置接线正确性的方法		√	
		相位法对电能计量装置误接线分析（ZY2300501006）	本模块包含手持式钳型相位数字万用表的功能和使用，采用相位法检查与分析三相三线、三相四线电能计量装置接线、错误接线处理等内容。通过原理分析、图解示意、案例分析、操作技能训练，掌握采用相位法检查与分析电能计量装置接线正确性的方法			√
		电能计量装置配置（ZY2300501007）	本模块包含各种计量方式的要求及如何依据电能计量装置技术管理规程等进行电能计量装置配置。通过条文提炼、应用说明、案例分析与练习，掌握电能计量装置配置的方法			√

续表

部分名称	章	模块名称 及模块编码	模块描述	等级		
				I	II	III
违约用电 与 窃电处理	违约用电 与窃电	违约用电与简单 窃电的判断 （ZY2300601001）	本模块包含违约用电与简单窃电的定义和判断等内容。通过概念描述、术语说明、要点归纳、案例分析，熟悉违约用电与窃电的界限，熟悉违约用电与简单窃电的判断方法	√		
		违约用电与窃电的 取证和处理 （ZY2300601002）	本模块包含违约用电与窃电的取证程序、方法、注意事项以及处理违约用电与窃电的有关规定等内容。通过概念描述、术语说明、条文解释、要点归纳、案例分析，熟悉违约用电与窃电的取证和处理		√	
	防窃电 技术	窃电疑点的分析 （ZY2300602001）	本模块包含窃电疑点分析和查证方法等内容。通过概念描述、术语说明、要点归纳、案例分析，熟悉窃电疑点分析方法			√
		防治窃电的技术、 组织措施 （ZY2300602002）	本模块包含防治窃电的技术措施和组织措施等内容。通过概念描述、术语说明、要点归纳、案例分析，熟悉防治窃电的技术、组织措施			√

参 考 文 献

［1］刘振亚. 国家电网公司信息化建设工程全书 八大业务应用典型设计卷 营销业务应用篇 营销业务模型设计
（二）. 北京：中国电力出版社，2008.

［2］江苏省电力公司. 电力营销知识问答. 北京：中国电力出版社，2004.

［3］金家红. 抄表核算收费. 北京：中国电力出版社，2007.

［4］陈向群. 电能计量技能考核培训教材. 北京：中国电力出版社，2002.

［5］国家电力公司. 电力营销法律法规知识. 北京：中国电力出版社，2002.

［6］天津市电力公司. 电力营销工作导读. 北京：中国电力出版社，2004.

［7］丁毓山，王宝军，陈洪松，滕国清. 现代电力企业营销实务. 北京：中国水利水电出版社，2004.

［8］国家电网公司农电工作部. 县供电企业经济活动分析. 北京：中国水利水电出版社，2005.

［9］虞忠年. 电力网电能损耗. 北京：中国电力出版社，2000.

［10］赵全乐. 线损管理手册. 北京：中国电力出版社，2007.

［11］电力行业职业技能鉴定指导中心. 抄表核算收费员. 北京：中国电力出版社，2002.

［12］国家电力公司. 电力营销基本业务与技能. 北京：中国电力出版社，2002.

［13］国家电力公司法律事务部. 电力法及配套规定汇编. 北京：中国电力出版社，2001.

［14］李晋. 防治窃电技术. 北京：中国电力出版社，2004.

［15］祝小红，等. 防窃电与反窃电工作手册. 北京：中国水利水电出版社，2006.

［16］穆习. 现场查处窃电实用技术. 沈阳：辽宁科学技术出版社，2006.

［17］赵全乐. 线损管理手册. 北京：中国电力出版社，2007.

［18］广东省电力工业局. 用电检查考核培训教材. 北京：中国电力出版社，1999.

［19］李景村. 防治窃电应用技术与实例. 北京：中国水利水电出版社，2004.